B

Eduard Thommen
Alfred Becherer

Taschenatlas der Schweizer Flora
Atlas de poche de la flore suisse

Mit Berücksichtigung der ausländischen Nachbarschaft
Comprenant les régions étrangères limitrophes

6. Auflage bearbeitet von Aldo Antonietti
5e édition rédigée par Aldo Antonietti

1983
Birkhäuser Verlag
Basel · Boston · Stuttgart

CIP-Kurztitelaufnahme der Deutschen Bibliothek

Thommen, Eduard:
Taschenatlas der Schweizer Flora: mit Berücksichtigung der ausländischen Nachbarschaft = Atlas de poche de la flore suisse / Eduard Thommen. Alfred Becherer. – 6. Aufl., 5. éd. / bearb. von Aldo Antonietti. – Basel; Boston; Stuttgart: Birkhäuser, 1983.
ISBN 3-7643-1397-8
NE: Becherer, Alfred [Mitarb.]; Antonietti, Aldo [Bearb.]

Die vorliegende Publikation ist urheberrechtlich geschützt. Alle Rechte, insbesondere das der Übersetzung in andere Sprachen, vorbehalten. Kein Teil dieses Buches darf ohne schriftliche Genehmigung des Verlages in irgendeiner Form – durch Fotokopie, Mikrofilm oder andere Verfahren – reproduziert oder in eine für Maschinen, insbesondere Datenverarbeitungsanlagen, verwendbare Sprache übertragen werden.

© 1983 Birkhäuser Verlag Basel
ISBN 3-7643-1397-8

Inhaltsverzeichnis

Aus dem Vorwort zur ersten Auflage	VII
Vorwort zur sechsten Auflage	VIII
Einführung	XI
Abkürzungen von Autornamen	XVI
Sonstige Abkürzungen und Zeichen	XVIII
Bilderteil	1
Appendix	243
Anmerkungen	251
Index	295

Table des matières

Extrait de la préface pour la première édition	IX
Préface pour la cinquième édition	X
Introduction	XIII
Abréviations de noms d'auteurs	XVI
Autres abréviations et signes	XVIII
Figures	1
Appendice	243
Notes	273
Index	295

Aus dem Vorwort zur ersten Auflage

In diesem Bändchen ist der Versuch unternommen, die Gefäßpflanzen der Schweiz und der angrenzenden Gebiete des Auslands auf kleinstem Raum zeichnerisch darzustellen und dadurch all denen, die sich mit der heimischen Pflanzenwelt vertraut zu machen bemüht sind, zumal wenn ihnen nicht Sammlungen und große Bilderwerke (HEGI, COSTE, BONNIER, FIORI, JÁVORKA-CSAPODY u. a.) zur Verfügung stehen oder in einem guten Botanikunterricht Fertigkeit in der Benützung von Bestimmungsbüchern beigebracht worden ist, aushilfsweise ein Mindestmaß von unmittelbarer Anschauung zu verschaffen.

Auf 240 Seiten mit je zwei Tafeln in der Größe von 4 × 8 cm sind hier über 3000 Arten und Unterarten abgebildet, kleinere vollständig, von der Wurzel bis zum Blütenstand, größere in bezeichnenden Ausschnitten oder mit ihren hervorstechendsten Organen. Die Anlage des Buches als Taschenatlas erforderte diese weitgehende Verkleinerung der Habitusbilder. Man hat sich die dargestellten Einheiten und Ausschnitte durchschnittlich 3–6fach vergrößert zu denken. Die den Habitusbildern zur Verdeutlichung wesentlicher Einzelheiten (Blüten, Früchte, Bestandteile von andern Organen, Stachel- und Haarbildungen u. dgl.) beigegebenen Figuren haben ihren eigenen Maßstab; bei sich nahestehenden Arten sind jedoch die gegenseitigen Größenverhältnisse gewahrt. Für alles Diagnostische wird auf die Bestimmungsfloren verwiesen. Die zeichnerische Darstellung ist so einfach wie möglich gehalten, gelegentlich bewußt etwas schematisch oder impressionistisch und bei schwer erfaßbaren Kleinarten auf Andeutungen beschränkt; die Bilder sind mit dem unbewaffneten Auge auf ihren Gesamteindruck hin zu betrachten und nicht mit der Lupe abzusuchen.

Das angestrebte Ziel: Vollständigkeit in Verbindung mit bequemem Taschenformat bei möglichst geringem Kostenaufwand ließ sich nur durch eine Schwarzweißtechnik erreichen. Da es dem Verfasser aber wohl bewußt war, daß die äußere Erscheinung der Pflanzen von der Blütenfarbe augenfällig bestimmt, ja beherrscht wird und ein völliger Mangel an Anhaltspunkten in dieser Richtung den Wert seines Bändchens erheblich beeinträchtigen würde, hat er nach einem englischen Vorbild knappe Angaben über die Blütenfarbe im erklärenden Text untergebracht. Diese Angaben dürften auch Benützern willkommen sein, die die Bilder mit dem Stift farbig anzulegen wünschen.

EDUARD THOMMEN

Vorwort zur sechsten Auflage

Auf Wunsch des Verlages erscheint diese sechste Auflage des nach wie vor nützlichen und beliebten Taschenatlas der Schweizer Flora von Dr. E. Thommen in einer kombinierten deutsch/französischen Fassung. Der Unterzeichnete hat die Zusammenlegung sowie gegenseitige Abstimmung und Bereinigung der zwei Texte vorgenommen.

Die wissenschaftlichen Namen sind gemäß 17. Auflage der «Schul- und Exkursionsflora für die Schweiz» von A. Binz, unter weitgehender Beigabe der neueren Synonyme gemäß 2. Auflage der «Flora der Schweiz» von H. Hess und E. Landolt sowie dem «Verbreitungsatlas der Farn- und Blütenpflanzen der Schweiz» von M. Welten und R. Sutter, nachgeführt worden. In den «Anmerkungen» wurden verschiedene Angaben über die geographische Verbreitung ebenfalls nachgeführt. Weiter ist der Versuch unternommen worden, durch Angaben über Klein- oder verwandte Arten den Anschluß an die neuere Systematik und Nomenklatur zu erleichtern.

Hinterkappelen, im Dezember 1982   A. Antonietti

Extrait de la préface pour la première édition

Les personnes qui désirent se familiariser avec la flore indigène, sans avoir accès aux collections et aux grands ouvrages illustrés des HEGI, COSTE, BONNIER, FIORI, JÁVORKA-CSAPODY et autres, éprouvent de multiples difficultés, surtout si elles n'ont pas acquis, dans des cours de botanique appropriés, la pratique nécessaire pour consulter fructueusement les livres de détermination.

C'est à l'intention de ces chercheurs insuffisamment armés que l'auteur a composé ce petit ouvrage. Ils y trouveront, condensée en un espace fort restreint, la représentation graphique des plantes vasculaires de la Suisse et des territoires étrangers limitrophes. Dans les 240 pages de ce volume, comportant chacune deux planches de 4 × 8 cm, figurent plus de 3000 espèces, sous-espèces et variétés, dessinées au trait. Les petites sont reproduites entièrement, de la racine à l'inflorescence, les plus grandes partiellement ou dans leurs organes spécifiques.

Pour présenter son ouvrage sous la forme d'un atlas de poche, l'auteur a dû se résoudre à réduire au possible les dimensions des figures. Il convient donc de se représenter les dessins agrandis de trois à six fois en moyenne.

Les figures destinées à mettre en évidence des détails essentiels (fleurs, fruits, éléments d'organes, épines, poils, etc.) sont à leur propre échelle; cependant les rapports réciproques de grandeur ont été respectés, lorsqu'il s'agit d'espèces voisines. Pour plus de simplicité, ces figures de détail ne comportent pas de texte explicatif; dans leur grande majorité, le lecteur les reconnaîtra aisément; en cas de doute, il se reportera aux flores de détermination.

Les dessins ont été simplifiés à l'extrême; certains même, volontairement schématiques, ne visent qu'à suggérer une impression ou – notamment pour les petites espèces difficiles à représenter – à indiquer l'un ou l'autre caractère. Il faut se garder de les examiner à la loupe, mais les considérer à l'œil nu, pour retenir une image d'ensemble.

Seule cette figuration purement linéaire permettait d'espérer être suffisamment complet, tout en publiant l'ouvrage sous un format réduit et commode, pour un prix modique. Toutefois, conscient que l'aspect des plantes est déterminé principalement par la couleur de leur fleur, et que l'absence de précisions à cet égard eût constitué une grave lacune, l'auteur, s'inspirant d'une œuvre anglaise similaire, a ajouté, dans le texte explicatif qui accompagne les planches, des données succinctes quant aux couleurs. Elles permettront au lecteur de colorer les vignettes s'il le désire.

EDOUARD THOMMEN

Préface pour la cinquième édition

Sur proposition de l'éditeur, cette cinquième édition de l'Atlas de poche de la flore suisse de Edouard Thommen a été conçue comme publication tout à fait bilingue. Le soussigné a pourvu à l'assemblage des deux textes français et allemand des éditions précédentes, de même qu'à leur ajustement réciproque.

Les noms scientifiques ont été ajournés sur la base de la 17e édition de la «Schul- und Exkursionsflora für die Schweiz» de A. Binz, en y ajoutant les nouveaux synonymes selon la 2e édition de la «Flore de la Suisse» de H. Hess et E. Landolt ainsi que l' «Atlas de la distribution des ptéridophytes et des phanérogames de la Suisse» de M. Welten et R. Sutter. Dans les «Notes» ont été de même ajournées plusieurs indications sur la distribution géographique. On a essayé enfin de faciliter la liaison avec la systématique et nomenclature nouvelles par des informations sur des petites espèces ou des sippes voisines.

Hinterkappelen, en décembre 1982   A. Antonietti

Einführung

Der Taschenatlas ist nach Inhalt und Anordnung auf die gegenwärtig im Gebrauch stehenden Bestimmungsbücher (A. BINZ, Schul- und Exkursionsflora für die Schweiz, 17. Auflage von A. BECHERER † und CH. HEITZ, Basel, Schwabe, 1980, und A. BINZ et E. THOMMEN, Flore de la Suisse, 4. Auflage, von P. VILLARET, Neuchâtel, Editions du Griffon, 1976) zugeschnitten und neben und mit diesen beiden Werken zu benützen. Er enthält sozusagen alle dort behandelten Arten nebst einer größeren Zahl von Unterarten und Varietäten. Nur aus den Gattungen Rubus und Hieracium wurden weniger wichtige Arten ausgeschieden.

Der Taschenatlas trägt, allerdings ohne Anspruch auf unbedingte Vollständigkeit und ohne allzu scharfe Abgrenzung, die Grenzarten eines die *ganze* Schweiz umspannenden Gürtels zusammen. Dieser schließt folgende Landschaften ein: die Departemente Savoyen, Hochsavoyen und Ain, Teile der Departemente Jura, Doubs und Haute-Saône, das Territorium Belfort, das Oberelsaß mit den Südvogesen bis unterhalb der Stadt Colmar, Oberbaden mit Kaiserstuhl, Südschwarzwald und Hegau, das deutschseitige Bodenseegebiet, Vorarlberg, Liechtenstein, den Vintschgau, in Piemont das Aosta-, das Sesia- und das Eschental, in der Lombardei das Gebiet des Langensees, die Gegend von Varese, das Comerseegebiet, das Veltlin und Teile des Bergamaskischen. Die deutsche Ausgabe der Binzschen „Flora" berücksichtigt ab 13. Auflage ebenfalls die *gesamten* Grenzgebiete der Schweiz; die Grenzen werden allerdings in Savoyen, im Umkreis des Jura und im Aostatal enger gezogen als im Taschenatlas, während die Bergamasker Alpen ganz ausgeschlossen sind. Im Vergleich dazu bezieht die französische Ausgabe der „Flora" lediglich die Grenzlandschaft um Genf mit Teilen der Departemente Savoyen, Hochsavoyen und Ain ein.

In den Anmerkungen zum Bilderteil findet der Leser ausführliche Angaben über die geographische Verbreitung dieser Arten der Nachbargebiete. Einige von ihnen verdienen auch deswegen Beachtung, weil sie in der Schweiz früher heimisch waren oder neuerdings vereinzelt als verschleppt festgestellt worden sind.

Der unter den Abbildungen stehende Text gibt an erster Stelle in Fettschrift die wissenschaftliche (lateinische) Benennung der Art. Dieser folgen die deutschen und die französischen Namen, die ersteren in gewöhnlicher Schrift, die letzteren in Schrägschrift. In gewissen Fällen folgen auf die Art noch Unterarten (subspecies) oder Varietäten (varietas).

Die wissenschaftliche Nomenklatur folgt den internationalen Regeln. Über ihre Technik ist in den zwei genannten Bestimmungsbüchern alles Nötige gesagt.

Die deutschen Namen sind oft nicht wörtliche Übersetzungen der lateinischen Namen, sondern mit Rücksicht auf Kürze, leichtere Sprechbarkeit und bessere Eingliederung in die Mundart frei geprägte Benennungen, gelegentlich auch aus früherem Gebrauch beibehaltene Wiedergaben älterer Synonyme oder volkstümliche Namen.

Die französischen Namen sind, entsprechend der in maßgebenden französischen Florenwerken vorherrschenden Übung, meistens wort- oder sinngetreue Übersetzungen der lateinischen Benennungen. Nach Bedarf sind auch volkstümliche Namen eingeflochten.

Den französischen Namen schließen sich Angaben über die *Blütenfarbe* an. Diese sind als Annäherungswerte zu verstehen. Zu beachten ist folgendes:

Unbezeichnet bleiben Fälle, in denen die Blüten unansehnlich (meistens grünlich) sind. Im übrigen gelten die nachstehenden abgekürzten Bezeichnungen, die aus technischen Gründen der französischen Sprache entnommen sind:

b	= blanc, weiß	or	= orange, orange
bl	= bleu, blau	p	= pourpre, purpurin, purpurn
br	= brun, braun	r	= rouge, rot
j	= jaune, gelb	rs	= rose, rosa
l	= lilas, lila	v	= vert, grün
n	= noir, schwarz	vi	= violet, violett

Zwischenstufen (Abtönungen) ergeben sich aus der Zusammensetzung dieser Bezeichnungen; Beispiele: vibl = Farbtöne zwischen Violett und Blau (blauviolett, violettblau), jb = solche zwischen Gelb und Weiß (hellgelb, weißgelb). Blüht eine Art in verschiedenen Farben, so sind die Farbangaben durch ein Komma (,) getrennt; Beispiel: b, bl, p = die Art blüht weiß, blau oder purpurn. Ist die Färbung einer Blüte nicht einheitlich, sondern aus verschiedenen Farben zusammengesetzt (bunt, gesprenkelt), so sind die Farbangaben durch einen senkrechten Strich (|) getrennt; Beispiel: b|rs = die Blüte ist weiß und rosa zugleich. Ändert die Blüte während des Blühens auffallend ihre Farbe, so sind die Farbangaben durch einen Winkel (>) getrennt; Beispiel: j > br = die Blüte ist gelb und wird später braun. Sind bei Körbchenblütlern (Compositæ) die Scheiben- und die Randblüten verschieden gefärbt, so sind die Farbangaben für die beiden Gruppen durch einen über der Zeile stehenden Punkt (·) getrennt; weisen in diesem Falle die Randblüten verschiedene Farben auf, so stehen die zusätzlichen Farben in einer Klammer; Beispiel: bj·b(rs) = die Scheibenblüten sind gelblichweiß, die Randblüten weiß oder rosa.

Introduction

Contenu et ordre de l'*Atlas de poche* correspondent aux livres de détermination actuellement en usage (A. BINZ, Schul- und Exkursionsflora für die Schweiz, 17e édition, par A. BECHERER † et CH. HEITZ, Bâle, Schwabe, 1980, et A. BINZ et E. THOMMEN, Flore de la Suisse, 4e édition, par P. VILLARET, Neuchâtel, Editions du Griffon, 1976), ce qui permet de l'utiliser parallèlement avec ces ouvrages. Pratiquement toutes les espèces qu'ils mentionnent s'y trouvent, ainsi qu'un nombre considérable de subdivisions. Ont été omises notamment quelques espèces moins importantes des genres Rubus et Hieracium.

Sans prétendre à être absolument complet, ni à tracer des limites trop strictes, l'atlas enferme les espèces remarquables de *toute* la ceinture frontalière entourant la Suisse. Cette ceinture comprend approximativement les régions suivantes: départements de la Savoie, de la Haute-Savoie et de l'Ain, certaines parties des départements du Jura, du Doubs et de la Haute-Saône, le territoire de Belfort, la Haute-Alsace, y compris la partie méridionale des Vosges, jusqu'en aval de Colmar, et les parties voisines du pays de Bade avec le Kaiserstuhl, la Forêt-Noire, le Hegau et les rives allemandes et autrichiennes du lac de Constance, le Vorarlberg, le Liechtenstein, le Vintschgau, ainsi que, dans le Piémont, la Vallée d'Aoste, la Vallée Sesia et le Val d'Ossola, dans la Lombardie, la région des lacs Majeur et de Côme, la Valteline, et des parties de la province de Bergame. La version allemande de la «Flora» de A. Binz considère aussi, depuis sa 13e édition, *toutes* les régions frontières de la Suisse; cependant, les limites choisies sont plus étroites en Savoie et Haute-Savoie, dans la région du Jura et dans la Vallée d'Aoste, tandis que les Alpes bergamasques y manquent complètement. Par contre, la version française de la «Flora» considère seulement les régions frontières avoisinant Genève avec parties des départements de la Savoie, de la Haute-Savoie et de l'Ain.

Les *Notes* qui se rapportent au texte illustré fournissent au lecteur des précisions quant à la diffusion géographique des espèces propres aux territoires voisins. Parmi ces espèces, certaines méritent encore d'être signalées, parce qu'elles ont fait, anciennement, partie de la flore de notre pays, ou que leur présence, adventice et accidentelle, y a été constatée à une époque récente.

La légende qui accompagne les planches indique, en première place et en caractères gras, la dénomination scientifique (latine) de l'espèce; suivent, dans l'ordre, les noms allemands et français, les premiers en caractères ordinaires, les seconds en italique.

Dans certains cas, l'espèce est subdivisée en sous-espèces (subspecies) ou variétés (varietas).

La nomenclature scientifique est strictement conforme aux Règles internationales approuvées par les congrès de botanique. En ce qui concerne la technique de la nomenclature, tout le nécessaire a été dit dans les flores de BINZ et de BINZ-THOMMEN mentionnées ci-devant.

Les noms allemands ne traduisent souvent pas les noms latins admis dans cet atlas, mais sont des créations libres, parfois aussi des traductions de synonymes anciens, ou encore des appellations populaires. Ils ont été conçus et choisis pour leur brièveté ou leur adaptabilité aux dialectes alémaniques.

En revanche, suivant l'usage qui prévaut dans les ouvrages les plus marquants de la botanique française, les noms français sont généralement la traduction – fidèle quant à la lettre et à l'esprit – des dénominations latines. Il en découle que les lecteurs de langue allemande qui ignorent le latin mais possèdent une suffisante connaissance du français, trouveront ici une clef des noms latins. Des noms populaires ont été retenus, lorsqu'il y avait lieu de le faire. Les lecteurs de la «Flore de la Suisse» apprécieront la nomenclature française, complète, de l'atlas, l'ouvrage précité ne comportant pas de traduction française des noms spécifiques, omission regrettée par d'aucuns.

Les noms français sont suivis de données concernant la *coloration* des *fleurs*. Il convient de considérer ces données comme des approximations, en tenant compte des remarques ci-après:

La mention de couleur est omise lorsque les fleurs sont vertes et peu apparentes. Du reste, la couleur est spécifiée comme suit au moyen d'abréviations:

b	= blanc	l	= lilas	r	= rouge
bl	= bleu	n	= noir	rs	= rose
br	= brun	or	= orange	v	= vert
j	= jaune	p	= pourpre, purpurin	vi	= violet

Les couleurs intermédiaires (nuances) sont indiquées par combinaison de ces abréviations. C'est ainsi que vibl signifie que la nuance se situe entre le violet et le bleu (bleu violacé, violet bleuâtre, etc.); jb, entre le jaune et le blanc (jaune clair, jaune blanchâtre).

Lorsque l'espèce fleurit en plusieurs couleurs, celles-ci sont séparées par une virgule (,); exemple: b, bl, p signifie que l'espèce fleurit en blanc, bleu ou pourpre. Si la coloration est mélangée (panachée, bigarrée), les indications des diverses couleurs sont séparées par un trait vertical (|); exemple: b|rs signifie que la fleur est blanche et rose. Pour les fleurs qui changent de couleur durant l'anthèse, les couleurs successives sont séparées par des chevrons (>); exemple: j > br signifie que, d'abord jaune, la fleur passe ensuite au brun. Dans le genre des Composées (Compositæ), lorsque les fleurs du disque et celles de la périphérie sont de couleurs différentes, les couleurs des deux groupes ont été séparées par un point placé au-dessus de la ligne (·), et, si les fleurs de la périphérie varient de couleur entre elles, les couleurs additionnelles indiquées entre parenthèses; exemple: bj · b(rs) signifie que les fleurs du disque sont d'un blanc jaunâtre, celles de la périphérie, blanches ou roses.

Abkürzungen von Autornamen
Abréviations de noms d'auteurs

A. Br. = Alexander Braun
A. DC. = Alphonse de Candolle
A. & G. = Ascherson & Græbner
A. Rich. = A. Richard
All. = Allioni
Andrz. = Andrzejowski
Ard. = Arduino
Asch. = Ascherson
Bartl. = Bartling
Baumg. = Baumgarten
Bell. = Bellardi
Bercht. = Berchtold
Bernh. = Bernhardi
Bertol. = Bertoloni
Boenningh. = Boenninghausen
Borkh. = Borkhausen
Br.-Bl. = Braun-Blanquet
Br.-Bl. & Sam. = Braun-Blanquet & Samuelsson
Breistr. = Breistroffer
Briq. = Briquet
Brot. = Brotero
Burm. = N. L. Burmann
Cass. = Cassini
Cav. = Cavanilles
Čelak. = Čelakowský
Cham. & Schlecht. = Chamisso & Schlechtendal
Chenev. = Chenevard
Clairv. = Clairville
C., P. & G. = Cesati, Passerini & Gibelli
D. T. = Dalla Torre
D. T. & Sarnth. = Dalla Torre & Sarnthein
DC. = Augustin Pyramus de Candolle
Déségl. = Déséglise
Desf. = Desfontaines
Desp. = Desportes
Desr. = Desrousseaux
Desv. = Desvaux
Ehrh. = Ehrhart
Engelm. = Engelmann
G., M. & Sch. = Gaertner, Meyer & Scherbius
Gilib. = Gilibert
Godr. & Gren. = Godron & Grenier
Good. = Goodenough
Gren. = Grenier
Gren. & Godr. = Grenier & Godron
Griseb. = Grisebach
Guss. = Gussone
Hausskn. = Haussknecht
Hegetschw. = Hegetschweiler
Herrm. = Herrmann
Heynh. = Heynhold
Hochst. = Hochstetter
Hoffm. = Hoffmann
Hooker & Arn. = Hooker & Walker-Arnott
Hoppe & Hornsch. = Hoppe & Hornschuch
Hornem. = Hornemann
Jacq. = Jacquin
Kaltenb. = Kaltenbach
Kirschl. = Kirschleger
Kit. = Kitaibel
L. = Linné
Lam. = Lamarck
Lapeyr. = Lapeyrouse
Lehm. = J. G. C. Lehmann
Lej. & Court. = Lejeune & Courtois
Less. = Lessing
Lightf. = Lightfoot
Lodd. = Loddiges
Loisel. = Loiseleur
M. Bieb. = Marschall v. Bieberstein
M. & K. = Mertens & Koch
Maxim. = Maximowicz
Mühlenb. = Mühlenberg
N. & P. = Nägeli & Peter
Neilr. = Neilreich
P. B. = Palisot de Beauvois
Parl. = Parlatore
Perr. & Song. = Perrier & Songeon
Pers. = Persoon
Peterm. = Petermann
R. Br. = Robert Brown
R. & Sch. = Roemer & Schultes
Rabenh. = Rabenhorst
Rafin. = Rafinesque

Rchb. = H. G. L. Reichenbach
Retz. = Retzius
Rich. = C. L. Richard
Rottb. = Rottbœll
Rouy & Fouc. = Rouy & Foucaud
Rupr. = Ruprecht
Salisb. = Salisbury
Sam. = G. Samuelsson
Sch.-Bip. = Schultz-Bipontinus
Sch. & K. = Schinz & Keller
Sch. & Thell. = Schinz & Thellung
Schnizl. = Schnizlein
Scop. = Scopoli
Sebast. & Mauri = Sebastiani & Mauri
Ser. = Seringe
Shuttl. = Shuttleworth
Sibth. = Sibthorp
Sieb. & Zucc. = Siebold & Zuccarini
Sm. = J. E. Smith
Sternb. = Sternberg
Sw. = Swartz

Ten. = Tenore
Thell. = Thellung
Thuill. = Thuillier
Thunb. = Thunberg
Tratt. = Trattinnik
Trin. = Trinius
Turcz. = Turczaninow
Underw. = Underwood
Vel. = Velenovský
Vill. = Villars (Villar)
Viv. = Viviani
W. & N. = Weihe & Nees
Wahlenb. = Wahlenberg
Waldst. = Waldstein
Waldst. & Kit. = Waldstein & Kitaibel
Wettst. = Wettstein
Willd. = Willdenow
Willk. = Willkomm
Wimmer & Grab. = Wimmer & Grabowski
With. = Withering

Sonstige Abkürzungen und Zeichen

auct.	=	auctorum; bedeutet, daß der Name von mehreren späteren Autoren für eine andere Art als diejenige, auf die der ursprüngliche Autor abzielte, verwendet worden ist	id.	= idem, dasselbe
			incl.	= inclusive, einschließlich
			p. p.	= pro parte, zum Teil
			s. l.	= sensu latiore, im weiteren Sinne
			s. str.	= sensu strictiore, im engeren Sinne
em.	=	emendavit, hat verbessert	ssp.	= subspecies
f.	=	filius, Sohn	var.	= varietas
hort.	=	hortulanorum; bedeutet, daß es sich um einen im Gartenbau gebräuchlichen Namen handelt	Dep.	= Departement
			Arr.	= Arrondissement
			Terr.	= Territorium

Ein Stern (*) hinter der Nummer einer Pflanze bedeutet, daß die betreffende Pflanze in den Anmerkungen angeführt ist.
Das Zeichen ● in den Kopfleisten und Legenden trennt die Familien.

Autres abréviations et signes

adv.	=	adventice	id.	= idem, de même
auct.	=	auctorum; indique l'emploi, par plusieurs auteurs postérieurs, d'un nom pour une espèce autre que celle qu'a visée l'auteur primitif	incl.	= inclusif
			p. p.	= pro parte, en partie
			s. l.	= sensu latiore
			s. str.	= sensu strictiore
			ssp.	= subspecies
em.	=	emendavit, a modifié	var.	= varietas
f.	=	filius, fils	dép.	= département
hort.	=	hortulanorum; signifie qu'un nom est employé par les horticulteurs	arr.	= arrondissement
			terr.	= territoire

Un astérisque (*) après le numéro d'une plante signifie que la plante en question est mentionnée dans les Notes.
Le signe ● figurant en tête des pages et dans les légendes sépare les familles.

Bilderteil

Figures

1. Athyrium Filix-femina (L.) Roth – Gemeiner Waldfarn – *Athyrium Fougère femelle.* – **2. A. distentifolium** Tausch (A. alpestre Milde) – Alpen-W. – *A. alpestre.* – **3. Cystopteris montana** (Lam.) Desv. – Berg-Blasenfarn – *Cystoptéris des montagnes.* – **4. C. fragilis** (L.) Bernh. – Gemeiner B. – *C. fragile.* – **5. C. regia** (L.) Desv. (C. alpina Link) – Alpen-B. – *C. royal.* – **6. Dryopteris Phegopteris** (L.) Christensen (Aspidium Phegopteris Baumg., Lastrea Phegopteris Bory, Thelypteris Phegopteris Slosson) – Buchenfarn – *Dryoptéris Phégoptéris.*

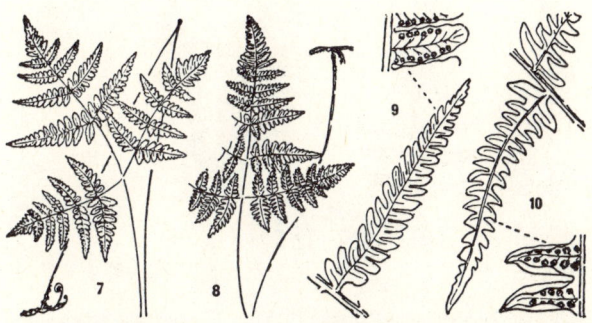

7. Dryopteris disjuncta (Rupr.) C. V. Morton (D. Linnæana Christensen, Aspidium Dryopteris Baumg., Lastrea Dryopteris Bory, Gymnocarpium Dryopteris Newman) – Eichenfarn – *Dryoptéris de Linné.* – **8. D. Robertiana** (Hoffm.) Christensen (A. Robertianum Luerssen, L. Robertiana Newman, G. Robertianum Newman) – Ruprechtsfarn – *D. Herbe à Robert.* – **9. D. limbosperma** (All.) Becherer (D. Oreopteris Maxon, A. montanum Asch., L. Oreopteris Desv., Thelypteris limbosperma H. P. Fuchs) – Berg-Wurmfarn – *D. des montagnes.* – **10. D. Thelypteris** (L.) A. Gray (A. Thelypteris Sw., L. Thelypteris Bory, Th. palustris Schott) – Sumpf-W. – *D. Thélyptéris, D. des marais.*

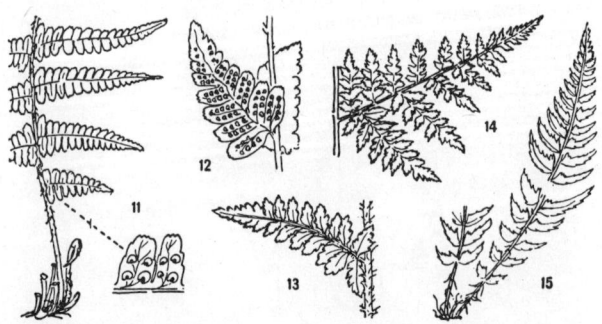

11*. Dryopteris Filix-mas (L.) Schott (Aspidium Filix-mas Sw.) – Gemeiner Wurmfarn – *Dryoptéris Fougère mâle.* – **12. D. cristata** (L.) A. Gray (A. cristatum Sw.) – Kammförmiger W. – *D. à crêtes.* – **13. D. Villarii** (Bell.) Woynar (A. rigidum Sw.) – Villars' W. – *D. de Villars, D. rigide.* – **14*. D. spinulosa** Watt (D. austriaca Woynar, A. spinulosum Sw.) – Stachliger W. – *D. d'Autriche.* – **15. Polystichum Lonchitis** (L.) Roth (Dryopteris Lonchitis O. Kuntze, A. Lonchitis Sw.) – Lanzenfarn – *Polystic en lance.*

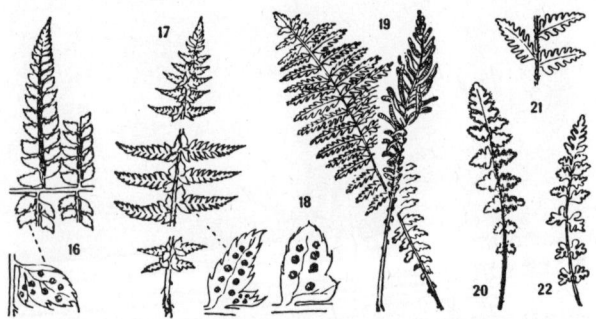

16. Polystichum setiferum (Forskål) Th. Moore (P. aculeatum Schott, Dryopteris setifera Woynar, Aspidium angulare Kit.) – Borstiger Schildfarn – *Polystic à dents sétacées.* – **17. P. lobatum** (Hudson) Chevallier (P. aculeatum Roth, D. lobata Sch. & Thell., A. lobatum Sw.) – Gelappter Sch. – *P. lobé.* – **18. P. Braunii** (Spenner) Fée (D. Braunii Underw., A. Braunii Spenner) – Alex. Brauns Sch. – *P. de Braun.* – **19. Matteuccia Struthiopteris** (L.) Todaro (Onoclea Struthiopteris Roth, Struthiopteris Filicastrum All., S. germanica Willd.) – Straußfarn – *Struthioptéris, Fougère Autruche.* – **20. Woodsia ilvensis** (L.) R. Br. ssp. **alpina** (Bolton) Asch. (W. hyperborea R. Br., W. alpina S. F. Gray) – Spreuschuppiger Wimperfarn – *Woodsia d'Elbe, W. méridional.* – **21. id.** ssp. **rufidula** (Michaux) Asch. (W. ilvensis R. Br. s. str.) – **22. W. glabella** R. Br. (W. pulchella Bertol.) – Kahler W. – *W. glabre.*

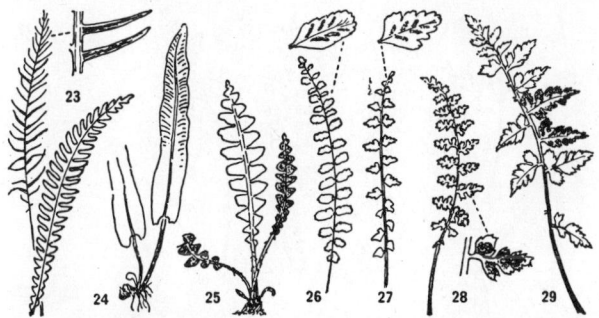

23. Blechnum Spicant (L.) Roth – Rippenfarn – *Blechnum Spicant.* – **24. Phyllitis Scolopendrium** (L.) Newman (Scolopendrium vulgare Sm.) – Hirschzunge – *Phyllitis Scolopendre, Langue de cerf.* – **25. Ceterach officinarum** DC. (Asplenium Ceterach L.) – Schriftfarn – *Cétérach officinal, Herbe dorée, Doradille.* – **26. Asplenium Trichomanes** L. – Braunstieliger Streifenfarn – *Asplénium Trichomanès, Capillaire rouge.* – **27. A. viride** Hudson – Grünstieliger S. – *A. à pétiole vert.* – **28. A. fontanum** Bernh. (A. Halleri DC.) – Hallers S. – *A. de Haller.* – **29. A. obovatum** Viv. em. Becherer (A. lanceolatum Hudson) var. **Billotii** (F. Schultz) Becherer (A. Billotii F. Schultz) – Billots S. – *A. de Billot.*

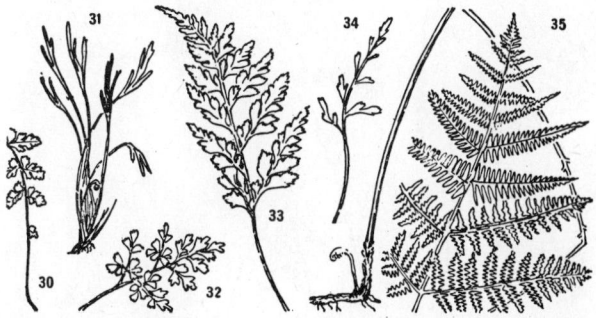

30. Asplenium foresiense Legrand (A. foresiacum Christ) – Französischer Streifenfarn – *Asplénium du Forez.* – **31. A. septentrionale** (L.) Hoffm. – Gabeliger S. – *A. septentrional.* – **32. A. Ruta-muraria** L. – Mauerraute – *A. Rue de muraille.* – **33*. A. Adiantum-nigrum** L. – Schwarzstieliger Streifenfarn – *A. Doradille noire.* – **34. A. Breynii** Retz. (A. germanicum auct., A. alternifolium Wulfen, A. septentrionale x Trichomanes) – Deutscher S. – *A. de Breyne, A. d'Allemagne.* – **35. Pteridium aquilinum** (L.) Kuhn (Eupteris aquilina Newman) – Adlerfarn – *Ptéridium Fougère impériale.*

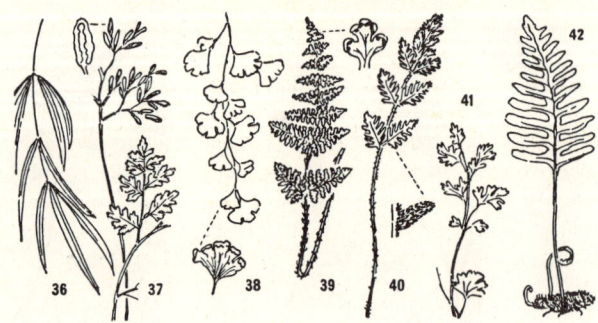

36. Pteris cretica L. – Saumfarn – *Ptéris de Crète.* – **37. Cryptogramma crispa** (L.) R. Br. (Allosorus crispus Roehling) – Rollfarn – *Cryptogramme crispée.* – **38. Adiantum Capillus-Veneris** L. – Venushaar – *Adiantum Cheveu de Vénus, Capillaire.* – **39*. Cheilanthes pteridioides** (Reichard) Christensen (Ch. fragrans Sw., Ch. odora Sw.) – Schuppenfarn – *Cheilanthès odorant.* – **40. Notholæna Marantæ** (L.) Desv. (Ch. Marantæ Domin) – Pelzfarn – *Notholéna de Maranta.* – **41. Anogramma leptophylla** (L.) Link (Gymnogramma leptophylla Desv.) – Nacktfarn – *Anogramme à feuilles minces.* – **42*. Polypodium vulgare** L. – Tüpfelfarn, Engelsüß – *Réglisse des bois.* ●

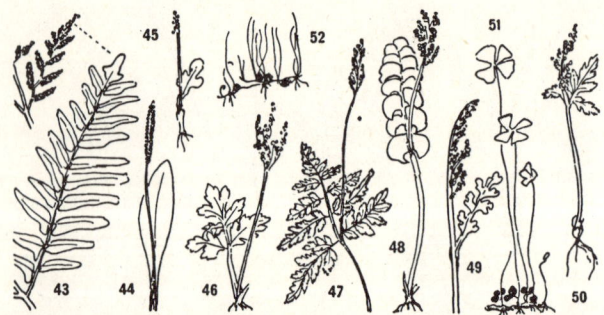

43. Osmunda regalis L. – Königsfarn – *Osmonde, Fougère royale.* ● **44. Ophioglossum vulgatum** L. – Natterzunge – *Ophioglosse vulgaire, Langue de serpent.* – **45. Botrychium simplex** E. Hitchcock – Einfache Mondraute – *Botrychium simple.* – **46. B. multifidum** (S. G. Gmelin) Rupr. (B. Matricariæ Sprengel, B. rutifolium A. Br.) – Vielspaltige M. – *B. multifide.* – **47. B. virginianum** (L.) Sw. – Virginische M. – *B. de Virginie.* – **48. B. Lunaria** (L.) Sw. – Gemeine M. – *B. Lunaire.* – **49. B. matricariifolium** (Retz.) A. Br. (B. ramosum Asch.) – Ästige M. – *B. à feuilles de Matricaire.* – **50. B. lanceolatum** (S. G. Gmelin) Ångström – Lanzettliche M. – *B. lancéolé.* ● **51. Marsilea quadrifolia** L. – Kleefarn – *Marsilée à quatre feuilles.* – **52. Pilularia globulifera** L. – Pillenfarn – *Pilulaire à globules.* ●

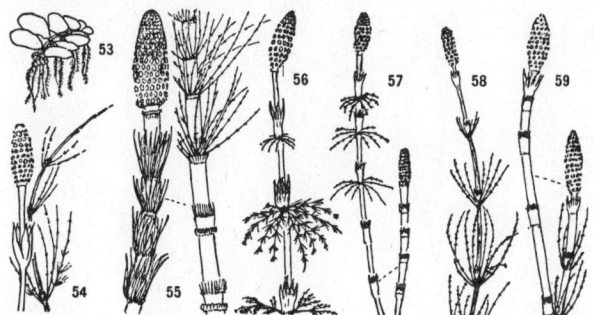

53*. Salvinia natans (L.) All. – Schwimmfarn – *Salvinie nageante.* ● **54. Equisetum arvense** L. – Acker-Schachtelhalm – *Prêle des champs.* – **55. E. Telmateia** Ehrh. (E. maximum auct.) – Riesen-Sch. – *P. géante.* – **56. E. silvaticum** L. – Wald-Sch. – *P. des bois.* – **57. E. pratense** Ehrh. – Wiesen-Sch. – *P. des prés.* – **58. E. palustre** L. – Sumpf-Sch. – *P. des marais.* – **59. E. fluviatile** L. em. Ehrh. (E. limosum L. em. Roth) – Schlamm-Sch. – *P. des eaux courantes.*

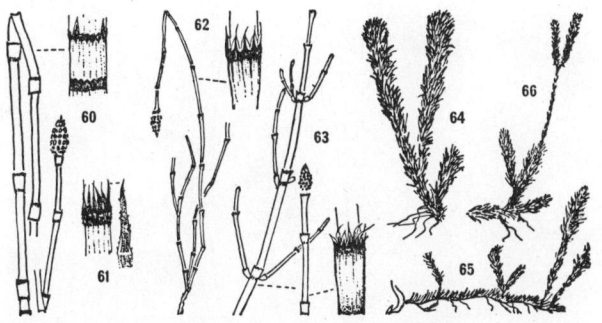

60. Equisetum hiemale L. – Überwinternder Schachtelhalm – *Prêle d'hiver.* – **61. E. trachyodon** A. Br. (E. hiemale x variegatum) – Rauhzähniger Sch. – *P. à dents rudes.* – **62. E. variegatum** Schleicher – Bunter Sch. – *P. panachée.* – **63. E. ramosissimum** Desf. – Ästiger Sch. – *P. rameuse.* ● **64. Lycopodium Selago** L. (Huperzia Selago Bernh.) – Tannen-Bärlapp – *Lycopode Sélagine.* – **65. L. inundatum** L. (Lepidotis inundata Börner, Lycopodiella inundata Holub) – Moor-B. – *L. inondé.* – **66. L. clavatum** L. – Keulenförmiger B. – *L. en massue.*

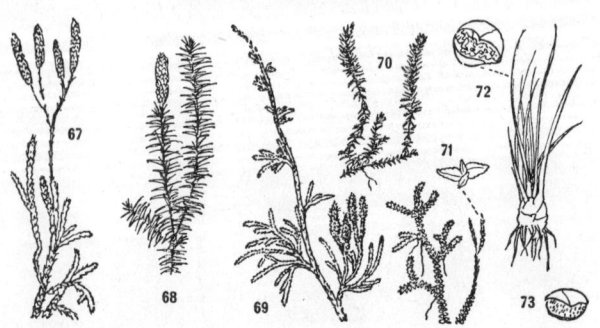

67*. Lycopodium complanatum L. (Diphasium complanatum Rothmaler) – Flachgedrückter Bärlapp – *Lycopode aplati.* – **68. L. annotinum** L. – Berg-B. – *L. à rameaux d'un an.* – **69. L. alpinum** L. (Diphasium alpinum Rothmaler) – Alpen-B. – *L. des Alpes.* ● **70. Selaginella Selaginoides** (L.) Link (S. spinulosa A. Br.) – Dorniger Moosfarn – *Sélaginelle Fausse Sélagine, S. spinuleuse.* – **71. S. helvetica** (L.) Link (Lycopodioides helveticum O. Kuntze) – Schweizerischer M. – *S. de Suisse.* ● **72. Isoëtes lacustris** L. – See-Brachsenkraut – *Isoète des lacs.* – **73. I. echinospora** Durieu (I. tenella Desv.) – Stachelsporiges B. – *I. à spores hérissées.* ●

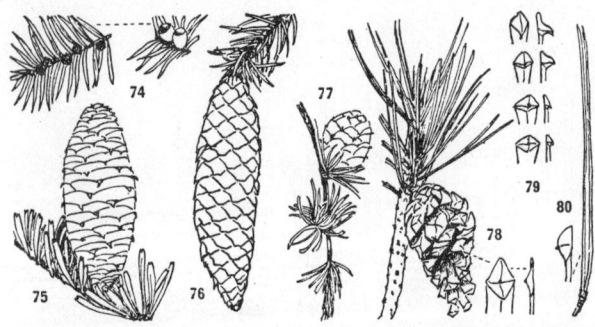

74. Taxus baccata L. – Eibe – *If.* ● **75. Abies alba** Miller (A. pectinata DC.) – Weißtanne, Edeltanne – *Sapin, Sapin blanc.* – **76. Picea Abies** (L.) H. Karsten (P. excelsa Link, P. vulgaris Link) – Rottanne, Fichte – *Epicéa, Pesse, Sapin rouge.* – **77. Larix decidua** Miller (L. europæa DC.) – Lärche – *Mélèze.* – **78. Pinus silvestris** L. – Wald-Föhre, Gemeine F., Dähle – *Pin sylvestre, Daille.* – **79. P. Mugo** Turra (P. montana Miller) – Berg-F., Leg-F. – *P. à crochet, P. de montagne.* – **80. P. nigricans** Host (P. nigra Arnold) – Schwarz-F. – *P. noir, P. d'Autriche.*

b = blanc, weiß; bl = bleu, blau; br = brun, braun; j = jaune, gelb; l = lila(s); n = noir, schwarz

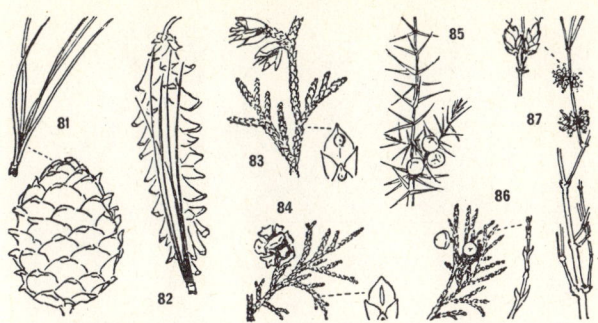

81. Pinus Cembra L. – Arve – *Arole.* – **82. P. Strobus** L. – Weymouth-Föhre – *Pin Weymouth.* ● **83. Thuja occidentalis** L. – Amerikanischer Lebensbaum – *Thuya d'Occident.* – **84. Th. orientalis** L. – Chinesischer L. – *T. d'Orient.* – **85*. Juniperus communis** L. – Wacholder – *Genévrier commun.* – **86. J. Sabina** L. – Sefistrauch, Sefi – *G. Sabine, Sabine.* ● **87*. Ephedra helvetica** C. A. Meyer (E. distachya L. ssp. helvetica Rouy) – Schweizerisches Meerträubchen – *Ephèdre de Suisse, Uvette.* ●

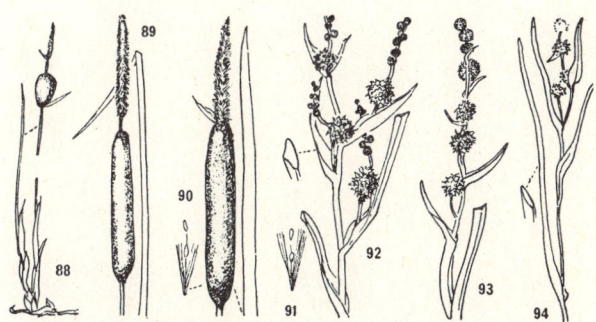

88. Typha minima Hoppe – Kleiner Rohrkolben – *Petite Massette.* – **89. T. angustifolia** L. – Schmalblättriger R. – *M. à feuilles étroites.* – **90. T. latifolia** L. – Breitblättriger R. – *M. à larges feuilles.* – **91. T. Shuttleworthii** Koch & Sonder – Shuttleworths R. – *M. de Shuttleworth.* ● **92*. Sparganium ramosum** Hudson (S. erectum L.) – Ästiger Igelkolben – *Rubanier rameux.* – **93. S. simplex** Hudson (S. emersum Rehmann) – Einfacher I. – *R. simple.* – **94. S. minimum** Wallroth – Kleiner I. – *R. nain.*

or = orange; p = pourpre, purpurn; r = rouge, rot; rs = rose, rosa; v = vert, grün; vi = violet(t)

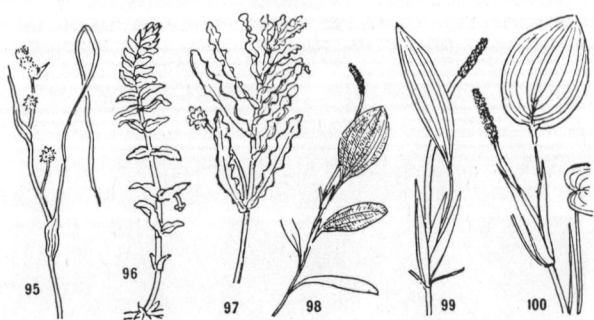

95. Sparganium angustifolium Michaux (S. affine Schnizl.) – Schmalblättriger Igelkolben – *Rubanier à feuilles étroites.* ● **96. Potamogeton densus** L. (Groenlandia densa Fourreau) – Dichtblättriges Laichkraut – *Potamot serré.* – **97. P. crispus** L. – Krauses L. – *P. crépu.* – **98. P. coloratus** Vahl – Gefärbtes L. – *P. coloré.* – **99. P. nodosus** Poiret (P. fluitans Roth) – Flutendes L. – *P. noueux.* – **100. P. natans** L. – Schwimmendes L. – *P. nageant.*

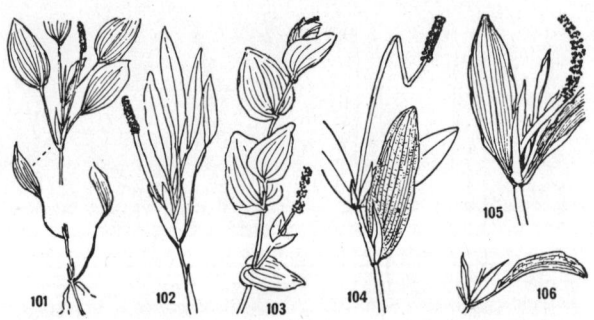

101. Potamogeton oblongus Viv. (P. polygonifolius auct.) – Knöterichblättriges Laichkraut – *Potamot à feuilles de Renouée.* – **102. P. alpinus** Balbis (P. rufescens Schrader) – Alpen-L. – *P. des Alpes.* – **103. P. perfoliatus** L. – Durchwachsenes L. – *P. perfolié.* – **104. P. prælongus** Wulfen – Langblättriges L. – *P. allongé.* – **105. P. lucens** L. – Glänzendes L. – *P. luisant.* – **106. P. angustifolius** J. Presl (P. Zizii Koch, P. gramineus x lucens) – Schmalblättriges L. – *P. à feuilles étroites.*

b = blanc, weiß; bl = bleu, blau; br = brun, braun; j = jaune, gelb; l = lila(s); n = noir, schwarz

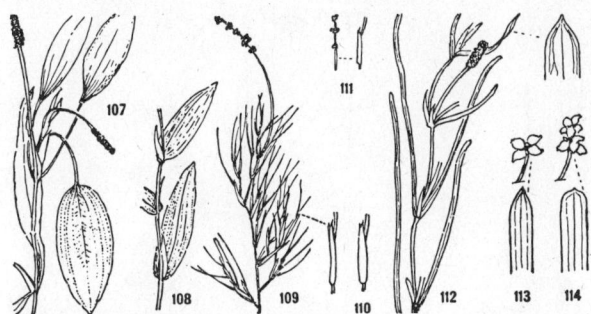

107. **Potamogeton gramineus** L. – Grasblättriges Laichkraut – *Potamot Graminée.* – 108. **P. nitens** Weber (P. gramineus x perfoliatus) – Schimmerndes L. – *P. brillant.* – 109. **P. pectinatus** L. – Kammförmiges L. – *P. pectiné.* – 110. **P. helveticus** (G. Fischer) W. Koch – Schweizerisches L. – *P. de Suisse.* – 111. **P. filiformis** Pers. – Fadenförmiges L. – *P. filiforme.* – 112. **P. compressus** L. – Plattstengliges L. – *P. aplati.* – 113. **P. acutifolius** Link – Spitzblättriges L. – *P. à feuilles aiguës.* – 114. **P. obtusifolius** M. & K. – Stumpfblättriges L. – *P. à feuilles obtuses.*

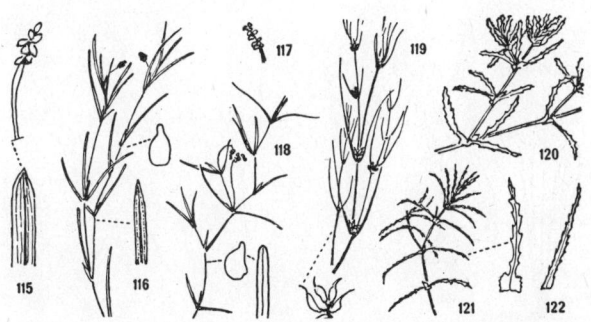

115. **Potamogeton Friesii** Rupr. (P. mucronatus Schrader) – Fries' Laichkraut – *Potamot de Fries, P. mucroné.* – 116. **P. pusillus** L. – Kleines L. – *P. fluet.* – 117. **P. panormitanus** Bivona – Palermer L. – *P. de Palerme.* – 118. **P. trichoides** Cham. & Schlecht. – Haarförmiges L. – *P. capillaire.* – 119. **Zannichellia palustris** L. – Teichfaden – *Zannichellie des marais.* ● 120. **Najas marina** L. (N. major All.) – Großes Nixenkraut – *Naïade marine.* – 121. **N. minor** All. – Kleines N. – *Petite N.* – 122. **N. flexilis** (Willd.) Rostkovius & Schmidt – Biegsames N. – *N. flexible.* ●

or = orange; p = pourpre, purpurn; r = rouge, rot; rs = rose, rosa; v = vert, grün; vi = violet(t)

12 *Juncaginaceæ 123, 124* ● *Alismataceæ 125–131* ● *Butomaceæ 132* ●
Hydrocharitaceæ 133–136 ●

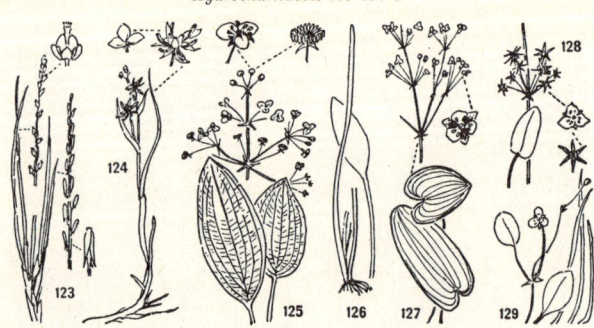

123. Triglochin palustre L. – Dreizack – *Troscart des marais;* vj. – **124. Scheuchzeria palustris** L. – Blumenbinse – *Scheuchzérie des marais;* vj. ●
125*. Alisma Plantago-aquatica L. – Gemeiner Froschlöffel – *Alisma Plantain, Plantain d'eau, Flûteau commun;* b, rs. – **126. A. gramineum** Lejeune (A. arcuatum Michalet) – Grasartiger F. – *A. Graminée;* b, rs. – **127. Caldesia parnassiifolia** (Bassi) Parl. – Caldesie – *Caldésie à feuilles de Parnassie;* b. – **128*. Damasonium Alisma** Miller (D. stellatum Thuill.) – Stern-Froschlöffel – *Damasonium Alisma, D. en étoile;* b. – **129*. Elisma natans** (L.) Buchenau – Froschkraut – *Elisma nageant;* b.

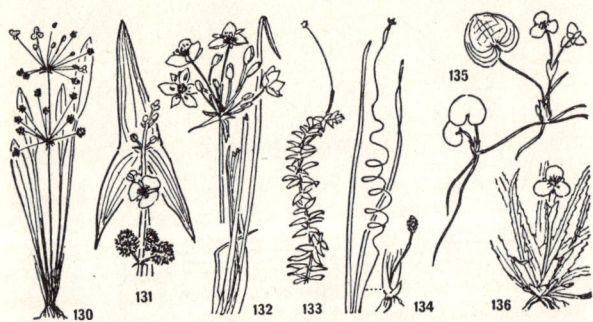

130. Echinodorus ranunculoides (L.) Engelm. (Baldellia ranunculoides Parl.) – Igelschlauch – *Echinodore Fausse Renoncule;* b, rs. – **131*. Sagittaria sagittifolia** L. – Gewöhnliches Pfeilkraut – *Sagittaire à feuilles en flèche;* b|p. ● **132. Butomus umbellatus** L. – Schwanenblume – *Butome en ombelle, Jonc fleuri;* rs. ● **133. Elodea canadensis** Michaux – Kanadische Wasserpest – *Elodéa du Canada, Peste d'eau.* – **134. Vallisneria spiralis** L. – Vallisnerie, Wasserschraube – *Vallisnérie en spirale;* rs. – **135. Hydrocharis Morsus-ranæ** L. – Froschbiß – *Hydrocharis des grenouilles, Morène;* b. – **136*. Stratiotes Aloides** L. – Wasserschere – *Stratiotès Faux Aloès;* b. ●

b=blanc, weiß; bl=bleu, blau; br=brun, braun; j=jaune, gelb; l=lila(s); n=noir, schwarz

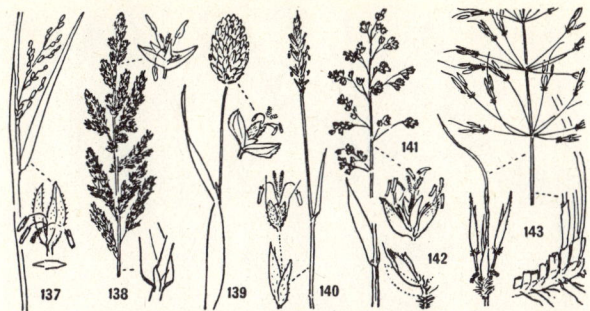

137. Oryza oryzoides (L.) Brand (O. clandestina A. Br., Leersia oryzoides Sw.) – Wilder Reis – *Oryza Faux Riz.* – **138. Phalaris arundinacea** L. (Typhoides arundinacea Moench) – Rohrglanzgras – *Phalaris (Alpiste) Roseau.* – **139. Ph. canariensis** L. – Kanariengras – *Ph. des Canaries.* – **140. Anthoxanthum odoratum** L. – Ruchgras – *Flouve odorante.* – **141. Hierochloë odorata** (L.) P. B. – Duftendes Mariengras – *Hiérochloé odorant.* – **142*. H. australis** (Schrader) R. & Sch. – Südliches M. – *H. méridional.* – **143. Andropogon Gryllus** L. (Chrysopogon Gryllus Trin.) – Goldbart – *Andropogon (Barbon) Grillon.*

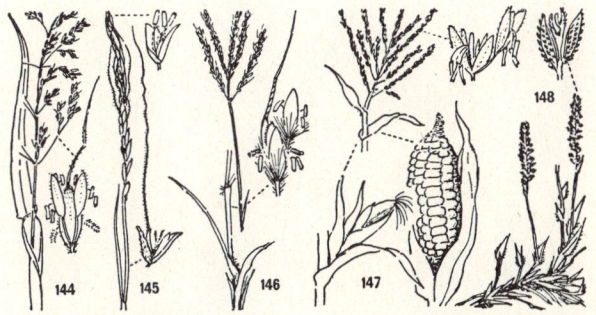

144. Andropogon halepensis (L.) Brot. (Sorghum halepense Pers.) – Aleppo-Mohrenhirse – *Andropogon (Barbon) d'Alep.* – **145. A. contortus** L. (Heteropogon contortus P.B.) – Gedrehtgranniges Bartgras – *A. tordu.* – **146. A. Ischæmum** L. (Bothriochloa Ischæmum Keng) – Gemeines B. – *A. Ischème, Pied de poule.* – **147. Zea Mays** L. – Mais, Welschkorn – *Maïs, Blé de Turquie.* – **148. Tragus racemosus** (L.) All. – Klettengras – *Bardanette racémeuse.*

or = orange; p = pourpre, purpurn; r = rouge, rot; rs = rose, rosa; v = vert, grün; vi = violet(t)

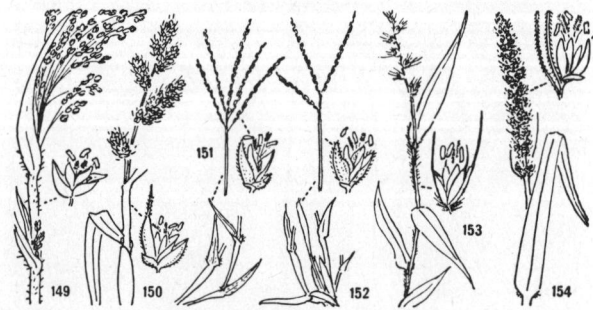

149*. Panicum miliaceum L. – Echte Hirse – *Panic Millet, Millet cultivé, Mil.* –
150. P. Crus-galli L. (Echinochloa Crus-galli P. B.) – Hühner-H. – *P. Pied de coq.* – **151. P. sanguinale** L. (Digitaria sanguinalis Scop.) – Blut-H. – *P. sanguin.* – **152. P. Ischæmum** Schreber (P. humifusum Kunth, P. lineare Krocker, D. Ischæmum Mühlenb., D. filiformis Kœler) – Niederliegende H. – *P. Ischème, P. couché.* – **153. Oplismenus undulatifolius** (Ard.) R. & Sch. – Grannenhirse – *Oplismène à feuilles ondulées.* – **154. Setaria verticillata** (L.) P. B. (S. panicea Sch. & Thell.) – Quirlige Borstenhirse – *Sétaire verticillée.*

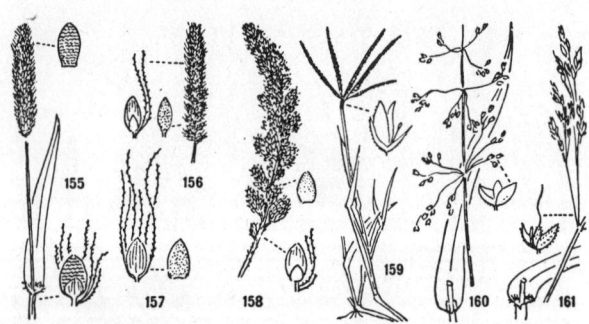

155. Setaria glauca (L.) P. B. – Graugrüne Borstenhirse – *Sétaire glauque.* – **156. S. decipiens** C. Schimper (S. ambigua Guss.) – Kurzborstige B. – *S. trompeuse.* – **157. S. viridis** (L.) P. B. – Grüne B. – *S. verte.* – **158. S. italica** (L.) P. B. – Kolbenhirse – *S. d'Italie, Millet des oiseaux.* – **159. Cynodon Dactylon** (L.) Pers. – Hundszahngras – *Cynodon Dactyle, Chiendent.* – **160. Milium effusum** L. – Waldhirse – *Millet étalé.* – **161*. Oryzopsis paradoxa** (L.) Nuttall – Grannenreis – *Oryzopsis paradoxa.*

b=blanc, weiß; bl=bleu, blau; br=brun, braun; j=jaune, gelb; l=lila(s); n=noir, schwarz

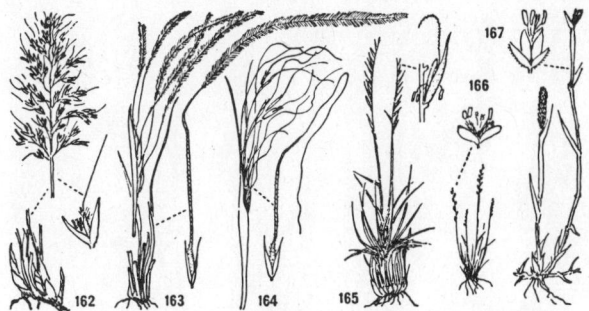

162. Stipa Calamagrostis (L.) Wahlenb. (Lasiagrostis Calamagrostis Link, Achnatherum Calamagrostis P. B.) – Rauhgras – *Stipe Calamagrostide.* – **163*. S. pennata** L. – Federgras – *S. pennée, Plumet.* – **164. S. capillata** L. – Haar-Pfriemengras – *S. chevelue.* – **165. Nardus stricta** L. – Borstgras – *Nard raide.* – **166*. Mibora minima** (L.) Desv. – Zwerggras – *Mibora nain.* – **167*. Heleochloa alopecuroides** (Piller & Mitterspacher) Host (Crypsis alopecuroides Schrader) – Fuchsschwanz-Sumpfgras – *Héléochloa Faux Vulpin.*

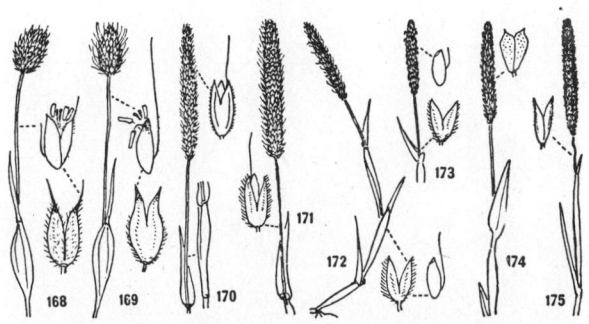

168*. Alopecurus Gerardi Vill. (Colobachne Gerardi Link) – Gérards Fuchsschwanz – *Vulpin de Gérard.* – **169. A. utriculatus** (L.) Solander – Weitscheidiger F. – *V. utriculé.* – **170. A. myosuroides** Hudson (A. agrestis L.) – Acker-F. – *V. des champs.* **171. A. pratensis** L. – Wiesen-F. – *V. des prés.* – **172. A. geniculatus** L. – Geknieter F. – *V. genouillé.* – **173. A. æqualis** Sobolewsky (A. fulvus Sm.) – Rotgelber F. – *V. fauve.* – **174. Phleum paniculatum** Hudson (Ph. asperum Jacq.) – Rispiges Lieschgras – *Fléole paniculée.* – **175. Ph. phleoides** (L.) H. Karsten (Ph. Bœhmeri Wibel) – Glanz-L. – *F. Fausse Fléole.*

or = orange; p = pourpre, purpurn; r = rouge, rot; rs = rose, rosa; v = vert, grün; vi = violet(t)

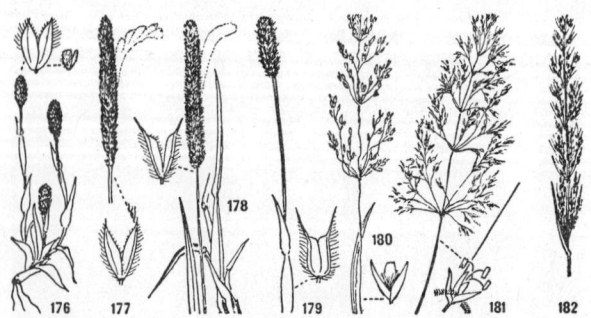

176*. Phleum arenarium L. – Sand-Lieschgras – *Fléole des sables*. – **177. Ph. hirsutum** Honckeny (Ph. Michelii All.) – Michelis L. – *F. hérissée*. – **178*. Ph. pratense** L. – Wiesen-L., Timotheusgras – *F. des prés*. – **179*. Ph. alpinum** L. – Alpen-L. – *F. des Alpes*. – **180. Agrostis Schraderiana** Becherer (A. tenella R. & Sch., Calamagrostis tenella Link) – Zartes Straußgras – *Agrostide fluette*. – **181. A. Spica-venti** L. (Apera Spica-venti P. B.) – Gemeiner Windhalm – *A. Jouet du vent*. – **182. A. interrupta** L. (Apera interrupta P. B.) – Unterbrochener W. – *A. interrompue*.

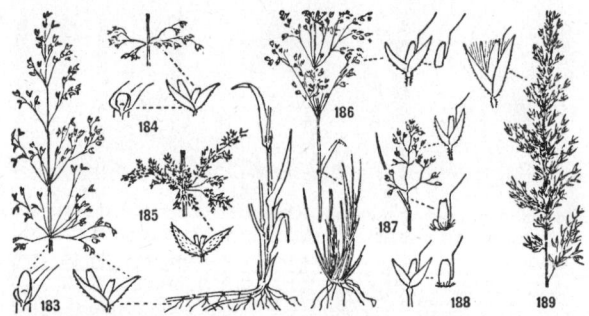

183*. Agrostis alba L. – Fioringras – *Agrostide blanche, Fiorin*. – **184. A. tenuis** Sibth. (A. capillaris auct., A. vulgaris With.) – Gemeines Straußgras – *A. capillaire*. – **185*. A. viridis** Gouan (A. semiverticillata Christensen, A. verticillata Vill., Polypogon viridis Breistr.) – Halbwirteliges S. – *A. demi-verticillée*. – **186. A. canina** L. – Sumpf-S. – *A. canine*. – **187*. A. alpina** Scop. – Alpen-S. – *A. des Alpes*. – **188. A. rupestris** All. – Felsen-S. – *A. des rochers*. – **189. Calamagrostis varia** (Schrader) Host (C. montana DC.) – Buntes Reitgras – *Calamagrostide bigarrée*.

b = blanc, weiß; bl = bleu, blau; br = brun, braun; j = jaune, gelb; l = lila(s); n = noir, schwarz

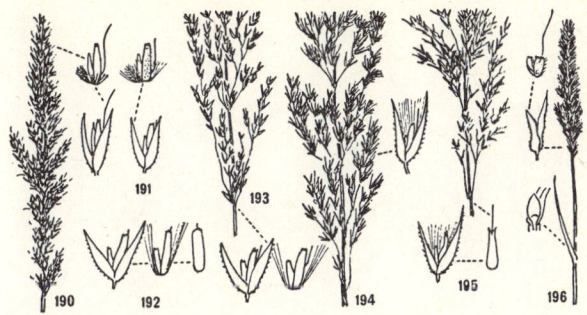

190. Calamagrostis arundinacea (L.) Roth (C. silvatica DC.) – Rohr-Reitgras – *Calamagrostide Roseau.* – **191*. C. neglecta** (Ehrh.) G., M. & Sch. (C. stricta Kœler) – Moor-R. – *C. méconnue.* – **192. C. lanceolata** Roth (C. canescens Roth em. Druce) – Lanzettliches R. – *C. lancéolée.* – **193. C. villosa** (Chaix) J. F. Gmelin (C. Halleriana P.B.) – Wolliges R. – *C. velue.* – **194. C. Epigeios** (L.) Roth – Gemeines R. – *C. Epigéios, C. commune.* – **195. C. Pseudophragmites** (Haller f.) Kœler (C. litorea P.B.) – Schilfähnliches R. – *C. Faux Roseau.* – **196*. Gastridium ventricosum** (Gouan) Sch. & Thell. (G. lendigerum Gaudin) – Nissegras – *Gastridie ventrue.*

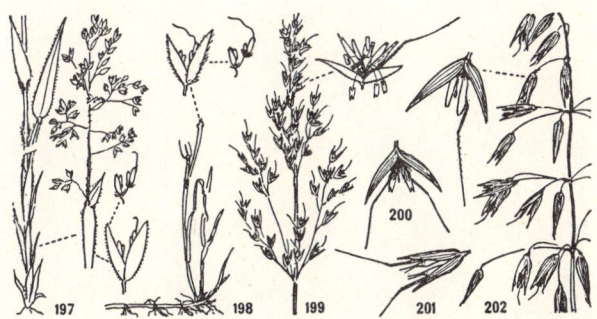

197. Holcus lanatus L. – Wolliges Honiggras – *Houque laineuse.* – **198. H. mollis** L. – Weiches H. – *H. molle.* – **199. Arrhenatherum elatius** (L.) J. & C. Presl – Glatthafer, Französisches Raygras, Fromental – *Fromental élevé.* – **200. Avena fatua** L. – Flug-Hafer – *Avoine folle.* – **201. A. strigosa** Schreber – Rauh H. – *A. maigre.* – **202. A. sativa** L. – Rispen-H., Hafer – *A. cultivée.*

or = orange; p = pourpre, purpurn; r = rouge, rot; rs = rose, rosa; v = vert, grün; vi = violet(t)

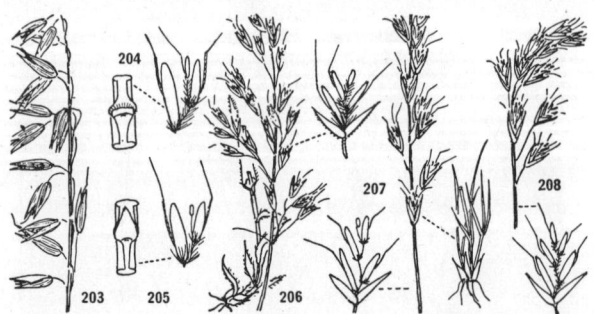

203. Avena orientalis Schreber (A. contracta Neilr.) – Fahnen-Hafer – *Avoine d'Orient, A. de Hongrie.* – **204*. A. montana** Vill. (Helictotrichon montanum Pilger) – Berg-H. – *A. des montagnes.* – **205*. A. Parlatorei** Woods (H. Parlatorei Pilger) – Parlatores H. – *A. de Parlatore.* – **206. A. pubescens** Hudson (H. pubescens Pilger) – Weichhaariger H. – *A. pubescente.* – **207. A. pratensis** L. (H. pratense Pilger) – Wiesen-H. – *A. des prés.* – **208. A. versicolor** Vill. (H. versicolor Pilger) – Bunt-H. – *A. bigarrée.*

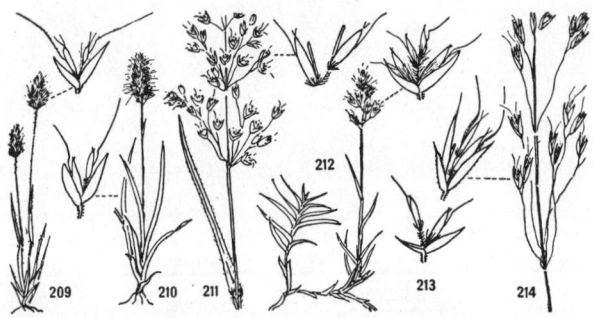

209. Trisetum Cavanillesii Trin. (T. Gaudinianum Boissier) – Cavanilles' Grannenhafer – *Trisète de Cavanillès.* – **210. T. spicatum** (L.) Richter (T. subspicatum P. B.) – Ähriger G. – *T. en épi.* – **211. T. flavescens** (L.) P. B. – Goldhafer – *T. jaunâtre, Avoine dorée.* – **212. T. distichophyllum** (Vill.) P. B. – Zweizeiliger Grannenhafer – *T. distique.* – **213*. T. argenteum** (Willd.) R. & Sch. – Silber-G. – *T. argenté.* – **214*. Ventenata dubia** (Leers) Cosson (V. avenacea Kœler) – Schmielenhafer – *Venténata douteux.*

b = blanc, weiß; bl = bleu, blau; br = brun, braun; j = jaune, gelb; l = lila(s); n = noir, schwarz

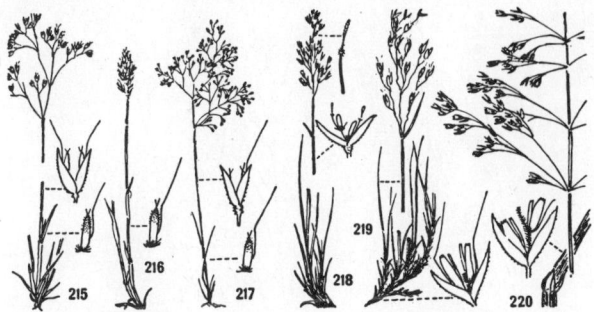

215. **Aira caryophyllea** L. – Nelken-Schmiele – *Aïra caryophyllé.* – **216*. A. præcox** L. – Frühe Sch. – *A. précoce.* – **217. A. elegans** Willd. (A. capillaris Host) – Zierliche Sch. – *A. élégant.* – **218*. Corynephorus canescens** (L.) P. B. (Aira canescens L., Weingærtneria canescens Bernh.) – Silbergras – *Corynéphore blanchâtre.* – **219. Deschampsia flexuosa** (L.) Trin. (Avenella flexuosa Parl.) – Waldschmiele, Drahtschmiele – *Canche flexueuse.* – **220*. D. cæspitosa** (L.) P. B. – Rasenschmiele – *C. gazonnante.*

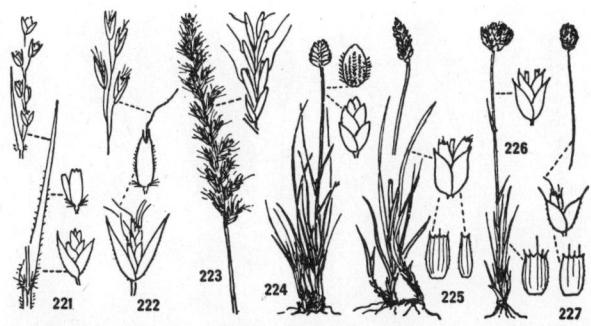

221. **Sieglingia decumbens** (L.) Bernh. (Danthonia decumbens DC.) – Dreizahn – *Sieglingie décombante.* – **222. Danthonia provincialis** DC. (D. calycina Rchb.) – Traubenhafer – *Danthonie de Provence.* – **223. Gaudinia fragilis** (L.) P. B. – Ährenhafer – *Gaudinie fragile.* – **224. Sesleria disticha** (Wulfen) Pers. (Oreochloa disticha Link) – Zweizeilige Seslerie – *Seslérie distique.* – **225. S. cœrulea** (L.) Ard. (S. calcaria Opiz, S. varia Wettst.) – Blaue S., Blaugras – *S. bleuâtre.* – **226. S. sphærocephala** Ard. var. **Wulfeniana** (Jacq.) A. & G. (S. leucocephala DC.) – Kugelköpfige S. – *S. à tête ronde;* b. – **227*. S. ovata** (Hoppe) Kerner (S. microcephala DC.) – Kleinköpfige S. – *S. ovoïde.*

or = orange; p = pourpre, purpurn; r = rouge, rot; rs = rose, rosa; v = vert, grün; vi = violet(t)

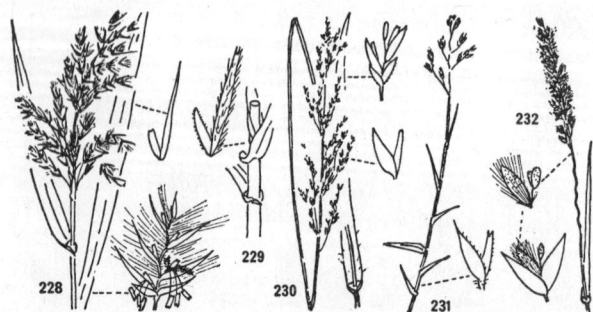

228. Phragmites australis (Cav.) Trin. (Ph. communis Trin.) – Schilf – *Roseau commun.* – **229*. Scolochloa Donax** (L.) Gaudin (Arundo Donax L.) – Pfahlrohr, Riesenschilf – *Scolochloa Donax, Grand Roseau.* – **230*. Molinia cœrulea** (L.) Mœnch – Pfeifengras, Besenried – *Molinie bleue, Canche bleue.* – **231. Diplachne serotina** (L.) Link (Cleistogenes serotina Keng) – Steifhalm – *Diplachné tardif.* – **232. Melica ciliata** L. – Gewimpertes Perlgras – *Mélique ciliée.*

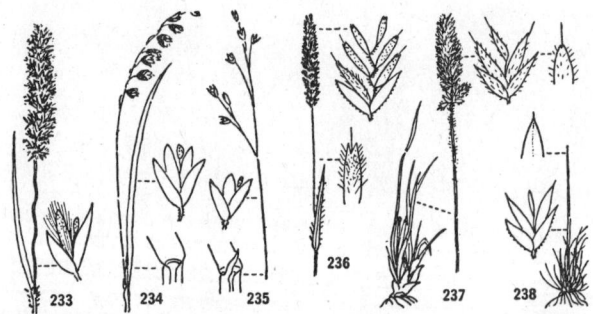

233. Melica transsilvanica Schur – Siebenbürgisches Perlgras – *Mélique de Transylvanie.* – **234. M. nutans** L. – Nickendes P. – *M. penchée.* – **235. M. uniflora** Retz. – Einblütiges P. – *M. uniflore.* – **236*. Kœleria phleoides** (Vill.) Pers. – Lieschgrasähnliche Kammschmiele – *Kœlérie Fausse Fléole.* – **237. K. hirsuta** (DC.) Gaudin – Behaarte K. – *K. hérissée.* – **238*. K. cenisia** P. Reverchon (K. brevifolia Reuter, K. Reuteri Rouy) – Mont-Cenis-K. – *K. du Mont Cenis.*

b = blanc, weiß; bl = bleu, blau; br = brun, braun; j = jaune, gelb; l = lila(s); n = noir, schwarz

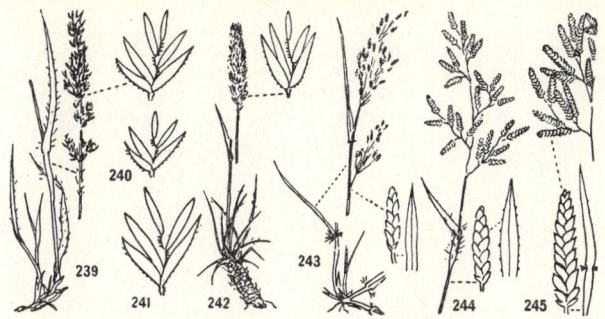

239*. Kœleria cristata (L.) Pers. – Gemeine Kammschmiele, Schillergras – *Kœlérie à crête*. – **240. id.** ssp. **gracilis** (Pers.) A. & G. (K. gracilis Pers., K. macrantha Sprengel). – **241*. K. splendens** Presl – Glänzende K. – *K. brillante*. – **242. K. vallesiana** (Honckeny) A. & G. (K. valesiaca Gaudin) – Walliser K. – *K. du Valais*. – **243. Eragrostis pilosa** (L.) P. B. – Behaartes Liebesgras – *Eragrostide poilue*. – **244. E. minor** Host (E. pooides P. B.) – Kleines L. – *Petite E.* – **245. E. megastachya** (Kœler) Link (E. cilianensis Vignolo-Lutati, E. major Host) – Großähriges L. – *Grande E.*

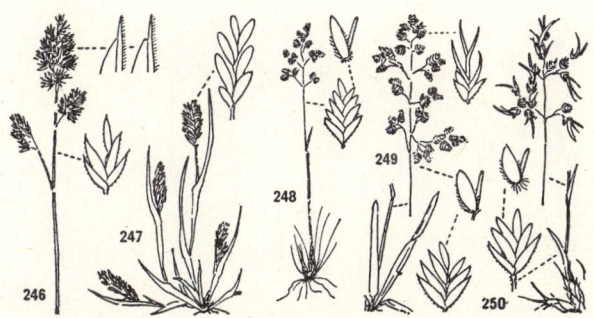

246*. Dactylis glomerata L. – Knäuelgras – *Dactyle aggloméré*. – **247. Sclerochloa dura** (L.) P. B. – Hartgras – *Sclérochloa ferme*. – **248. Poa carniolica** Hladnik & Graf (P. concinna Gaudin) – Niedliches Rispengras – *Paturin de Carniole, P. mignon*. – **249*. P. alpina** L. – Alpen-R., Romeie – *P. des Alpes*. – **250. P. bulbosa** L. – Knolliges R. – *P. bulbeux*.

or = orange; p = pourpre, purpurn; r = rouge, rot; rs = rose, rosa; v = vert, grün; vi = violet(t)

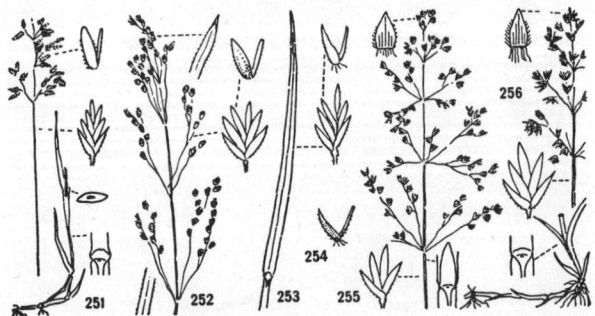

251. Poa compressa L. – Plattes Rispengras – *Paturin comprimé.* – **252. P. Chaixii** Vill. (P. sudetica Haenke) – Chaix' R. – *P. de Chaix.* – **253. P. hybrida** Gaudin – Bastard-R. – *P. hybride.* – **254. P. remota** Forselles – Entferntähriges R. – *P. à épis espacés.* – **255*. P. trivialis** L. – Gemeines R. – *P. commun.* – **256. P. pratensis** L. – Wiesen-R. – *P. des prés.*

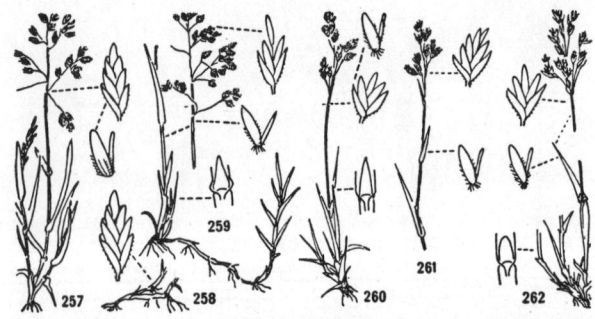

257. Poa annua L. – Einjähriges Rispengras, Spitzgras – *Paturin annuel.* – **258. P. supina** Schrader (P. annua L. ssp. varia Gaudin) – Lager-R. – *P. couché.* – **259. P. cenisia** All. (P. distichophylla Gaudin) – Mont-Cenis-R. – *P. du Mont Cenis.* – **260. P. laxa** Haenke – Schlaffes R. – *P. lâche.* – **261. P. minor** Gaudin – Kleines R. – *P. nain.* – **262. P. glauca** Vahl (P. cæsia Sm.) – Blaugrünes R. – *P. bleuâtre.*

b=blanc, weiß; bl=bleu, blau; br=brun, braun; j=jaune, gelb; l=lila(s); n=noir, schwarz

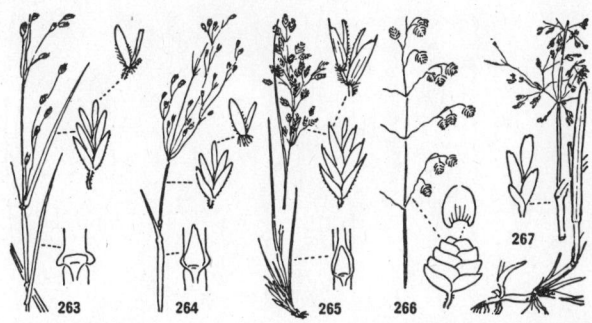

263. **Poa nemoralis** L. – Hain-Rispengras – *Paturin des bois*. – 264. **P. palustris** L. – Sumpf-R. – *P. des marais*. – 265. **P. violacea** Bell. (Festuca pilosa Haller f.) – Violettes R. – *P. violacé*. – 266. **Briza media** L. – Zittergras – *Brize intermédiaire, Amourette*. – 267. **Catabrosa aquatica** (L.) P. B. – Quellgras – *Catabrosa aquatique*.

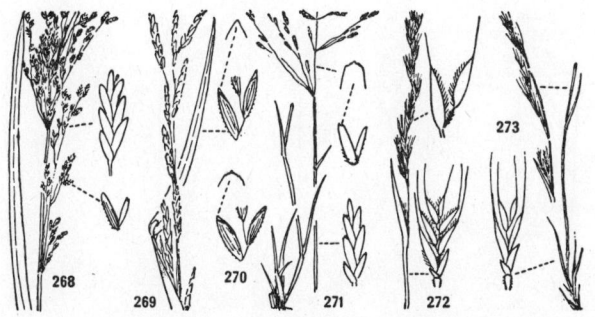

268. **Glyceria maxima** (Hartman) Holmberg (G. aquatica Wahlenb.) – Großes Süßgras – *Glycérie aquatique*. – 269. **G. fluitans** (L.) R. Br. – Flutendes S. – *G. flottante*. – 270*. **G. plicata** Fries – Faltiges S. – *G. plissée*. 271. **Puccinellia distans** (Jacq.) Parl. (Atropis distans Griseb.) – Salzgras – *Puccinellie distante*. – 272. **Vulpia ciliata** Dumortier – Bewimperter Federschwingel – *Vulpie ciliée*. – 273. **V. Myuros** (L.) Gmelin – Mäuse-F. – *V. Queue de rat*.

or = orange; p = pourpre, purpurn; r = rouge, rot; rs = rose, rosa; v = vert, grün; vi = violet(t)

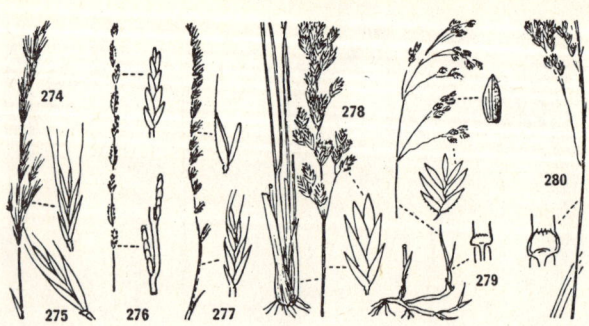

274. Vulpia bromoides (L.) S. F. Gray – Trespen-Federschwingel – *Vulpie Faux Brome.* – **275*. V. ligustica** (All.) Link – Ligurischer F. – *V. de Ligurie.* – **276. Festuca festucoides** (Bertol.) Becherer (F. Lachenalii Spenner, Nardurus Lachenalii Godron) – Lachenals Schwingel – *Fétuque Fausse Fétuque, F. de Lachenal.* – **277. F. maritima** L. (N. maritimus Murbeck) – Strand-Sch. – *F. maritime.* – **278. F. paniculata** (L.) Sch. & Thell. (F. spadicea L., F. aurea Lam.) – Gold-Sch. – *F. paniculée, F. dorée.* – **279. F. pulchella** Schrader – Niedlicher Sch. – *F. jolie.* – **280*. F. spectabilis** Jan (F. Sieberi Tausch, F. nemorosa Fritsch) – Ostalpiner Sch. – *F. des Alpes orientales.*

281. Festuca gigantea (L.) Vill. – Riesen-Schwingel – *Fétuque géante.* – **282. F. altissima** All. (F. silvatica Vill.) – Wald-Sch. – *F. des bois.* – **283. F. pratensis** Hudson – Wiesen-Sch. – *F. des prés.* – **284. F. arundinacea** Schreber – Rohr-Sch. – *F. Faux Roseau.* – **285. F. varia** Haenke – Bunt-Sch. – *F. bigarrée.*

b = blanc, weiß; bl = bleu, blau; br = brun, braun; j = jaune, gelb; l = lila(s); n = noir, schwarz

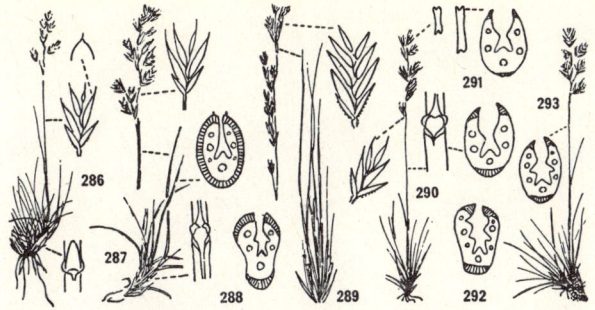

286. Festuca pumila Chaix – Niedriger Schwingel – *Fétuque naine.* – **287*. F. ovina** L. – Schaf-Sch. – *F. ovine.* – **288. F. valesiaca** Gaudin – Walliser Sch. – *F. du Valais.* – **289. F. amethystina** L. – Amethystblauer Sch. – *F. couleur améthyste.* – **290. F. alpina** Suter – Alpen-Sch. – *F. des Alpes.* – **291. F. rupicaprina** (Hackel) Kerner – Gemsen-Sch. – *F. des chamois.* – **292. F. stenantha** (Hackel) Richter – Schmalblütiger Sch. – *F. à fleurs étroites.* – **293. F. Halleri** All. – Hallers Sch. – *F. de Haller.*

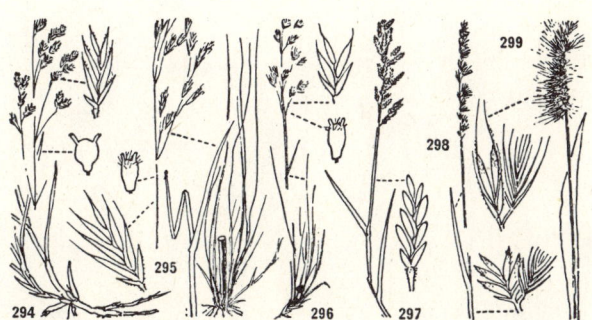

294. Festuca rubra L. – Rot-Schwingel – *Fétuque rouge.* – **295. F. heterophylla** Lam. – Verschiedenblättriger Sch. – *F. à feuilles de deux sortes.* – **296. F. violacea** Gaudin – Violetter Sch. – *F. violacée.* – **297. Scleropoa rigida** (L.) Griseb. (Catapodium rigidum C. E. Hubbard s. str.) Steifgras – *Scléropoa raide.* – **298. Cynosurus cristatus** L. – Gemeines Kammgras – *Cynosure (Crételle) à crête, C. des prés.* – **299. C. echinatus** L. – Stachliges K. – *C. hérissée.*

---

or = orange; p = pourpre, purpurn; r = rouge, rot; rs = rose, rosa; v = vert, grün; vi = violet(t)

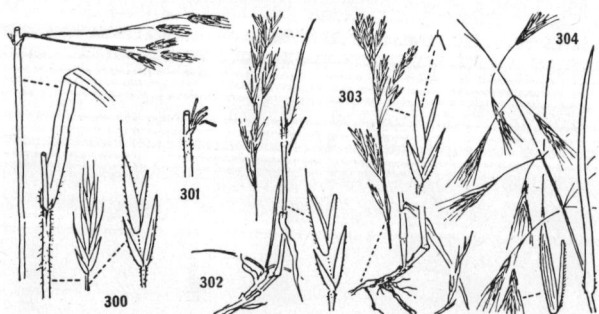

300. Bromus ramosus Hudson (B. serotinus Beneken) – Ästige Trespe – *Brome rameux*. – **301. B. Benekeni** (Lange) Trimen (B. asper Beneken) – Benekens T. – *B. de Beneken, B. rude*. – **302*. B. erectus** Hudson – Aufrechte T., Burstgras – *B. dressé*. – **303. B. inermis** Leyser – Grannenlose T. – *B. sans arêtes*. – **304. B. sterilis** L. – Taube T. – *B. stérile*.

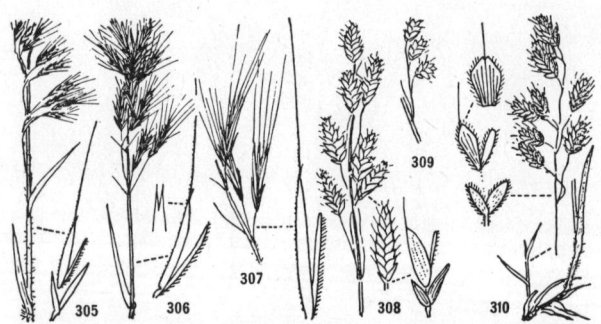

305. Bromus tectorum L. – Dach-Trespe – *Brome des toits*. – **306*. B. madritensis** L. – Madrider T. – *B. de Madrid*. – **307*. B. rigidus** Roth (B. maximus Desf.) – Steife T. – *B. raide*. – **308. B. grossus** Desf. (B. multiflorus Sm.) – Dickährige T. – *B. volumineux*. – **309. B. secalinus** L. – Roggen-T. – *B. Faux Seigle*. – **310. B. hordeaceus** L. (B. mollis L.) – Weiche T. – *B. Fausse Orge, B. mou*.

b=blanc, weiß; bl=bleu, blau; br=brun, braun; j=jaune, gelb; l=lila(s); n=noir, schwarz

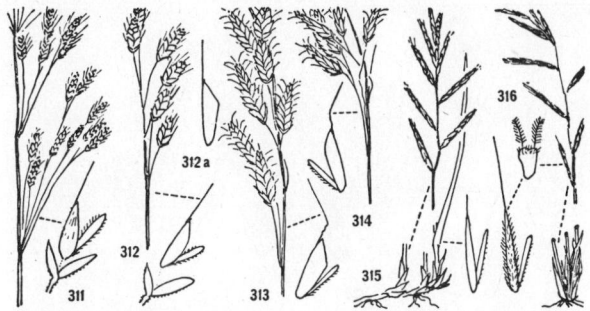

311. **Bromus arvensis** L. – Acker-Trespe – *Brome des champs*. – 312. **B. racemosus** L. – Traubige T. – *B. en grappe*. – 312a. **B. commutatus** Schrader (B. pratensis Ehrh.) – Verwechselte T. – *B. confondu*. – 313. **B. squarrosus** L. – Sparrige T. – *B. raboteux*. – 314. **B. japonicus** Thunb. – Japanische T. – *B. du Japon*. – 315. **Brachypodium pinnatum** (L.) P. B. – Gefiederte Zwenke – *Brachypode penné*. – 316. **B. silvaticum** (Hudson) P. B. – Wald-Z. – *B. des bois*.

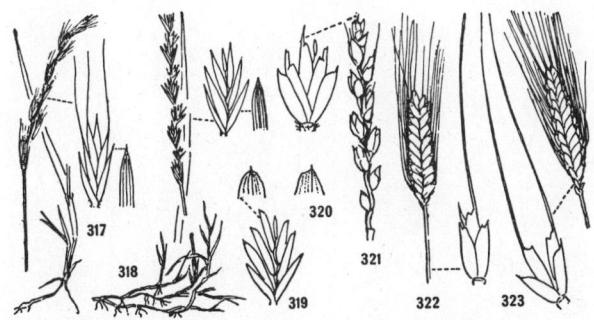

317. **Agropyron caninum** (L.) P. B. – Hunds-Quecke – *Chiendent des chiens*. – 318. **A. repens** (L.) P. B. – Kriechende Q. – *Ch. rampant*. – 319. **A. litorale** Dumortier (A. pycnanthum Gren. & Godr., A. litoreum O. Schwarz, A. pungens R. & Sch.) – Strand-Q. – *Ch. des rivages*. – 320. **A. intermedium** (Host) P. B. (A. glaucum R. & Sch.) – Graugrüne Q. – *Ch. intermédiaire*. – 321. **Triticum Spelta** L. – Spelz, Korn, Dinkelweizen – *Grand Epeautre, Epeautre*. – 322. **T. monococcum** L. – Einkorn, Eicher – *Petit Epeautre, Ingrain*. – 323. **T. dicoccon** Schrank – Emmer – *Amidonnier*.

or = orange; p = pourpre, purpurn; r = rouge, rot; rs = rose, rosa; v = vert, grün; vi = violet(t)

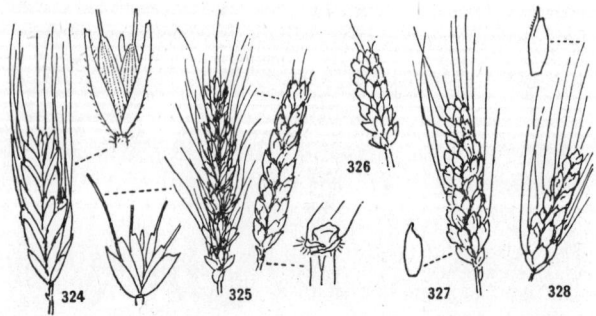

324. Triticum polonicum L. – Polnischer Weizen – *Blé de Pologne*. – **325. T. vulgare** Vill. – Gewöhnlicher W., Saat-W. – *Froment, B. ordinaire*. – **326. T. compactum** Host – Zwerg-W. – *B. compact*. – **327 T. turgidum** L. – Englischer W. – *Gros B., B. poulard.* – **328. T. durum** Desf. – Hart-W., Glas-W. – *B. dur*.

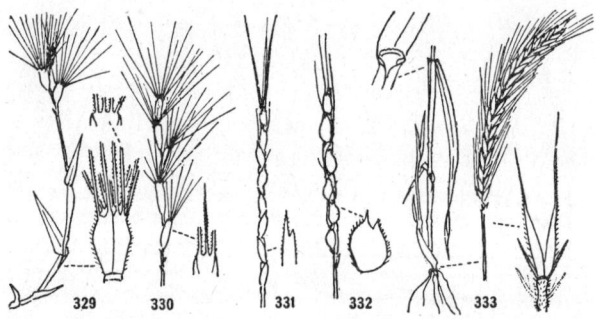

329*. Ægilops ovata L. (Triticum ovatum Raspail) – Eiförmiger Walch – *Egilope ovoïde*. – **330*. Æ. triuncialis** L. (T. triunciale Raspail) – Dreizölliger W. – *E. long de trois pouces*. – **331*. Æ. cylindrica** Host (T. cylindricum C., P. & G.) – Walzenförmiger W. – *E. cylindrique*. – **332*. Æ. ventricosa** Tausch (T. ventricosum C., P. & G.) – Bauchiger W. – *E. ventru*. – **333. Secale cereale** L. – Roggen – *Seigle*.

b=blanc, weiß; bl=bleu, blau; br=brun, braun; j=jaune, gelb; l=lila(s); n=noir, schwarz

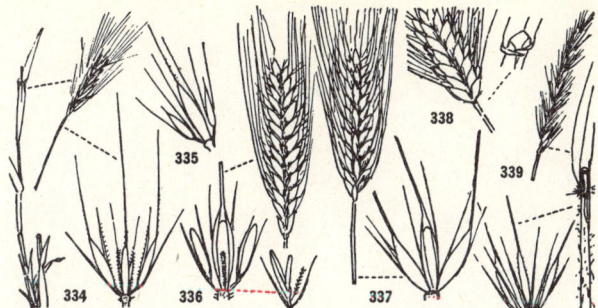

334. Hordeum murinum L. – Mäuse-Gerste – *Orge des rats.* – **335. H. nodosum** L. (H. pratense Hudson, H. secalinum Schreber) – Knotige G. – *O. noueuse.* – **336. H. distichon** L. – Zweizeilige G. – *O. à deux rangs.* – **337. H. vulgare** L. ssp. **hexastichon** (L.) Arcangeli – Sechszeilige G.-*O. à six rangs.* – **338. id.** ssp. **polystichon** (Haller f.) Sch. & K. – Vierzeilige G. – *O. à quatre rangs.* – **339. Elymus europæus** L. (Hordelymus europæus Harz) – Haargerste – *Elyme d'Europe.*

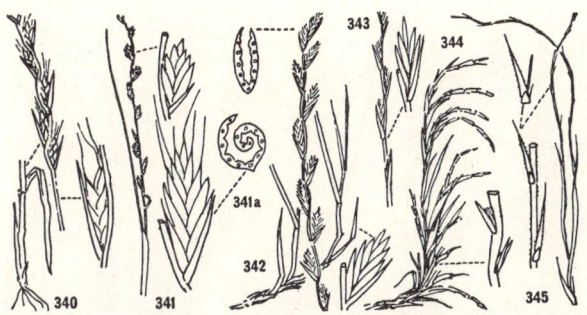

340. Lolium temulentum L. – Taumel-Lolch – *Ivraie enivrante.* – **341. L. remotum** Schrank (L. linicola A. Br.) – Flachs-L. – *L. des champs de Lin.* – **341a. L. multiflorum** Lam. (L. italicum A. Br.) – Italienisches Raygras – *I. à fleurs nombreuses, Ray-grass d'Italie.* – **342. L. perenne** L. – Englisches Raygras – *I. vivace, R. anglais.* – **343. L. rigidum** Gaudin – Steifer Lolch – *L. raide.* – **344*. Lepturus cylindricus** (Willd.) Trin. – Dünnschwanz – *Lepture cylindrique.* – **345*. Psilurus incurvus** (Gouan) Sch. & Thell. (P. aristatus Trevisan) – Feinschwanz – *Psilure courbé.*

or = orange; p = pourpre, purpurn; f = rouge, rot; rs = rose, rosa; v = vert, grün; vi = violet(t)

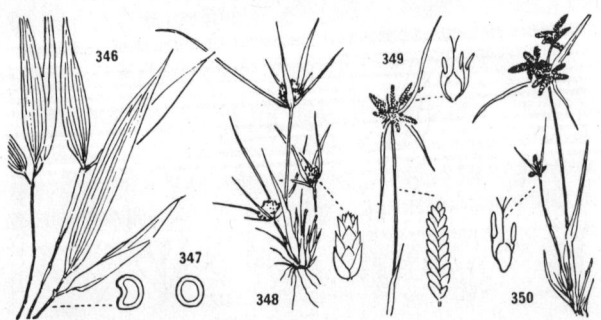

346*. **Phyllostachys nigra** (Lodd.) Munro – Schwarz-Bambus – *Bambou noir*. –
347*. **Arundinaria japonica** Sieb. & Zucc. – Medake-Bambus – *Bambou du Japon*. ● 348. **Cyperus Michelianus** (L.) Delile (Scirpus Michelianus L.) – Michelis Cypergras – *Souchet de Micheli*. – 349. **C. flavescens** L. – Gelbliches C. – *S. jaunâtre*. – 350. **C. fuscus** L. – Schwarzbraunes C. – *S. brun noirâtre*.

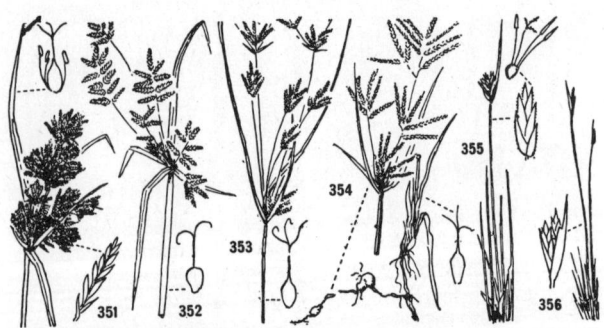

351. **Cyperus glomeratus** L. – Knäueliges Cypergras – *Souchet aggloméré*. –
352. **C. serotinus** Rottb. – Spätblühendes C. – *S. tardif*. – 353. **C. longus** L. – Langästiges C. – *S. long, S. odorant*. – 354. **C. rotundus** L. – Knolliges C. – *S. rond*. – 355. **Schœnus nigricans** L. – Schwärzliche Kopfbinse – *Choin noirâtre*. – 356. **Sch. ferrugineus** L. – Rostrote K. – *Ch. ferrugineux*.

b = blanc, weiß; bl = bleu, blau; br = brun, braun; j = jaune, gelb; l = lila(s); n = noir, schwarz

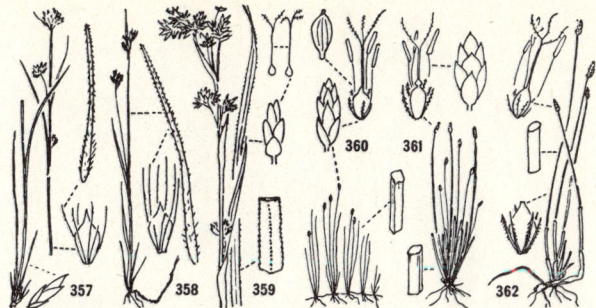

357. Rhynchospora alba (L.) Vahl – Weiße Schnabelbinse – *Rhynchospora blanc.* – **358. R. fusca** (L.) Aiton f. – Rotbraune Sch. – *R. brun rougeâtre.* – **359. Cladium Mariscus** (L.) Pohl (Mariscus serratus Gilib., M. Cladium O. Kuntze) – Sumpfried – *Cladium Marisque.* – **360. Eleocharis acicularis** (L.) R. & Sch. (Scirpus acicularis L.) – Nadelbinse – *Héléocharis épingle.* – **361*. E. carniolica** Koch (S. carniolicus Neilr.) – Krainer Teichbinse – *H. de Carniole.* – **362. E. pauciflora** (Lightf.) Link (E. quinqueflora O. Schwarz, S. pauciflorus Lightf.) – Wenigblütige T. – *H. à peu de fleurs.*

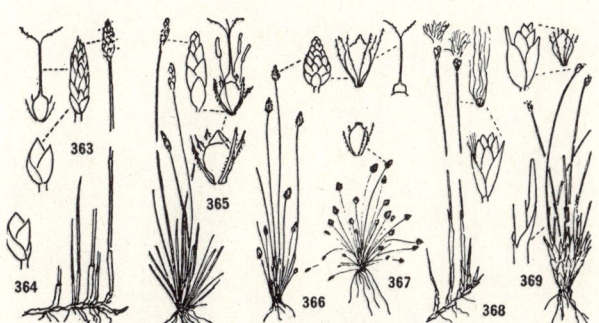

363*. Eleocharis palustris (L.) R. & Sch. (Scirpus paluster L.) – Sumpfbinse – *Héléocharis des marais.* – **364. id.** ssp. **uniglumis** (Link) Hartman (E. uniglumis Schultes). – **365*. E. multicaulis** Sm. – Vielhalmige Teichbinse – *H. à tiges nombreuses.* – **366. E. soloniensis** (Dubois) Hara (E. ovata R. & Sch., S. ovatus Roth) – Eiförmige T. – *H. de Sologne.* – **367. E. atropurpurea** (Retz.) C. Presl (E. Lereschii Shuttl., S. atropurpureus Retz.) – Schwarzrote T. -. *H. pourpre noir.* – **368. Trichophorum alpinum** (L.) Pers. (Eriophorum alpinum L.) – Alpen-Haarbinse – *Trichophorum des Alpes.* – **369. T. cæspitosum** (L.) Hartman (Scirpus cæspitosus L.) – Rasenbinse – *T. gazonnant.*

or = orange; p = pourpre, purpurn; r = rouge, rot; rs = rose, rosa; v = vert, grün; vi = violet(t)

370. Trichophorum pumilum (Vahl) Sch. & Thell. (T. atrichum Palla, Scirpus alpinus Schleicher) – Zwerg-Haarbinse – *Trichophorum nain.* – **371. Isolepis setacea** (L.) R. Br. (Scirpus setaceus L., Schœnoplectus setaceus Palla) – Moorbinse – *Isolépis sétacé.* – **372*. I. fluitans** (L.) R. Br. (S. fluitans L., Heleogiton fluitans Link) – Flutbinse – *I. flottant.* – **373. Schœnoplectus supinus** (L.) Palla (Scirpus supinus L.) – Zwerg-Seebinse – *Schœnoplectus couché.* – **374. Sch. lacuster** (L.) Palla (S. lacuster L.) – Gemeine S. – *Sch. des lacs, Jonc des tonneliers.* – **375. Sch. Tabernæmontani** (Gmelin) Palla (S. Tabernæmontani Gmelin) – Tabernæmontanus' S. – *Sch. de Tabernæmontanus.*

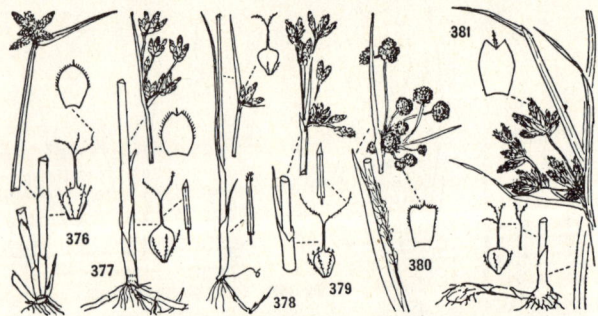

376. Schœnoplectus mucronatus (L.) Palla (Scirpus mucronatus L.) – Stachlige Seebinse – *Schœnoplectus mucroné.* – **377. Sch. triquetrus** (L.) Palla (S. triquetrus L.) – Dreikantige S. – *Sch. à trois angles.* – **378. Sch. americanus** (Pers.) Volkart (Sch. pungens Palla, S. pungens Vahl) – Amerikanische S. – *Sch. d' Amérique.* – **379. Sch. carinatus** (Sm.) Palla (S. Duvalii Hoppe) – Gekielte S. – *Sch. caréné.* – **380. Holoschœnus romanus** (L.) Fritsch (H. vulgaris Link, H. australis Rchb., Scirpus Holoschœnus L.) – Kugelbinse – *Holoschœnus de Rome, H. commun.* – **381. Scirpus maritimus** L. (Bolboschœnus maritimus Palla) – Strand-Binse – *Scirpe maritime.*

b = blanc, weiß; bl = bleu, blau; br = brun, braun; j = jaune, gelb; l = lila(s); n = noir, schwarz

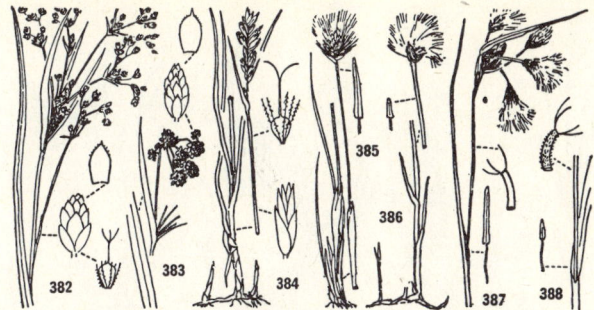

382. Scirpus silvaticus L. – Wald-Binse – *Scirpe des bois*. – **383*. S. atrovirens** Willd. – Schwarzgrüne B. – *S. vert noirâtre*. – **384. Blysmus compressus** (L.) Panzer (Scirpus compressus Pers.) – Quellried – *Blysmus comprimé*. – **385. Eriophorum vaginatum** L. – Scheiden-Wollgras – *Linaigrette engainante*. – **386. E. Scheuchzeri** Hoppe – Scheuchzers W. – *L. de Scheuchzer*. – **387. E. angustifolium** Honckeny – Schmalblättriges W. – *L à feuilles étroites*. – **388. E. latifolium** Hoppe – Breitblättriges W. – *L à larges feuilles*.

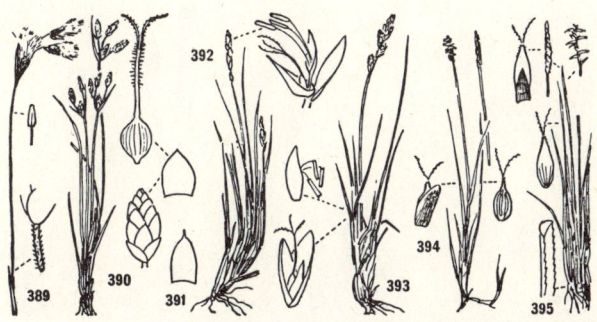

389. Eriophorum gracile Roth – Schlankes Wollgras – *Linaigrette grêle*. – **390. Fimbristylis annua** (All.) R. & Sch. – Einjährige Fransenbinse – *Fimbristylis annuel*. – **391*. F. dichotoma** (L.) Vahl – Gegabelte F. – *F. bifurqué*. – **392. Elyna myosuroides** (Vill.) Fritsch (E. spicata Schrader, Kobresia Bellardii Degland) – Nacktried – *Elyna Fausse Queue de souris*. – **393. Kobresia simpliciuscula** (Wahlenb.) Mackenzie (K. bipartita D. T., K. caricina Willd.) – Schuppenried – *Cobrésia biparti*. – **394. Carex diœca** L. – Zweihäusige Segge – *Carex (Laiche) dioïque*. – **395. C. Davalliana** Sm. – Davalls S. – *C. de Davall*.

or = orange; p = pourpre, purpurn; r = rouge, rot; rs = rose, rosa; v = vert, grün; vi = violet(t)

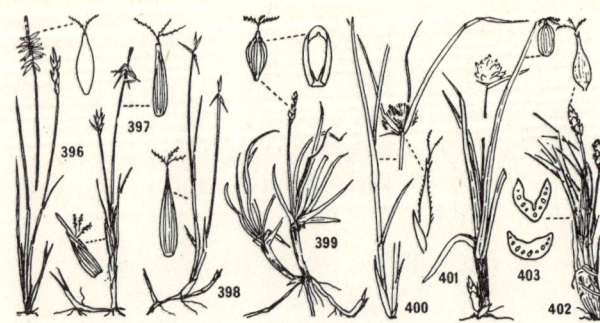

396. Carex pulicaris L. – Floh-Segge – *Carex (Laiche) Puce.* – **397. C. microglochin** Wahlenb. – Kleinhakige S. – *C. à petite arête.* – **398. C. pauciflora** Lightf. – Wenigblütige S. – *C. pauciflore.* – **399. C. rupestris** All. – Felsen-S. – *C. des rochers.* – **400. C. bohemica** Schreber (C. cyperoides L.) – Böhmische S. – *C. Souchet.* – **401. C. baldensis** L. – Monte-Baldo-S. – *C. du Mont-Baldo;* b, – **402. C. curvula** All. – Krumm-S. – *C. courbé.* – **403. id.** ssp. **Rosæ** Gilomen (C. Rosæ Gilomen).

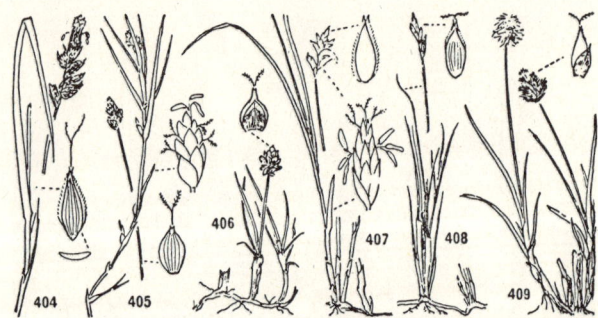

404. Carex disticha Hudson – Zweizeilige Segge – *Carex (Laiche) distique.* – **405. C. chordorrhiza** Ehrh. – Fadenwurzelige S. – *C. à longs rhizomes.* – **406. C. juncifolia** All. (C. incurva auct., C. maritima Gunnerus) – Simsenblättrige S. – *C. à feuilles de Jonc.* – **407*. C. brizoides** L. – Wald-Seegras – *C. Fausse Brize.* – **408. C. præcox** Schreber (C. Schreberi Schrank) – Frühzeitige Segge – *C. précoce.* – **409. C. fœtida** All. – Schneetälchen-S. – *C. fétide.*

b = blanc, weiß; bl = bleu, blau; br = brun, braun; j = jaune, gelb; l = lila(s); n = noir, schwarz

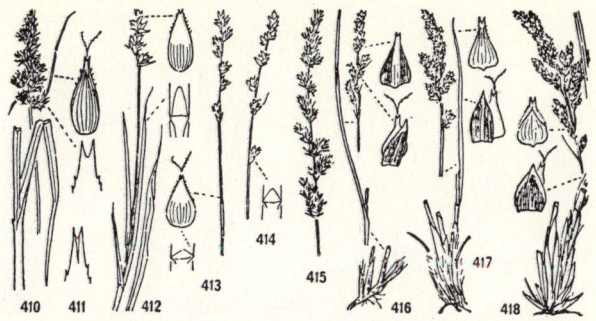

410. Carex Otrubæ Podpěra (C. nemorosa Rebentisch, C. lamprophysa Sam.) – Otrubas Segge – *Carex (Laiche) d'Otruba.* – **411. C. vulpina** L. – Fuchsfarbene S. – *C. des renards.* – **412*. C. muricata** L. (C. contigua Hoppe, C. spicata Hudson) – Stachlige S. – *C. muriqué.* – **413. id.** ssp. **Pairæ** (F. Schultz) A. & G. (C. Pairæ F. Schultz). – **414. C. divulsa** Stokes – Unterbrochenährige S. – *C. à épillets séparés.* – **415*. C. vulpinoidea** Michaux – Fuchsseggenähnliche S. – *C. Faux Carex des renards.* – **416. C. diandra** Schrank (C. teretiuscula Good.) – Draht-S. – *C. à tige arrondie.* – **417. C. appropinquata** Schumacher (C. paradoxa Willd.) – Gedrängtährige S. – *C. à épillets rapprochés.* – **418. C. paniculata** L. – Rispen-S. – *C. paniculé.*

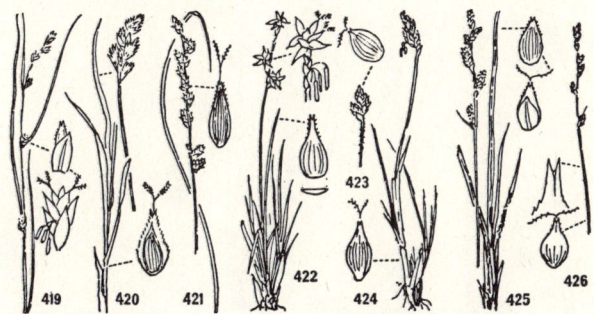

419. Carex remota L. – Lockerährige Segge – *Carex (Laiche) à épillets espacés.* – **420. C. leporina** L. – Hasenpfoten-S. – *C. Patte de lièvre.* – **421. C. elongata** L. – Langährige S. – *C. allongé.* – **422. C. echinata** Murray (C. stellulata Good.) – Igelfrüchtige S. – *C. Hérisson.* – **423. C. Heleonastes** Ehrh. – Torf-S. – *C. des tourbières.* – **424. C. Lachenalii** Schkuhr (C. lagopina Wahlenb.) – Lachenals S. – *C. de Lachenal.* – **425. C. canescens** L. – Graue S. – *C. blanchâtre.* – **426. C. brunnescens** (Pers.) Poiret – Bräunliche S. – *C. brunâtre.*

---

or = orange; p = pourpre, purpurn; r = rouge, rot; rs = rose, rosa; v = vert, grün; vi = violet(t)

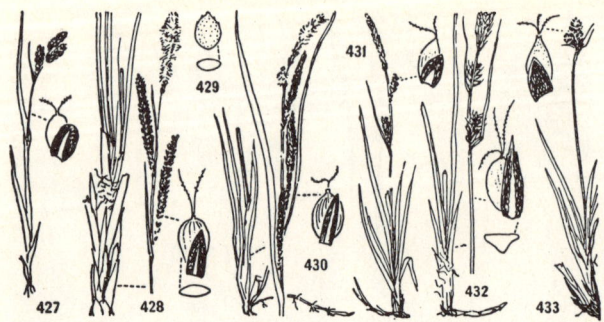

427. Carex bicolor All. – Zweifarbige Segge – *Carex (Laiche) à deux couleurs.* – **428. C. elata** All. (C. stricta Good.) – Steife S. – *C. élevé, C. raide.* – **429*. C. cæspitosa** L. – Rasen-S. – *C. gazonnant.* – **430. C. gracilis** Curtis (C. acuta auct.) – Schlanke S. – *C. grêle.* – **431. C. fusca** All. (C. Goodenowii J. Gay, C. vulgaris Fries, C. nigra Reichard) – Braune S. – *C. brun.* – **432*. C. Buxbaumii** Wahlenb. (C. polygama Schkuhr) – Buxbaums S. – *C. de Buxbaum.* – **433. C. norvegica** Retz. (C. alpina Sw., C. Halleri Gunnerus, C. Vahlii Schkuhr) – Norwegische S. – *C. de Norvège.*

434*. Carex atrata L. – Schwarze Segge – *Carex (Laiche) noirâtre;* n. – **435. C. parviflora** Host (C. nigra All., C. atrata L. ssp. nigra Hartman) – Kleinblütige S. – *C. à petites fleurs;* n. – **436. C. umbrosa** Host (C. longifolia Host) – Langblättrige S. – *C. des ombrages.* – **437. C. montana** L. – Berg-S. – *C. des montagnes.* – **438. C. pilulifera** L. – Pillentragende S. – *C. à pilules.* – **439. C. Fritschii** Waisbecker – Fritschs S. – *C. de Fritsch.* – **440. C. tomentosa** L. – Filzfrüchtige S. – *C. à fruits tomenteux.*

b=blanc, weiß; bl=bleu, blau; br=brun, braun; j=jaune, gelb; l=lila(s); n=noir, schwarz

441. Carex caryophyllea La Tourrette (C. verna Chaix) – Frühlings-Segge – *Carex (Laiche) printanier.* – **442. C. ericetorum** Pollich – Heide-S. – *C. des bruyères.* – **443. C. pilosa** Scop. – Gewimperte S. – *C. poilu.* – **444. C. pallescens** L. – Bleiche S. – *C. pâle.* – **445. C. pendula** Hudson (C. maxima Scop.) – Überhängende S. – *C. à épillets pendants.* – **446. C. Halleriana** Asso (C. alpestris All., C. gynobasis Vill.) – Grundstielige S. – *C. alpestre.*

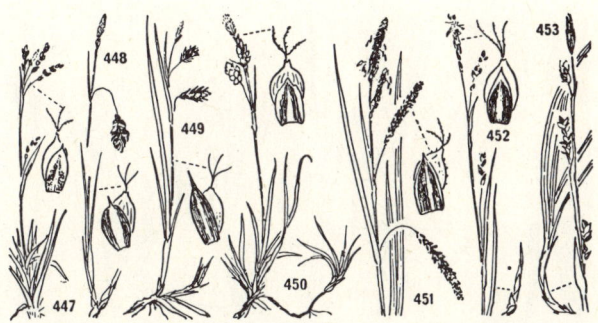

447. Carex capillaris L. – Haarstielige Segge – *Carex (Laiche) capillaire.* – **448. C. limosa** L. – Schlamm-S. – *C. des bourbiers.* – **449. C. paupercula** Michaux (C. magellanica auct.) – Alpen-Schlamm-S. – *C. des bourbiers alpins.* – **450. C. liparocarpos** Gaudin (C. nitida Host) – Glänzende S. – *C. à fruits lustrés.* – **451. C. flacca** Schreber (C. glauca Scop., C. diversicolor auct.) – Schlaffe S. – *C. lâche.* – **452. C. panicea** L. – Hirse-S. – *C. Faux Panic.* – **453. C. vaginata** Tausch (C. sparsiflora Steudel) – Scheiden-S. – *C. engainant.*

or = orange; p = pourpre, purpurn; r = rouge, rot; rs = rose, rosa; v = vert, grün; vi = violet(t)

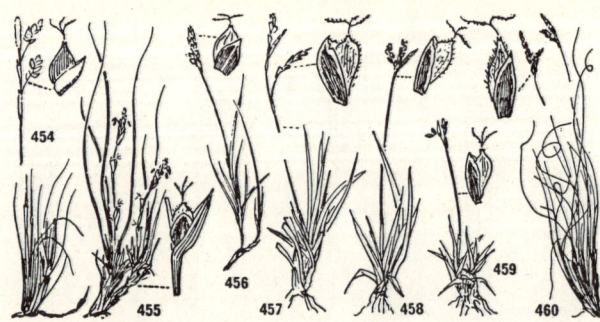

454. Carex alba Scop. – Weiße Segge – *Carex (Laiche) blanc.* – **455. C. humilis** Leyser – Niedrige S. – *C. humble.* – **456*. C. supina** Wahlenb. – Steppenrasen-S. – *C. des garides.* – **457. C. digitata** L. – Gefingerte S. – *C. digité.* – **458. C. ornithopoda** Willd. – Vogelfuß-S. – *C. Pied d'oiseau.* – **459. C. ornithopodioides** Hausmann – Alpen-Vogelfuß-S. – *C. Faux Pied d'oiseau.* – **460. C. mucronata** All. – Stachelspitzige S. – *C. mucroné.*

461. Carex silvatica Hudson – Wald-Segge – *Carex (Laiche) des bois.* – **462. C. strigosa** Hudson – Dünnährige S. – *C. maigre.* – **463. C. fimbriata** Schkuhr (C. hispidula Gaudin) – Gefranste S. – *C. frangé.* – **464. C. ferruginea** Scop. – Rost-S. – *C. ferrugineux.* – **465. C. frigida** All. – Kälteliebende S. – *C. des régions froides.* – **466*. C. fuliginosa** Schkuhr – Rußfarbene S. – *C. fuligineux.*

b=blanc, weiß; bl=bleu, blau; br=brun, braun; j=jaune, gelb; l=lila(s); n=noir, schwarz

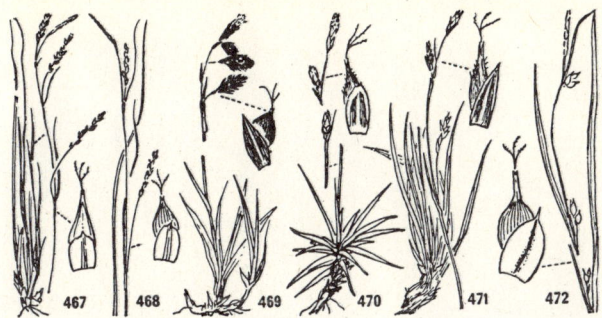

467. Carex brachystachys Schrank (C. tenuis Host) – Kurzährige Segge – *Carex (Laiche) à épillets courts.* – **468. C. austroalpina** Becherer (C. refracta Willd., C. tenax Reuter) – Südalpine S. – *C. des Alpes méridionales.* – **469. C. atrofusca** Schkuhr (C. ustulata Wahlenb.) – Schwarzrote S. – *C. rouge noirâtre;* n. – **470. C. firma** Mygind – Polster-S. – *C. ferme.* – **471. C. sempervirens** Vill. – Horst-S. – *C. toujours vert.* – **472. C. depauperata** Curtis – Armblütige S. – *C. appauvri.*

473*. Carex flava L. – Gelbe Segge – *Carex (Laiche) jaune.* – **474. id. ssp. lepidocarpa** (Tausch) Lange (C. lepidocarpa Tausch). – **475. id. ssp. Œderi** Syme (C. Œderi Retz.). – **476*. C. brevicollis** DC. – Kurzschnäblige S. – *C. à bec court.* – **477. C. punctata** Gaudin – Punktierte S. – *C. ponctué.* – **478. C. distans** L. – Langgliedrige S. – *C. distant.* – **479. C. Hostiana** DC. (C. fulva auct.) – Hosts S. – *C. de Host.*

or = orange; p = pourpre, purpurn; r = rouge, rot; rs = rose, rosa; v = vert, grün; vi = violet(t)

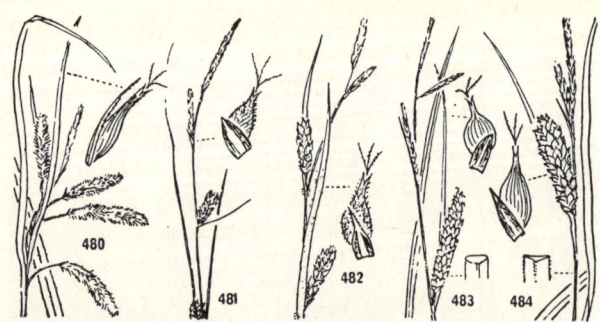

480. Carex Pseudocyperus L. – Cypergras-Segge – *Carex (Laiche) Faux Souchet*. – **481. C. lasiocarpa** Ehrh. – Behaartfrüchtige S. – *C. à fruits velus*. – **482. C. hirta** L. – Behaarte S. – *C. hérissé*. – **483. C. rostrata** Stokes (C. inflata auct.) – Schnabel-S. – *C. renflé*. – **484. C. vesicaria** L. – Blasen-S. – *C. vésiculeux*.

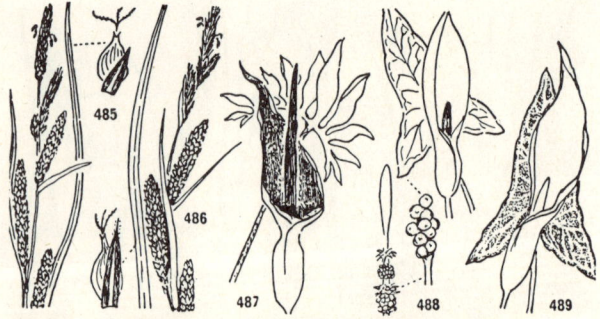

485. Carex acutiformis Ehrh. (C. paludosa Good.) – Sumpf-Segge – *Carex (Laiche) Faux Carex aigu, C. des marais*. – **486. C. riparia** Curtis – Ufer-S. – *C. des rives*. ● **487. Dracunculus vulgaris** Schott (Arum Dracunculus L.) – Schlangenwurz – *Petit Dragon vulgaire;* pn|v. – **488. Arum maculatum** L. – Gemeiner Aronstab – *Arum (Gouet) tacheté, Pied de veau;* v|br. – **489. A. italicum** Miller – Italienischer A. – *A. d'Italie;* vb|j.

b=blanc, weiß; bl=bleu, blau; br=brun, braun; j= jaune, gelb; l=lila(s); n=noir, schwarz

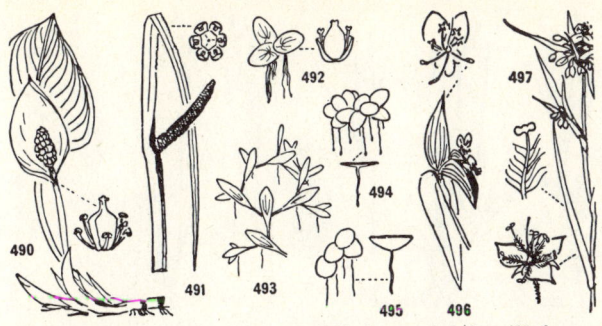

490. Calla palustris L. – Drachenwurz – *Calla des marais;* b|jv. – **491. Acorus Calamus** L. – Kalmus – *Acore Calame, Acore vrai;* vj. ● **492. Spirodela polyrrhiza** (L.) Schleiden (Lemna polyrrhiza L.) – Teichlinse – *Lenticule (Lentille d'eau) à plusieurs racines.* – **493. Lemna trisulca** L. – Dreifurchige Wasserlinse – *Lenticule à trois lobes.* – **494. L. minor** L. – Kleine W. – *Petite L.* – **495. L. gibba** L. – Bucklige W. – *L. bossue.* ● **496. Commelina communis** L. – Commeline – *Commeline vulgaire;* bl. – **497*. Tradescantia virginiana** L. (T. virginica L.) – Dreimasterblume – *Tradescantia de Virginie;* vi. ●

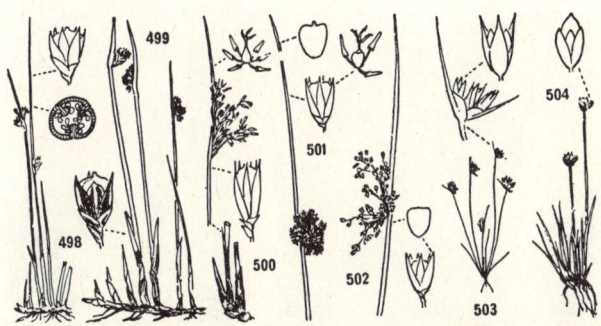

498. Juncus filiformis L. – Fadenförmige Simse – *Jonc filiforme;* v. – **499. J. arcticus** Willd. – Arktische S. – *J. arctique;* br. – **500. J. inflexus** L. (J. glaucus Ehrh.) – Seegrüne S. – *J. courbé, J. glauque, J. des jardiniers;* v. – **501. J. conglomeratus** L. – Knäuelblütige S. – *J. aggloméré;* v. – **502. J. effusus** L. – Flatterige S. – *J. épars;* v. – **503. J. capitatus** Weigel – Lössacker-S. – *J. capité;* vj. **504. J. triglumis** L. – Dreispelzige S. – *J. à trois glumes;* br.

or=orange; p=pourpre, purpurn; r= rouge, rot; rs=rose, rosa; v=vert, grün; vi=violet(t)

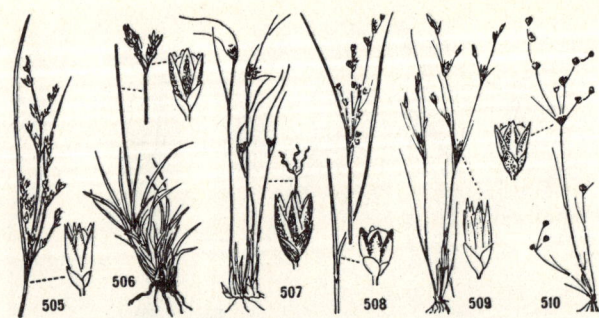

505. Juncus tenuis Willd. (J. macer S. F. Gray) – Zarte Simse – *Jonc grêle;* v, jb. – **506. J. squarrosus** L. – Sparrige S. – *J. rude;* br, vbr. – **507*. J. trifidus** L. – Dreispaltige S. – *J. trifide;* br. – **508. J. compressus** Jacq. – Plattstenglige S. – *J. comprimé;* br|v. – **509. J. bufonius** L. – Kröten-S. – *J. des crapauds;* v. – **510. J. Tenageja** Ehrh. – Schlamm-S. – *J. des marais;* br|v.

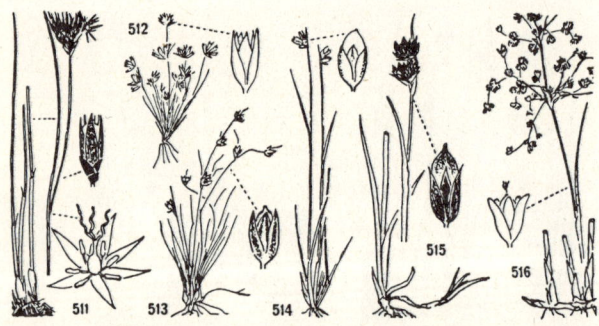

511. Juncus Jacquini L. – Jacquins Simse – *Jonc de Jacquin;* brn. – **512*. J. pygmæus** Rich. – Zwerg-S. – *J. nain;* v, br. – **513. J. bulbosus** L. (J. supinus Moench) – Knollen-S. – *J. bulbeux;* v, br. – **514. J. stygius** L. – Moor-S. – *J. du Styx;* v. – **515. J. castaneus** Sm. – Kastanienbraune S. – *J. marron;* br. – **516. J. subnodulosus** Schrank (J. obtusiflorus Ehrh.) – Stumpfblütige S. – *J. noueux;* jv|r.

b=blanc, weiß; bl=bleu, blau; br=brun, braun; j=jaune, gelb; l=lila(s); n=noir, schwarz

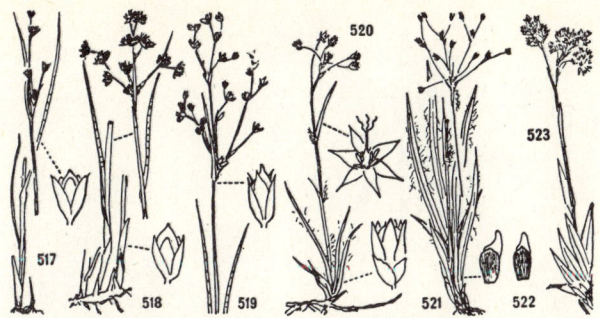

517. Juncus alpinus Vill. (J. alpino-articulatus Chaix) – Alpen-Simse – *Jonc des Alpes;* br. – **518. J. articulatus** L. (J. lampocarpus Ehrh.) – Glänzendfrüchtige S. – *J. articulé;* br, brv. – **519. J. acutiflorus** Ehrh. (J. silvaticus auct.) – Spitzblütige S. – *J. à fleurs aiguës;* brj. – **520. Luzula luzulina** (Vill.) D. T. & Sarnth. (L. flavescens Gaudin) – Gelbliche Hainsimse – *Luzule jaunâtre;* jb. – **521. L. pilosa** (L.) Willd. – Behaarte H. – *L. poilue;* br. – **522. L. Forsteri** (Sm.) DC. – Forsters H. – *L. de Forster,* br. – **523. L. lutea** (All.) DC. – Gelbe H. – *L. jaune;* j.

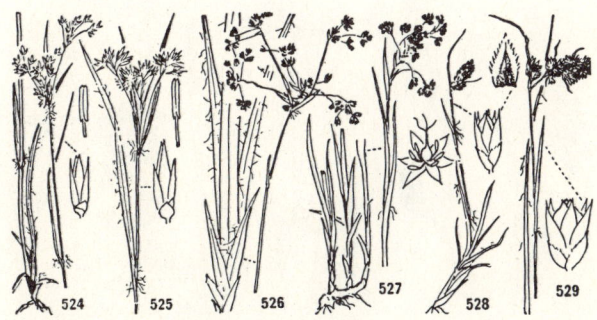

524. Luzula luzuloides (Lam.) Dandy & Wilmott (L. nemorosa E. Meyer, L. albida DC.) – Weißliche Hainsimse – *Luzule Fausse Luzule, L. des bosquets;* b, rsb. brb. – **525. L. nivea** (L.) DC. – Schneeweiße H. – *L. blanc de neige;* b. – **526. L. silvatica** (Hudson) Gaudin (L. maxima DC.) – Große H. – *L. des bois;* br. – **527. L. alpino-pilosa** (Chaix) Breistr. (L. spadicea DC.) – Braune H. – *L. marron;* br. – **528. L. spicata** (L.) DC. – Ährige H. – *L. en épi;* br. – **529*. L. nutans** (Vill.) Duval-Jouve (L. pediformis DC.) – Nickende H. – *L. penchée;* br.

or = orange; p = pourpre, purpurn; r = rouge, rot; rs = rose, rosa; v = vert, grün; vi = violet(t)

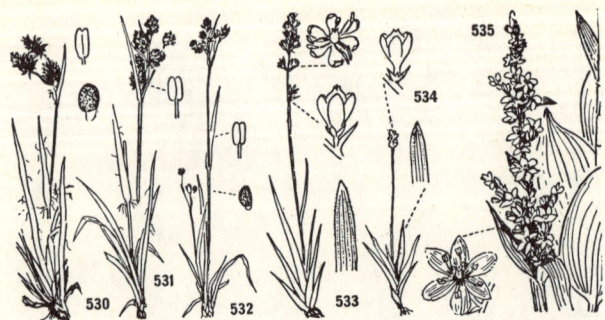

530. Luzula campestris (L.) DC. – Gemeine Hainsimse – *Luzule des champs;* br. – **531. L. multiflora** (Retz.) Lejeune – Vielblütige H. – *L. à fleurs nombreuses;* br. – **532. L. sudetica** (Willd.) Schultes – Sudeten-H. – *L. des Sudètes;* brn. ● **533. Tofieldia calyculata** (L.) Wahlenb. – Gemeine Liliensimse – *Tofieldie à calicule;* v. – **534. T. pusilla** (Michaux) Pers. (T. borealis Wahlenb., T. palustris auct.) – Kleine L. – *T. des marais;* b. – **535. Veratrum album** L. – Weißer Germer – *Vèratre blanc;* vb.

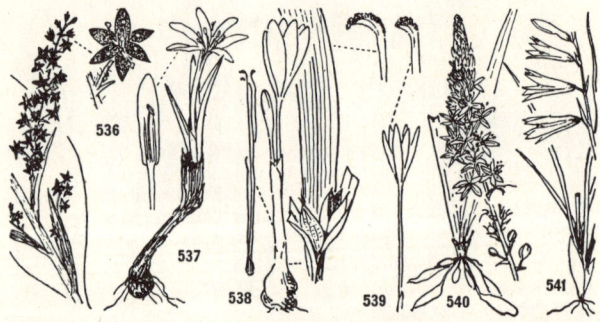

536. Veratrum nigrum L. – Schwarzer Germer – *Vèratre noir;* pn. – **537. Bulbocodium vernum** L. (Colchicum Bulbocodium Ker-Gawler) – Lichtblume – *Bulbocode du printemps;* rs. – **538. Colchicum autumnale** L. – Herbst-Zeitlose – *Colchique d'automne;* rs. – **539. C. alpinum** DC. – Alpen-Z. – *C. des Alpes;* rs. – **540 Asphodelus albus** Miller – Affodill – *Asphodèle blanc;* b. – **541. Paradisea Liliastrum** (L.) Bertol. – Trichterlilie – *Paradisie Faux Lis, Lis des Alpes;* b.

b = blanc, weiß; bl = bleu, blau; br = brun, braun; j = jaune, gelb; l = lila(s); n = noir, schwarz

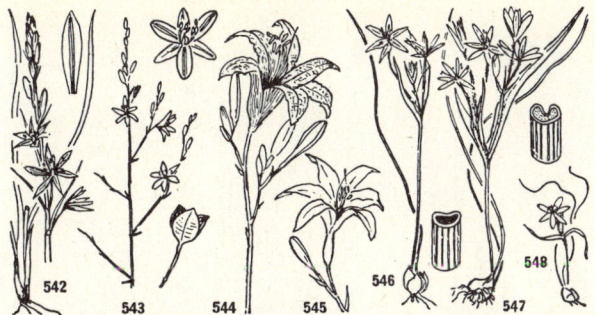

542. Anthericum Liliago L. – Astlose Graslilie – *Anthéricum à fleurs de Lis;* b. – **543. A. ramosum** L. – Ästige G. – *A. rameux;* b. – **544. Hemerocallis fulva** L. – Gelbrote Taglilie – *Hémérocalle fauve;* jor. – **545. H. Lilio-Asphodelus** L. em. Scop. (H. flava L.) – Gelbe T. – *H. jaune;* j. – **546. Gagea fistulosa** (Ramond) Ker-Gawler (G. Liottardi J. A. & J. H. Schultes) – Röhrigblättriger Gelbstern – *Gagée (Etoile jaune) fistuleuse;* j. – **547. G. arvensis** (Pers.) Dumortier (G. villosa Duby) – Acker-G. – *G. des champs;* j. – **548. G. saxatilis** (M. & K.) J. A. & J. H. Schultes – Felsen-G. – *G. des rochers;* j.

549. Gagea minima (L.) Ker-Gawler – Kleiner Gelbstern – *Gagée (Etoile jaune) naine;* j. – **550. G. lutea** (L.) Ker-Gawler (G. silvatica Loudon) – Wald-G. – *G. jaune;* j. – **551. G. pratensis** (Pers.) Dumortier (G. stenopetala Rchb.) – Wiesen-G. – *G. des prés;* j. – **552. Lloydia serotina** (L.) Rchb. – Faltenlilie – *Loïdie tardive;* b. – **553*. Aphyllanthes monspeliensis** L. – Blausternbinse – *Aphyllanthe de Montpellier;* bl. – **554. Allium ursinum** L. – Bärenlauch – *Ail des ours, A. des bois;* b. – **555*. A. multibulbosum** Jacq. (A. nigrum Koch) – Vielzwiebliger Lauch. – *A. à bulbes nombreux;* b.

or = orange; p = pourpre, purpurn; r = rouge, rot; rs = rose, rosa; v = vert, grün; vi = violet(t)

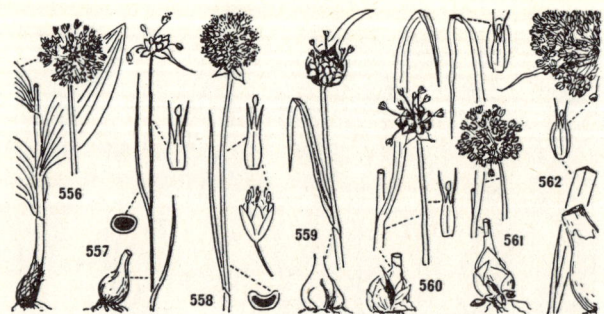

556. Allium Victorialis L. – Allermannsharnisch – *Ail Victoriale, Herbe à neuf chemises;* bv. – **557. A. vineale** L. – Weinberg-Lauch – *A. des vignes;* pb. – **558. A. sphærocephalon** L. – Kugelköpfiger L. – *A. à tête ronde;* p. – **559. A. sativum** L. – Knoblauch – *A. cultivé, Ail;* vb, rs. – **560. A. Scorodoprasum** L. – Schlangen-Lauch – *Rocambole;* p. – **561. A. rotundum** L. – Kugeliger L. – *Ail arrondi;* p. – **562. A. Porrum** L. em. Lam. (A. Ampeloprasum L. em. J. Gay) – Lauch – *Poireau, Porreau;* p, rs, bv.

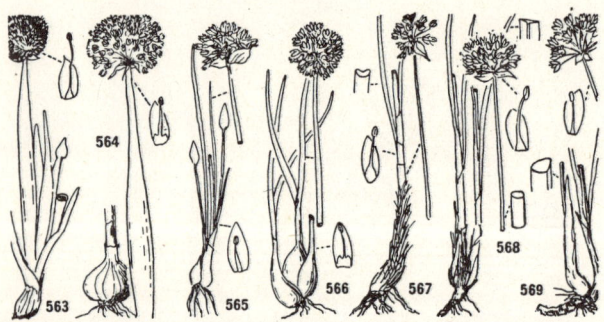

563. Allium fistulosum L. – Winterzwiebel – *Ciboule;* bv. – **564. A. Cepa** L. – Zwiebel – *Oignon;* bv. – **565. A. Schœnoprasum** L. – Schnittlauch – *Ciboulette, Civette;* p. – **566. A. ascalonicum** L. – Schalotte – *Echalote;* rs. – **567. A. strictum** Schrader – Steifer Lauch – *Ail rigide;* p. – **568. A. suaveolens** Jacq. – Wohlriechender L. – *A. odorant;* rs. – **569. A. angulosum** L. (A. acutangulum Schrader) – Kantiger L. – *A. anguleux;* rs.

b = blanc, weiß; bl = bleu, blau; br = brun, braun; j = jaune, gelb; l = lila(s); n = noir, schwarz

570. Allium senescens L. (A. montanum F. W. Schmidt) – Berg-Lauch – *Ail grisâtre, A. des montagnes;* rs. – **571*. A. insubricum** Boissier & Reuter – Insubrischer L. – *A. d'Insubrie;* r|br. – **572. A. oleraceum** L. – Gemüse-L. – *A. des endroits cultivés;* rv, b. – **573. A. carinatum** L. – Gekielter L. – *A. caréné;* rs|vi. – **574. A. pulchellum** G. Don – Niedlicher L. – *A. élégant;* rs|p. – **575. Lilium Martagon** L. – Türkenbund – *Lis Martagon;* rs|p.

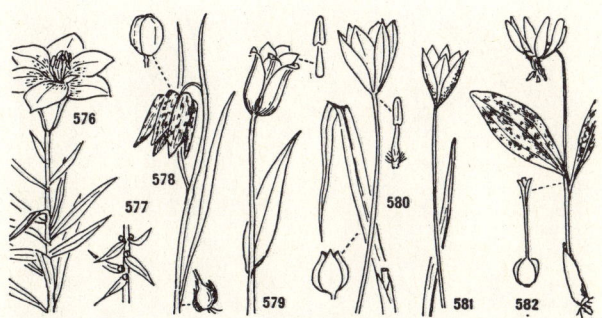

576. Lilium bulbiferum L. ssp. **croceum** (Chaix) Arcangeli – Feuerlilie – *Lis rouge;* ror. – **577. id.** ssp. **bulbiferum** (L.) Baker; ror. – **578. Fritillaria Meleagris** L. – Gewöhnliche Schachblume – *Fritillaire Pintade, Damier;* pn|b. – **579. Tulipa Didieri** Jordan – Didiers Tulpe – *Tulipe de Didier;* r|j|bln. – **580. T. silvestris** L. – Weinberg-T. – *T. sauvage;* j. – **581. T. australis** Link – Südalpine T. – *T. méridionale;* j|r. – **582. Erythronium Dens-canis** L. – Hundszahn – *Erythrone Dent de chien;* rs|rvi.

---

or = orange; p = pourpre, purpurn; r = rouge, rot; rs = rose, rosa; v = vert, grün; vi = violet(t)

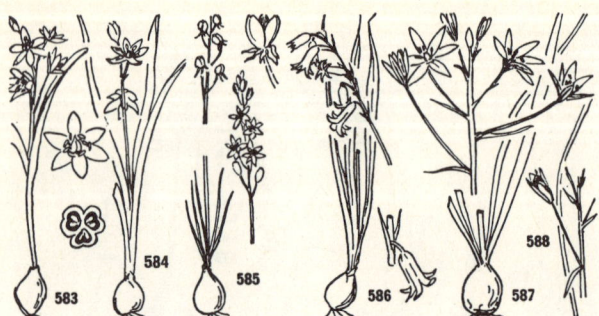

583. Scilla bifolia L. – Zweiblättrige Meerzwiebel, Blaustern – *Scille à deux feuilles;* bl. – **584*. S. amœna** L. – Schöne M. – *S. élégante;* bl. – **585*. S. autumnalis** L. – Herbst-M. – *S. d'automne;* lbl. – **586*. S. non-scripta** (L.) Hoffmannsegg & Link – Wildhyazinthe – *Jacinthe sauvage;* bl, rs, b. – **587. Ornithogalum umbellatum** L. – Doldiger Milchstern – *Ornithogale en ombelle, Dame d'onze heures;* b. – **588*. O. Kochii** Parl. (O. Gussonei Ten., O. tenuifolium Guss.) – Kochs M. – *O. de Koch;* b.

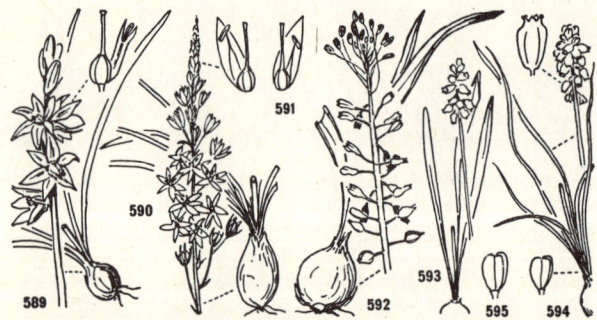

589. Ornithogalum nutans L. – Nickender Milchstern – *Ornithogale penché, Etoile de Béthléhem;* b. – **590. O. pyrenaicum** L. var. **flavescens** (Lam.) Baker – Pyrenäen-M. – *O. des Pyrénées, Aspergette;* vj. – **591*. O. narbonense** L. – Südfranzösischer M. – *O. de Narbonne;* b. – **592. Muscari comosum** (L.) Miller – Schopfartige Bisamhyazinthe – *Muscari à houppe;* br|bl. – **593. M. botryoides** (L.) Miller em. DC. – Hellblaue B. – *M. botryoïde;* bl. – **594. M. racemosum** (L.) Miller em. DC. – Gemeine B. – *M. à fleurs en grappe;* bl. – **595. M. neglectum** Guss. – Übersehene B. – *M. négligé;* bl.

b = blanc, weiß; bl = bleu, blau; br = brun, braun; j = jaune, gelb; l = lila(s); n = noir, schwarz

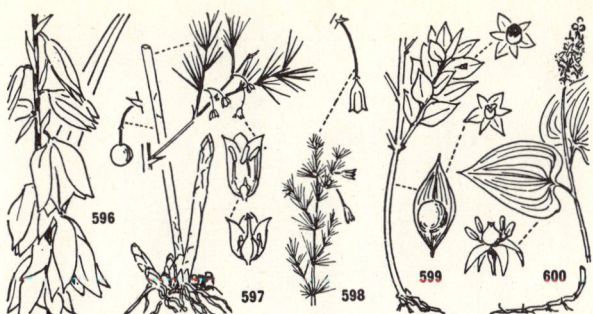

596*. Yucca filamentosa L. – Yucca, Palmlilie – *Yucca filamenteux;* b. – **597. Asparagus officinalis** L. – Gemüse-Spargel – *Asperge officinale;* vj. – **598. A. tenuifolius** Lam. – Zartblättriger S. – *A. à feuilles étroites;* vb. – **599. Ruscus aculeatus** L. – Mäusedorn – *Fragon piquant, Petit Houx;* vb. – **600. Maianthemum bifolium** (L.) F. W. Schmidt (Smilacina bifolia Desf.) – Schattenblume – *Maïanthème à deux feuilles, Petit Muguet;* b.

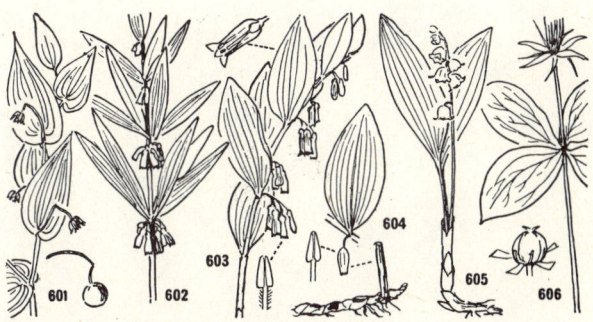

601. Streptopus amplexifolius (L.) DC. – Knotenfuß – *Streptope à feuilles embrassantes;* b. – **602. Polygonatum verticillatum** (L.) All. – Quirlblättrige Weißwurz (Salomonsiegel) – *Polygonate verticillé;* b. – **603. P. multiflorum** (L.) All. – Vielblütige W. – *P. multiflore;* b. – **604. P. officinale** All. (P. odoratum Druce) – Gemeine W. – *P. officinal, Sceau de Salomon;* b. – **605. Convallaria majalis** L. – Maiglöckchen – *Muguet de mai;* b. – **606. Paris quadrifolia** L. – Einbeere – *Parisette à quatre feuilles;* v. ●

or = orange; p = pourpre, purpurn; r = rouge, rot; rs = rose, rosa; v = vert, grün; vi = violet(t)

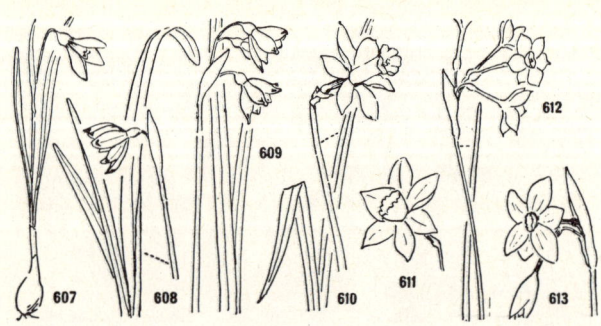

607. Galanthus nivalis L. – Schneeglöckchen – *Galanthe des neiges, Perceneige;* b. – **608. Leucojum vernum** L. – Frühlings-Knotenblume, Märzenglöckchen – *Nivéole du printemps;* b. – **609. L. æstivum** L. – Spätblühende K. – *N. d'été;* b. – **610. Narcissus Pseudonarcissus** L. – Gelbe Narzisse, Osterglocke – *Narcisse Faux Narcisse, N. jaune («Jonquille»);* j. – **611*. N. incomparabilis** Miller – Unvergleichliche N. – *N. incomparable;* j|b|j. – **612*. N. Jonquilla** L. – Jonquille – *N. Jonquille;* j. – **613. N. biflorus** Curtis – Zweiblütige Narzisse – *N. à deux fleurs;* b|j.

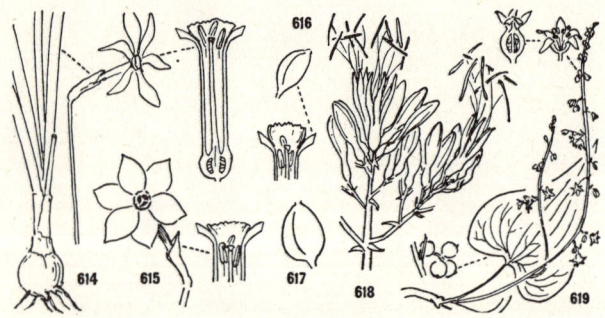

614. Narcissus exsertus Haworth (N. angustifolius auct., N. radiiflorus auct.) – Weiße Berg-Narzisse – *Narcisse à feuilles étroites;* b|j|r. – **615. N. poeticus** L. – Weiße Garten-N. – *N. des poètes;* b|j|r. – **616. N. verbanensis** (Herbert) M. J. Rœmer – Langensee-N. – *N. du Lac Majeur;* b|j|r. – **617*. N. recurvus** Haworth – Gebogene N. – *N. courbé;* b|j|r. – **618*. Agave americana** L. – Agave – *Agave d'Amérique;* bj. ● **619. Tamus communis** L. – Schmerwurz – *Tamier commun;* v. ●

---

b = blanc, weiß; bl = bleu, blau; br = brun, braun; j = jaune, gelb; l = lila(s); n = noir, schwarz

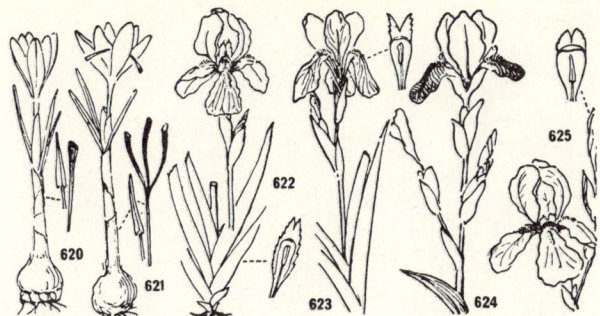

620. Crocus albiflorus Kit. (C. vernus Wulfen) – Frühlings-Safran (Krokus) – *Safran (Crocus) à fleurs blanches, S. du printemps;* b, l, vi. – **621 C. sativus** L. em. Hill – Echter S. – *S. cultivé;* vi. – **622. Iris virescens** Redouté – Grünliche Schwertlilie – *Iris verdâtre;* bv. – **623*. I. Perrieri** Simonet (I. aphylla auct.) – Perriers Sch. – *I. de Perrier;* vi. – **624. I. variegata** L. – Gescheckte Sch. – *I. panaché;* jb|vi. – **625*. I. pallida** Lam. – Blasse Sch. – *I. pâle;* blb.

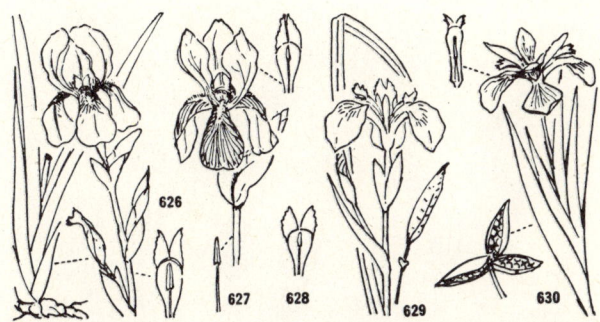

626. Iris germanica L. – Deutsche Schwertlilie – *Iris d'Allemagne, Flambe;* vi. – **627. I. sambucina** L. – Holunder-Sch. – *I. à odeur de Sureau;* vi. – **628. I. squalens** L. – Schmutziggelbe Sch. – *I. jaune terne;* vi|j. – **629. I. Pseudacorus** L. – Gelbe Sch – *I. Faux Acore, I. jaune;* j. – **630. I. fœtidissima** L. – Übelriechende Sch. – *I. fétide;* jb|bl.

or = orange; p = pourpre, purpurn; r = rouge, rot; rs = rose, rosa; v = vert, grün; vi = violet(t)

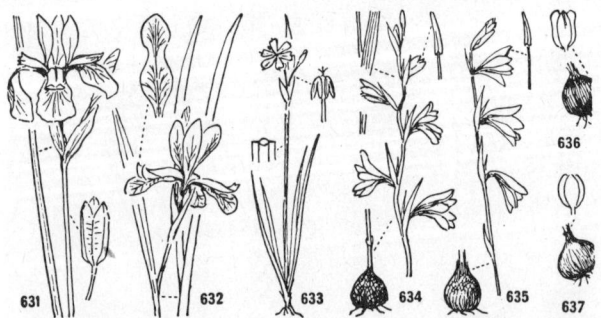

631. Iris sibirica L. – Sibirische Schwertlilie – *Iris de Sibérie;* bl. – **632. I. graminea** L. – Grasblättrige Sch. – *I. Graminée;* bl|p|j. – **633. Sisyrinchium angustifolium** Miller – Blumensimse – *Sisyrinchium à feuilles étroites;* bl. – **634. Gladiolus italicus** Miller (G. segetum Ker-Gawler) – Italienische Siegwurz (Gladiole) – *Glaïeul des moissons;* rs. – **635. G. paluster** Gaudin – Sumpf-S. – *G. des marais;* p. – **636. G. communis** L. – Garten-S. – *G. commun;* p. – **637. G. imbricatus** L. – Busch-S. – *G. imbriqué;* p. ●

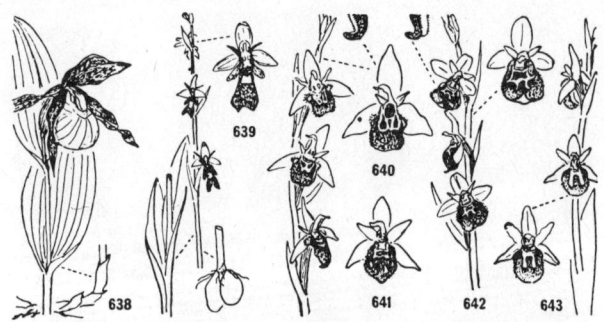

638. Cypripedium Calceolus L. – Frauenschuh – *Cypripède, Sabot de Vénus;* br|j. – **639. Ophrys insectifera** L. em. Miller (O. muscifera Hudson) – Fliegen-Ragwurz – *Ophrys Mouche;* v|br. – **640. O. apifera** Hudson – Bienen-R. – *O. Abeille;* rs|br. – **641. id.** ssp. **Botteroni** (R. Chodat) Hegi; rs|br. – **642*. O. fuciflora** (Crantz) Moench (O. Arachnites Murray, O. holosericea Greuter) – Hummel-R. – *O. Bourdon;* rs|br. – **643. O. sphecodes** Miller (O. aranifera Hudson) – Spinnen-R. – *O. Araignée;* v|br.

---

b = blanc, weiß; bl = bleu, blau; br = brun, braun; j = jaune, gelb; l = lila(s); n = noir, schwarz

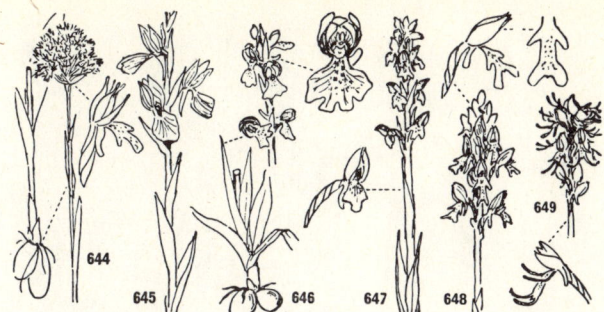

644. Orchis globosa L. (Traunsteinera globosa Rchb.) – Kugel-Orchis (Knabenkraut) – *Orchis globuleux;* rs. – **645*. O. papilionacea** L. – Schmetterlingsblütige O. – *O. Papillon;* r. – **646. O. Morio** L. – Kleine O. – *O. Bouffon;* p|v. – **647. O. coriophora** L. – Wanzen-O. – *O. Punaise;* pbr|v. – **648. O. militaris** L. – Helm-O. – *O. Guerrier;* rs|p. – **649. O. simia** Lam. – Affen-O. – *O. Singe;* rs|p.

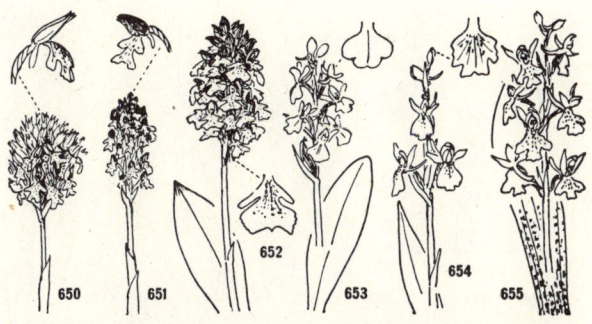

650. Orchis tridentata Scop. (O. variegata All.) – Dreizähnige Orchis (Knabenkraut) – *Orchis à trois dents;* rs. – **651. O. ustulata** L. – Schwärzliche O. – *O. brûlé, O. mignon;* rs|pn. – **652. O. purpurea** Hudson (O. fusca Jacq.) – Braunrote O. – *O. pourpré,* rs|pn. – **653. O. pallens** L. – Blasse O. – *O. pâle;* j. – **654. O. provincialis** Balbis – Provenzalische O. – *O. de Provence,* jb. – **655. O. mascula** L. – Stattliche O. – *O. mâle;* p.

or = orange; p = pourpre, purpurn; r = rouge, rot; rs = rose, rosa; v = vert, grün; vi = violet(t)

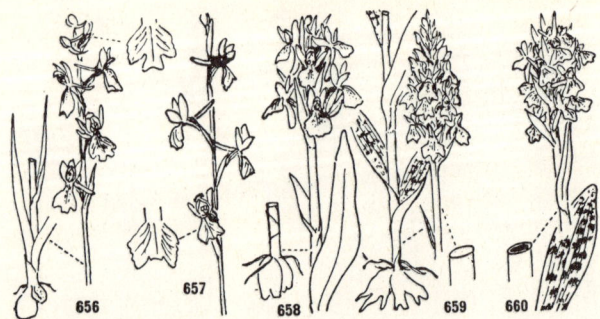

656. Orchis palustris Jacq. – Sumpf-Orchis (Knabenkraut) – *Orchis des marais;* p. – **657. O. laxiflora** Lam. – Lockerblütige O. – *O. à fleurs lâches;* pn. – **658. O. sambucina** L. (Dactylorhiza sambucina Soó) – Holunder-O. – *O. à odeur de Sureau;* j, r. – **659. O. maculata** L. (D. maculata Soó) – Gefleckte O. – *O. tacheté;* l. – **660. O. latifolia** L. (D. majalis Hunt & Summerhayes) – Breitblättrige O. – *O. à feuilles larges;* lp.

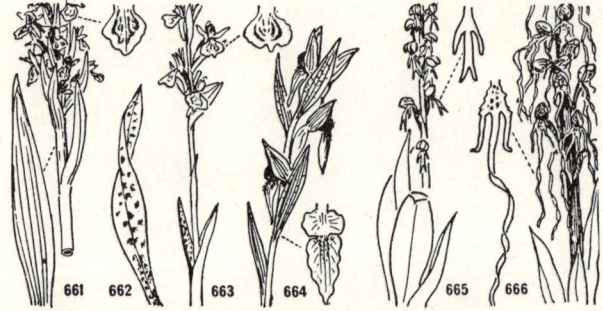

661. Orchis incarnata L. (Dactylorhiza incarnata Soó) – Fleischrote Orchis (Knabenkraut) – *Orchis incarnat;* rs, p, j. – **662. O. cruenta** O. F. Müller (D. cruenta Soó) – Blutrote O. – *O. couleur de sang;* p. – **663. O. Traunsteineri** Sauter (D. Traunsteineri Soó) – Traunsteiners O. – *O. de Traunsteiner;* p. – **664. Serapias vomeracea** (Burm. f.) Briq. (S. longipetala Pollini, Serapiastrum vomeraceum Sch. & Thell.) – Stendelwurz – *Sérapias Soc, S. à longs pétales;* rbr. – **665. Aceras anthropophorum** (L.) Aiton f. – Ohnsporn – *Acéras Homme pendu;* vj|br. – **666. Himantoglossum hircinum** (L.) Sprengel (Loroglossum hircinum Rich.) – Riemenzunge – *Himantoglosse à odeur de bouc;* vb|p.

b = blanc, weiß; bl = bleu, blau; br = brun, braun; j = jaune, gelb; l = lila(s); n = noir, schwarz

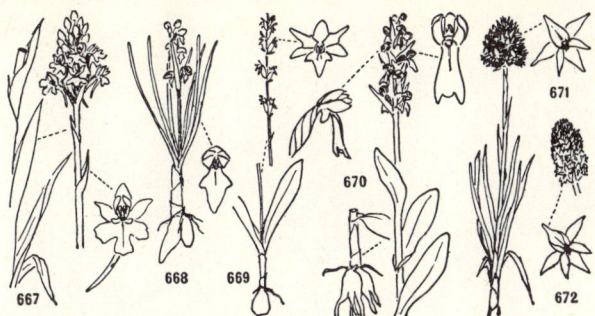

667. Anacamptis pyramidalis (L.) Rich. – Spitzorchis – *Anacamptis en pyramide;* rs. – **668. Chamorchis alpina** (L.) Rich. – Zwergorchis – *Chamorchis des Alpes;* vj|br. – **669. Herminium Monorchis** (L.) R. Br. – Einorchis – *Herminium à un bulbe;* vb. – **670. Cœloglossum viride** (L.) Hartman – Hohlzunge – *Cœloglossum verdâtre;* vbr. – **671. Nigritella nigra** (L.) Rchb. (N. angustifolia Rich.) – Schwarze Männertreu, Bränderli – *Nigritelle noirâtre, Orchis vanillé;* pn. – **672. N. miniata** (Crantz) Janchen (N. rubra Richter) – Rote M. – *N. rouge;* p.

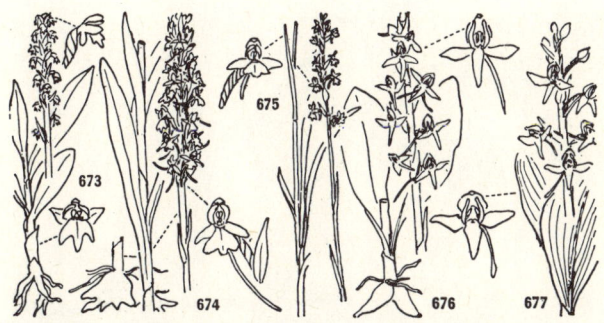

673. Gymnadenia albida (L.) Rich. (Cœloglossum albidum Hartman, Leucorchis albida E. Meyer, Pseudorchis albida A. & D. Löve) – Weißliche Handwurz – *Gymnadénia blanchâtre;* b. – **674. G. conopea** (L.) R. Br. – Langspornige H. – *G. Moucheron;* rs. – **675. G. odoratissima** (L.) Rich. – Wohlriechende H. – *G. odorant;* rs,b. – **676. Platanthera bifolia** (L.) Rich. – Weißes Breitkölbchen – *Platanthère à fleurs blanches;* b. – **677. P. chlorantha** (Custer) Rchb. – Grünliches B. – *P. à fleurs verdâtres;* bv.

or = orange; p = pourpre, purpurn; r = rouge, rot; rs = rose, rosa; v = vert, grün; vi = violet(t)

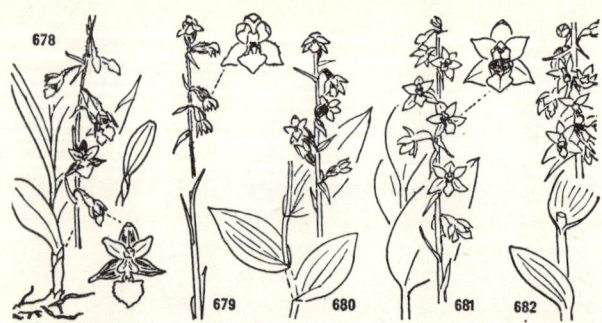

678. Epipactis palustris (Miller) Crantz (Helleborine palustris Schrank) – Gemeine Sumpfwurz – *Epipactis des marais;* b|br. – **679. E. microphylla** (Ehrh.) Sw. (H. microphylla Sch. & Thell.) – Kleinblättrige S. – *E. à petites feuilles;* v. – **680. E. atropurpurea** Rafin. (E. rubiginosa auct., E. atrorubens Schultes, H. atropurpurea Sch. & Thell.) – Braunrote S. – *E. pourpre noirâtre;* brp. – **681. E. Helleborine** (L. em. Miller) Crantz (E. latifolia All., H. latifolia Druce) – Breitblättrige S. – *E. à larges feuilles;* v|r. – **682. E. purpurata** Sm. (E. sessilifolia Peterm., H. purpurata Druce) – Violettrote S. – *E. pourprée;* jv|vi.

683. Cephalanthera rubra (L.) Rich. – Rotes Waldvögelein – *Céphalanthère rouge;* rs. – **684. C. Damasonium** (Miller) Druce (C. alba Simonkai, C. pallens Rich., C. grandiflora S. F. Gray) – Weißliches W. – *C. blanchâtre;* bj. – **685. C. longifolia** (Hudson) Fritsch (C. ensifolia Rich., C. Xiphophyllum Rchb. f.) – Langblättriges W. – *C. à longues feuilles;* b. – **686. Limodorum abortivum** (L.) Sw. – Dingel – *Limodorum à feuilles avortées;* vi. – **687. Epipogium aphyllum** Sw. – Widerbart – *Epipogium sans feuilles;* bj|p.

b=blanc, weiß; bl=bleu, blau; br=brun, braun; j=jaune, gelb; l=lila(s); n=noir, schwarz

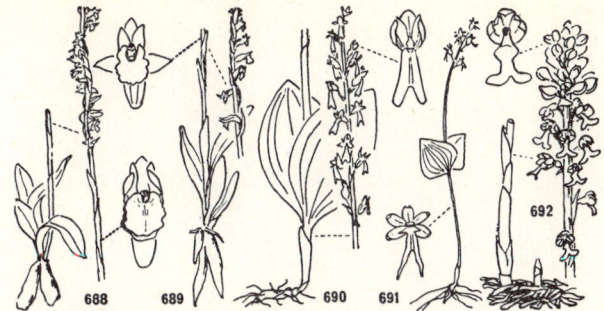

688. Spiranthes spiralis (L.) Chevallier (S. autumnalis Rich.) – Herbst-Wendelähre – *Spiranthe d'automne;* b. – **689. S. æstivalis** (Poiret) Rich. – Sommer-W. – *S. d'été;* b. – **690. Listera ovata** (L.) R. Br. – Großes Zweiblatt – *Listéra ovale;* v. – **691. L. cordata** (L.) R. Br. – Kleines Z. – *L. en cœur;* v|p. – **692. Neottia Nidus-avis** (L.) Rich. – Nestwurz – *Néottie Nid d'oiseau;* brj.

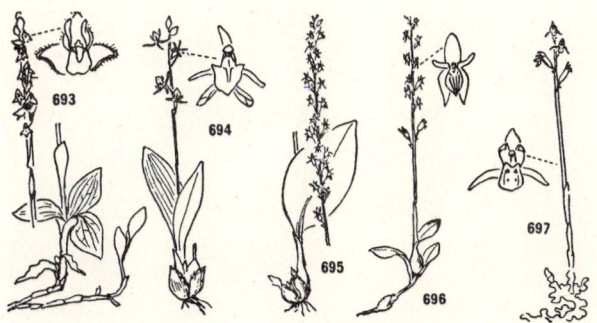

693. Goodyera repens (L.) R. Br. – Moosorchis – *Goodyère rampante;* b. – **694. Liparis Lœselii** (L.) Rich. (Sturmia Lœselii Rchb.) – Zwiebelorchis – *Liparis de Lœsel;* vj. – **695. Malaxis monophyllos** (L.) Sw. (Microstylis monophyllos Lindley) – Einblättrige Weichorchis – *Malaxis à une feuille;* vj. – **696. M. paludosa** (L.) Sw. (Hammarbya paludosa O. Kuntze) – Sumpf-W. – *M. des marais;* vj. – **697. Corallorhiza trifida** Châtelain (C. innata R. Br.) – Korallenwurz – *Corallorhize trifide, Racine de corail;* v|p. ●

or = orange; p = pourpre, purpurn; r = rouge, rot; rs = rose, rosa; v = vert, grün; vi = violet(t)

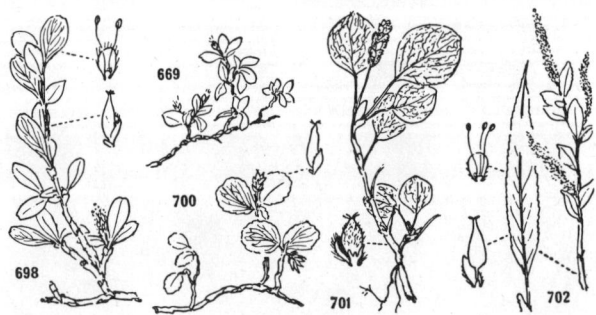

698. Salix retusa L. – Stumpfblättrige Weide – *Saule à feuilles émoussées.* – **699. S. serpyllifolia** Scop. (S. retusa L. ssp. serpyllifolia Arcangeli) – Quendelblättrige W. – *S. à feuilles de Serpolet.* – **700. S. herbacea** L. – Zwerg-W. – *S. herbacé.* – **701. S. reticulata** L. – Netzblättrige W. – *S. à réseau.* – **702. S. triandra** L. – Mandel-W. – *S. à trois étamines, Osier brun.*

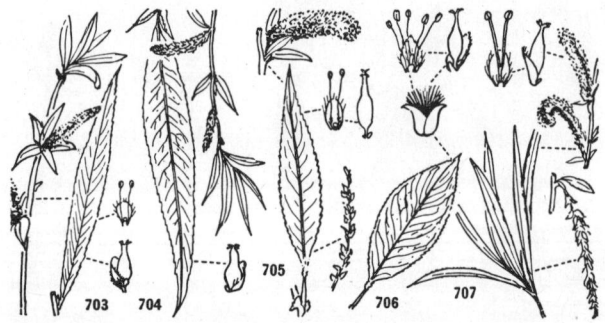

703. Salix alba L. – Silber-Weide – *Saule blanc.* – **704. S. babylonica** L. – Trauer-W. – *S. pleureur.* – **705. S. fragilis** L. – Bruch-W. – *S. fragile.* – **706. S. pentandra** L. – Lorbeer-W. – *S. à cinq étamines, S. Laurier.* – **707. S. Elæagnos** Scop. (S. incana Schrank) – Lavendel-W. – *S. drapé, S. à feuilles cotonneuses.*

b = blanc, weiß; bl = bleu, blau; br = brun, braun; j = jaune, gelb; l = lila(s); n = noir, schwarz

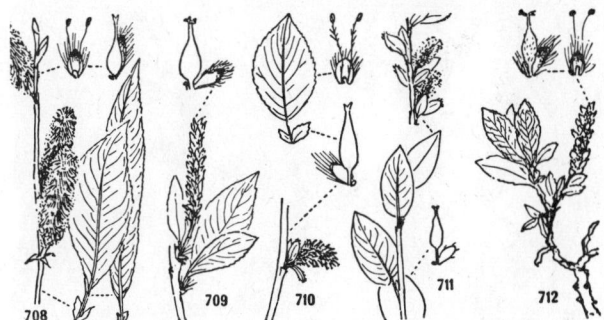

708. **Salix daphnoides** Vill. – Reif-Weide – *Saule Faux Daphné*. – **709. S. hastata** L. – Spießblättrige W. – *S. hasté*. – **710. S. nigricans** Sm. – Schwarzwerdende W. – *S. noircissant*. – **711. S. myrtilloides** L. – Heidelbeerblättrige W. – *S. Fausse Myrtille*. – **712. S. breviserrata** Floderus (S. arbutifolia Willd., S. myrsinites L. ssp. serrata Sch. & Thell.) – Myrten-W. – *S. à dents courtes, S. Faux Myrte*.

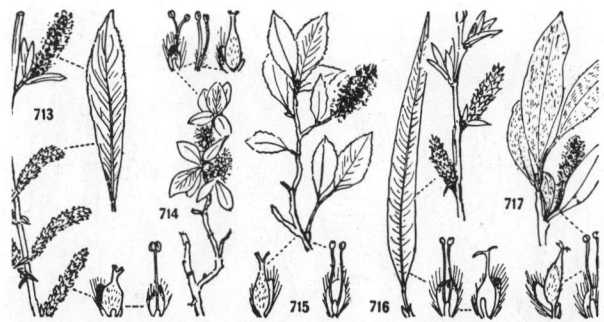

713. **Salix purpurea** L. – Purpur-Weide – *Saule pourpre, Osier rouge*. – **714. S. cæsia** Vill. – Blaugrüne W. – *S. bleuâtre*. – **715*. S. arbuscula** L. – Bäumchen-W. – *S. Arbrisseau*. – **716. S. viminalis** L. – Korb-W. – *S. des vanniers, Osier blanc*. – **717. S. glauca** L. (S. glaucosericea Floderus) – Seidenhaarige W. – *S. glauque*.

or = orange; p = pourpre, purpurn; r = rouge, rot; rs = rose, rosa; v = vert, grün; vi = violet(t)

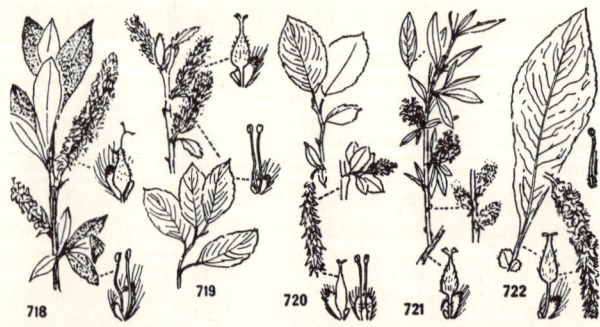

718. Salix helvetica Vill. (S. Lapponum L. ssp. helvetica Sch. & K.) – Schweizerische Weide – *Saule de Suisse*. – **719 S. Hegetschweileri** Heer (S. phylicifolia auct.) – Hegetschweilers W. – *S. de Hegetschweiler*. – **720. S. glabra** Scop. – Kahle W. – *S. glabre*. – **721*. S. repens** L. – Moor-W. – *S. rampant*. – **722. S. grandifolia** Ser. (S. appendiculata auct.) – Großblättrige W. – *S. à grandes feuilles*.

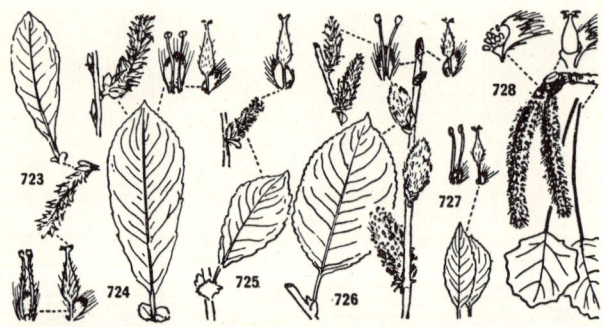

723. Salix albicans Bonjean (S. pubescens Schleicher, S. Laggeri Wimmer) – Weißfilzige Weide – *Saule blanchâtre*. – **724. S. cinerea** L. – Aschgraue W. – *S. cendré*. – **725. S. aurita** L. – Ohr-W. – *S. à oreillettes*. – **726. S. caprea** L. – Salweide – *S. des chèvres, Marsault*. – **727*. S. livida** Wahlenb. – Schmutziggelbe W. – *S. livide*. – **728. Populus tremula** L. – Zitter-Pappel, Espe, Aspe – *Tremble*.

b=blanc, weiß; bl=bleu, blau; br=brun, braun; j=jaune, gelb; l=lila(s); n=noir, schwarz

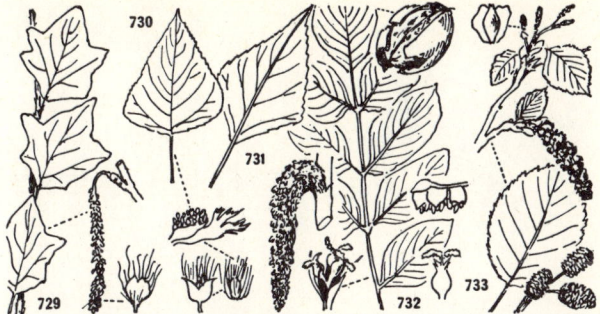

729. Populus alba L. – Silber-Pappel – *Peuplier blanc.* – **730. P. nigra** L. – Schwarz-P. – *P. noir.* – **731. P. italica** (Muenchhausen) Moench (P. pyramidalis Rozier) – Italienische P., Pyramiden-P. – *P. d'Italie.* ● **732. Juglans regia** L. – Walnußbaum, Nußbaum – *Noyer royal.* ● **733. Alnus viridis** (Chaix) DC. (A. Alnobetula Hartig) – Grün-Erle, Alpen-E. – *Aune vert, A. des Alpes.*

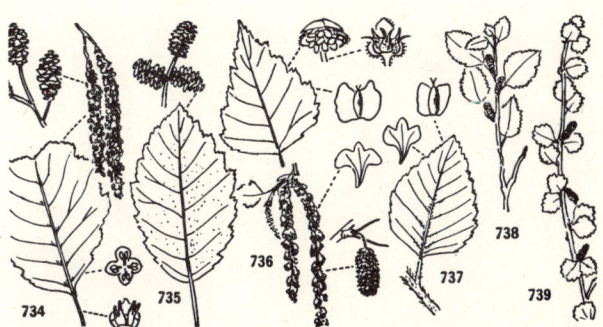

734. Alnus glutinosa (L.) Gaertner (A. rotundifolia Miller) – Schwarz-Erle – *Aune glutineux, Verne.* – **735. A. incana** (L.) Moench – Grau-E., Weiß-E. – *A. blanchâtre.* – **736. Betula pendula** Roth (B. verrucosa Ehrh.) – Hänge-Birke, Weiß-B. – *Bouleau pendant, B. blanc.* – **737. B. pubescens** Ehrh. – Moor-B. – *B. pubescent.* – **738. B. humilis** Schrank – Niedrige B. – *B. peu élevé.* – **739. B. nana** L. – Zwerg-B. – *B. nain.*

or = orange; p = pourpre, purpurn; r = rouge, rot; rs = rose, rosa; v = vert, grün; vi = violet(t)

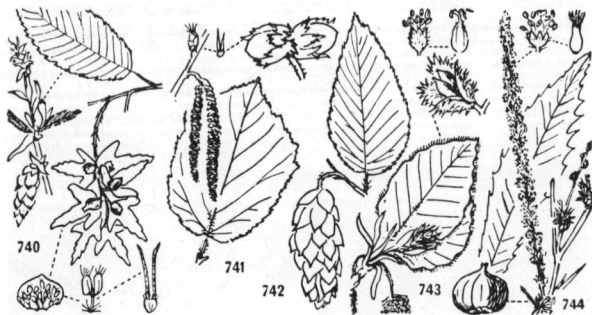

740. Carpinus Betulus L. – Hagebuche, Weißbuche – *Charme, Faux Bouleau, Charmille*. – **741. Corylus Avellana** L. – Haselstrauch, Hasel – *Coudrier, Noisetier*. – **742. Ostrya carpinifolia** Scop. – Hopfenbuche – *Charme Houblon*. ● **743. Fagus silvatica** L. – Buche, Rotbuche – *Hêtre, Fayard*. – **744. Castanea sativa** Miller (C. vesca Gaertner) – Edelkastanie, Kastanie – *Châtaignier*.

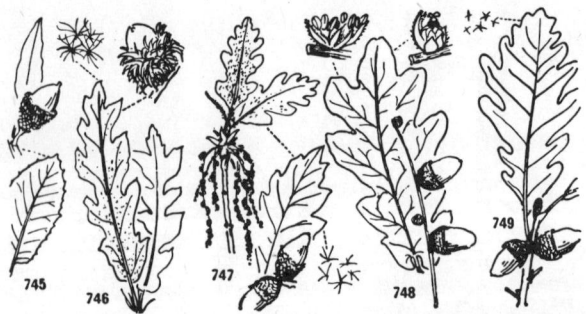

745*. Quercus Ilex L. – Stein-Eiche – *Chêne vert, Yeuse*. – **746. Q. Cerris** L. – Cerr-E. – *Ch. chevelu*. – **747. Q. pubescens** Willd. (Q. lanuginosa Thuill.) – Flaum-E. – *Ch. pubescent*. – **748. Q. Robur** L. (Q. pedunculata Ehrh.) – Stiel-E. – *Ch. Rouvre, Ch. mâle*. – **749. Q. petræa** (Mattuschka) Lieblein (Q. sessiliflora Salisb.) – Trauben-E. – *Ch. noir*. ●

b = blanc, weiß; bl = bleu, blau; br = brun, braun; j = jaune, gelb; l = lila(s); n = noir, schwarz

750. Ulmus levis Pallas (U. effusa Willd.) – Flatter-Ulme – *Orme lisse, O. pédonculé.* – **751. U. campestris** L. em. Hudson (U. carpinifolia Gleditsch, U. minor Miller) – Feld-U. – *O. champêtre, Ormeau.* – **752. U. scabra** Miller (U. montana Stokes, U. glabra Hudson non Miller) – Berg-U. – *O. rude, O. commun, O. blanc.* – **753. Celtis australis** L. – Zürgelbaum – *Micocoulier.* ● **754. Morus nigra** L. – Schwarzer Maulbeerbaum – *Mûrier noir.*

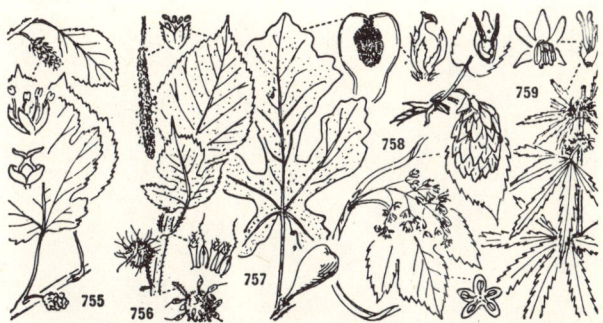

755. Morus alba L. – Weißer Maulbeerbaum – *Mûrier blanc.* – **756*. Broussonetia papyrifera** (L.) Ventenat – Papiermaulbeerbaum – *Broussonétie Papyrier.* – **757. Ficus Carica** L. – Feigenbaum – *Figuier de Carie.* – **758. Humulus Lupulus** L. – Hopfen – *Houblon grimpant.* – **759. Cannabis sativa** L. – Hanf – *Chanvre cultivé.* ●

or = orange; p = pourpre, purpurn; r = rouge, rot; rs = rose, rosa; v = vert, grün; vi = violet(t)

Urticaceæ 760–762 • Loranthaceæ 763 • Santalaceæ 764–770

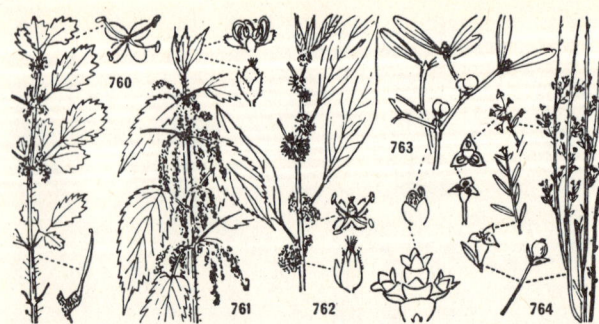

760. Urtica urens L. – Kleine Brennessel – *Ortie brûlante;* v. – **761. U. diœca** L. – Große B. – *O. dioïque;* v. – **762*. Parietaria officinalis** L. – Glaskraut – *Pariétaire officinale;* v. ● **763. Viscum album** L. – Mistel – *Gui;* vj. ● **764*. Osyris alba** L. – Harnstrauch – *Rouvet blanc;* vj.

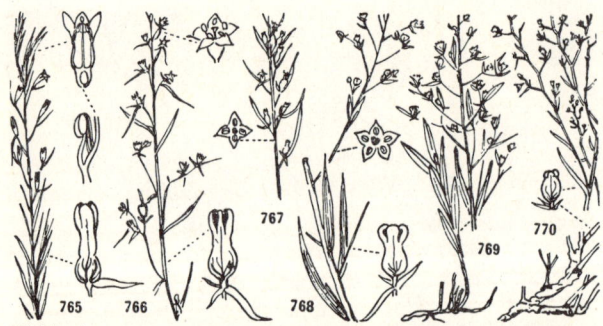

765. Thesium rostratum M. & K. – Schnabelfrüchtiger Bergflachs – *Thésium rostré;* b. – **766. Th. pyrenaicum** Pourret (Th. pratense Ehrh.) – Pyrenäen-B. – *T. des Pyrénées;* b. – **767. Th. alpinum** L. – Gemeiner B. – *T. des Alpes;* b. – **768. Th. bavarum** Schrank (Th. montanum Ehrh.) – Bayrischer B. – *T. de Bavière;* b. – **769. Th. Linophyllon** L. (Th. linifolium Schrank, Th. intermedium Schrader) – Leinblättriger B. – *T. à feuilles de Lin;* b. – **770*. Th. divaricatum** Jan – Spreizender B. – *T. divariqué;* b. ●

b = blanc, weiß; bl = bleu, blau; br = brun, braun; j = jaune, gelb; l = lila(s); n = noir, schwarz

771. Asarum europæum L. – Haselwurz – *Asaret d'Europe;* br|pn. – **772. Aristolochia Clematitis** L. – Gewöhnliche Osterluzei – *Aristoloche Clématite, Pipe;* j. – **773. A. rotunda** L. – Rundblättrige O. – *A. arrondie;* brp. ● **774. Rumex nivalis** Hegetschw. – Schnee-Ampfer – *Rumex des neiges.* – **775. R. Acetosella** L. – Kleiner Sauerampfer – *R. Petite Oseille.* – **776. R. scutatus** L. – Schildblättriger Ampfer – *R. à écussons, Oseille ronde.*

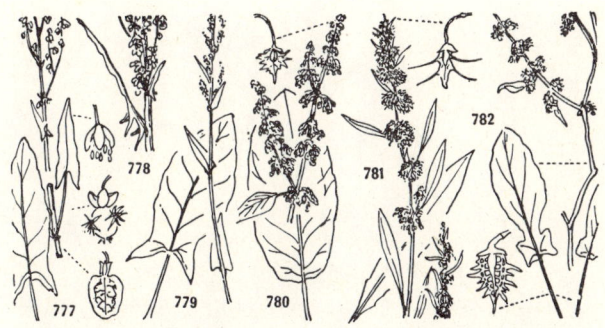

777. Rumex Acetosa L. – Wiesen-Sauerampfer – *Rumex Oseille, Oseille des prés, Surette.* – **778. R. thyrsiflorus** Fingerhuth (R. Acetosa L. ssp. auriculatus Dahl) – Rispen-S. – *R. à fleurs en thyrse.* – **779. R. alpester** Jacq. (R. arifolius All.) – Berg-S. – *R. à feuilles de Gouet.* – **780. R. obtusifollus** L. – Stumpfblättriger Ampfer – *R. à feuilles obtuses, Patience sauvage.* – **781. R. maritimus** L. – Strand-A. – *R. maritime.* – **782. R. pulcher** L. – Schöner A. – *R. élégant.*

or = orange; p = pourpre, purpurn; r = rouge, rot; rs = rose, rosa; v = vert, grün; vi = violet(t)

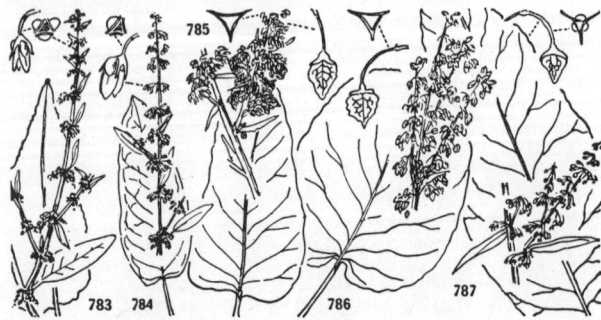

783. Rumex conglomeratus Murray – Knäuelblütiger Ampfer – *Rumex aggloméré.* – **784. R. sanguineus** L. (R. nemorosus Schrader) – Blut-A. – *R. sanguin.* – **785. R. aquaticus** L. – Wasser-A. – *R. aquatique.* – **786. R. alpinus** L. – Alpen-A., Blacke – *R. des Alpes, Rhubarbe des moines.* – **787. R. Hydrolapathum** Hudson – Riesen-A. – *R. géant.*

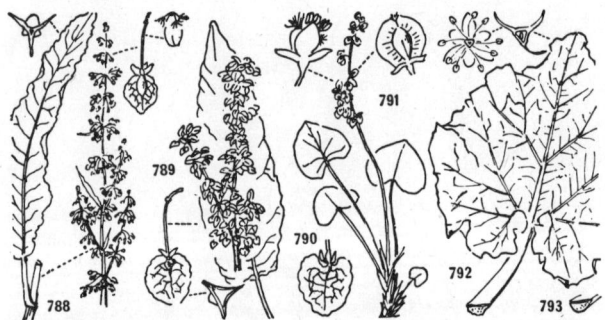

788. Rumex crispus L. – Krauser Ampfer – *Rumex crépu.* – **789. R. Patientia** L. – Garten-A. – *R. Patience, Patience, Epinard Oseille.* – **790*. R. longifolius** DC. (R. domesticus Hartman) – Langblättriger A. – *R. à longues feuilles.* – **791. Oxyria digyna** (L.) Hill – Säuerling – *Oxyria à deux styles.* – **792*. Rheum Rhaponticum** L. – Gemeiner Rhabarber – *Rhubarbe commune;* b. – **793*. R. Rhabarbarum** L. – Krauser R. – *R. ondulée;* b.

b=blanc, weiß; bl=bleu, blau; br=brun, braun; j=jaune, gelb; l=lila(s); n=noir, schwarz

794. Polygonum Convolvulus L. (Fallopia Convolvulus A. & D. Löve) – Winden-Knöterich – *Renouée Liseron, Vrillée sauvage;* b|v. – **795. P. dumetorum** L. (Fallopia dumetorum Holub) – Hecken-K. – *R. des buissons, Grande Vrillée;* b|v. – **796. P. aviculare** L. – Vogel-K. – *R. des oiseaux, Traînasse;* bv, rs. – **797. P. alpinum** All. – Alpen-K. – *R. des Alpes;* b. – **798*. P. cuspidatum** Sieb. & Zucc. (Reynoutria japonica Houttuyn) – Zugespitzter K. – *R. à feuilles en pointe;* b. – **799. P. viviparum** L. – Knöllchen-K. – *R. vivipare;* b.

800. Polygonum Bistorta L. – Schlangen-Knöterich – *Renouée Bistorte, Serpentaire;* rs. – **801. P. amphibium** L. – Sumpf-K. – *R. amphibie;* rs. – **802. P. orientale** L. – Östlicher K. – *R. d'Orient;* rsp. – **803. P. Persicaria** L. – Pfirsichblättriger K. – *R. Persicaire, Pied rouge;* rs, b. – **804*. P. lapathifolium** L. – Ampferblättriger K. – *R. à feuilles de Patience;* v, rs. – **805. P. Hydropiper** L. – Wasserpfeffer-K. – *R. Poivre d'eau;* v, rs.

or = orange; p = pourpre, purpurn; r = rouge, rot; rs = rose, rosa; v = vert, grün; vi = violet(t)

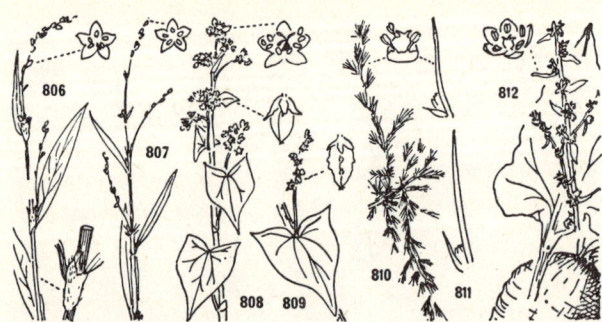

806. Polygonum mite Schrank (P. dubium Stein) – Milder Knöterich – *Renouée douce;* rs. – **807. P. minus** Hudson – Kleiner K. – *R. fluette;* rs. – **808. Fagopyrum sagittatum** Gilib. (F. esculentum Moench, Polygonum Fagopyrum L.) – Echter Buchweizen – *Sarrasin sagitté, S. commun, Blé noir;* b, rs. – **809. F. tataricum** (L.) Gaertner (P. tataricum L.) – Tatarischer B., Falscher B. – *S. de Tartarie;* vb. ● **810. Polycnemum arvense** L. – Acker-Knorpelkraut – *Polycnème des champs.* – **811. P. majus** A. Br. (P. arvense L. ssp. majus Briq.) – Großes K. – *Grand P.* – **812. Beta vulgaris** L. – Runkelrübe, Mangold – *Bette vulgaire, Betterave, Poirée.*

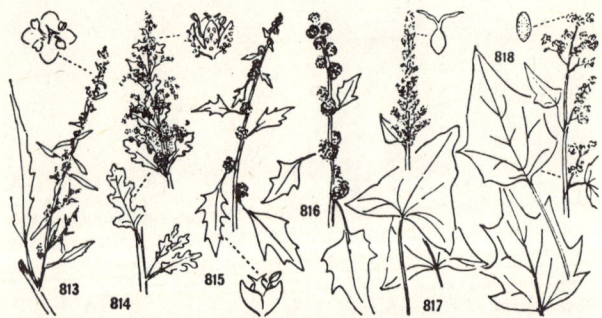

813*. Chenopodium ambrosioides L. – Mexikanischer Tee – *Chénopode (Ansérine) Fausse Ambroisie, Thé du Mexique.* – **814. Ch. Botrys** L. – Drüsiger Gänsefuß – *Ch. Botryde.* – **815. Ch. foliosum** Asch. (Ch. virgatum Ambrosi, Blitum virgatum L.) – Echter Erdbeerspinat – *Ch. feuillé, Epinard Fraise.* – **816. Ch. capitatum** (L.) Asch. (B. capitatum L.) – Ähriger E. -. *Ch. capité, Epinard Fraise capité.* – **817. Ch. Bonus-Henricus** L. – Guter Heinrich – *Ch. Bon Henri, Epinard sauvage.* – **818. Ch. hybridum** L. – Bastard-Gänsefuß – *Ch. hybride.*

b=blanc, weiß; bl=bleu, blau; br=brun, braun; j=jaune, gelb; l=lila(s); n=noir, schwarz

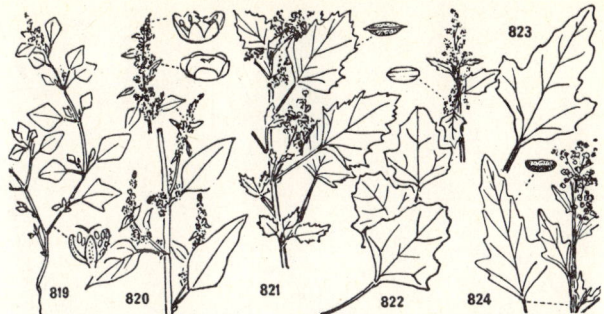

819. Chenopodium Vulvaria L. – Übelriechender Gänsefuß – *Chénopode puant.* – **820. Ch. polyspermum** L. – Vielsamiger G. – *Ch. polysperme.* – **821. Ch. murale** L. – Mauer-G. – *Ch. des murs.* – **822. Ch. opulifolium** Schrader – Schneeballblättriger G. – *Ch. à feuilles d'Obier.* – **823. Ch. hircinum** Schrader – Bock-G. – *Ch. à odeur de bouc.* – **824. Ch. ficifolium** Sm. (Ch. serotinum auct.) – Feigenblättriger G. – *Ch. à feuilles de Figuier, Ch. tardif.*

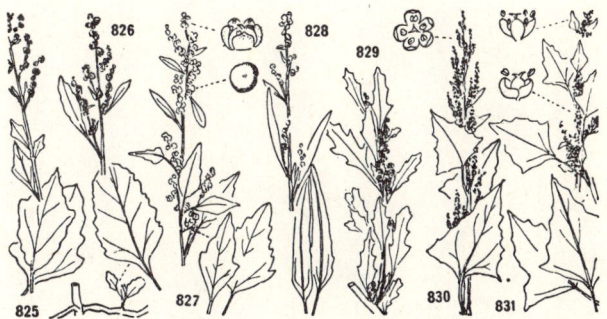

825. Chenopodium Berlandieri Moquin ssp. **Zschackei** (Murr) Zobel – Berlandiers Gänsefuß – *Chénopode de Berlandier.* – **826. Ch. strictum** Roth (Ch. striatum Murr) – Gestreifter G. – *Ch. dressé.* – **827. Ch. album** L. – Weißer G. – *Ch. blanc.* – **828. Ch. desiccatum** A. Nelson (Ch. pratericola Rydberg, Ch. leptophyllum auct.) – Schmalblättriger G. – *Ch. à feuilles étroites.* – **829. Ch. glaucum** L. – Graugrüner G. – *Ch. glauque.* – **830. Ch. urbicum** L. – Städte-G. – *Ch. des agglomérations.* – **831. Ch. rubrum** L. – Roter G. – *Ch. rouge.*

or = orange; p = pourpre, purpurn; r = rouge, rot; rs = rose, rosa; v = vert, grün; vi = violet(t)

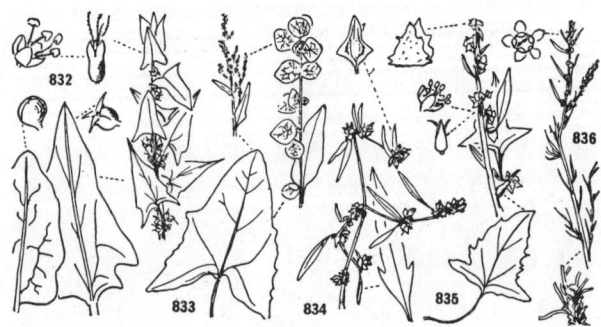

832. Spinacia oleracea L. – Spinat – *Epinard.* – **833. Atriplex hortensis** L. – Garten-Melde – *Arroche des jardins, Bonne Dame.* – **834. A. patula** L. – Gemeine M. – *A. étalée.* – **835. A. hastata** L. (A. latifolia Wahlenb.) – Spießblättrige M. – *A. hastée.* – **836*. Kochia prostrata** (L.) Schrader (Chenopodium augustanum All.) – Niederliegende Radmelde – *Kochie couchée.*

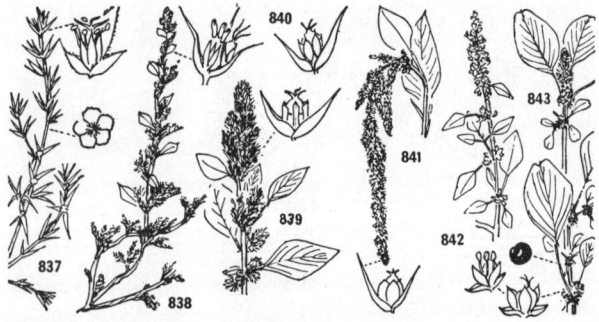

837. Salsola Kali L. ssp. **ruthenica** (Iljin) Soó – Salzkraut – *Salsola Kali, Soude.* ● **838. Amaranthus albus** L. – Weißer Amarant – *Amarante blanche.* – **839. A. retroflexus** L. – Rauhhaariger A. – *A. réfléchie.* – **840*. A. hybridus** L. – Bastard-A., Fuchsschwanz – *A. hybride, A. Queue de renardi;* v, j, p. – **841. A. caudatus** L. – Garten-A., Fuchsschwanz – *A. Queue de renard;* p. – **842. A. deflexus** L. (Albersia deflexa Gren.) – Niederliegender A. – *A. couchée.* – **843. A. lividus** L. var. **ascendens** (Loisel.) Thell. (Albersia Blitum Kunth) – Aufsteigender A. – *A. ascendante.*

b=blanc, weiß; bl=bleu, blau; br=brun, braun; j=jaune, gelb; l=lila(s); n=noir, schwarz

Amaranthaceæ 844 • *Phytolaccaceæ 845* • *Aizoaceæ 846* •
Portulacaceæ 847–849 • *Caryophyllaceæ 850–856*

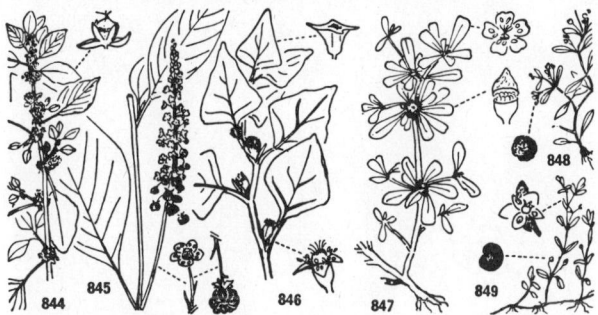

844. Amaranthus angustifolius Lam. (A. græcizans L.) – Wilder Amarant – *Amarante sauvage.* ● **845. Phytolacca americana** L. (Ph. decandra L.) – Kermesbeere – *Phytolacca américaine, Raisin d'Amérique;* vb > rs. ● **846. Tetragonia tetragonioides** (Pallas) O. Kuntze (T. expansa Murray) – Neuseeländerspinat – *Tétragone, Epinard de la Nouvelle-Zélande.* ● **847. Portulaca oleracea** L. – Portulak – *Pourpier potager;* j. – **848. Montia verna** Necker (M. minor Gmelin) – Kleines Quellkraut – *Montie du printemps, Petite M.* – **849. M. rivularis** Gmelin (M. fontana L. p. p.) – Bach-Q. – *M. des fontaines, Mouron des fontaines.* ●

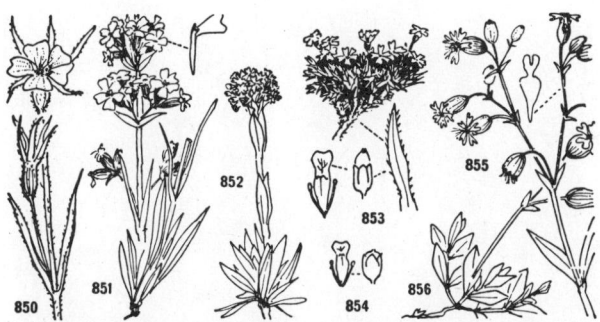

850. Agrostemma Githago L. – Kornrade – *Nielle des blés;* pvi. – **851. Viscaria vulgaris** Bernh. (Lychnis Viscaria L., Silene Viscaria Jessen) – Gewöhnliche Pechnelke – *Viscaire vulgaire, Attrape-mouches;* p. – **852. V. alpina** (L.) G. Don (L. alpina L., S. liponeura Neumayr) – Alpen-P. – *V. des Alpes;* rs. – **853. Silene acaulis** (L.) Jacq. – Kalk-Polsternelke – *Silène acaule du calcaire;* rs. – **854. S. exscapa** All. – Kiesel-P. – *S. acaule du silice;* rs. – **855. S. Cucubalus** Wibel (S. vulgaris Garcke, S. inflata Sm.) – Gewöhnliches Leimkraut – *S. Cucubale, S. enflé;* b. – **856. id.** ssp. **prostrata** (Gaudin) Litardière (S. Willdenowii Sweet, S. alpina E. Thomas); b.

or = orange; p = pourpre, purpurn; r = rouge, rot; rs = rose, rosa; v = vert, grün; vi = violet(t)

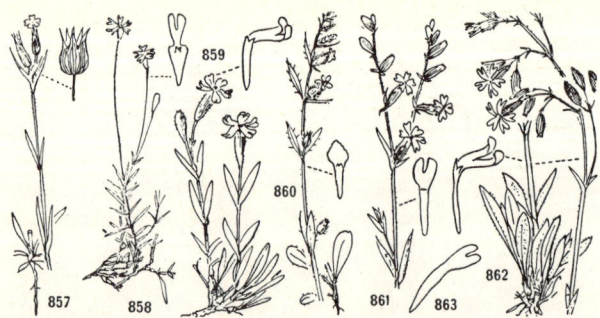

857. Silene conica L. – Kegelfrüchtiges Leimkraut – *Silène conique;* rs. – **858. S. Saxifraga** L. – Steinbrech-L. – *S. Saxifrage;* b. – **859. S. vallesia** L. – Walliser L. – *S. du Valais;* rs|r. – **860. S. gallica** L. – Französisches L. – *S. de France;* rs|b. – **861. S. dichotoma** Ehrh. – Gabeliges L. – *S. fourchu;* b. – **862*. S. nutans** L. – Nickendes L. – *S. penché;* b. – **863*. S. italica** (L.) Pers. – Italienisches L. – *S. d'Italie;* b|rs.

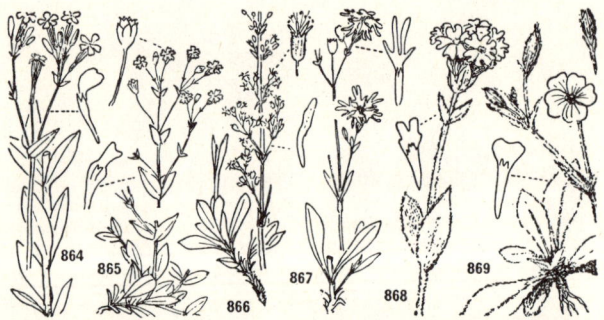

864. Silene Armeria L. – Nelken-Leimkraut – *Silène Arméria;* rs. – **865. S. rupestris** L. – Felsen-L. – *S. des rochers;* b. – **866. S. Otites** (L.) Wibel – Öhrchen-L. – *S. Otitès, S. à petites fleurs;* jv. – **867. Lychnis Flos-cuculi** L. (Silene Floscuculi Clairv.) – Kuckucksnelke – *Lychnis Fleur de coucou;* rs. – **868. L. Flos-Jovis** (L.) Desr. (S. Flos-Jovis Clairv.) – Jupiternelke – *L. Fleur de Jupiter, Œillet de Dieu;* rs. – **869. L. Coronaria** (L.) Desr. (S. Coronaria Clairv.) – Kranzrade – *L. Coronaire, Coquelourde;* p.

b = blanc, weiß; bl = bleu, blau; br = brun, braun; j = jaune, gelb; l = lila(s); n = noir, schwarz

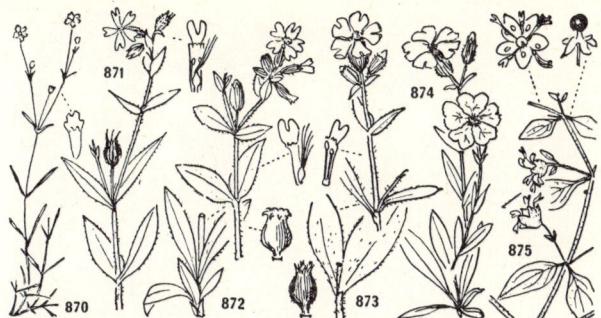

870. Heliosperma quadridentatum (Pers.) Sch. & Thell. (H. quadrifidum Rchb., Silene quadridentata Pers., S. pusilla Waldst. & Kit.) – Strahlensame – *Héliosperme à quatre dents;* b. – **871. Melandrium noctiflorum** (L.) Fries (Silene noctiflora L.) – Ackernelke – *Mélandrie de la nuit;* b. – **872. M. diurnum** (Sibth.) Fries (M. silvestre Roehling, M. diœcum Simonkai, M. rubrum Garcke, S. diœca Clairv.) – Rote Waldnelke – *M. du jour, M. rouge;* rsp. – **873. M. album** (Miller) Garcke (M. vespertinum Fries, S. alba Krause) – Weiße W. – *M. blanche;* b. – **874*. M. Elisabethæ** (Jan) Rohrbach (Silene Elisabethæ Jan) – Südalpine W. – *M. des Alpes insubriennes;* rsp. – **875. Cucubalus baccifer** L. – Taubenkropf – *Cucubale à baies;* bv.

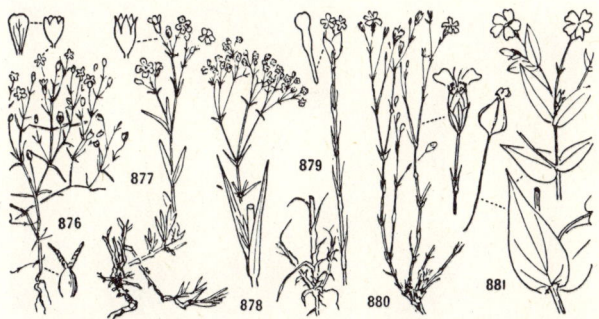

876. Gypsophila muralis L. – Acker-Gipskraut – *Gypsophile des murailles;* rs. – **877. G. repens** L. – Kriechendes G. – *G. rampante;* b, rs. – **878*. G. paniculata** L. – Rispiges G. – *G. paniculée;* b. – **879. Tunica prolifera** (L.) Scop. (Petrorhagia prolifera Ball & Heywood) – Sprossende Felsennelke – *Tunique prolifère;* rs. – **880. T. saxifraga** (L.) Scop. (P. saxifraga Link) – Gewöhnliche F. – *T. saxifrage;* rs. – **881. Vaccaria pyramidata** Medikus (V. hispanica Rauschert) – Kuhnelke – *Vaccaire en pyramide, V. vulgaire;* rs.

or = orange; p = pourpre, purpurn; r = rouge, rot; rs = rose, rosa; v = vert, grün; vi = violet(t)

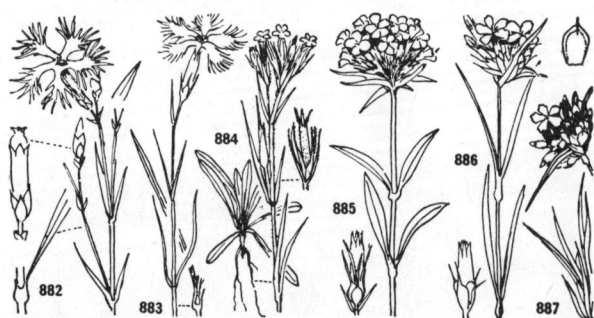

882. Dianthus superbus L. – Pracht-Nelke – *Œillet superbe;* rsl. – **883. D. hyssopifolius** L. (D. monspessulanus L.) – Montpellier-N. – *Œ. de Montpellier;* rsb. – **884. D. Armeria** L. – Rauhe N. – *Œ. Arméria;* p. – **885. D. barbatus** L. – Bart-N., Busch-N. – *Œ. barbu;* b, rs, p. – **886. D. Carthusianorum** L. – Kartäuser-N. – *Œ. des Chartreux;* p. – **887. id.** ssp. **vaginatus** (Chaix) Hegi; p.

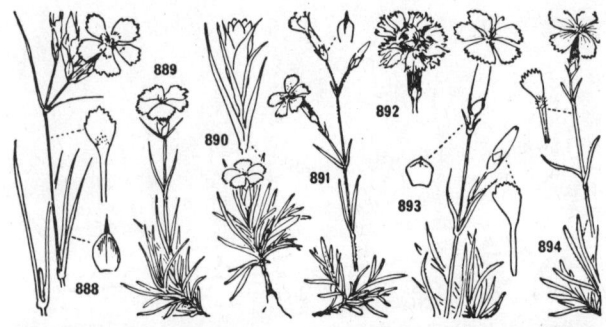

888. Dianthus Seguieri Vill. – Séguiers Nelke – *Œillet de Séguier;* p. – **889*. D. neglectus** Loisel. – Übersehene N. – *Œ. négligé;* p. – **890. D. glacialis** Haenke – Gletscher-N. – *Œ. des glaciers;* p. – **891. D. deltoides** L. – Heide-N. – *Œ. à delta;* p. – **892. D. Caryophyllus** L. – Garten-N. – *Œ. Girofle, Œ. des fleuristes;* b, rs, p, j. – **893. id.** ssp. **silvester** (Wulfen) Rouy (D. silvester Wulfen) – Stein-N. – *Œ. des rochers;* prs. – **894. D. gratianopolitanus** Vill. (D. cæsius Sm.) – Grenobler N. – *Œ. de Grenoble, Œ. bleuâtre;* prs.

b=blanc, weiß; bl=bleu, blau; br=brun, braun; j=jaune, gelb; l=lila(s); n=noir, schwarz

895. Saponaria officinalis L. – Gebräuchliches Seifenkraut – *Saponaire officinale, Savonnière;* rsb. – **896. S. Ocymoides** L. – Rotes S. – *S. Faux Basilic, S. rose;* rs. – **897. S. lutea** L. – Gelbes S. – *S. jaune;* jb. – **898. Stellaria aquatica** (L.) Scop. (Malachium aquaticum Fries, Myosoton aquaticum Moench) – Wassermiere – *Stellaire aquatique;* b. – **899*. S. media** (L.) Vill. – Vogelmiere, Hühnerdarm – *S. intermédiaire, Mouron des oiseaux;* b. – **900*. S. nemorum** L. – Wald-Sternmiere – *S. des bois;* b.

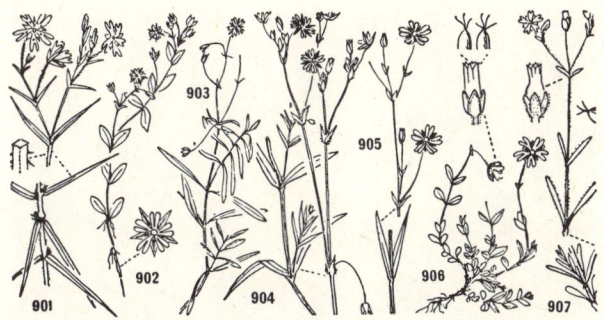

901. Stellaria Holostea L. – Großblumige Sternmiere – *Stellaire Holostée;* b. – **902. S. Alsine** Grimm (S. uliginosa Murray) – Moor-S. – *S. Alsine, S. des endroits humides;* b. – **903. S. diffusa** Schlechtendal (S. longifolia Fries, S. Friesiana Ser.) – Langblättrige S. – *S. à longues feuilles;* b. – **904. S. graminea** L. – Grasblättrige S. – *S. Graminée;* b. – **905. S. palustris** Retz. (S. Dilleniana Moench, S. glauca With.) – Sumpf-S. – *S. des marais;* b. – **906. Cerastium Cerastoides** (L.) Britton (C. trigynum Vill.) – Dreigriffliges Hornkraut – *Céraiste Faux Céraiste, C. à trois styles;* b. – **907*. C. dubium** (Bastard) Guépin (C. anomalum Waldst. & Kit.) – Klebriges H. – *C. irrégulier;* b.

or = orange; p = pourpre, purpurn; r = rouge, rot; rs = rose, rosa; v = vert, grün; vi = violet(t)

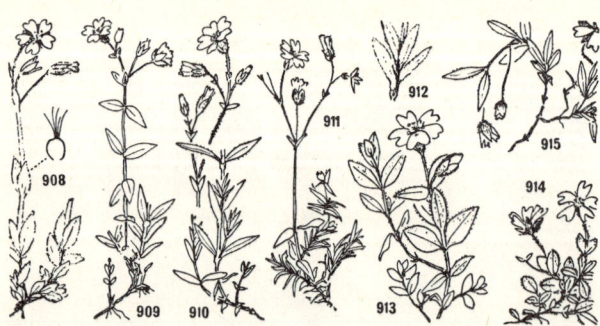

908. Cerastium alpinum L. – Alpen-Hornkraut – *Céraiste des Alpes;* b. – **909*. C. carinthiacum** Vest – Kärntner H. – *C. de Carinthie;* b. – **910*. C. arvense** L. – Acker-H. – *C. des champs;* b. – **911. id.** ssp. **strictum** (Haenke) Gaudin; b. – **912. C. tomentosum** L. – Filziges H. – *C. tomenteux;* b. – **913. C. latifolium** L. – Breitblättriges H. – *C. à larges feuilles;* b. – **914. C. uniflorum** Clairv. – Einblütiges H. – *C. uniflore;* b. – **915. C. pedunculatum** Gaudin (C. filiforme Schleicher) – Langstieliges H. – *C. à longs pédoncules;* b.

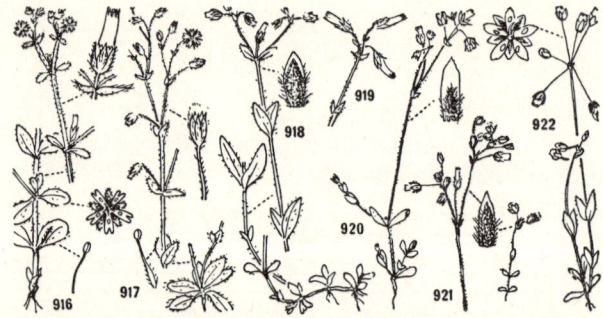

916. Cerastium glomeratum Thuill. – Knäuelblütiges Hornkraut – *Céraiste aggloméré;* b. – **917*. C. brachypetalum** Pers. – Kleinblütiges H. – *C. à pétales courts;* b. – **918. C. cæspitosum** Gilib. (C. triviale Link, C. holosteoides Fries) – Gemeines H. – *C. gazonnant;* b. – **919*. id.** ssp. **alpinum** (Hartman) Becherer (ssp. fontanum Sch. & K., C. fontanum Baumg.); b. – **920. C. semidecandrum** L. – Sand-H. – *C. à cinq étamines;* b. – **921*. C. pumilum** Curtis (C. obscurum Chaubard) – Niedriges H. – *C. nain;* b. – **922. Holosteum umbellatum** L. – Spurre – *Holostée en ombelle;* b.

b=blanc, weiß; bl=bleu, blau; br=brun, braun; j=jaune, gelb; l=lila(s); n=noir, schwarz

923*. Mœnchia erecta (L.) G., M. & Sch. (Cerastium quaternellum Fenzl) – Vierzählige Weißmiere – *Mœnchie dressée;* b. – **924. M. mantica** (L.) Bartl. (C. manticum L.) – Fünfzählige W. – *M. de Vérone;* b. – **925. Sagina procumbens** L. – Niederliegendes Mastkraut – *Sagine couchée;* b. – **926. S. apetala** Ard. – Kronblattloses M. – *S. sans pétales;* b. – **927. S. ciliata** Fries – Bewimpertes M. – *S. ciliée;* b. – **928. S. glabra** (Willd.) Fenzl (S. repens Burnat) – Südalpines M. – *S. glabre;* b. – **929. S. nodosa** (L.) Fenzl – Knotiges M. – *S. noueuse;* b.

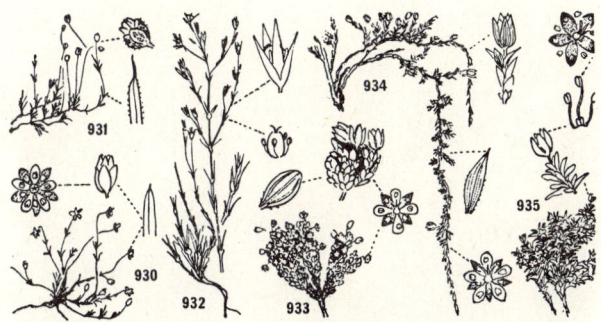

930. Sagina saginoides (L.) H. Karsten (S. Linnæi C. Presl) – Alpen-Mastkraut – *Sagine Fausse Sagine, S. des Alpes;* b. – **931. S. subulata** (Sw.) C. Presl – Pfriemblättriges M. – *S. subulée;* b. – **932. Buffonia paniculata** Dubois – Buffonie – *Buffonie paniculée;* b. – **933*. Minuartia cherlerioides** (Hoppe) Becherer (M. aretioides Sch. & Thell., Alsine octandra Kerner) – Polster-Miere – *Minuartie Faux Arétia, M. Coussinet;* b. – **934. M. rupestris** (Scop.) Sch. & Thell. (A. rupestris Fenzl, A. lanceolata M. & K.) – Felsen-M. – *M. des rochers;* b. – **935. M. sedoides** (L.) Hiern (Cherleria sedoides L., A. sedoides Kittel) – Zwerg-M. – *M. Faux Sédum;* v.

or = orange; p = pourpre, purpurn; r = rouge, rot; rs = rose, rosa; v = vert, grün; vi = violet(t)

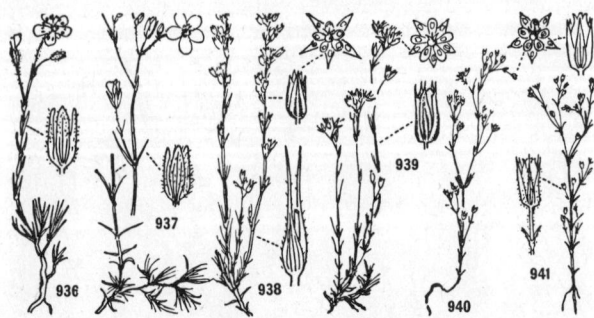

936. Minuartia capillacea (All.) Graebner (M. liniflora Sch. & Thell., Alsine liniflora Hegetschw.) – Feinblättrige Miere – *Minuartie à feuilles capillaires;* b. – **937. M. laricifolia** (L.) Sch. & Thell. (A. laricifolia Crantz) – Nadelblättrige M. – *M. à feuilles de Mélèze;* b. – **938. M. fastigiata** (Sm.) Rchb. (M. fasciculata Hiern, A. Jacquini Koch) – Büschelige M. – *M. fasciculée;* b. – **939*. M. mutabilis** (Lapeyr.) Sch. & Thell. (M. rostrata Rchb., M. mucronata Sch. & Thell., A. mucronata auct.) – Geschnäbelte M. – *M. changeante, M. mucronée;* b. – **940. M. hybrida** (Vill.) Schischkin (M. tenuifolia Hiern, A. tenuifolia Crantz) – Zarte M. – *M. grêle;* b. – **941. M. viscosa** (Schreber) Sch. & Thell. (A. viscosa Schreber) – Klebrige M. – *M. visqueuse;* b.

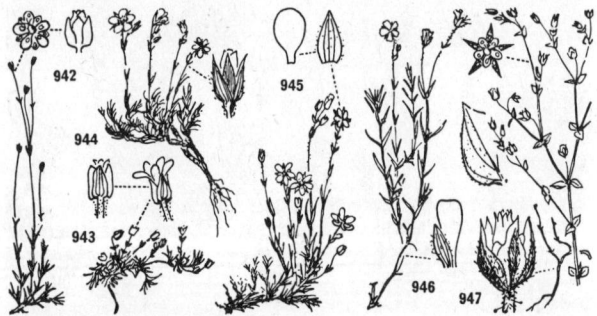

942. Minuartia stricta (Sw.) Hiern (Alsine stricta Wahlenb.) – Steife Miere – *Minuartie raide;* b. – **943. M. biflora** (L.) Sch. & Thell. (A. biflora Wahlenb.) – Zweiblütige M. – *M. à deux fleurs;* b. – **944. M. recurva** (All.) Sch. & Thell. (A. recurva Wahlenb.) – Krummblättrige M. – *M. recourbée;* b. – **945. M. verna** (L.) Hiern (A. verna Wahlenb.) – Frühlings-M. – *M. du printemps;* b. – **946*. M. Villarii** (Balbis) Wilczek & Chenev. (M. flaccida Sch. & Thell., A. Villarii M. & K., A. flaccida Chiovenda) – Villars' M. – *M. de Villars;* b. – **947. Arenaria serpyllifolia** L. – Quendelblättriges Sandkraut – *Sabline à feuilles de Serpolet;* b.

b = blanc, weiß; bl = bleu, blau; br = brun, braun; j = jaune, gelb; l = lila(s); n = noir, schwarz

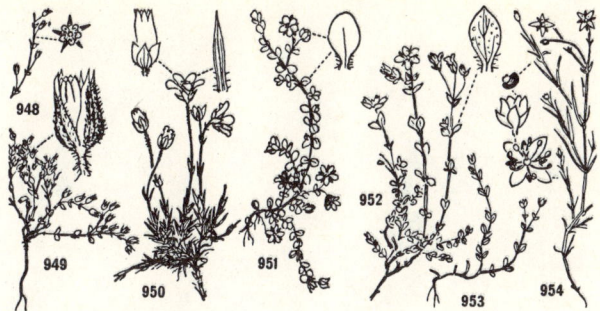

948. Arenaria leptoclados (Rchb.) Guss. (A. serpyllifolia L. ssp. tenuior Arcangeli, A.s. L. ssp. leptoclados Oborny) – Zartes Sandkraut – *Sabline grêle;* b. – **949. A. Marschlinsii** Koch – Salis-Marschlins' S. – *S. de Salis-Marschlins;* b. – **950. A. grandiflora** L. – Großblütiges S. – *S. à grandes fleurs;* b. – **951. A. biflora** L. – Zweiblütiges S. – *S. à deux fleurs;* b. – **952*. A. ciliata** L. – Bewimpertes S. – *S. ciliée;* b. – **953.** id. ssp. **gothica** (Fries) Hartman (A. gothica Fries); b. – **954. Mœhringia muscosa** L. – Moos-Nabelmiere – *Mœhringie Mousse;* b.

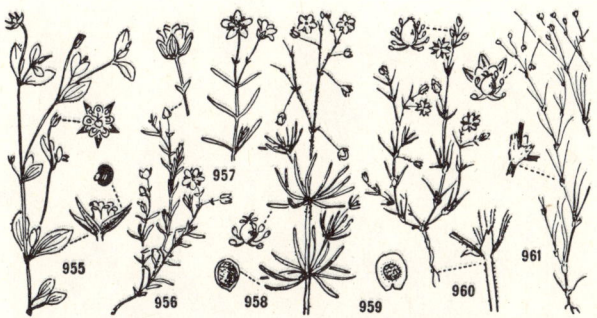

955. Mœhringia trinervia (L.) Clairv. – Dreinervige Nabelmiere – *Mœhringie à trois nervures;* b. – **956. M. ciliata** (Scop.) D. T. (M. polygonoides M. & K.) – Bewimperte N. – *M. ciliée;* b. – **957*. M. bavarica** (L.) Gren. (M. Ponæ Fenzl) ssp. **insubrica** (Degen) Sauer (M. insubrica Degen) – Insubrische N. – *M. d'Insubrie;* b. – **958. Spergula arvensis** L. – Acker-Spark, Spörgel – *Spargote des champs;* b. – **959*. S. pentandra** L. – Fünfmänniger S. – *S. à cinq étamines;* b. – **960. Spergularia rubra** (L.) J. & C. Presl (S. campestris Asch.) – Rote Schuppenmiere – *Spergulaire rouge, S. des champs;* rs. – **961. Delia segetalis** (L.) Dumortier (Spergularia segetalis G. Don, Alsine segetalis L.) – Getreidemiere – *Délie des moissons, Alsine des moissons;* b.

or = orange; p = pourpre, purpurn; r = rouge, rot; rs = rose, rosa; v = vert, grün; vi = violet(t)

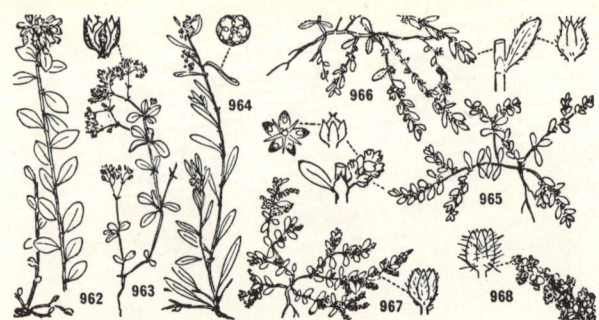

962. Telephium Imperati L. – Telephie – *Téléphium d'Imperato;* b. – **963. Polycarpon tetraphyllum** L. – Nagelkraut – *Polycarpon à feuilles par quatre;* bv. – **964*. Corrigiola litoralis** L. – Hirschsprung – *Corrigiole des grèves;* b, b|rs. – **965. Herniaria glabra** L. – Kahles Bruchkraut – *Herniaire glabre;* v. – **966. H. hirsuta** L. – Behaartes B. – *H. velue;* v. – **967. H. alpina** Vill. – Alpen-B. – *H. des Alpes;* v. – **968*. H. incana** Lam. – Graues B. – *H. blanchâtre;* v.

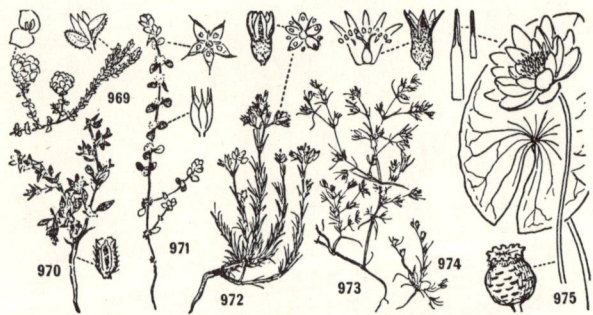

969*. Paronychia Kapela (Hacquet) Kerner ssp. **serpyllifolia** (Chaix) A. & G. – Quendelblättrige Paronychie – *Paronyque à feuilles de Serpolet;* b. – **970*. P. polygonifolia** (Vill.) DC. – Knöterichblättrige P. – *P. à feuilles de Renouée;* b. – **971*. Illecebrum verticillatum** L. – Knorpelblume – *Illécèbre verticillé;* b. – **972. Scleranthus perennis** L. – Ausdauernder Knäuel – *Scléranthe (Gnavelle) vivace;* vb. – **973*. S. annuus** L. ssp. **annuus** (L.) Thell. (S. annuus L. s. str.) – Einjähriger K. – *S. annuel;* v. – **974. id.** ssp. **polycarpos** (L.) Thell. (S. polycarpos L.); v. ● **975. Nymphæa alba** L. – Weiße Seerose – *Nymphéa, Nenufar blanc;* b.

b=blanc, weiß; bl=bleu, blau; br=brun, braun; j=jaune, gelb; l=lila(s); n=noir, schwarz

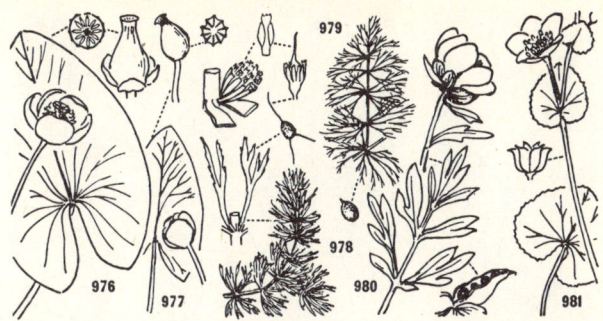

976. Nuphar lutea (L.) Sm. – Große Teichrose, Gelbe Seerose – *Nénufar jaune;* j. – **977. N. pumila** (Hoffm.) DC. – Kleine T. – *N. nain;* j. ● **978. Ceratophyllum demersum** L. – Rauhes Hornblatt – *Cératophylle (Cornifle) immergé.* – **979. C. submersum** L. – Glattes H. – *C. submergé.* ● **980. Pæonia officinalis** L. em. Gouan (P. feminea Desf., P. peregrina Koch) – Pfingstrose – *Pivoine officinale;* p. – **981. Caltha palustris** L. – Dotterblume – *Caltha des marais, Populage;* j.

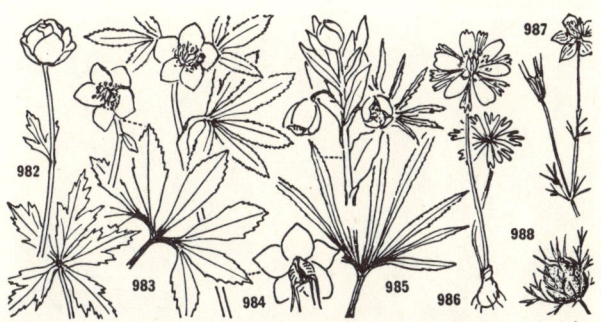

982. Trollius europæus L. – Trollblume – *Trolle d'Europe, Boule d'or;* j. – **983. Helleborus niger** L. – Christrose – *Ellébore noir, Rose de Noël;* b > rs. – **984. H. viridis** L. – Grüne Nieswurz – *E. vert;* v. – **985. H. fœtidus** L. – Stinkende N. – *E. fétide;* vj|p. – **986. Eranthis hiemalis** (L.) Salisb. – Winterling – *Eranthe d'hiver;* j. – **987. Nigella arvensis** L. – Acker-Schwarzkümmel – *Nigelle des champs;* vb|bl. – **988. N. damascena** L. – Damaszener Sch., Gretchen-im-Busch – *N. de Damas;* vb|bl.

---

or = orange; p = pourpre, purpurn; r = rouge, rot; rs = rose, rosa; v = vert, grün; vi = violet(t)

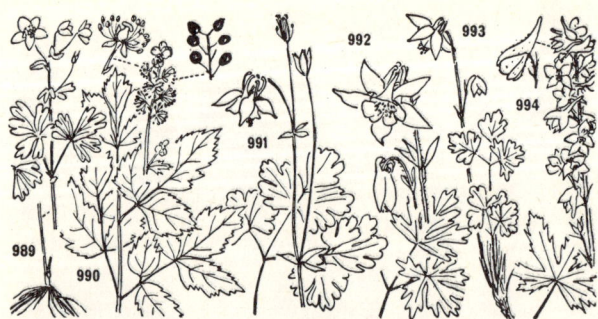

989. Isopyrum thalictroides L. – Muschelblümchen – *Isopyre Faux Pigamon;* b. – **990. Actæa spicata** L. – Christophskraut – *Actée en épi, Herbe de St-Christophe;* b. – **991*. Aquilegia vulgaris** L. – Gemeine Akelei – *Ancolie vulgaire;* blvi, vibr. – **992. A. alpina** L. – Alpen-A. – *A. des Alpes;* bl. – **993. A. Einseleana** F. W. Schultz – Einseles A. – *A. d'Einsele;* blvi. – **994. Delphinium elatum** L. – Hoher Rittersporn – *Dauphinelle (Pied d'alouette) élevée;* bl.

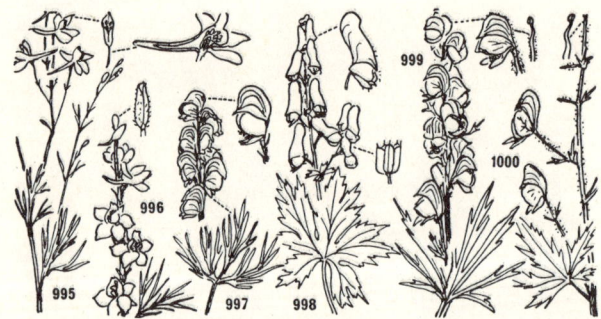

995. Delphinium Consolida L. (Consolida regalis S. F. Gray) – Acker-Rittersporn – *Dauphinelle (Pied d'alouette) Consoude;* bl. – **996. D. Ajacis** L. (C. Ajacis Schur) – Garten-R. – *D. d'Ajax, D. des jardins;* bl, b, rs. – **997. Aconitum Anthora** L. – Blaßgelber Eisenhut – *Aconit Anthora;* jv. – **998*. A. lycoctonum** L. em. Koelle (A. Vulparia Rchb.) – Gelber E. – *A. Tueloup;* jb. – **999*. A. Napellus** L. (A. compactum Rchb.) – Blauer E., Echter E. – *A. Napel, Casque de Jupiter;* bl. – **1000. A. paniculatum** Lam. – Rispen-E. – *A. paniculé;* bl.

b = blanc, weiß; bl = bleu, blau; br = brun, braun; j = jaune, gelb; l = lila(s); n = noir, schwarz

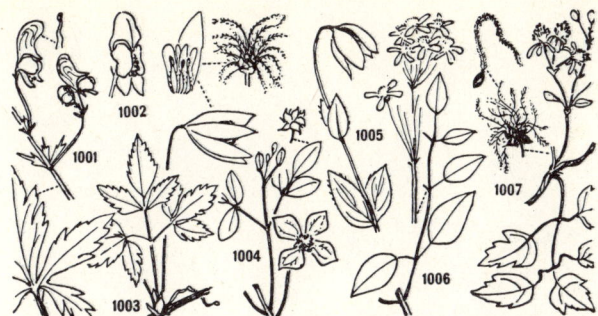

1001. Aconitum variegatum L. – Gescheckter Eisenhut – *Aconit panaché;* bl‖b.
– **1002. A. Cammarum** L. em. Fries (A. intermedium DC., A. Stœrckianum Rchb.) – Garten-E. – *A. Cammarum, A. des jardins;* bl, bl‖b. – **1003. Clematis alpina** (L.) Miller (Atragene alpina L.) – Alpenrebe – *Clématite des Alpes;* bll. –
1004*. C. Viticella L. – Italienische Waldrebe – *C. Fausse Vigne, C. bleue;* blvi. –
1005*. C. integrifolia L. – Ganzblättrige W. – *C. à feuilles entières;* blvi. – **1006. C. recta** L. – Aufrechte W. – *C. droite;* b. – **1007. C. Vitalba** L. – Gemeine W., Niele – *C. des haies, C. blanche;* b.

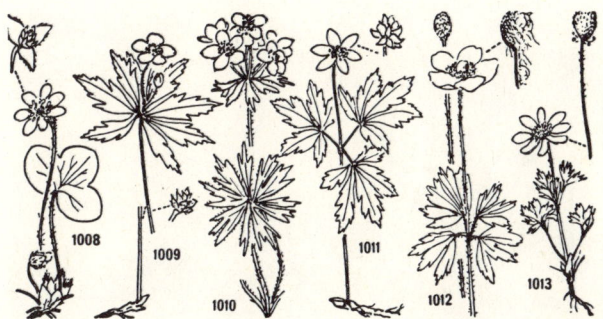

1008. Hepatica nobilis Schreber (H. triloba Chaix, Anemone Hepatica L.) – Leberblümchen – *Hépatique à trois lobes;* bl, rs, b. – **1009. Anemone ranunculoides** L. – Gelbes Windröschen (Anemone) – *Anémone Fausse Renoncule;* j. –
1010. A. narcissiflora L. – Narzissenblütiges W. – *A. à fleurs de Narcisse;* b. –
1011. A. nemorosa L. – Busch-W. – *A. des bois, Sylvie;* b, rs. – **1012. A. silvestris** L. – Hügel-W. – *A. sylvestre;* b. – **1013. A. baldensis** Turra – Monte-Baldo-W. – *A. du Mont Baldo;* b.

or = orange; p = pourpre, purpurn; r = rouge, rot; rs = rose, rosa; v = vert, grün; vi = violet(t)

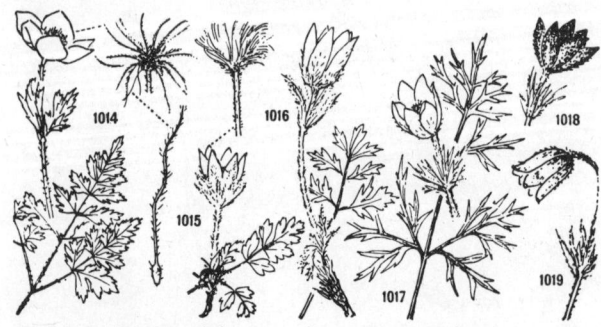

1014*. Pulsatilla alpina (L.) Delarbre (Anemone alpina L.) – Alpen-Anemone
– *Pulsatille (Anémone) des Alpes;* b, j. – **1015. P. vernalis** (L.) Miller (A. vernalis L.) – Frühlings-A. – *P. du printemps;* b|l. – **1016. P. Halleri** (All.) Willd. (A. Halleri All.) – Hallers Küchenschelle – *P. de Haller;* vi. – **1017. P. vulgaris** Miller (A. Pulsatilla L.) – Gewöhnliche K. – *P. vulgare, Coquelourde;* vi. – **1018*. P. rubra** (Lam.) Delarbre (A. rubra Lam.) – Rote K. – *P. rouge;* vibr. – **1019. P. montana** (Hoppe) Rchb. (A. montana Hoppe) – Berg-K. – *P. des montagnes;* vin.

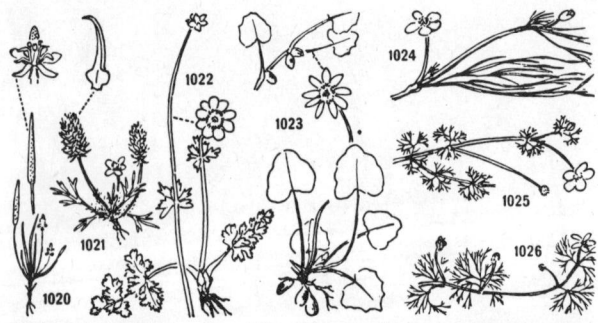

1020. Myosurus minimus L. – Mäuseschwanz – *Myosure minime, Ratoncule, Queue de souris;* vj. – **1021*. Ceratocephalus falcatus** (L.) Pers. – Hornköpfchen – *Cératocéphale en faux;* jb. – **1022. Callianthemum coriandrifolium** Rchb. (C. rutifolium C. A. Meyer, Ranunculus rutifolius L.p.p.) – Schmuckblume – *Callianthème à feuilles de Coriandre;* b. – **1023. Ranunculus Ficaria** L. (Ficaria verna Hudson, F. ranunculoides Roth) – Scharbockskraut – *Renoncule Ficaire, Ficaire du printemps;* j. – **1024. R. fluitans** Lam. – Flutender Wasserhahnenfuß – *R. flottante;* b. – **1025. R. circinatus** Sibth. (R. divaricatus auct.) – Starrer W. – *R. divariquée;* b. – **1026*. R. trichophyllus** Chaix (R. flaccidus Pers.) – Haarblättriger W. – *R. lâche;* b.

b=blanc, weiß; bl=bleu, blau; br=brun, braun; j=jaune, gelb; l=lila(s); n=noir, schwarz

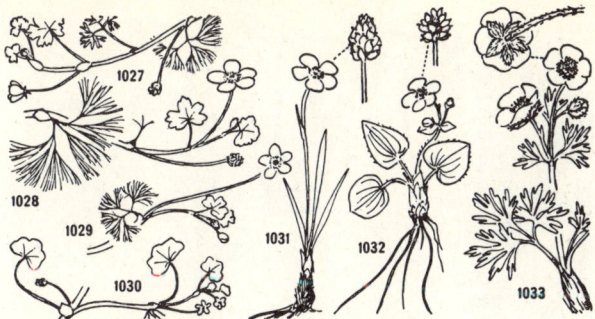

1027. Ranunculus radians Revel – Strahlender Wasserhahnenfuß – *Renoncule rayonnante;* b. – **1028. R. aquatilis** L. – Großer W. – *R. aquatique;* b. – **1029. R. obtusiflorus** (DC.) Moss (R. Baudotii Godron) – Baudots W. – *R. à fleurs obtuses, R. de Baudot;* b. – **1030*. R. hederaceus** L. – Efeublättriger Hahnenfuß – *R. Lierre;* b. – **1031. R. pyrenæus** L. – Pyrenäen-H. – *R. des Pyrénées;* b. – **1032. R. parnassiifolius** L. – Herzblatt-H. – *R. à feuilles de Parnassie;* b. – **1033. R. glacialis** L. (Oxygraphis vulgaris Freyn) – Gletscher-H. – *R. des glaciers;* b|rs.

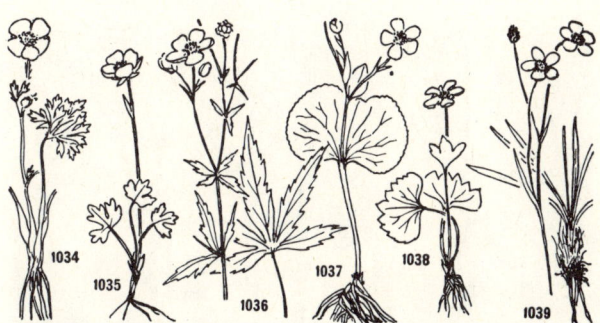

1034. Ranunculus Seguieri Vill. – Séguiers Hahnenfuß – *Renoncule de Séguier;* b. – **1035. R. alpestris** L. – Alpen-H. – *R. alpestre;* b. – **1036*. R. aconitifolius** L. – Eisenhutblättriger H. – *R. à feuilles d'Aconit;* b. – **1037. R. Thora** L. – Schildblättriger H. – *R. Thora, R. vénéneuse;* j. – **1038*. R. hybridus** Biria (R. Phthora Crantz) – Bastard-H., Hahnenkamm – *R. hybride;* j. – **1039. R. gramineus** L. – Grasblättriger H. – *R. Graminée;* j.

or = orange; p = pourpre, purpurn; r = rouge, rot; rs = rose, rosa; v = vert, grün; vi = violet(t)

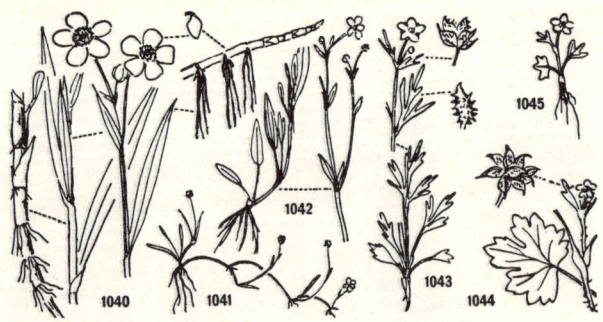

1040. Ranunculus Lingua L. – Großer Sumpf-Hahnenfuß – *Renoncule Langue, Grande Douve;* j. – **1041. R. reptans** L. – Wurzelnder Sumpf-H. – *R. radicante;* j. – **1042. R. Flammula** L. – Kleiner Sumpf-H. – *R. Flammette, Petite Douve;* j. – **1043. R. arvensis** L. – Acker-H. – *R. des champs;* j. – **1044*. R. muricatus** L. – Stachelfrüchtiger H. – *R. à petites pointes;* j. – **1045. R. pygmæus** Wahlenb. – Zwerg-H. – *R. naine;* j.

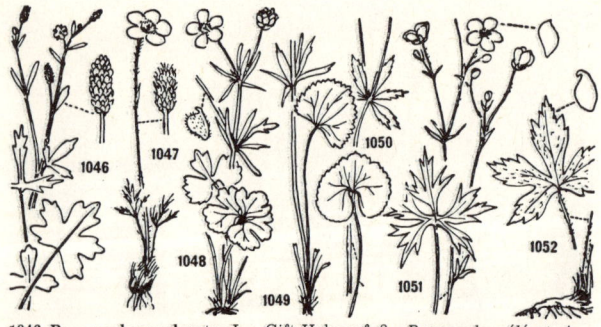

1046. Ranunculus sceleratus L. – Gift-Hahnenfuß – *Renoncule scélérate;* jv. – **1047*. R. flabellatus** Desf. (R. chærophyllos auct.) – Kerbel-H. – *R. en éventail, R. Cerfeuil;* j. – **1048. R. auricomus** L. – Goldschopf-H. – *R. Tête d'or;* j. – **1049. id.** ssp. **Allemannii** (Br.-Bl.); j. – **1050. id.** ssp. **pseudocassubicus** (Christ) Koch; j. – **1051. R. acer** L. – Scharfer H. – *R. âcre, Bouton d'or;* j. – **1052*. id.** ssp. **Friesianus** (Jordan) Rouy & Fouc. (R. Friesianus Jordan); j.

b=blanc, weiß; bl=bleu, blau; br=brun, braun; j=jaune, gelb; l=lila(s); n=noir, schwarz

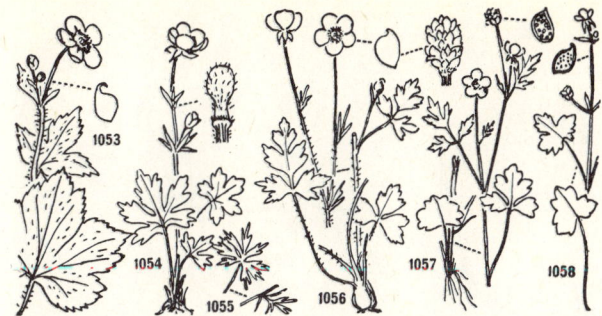

1053. Ranunculus lanuginosus L. – Wolliger Hahnenfuß – *Renoncule laineuse;* j. – **1054*. R. montanus** Willd. (R. geraniifolius auct.) – Berg-H. – *R. des montagnes;* j. – **1055. R. carinthiacus** Hoppe (R. gracilis Schleicher) – Kärntner H. – *R. de Carinthie;* j. – **1056. R. bulbosus** L. – Knolliger H. – *R. bulbeuse;* j. – **1057. R. sardous** Crantz (R. Philonotis Retz.) – Sardinischer H. – *R. sarde;* j. – **1058*. R. parviflorus** L. – Kleinblütiger H. – *R. à petites fleurs;* j.

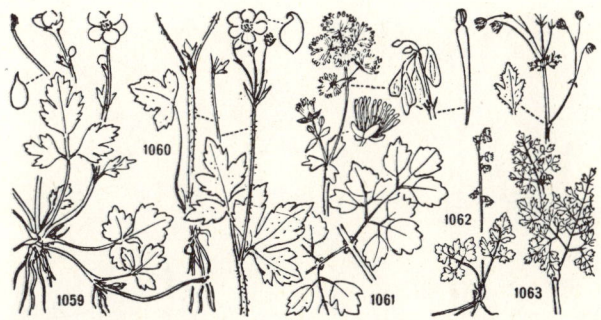

1059. Ranunculus repens L. – Kriechender Hahnenfuß – *Renoncule rampante;* j. – **1060*. R. nemorosus** DC. (R. breyninus auct.) – Wald-H. – *R. des bois,* j. – **1061. Thalictrum aquilegiifolium** L. – Akeleiblättrige Wiesenraute *Pigamon à feuilles d'Ancolie;* lb, b. – **1062. Th. alpinum** L. – Alpen-W. – *P. des Alpes;* jv. – **1063. Th. fœtidum** L. – Stinkende W. – *P. fétide;* jv.

or = orange; p = pourpre, purpurn; r = rouge, rot; rs = rose, rosa; v = vert, grün; vi = violet(t)

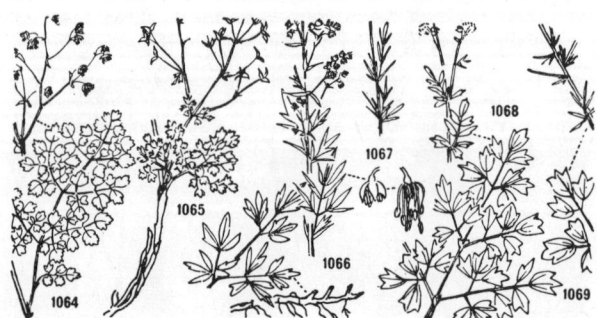

1064. Thalictrum minus L. – Hügel-Wiesenraute – *Pigamon des coteaux;* jv.– **1065. id.** ssp. **saxatile** (DC.) Gaudin em. Rikli (Th. saxatile DC.); jv. – **1066. Th. simplex** L. (Th. Bauhini Crantz) – Schmalblättrige W. – *P. à folioles linéaires;* jv. – **1067*. id** ssp. **galioides** (Nestler) Borza; jv. – **1068. Th. flavum** L. – Gelbe W. – *P. jaune;* jv. – **1069. Th. exaltatum** Gaudin – Hohe W. – *P. élevé;* jb.

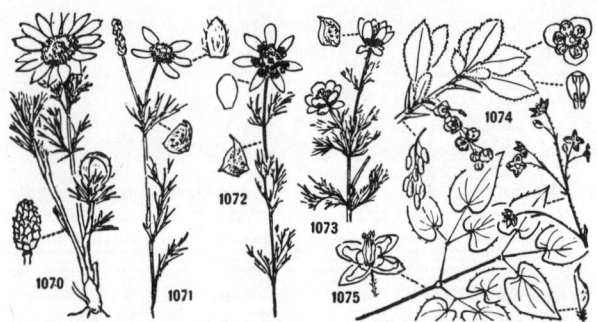

1070. Adonis vernalis L. – Frühlings-Adonis – *Adonis du printemps;* j. – **1071. A. flammea** Jacq. – Scharlachrotes Blutströpfchen – *A. Flamme;* r|n, r, j. – **1072. A. æstivalis** L. – Sommer-B. – *A. d'été;* r|n, r, j. – **1073. A. annua** L. em. Hudson (A. autumnalis L.) – Herbst-B. – *A. annuelle, A. d'automne, Goutte de sang;* r|n. ● **1074. Berberis vulgaris** L. – Berberitze, Sauerdorn – *Epine-vinette;* j. – **1075. Epimedium alpinum** L. – Sockenblume – *Epimédium des Alpes;* br|j. ●

---

b=blanc, weiß; bl=bleu, blau; br=brun, braun; j=jaune, gelb; l=lila(s); n=noir, schwarz

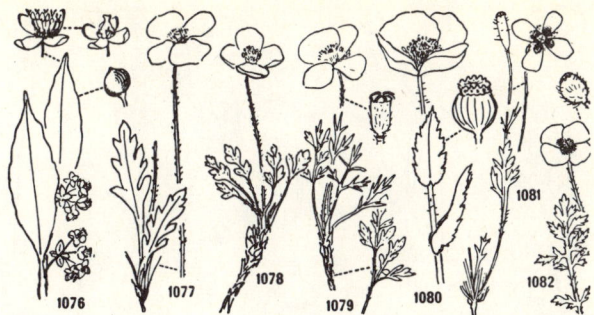

1076. Laurus nobilis L. – Lorbeer – *Laurier, L. noble, L. sauce;* jb. ● **1077. Papaver croceum** Ledebour (P. nudicaule auct.) – Altaischer Mohn – *Pavot à tige nue;* j, or, b.– **1078. P. rhæticum** Leresche (P. aurantiacum auct.) – Gelber Alpen-M. – *P. jaune;* j. – **1079*. P. alpinum** L. – Weißer Alpen-M. – *P. des Alpes;* b, b|v. – **1080. P. somniferum** L. – Schlaf-M. – *P. somnifère;* b, l, p. – **1081. P.* Argemone** L. – Sand-M. – *P. Argémone;* r|n. – **1082. P. hybridum** L. – Krummborstiger M. – *P. hybride;* r|n.

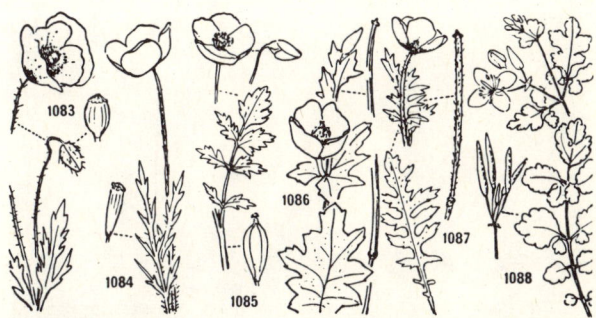

1083. Papaver Rhœas L. – Klatsch-Mohn, Feuer-M. – *Pavot Coquelicot;* r|n. – **1084*. P. dubium** L. – Hügel-M. – *P. douteux;* r. – **1085*. Meconopsis cambrica** (L.) Viguier – Welschmohn – *Méconopsis du Pays-de-Galles, Pavot jaune;* j. – **1086. Glaucium flavum** Crantz – Gelber Hornmohn – *Glaucière jaune;* j. – **1087. G. corniculatum** (L.) Rudolph – Roter H. – *G. en cornet, G. écarlate;* r, jor. – **1088. Chelidonium majus** L. – Schöllkraut – *Grande Chélidoine, Eclaire, Herbe aux verrues;* j.

or = orange; p = pourpre, purpurn; r = rouge, rot; rs = rose, rosa; v = vert, grün; vi = violet(t)

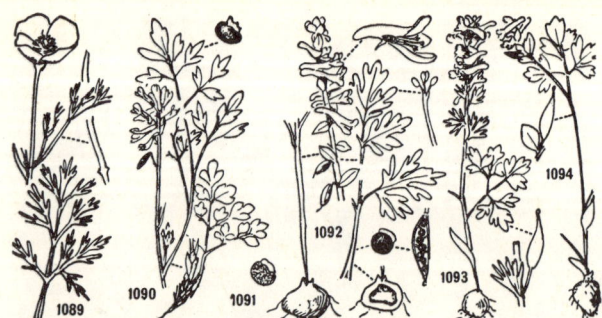

1089*. Eschscholtzia Douglasii (Hooker & Arn.) Walpers – Eschscholtzie – *Escholtzie de Douglas;* j. ● **1090. Corydalis lutea** (L.) DC. – Gelber Lerchensporn – *Corydale jaune;* j. – **1091*. C. ochroleuca** Koch – Blaßgelber L. – *C. jaune pâle;* jb. – **1092. C. cava** (Miller) Schweigger – Hohlknolliger L. – *C. à bulbe creux;* p, b. – **1093. C. solida** (Miller) Clairv. – Festknolliger L. – *C. à bulbe plein;* p, b. – **1094. C. fabacea** (Retz.) Pers. (C. intermedia Link) – Mittlerer L. – *C. Fève, C. intermédiaire;* p.

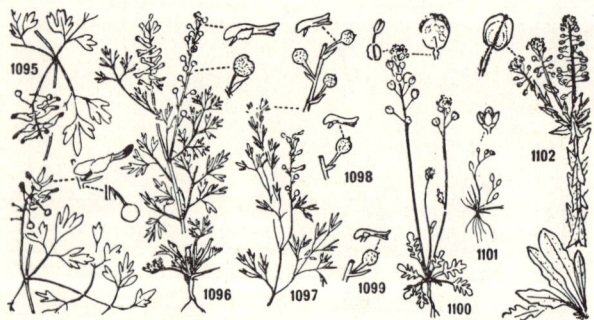

1095. Fumaria capreolata L. – Klimmender Erdrauch – *Fumeterre grimpante;* b|pn. – **1096. F. officinalis** L. – Gebräuchlicher E. – *F. officinale;* rsp. – **1097. F. Vaillantii** Loisel. – Vaillants E. – *F. de Vaillant;* rsb. – **1098. F. Schleicheri** Soyer-Willemet – Schleichers E. – *F. de Schleicher;* rs. – **1099*. F. parviflora** Lam. – Kleinblütiger E. – *F. à petites fleurs;* rsb. ● **1100*. Teesdalia nudicaulis** (L.) R. Br. – Teesdalie – *Teesdalie à tige nue;* b. – **1101*. Subularia aquatica** L. – Pfriemenkresse – *Subulaire aquatique;* b. – **1102. Lepidium campestre** (L.) R. Br. – Feld-Kresse – *Passerage des champs;* b.

b=blanc, weiß; bl=bleu, blau; br=brun, braun; j=jaune, gelb; l=lila(s); n=noir, schwarz

1103. Lepidium Draba L. (Cardaria Draba Desv.) – Pfeil-Kresse – *Passerage Drave;* b. – **1104. L. perfoliatum** L. – Durchwachsenblättrige K. – *P. perfoliée;* j. – **1105. L. latifolium** L. – Breitblättrige K. – *P. à larges feuilles;* b. – **1106. L. graminifolium** L. – Grasblättrige K. – *P. à feuilles de Graminée;* b. – **1107. L. sativum** L. – Garten-K. – *P. cultivée, Cresson alénois;* b. – **1108. L. ruderale** L. – Schutt-K. – *P. des décombres;* v.

1109. Lepidium virginicum L. – Virginische Kresse – *Passerage de Virginie;* b. – **1110. L. densiflorum** Schrader – Dichtblütige K. – *P. à fleurs denses;* b. – **1111. L. neglectum** Thell. – Übersehene K. – *P. négligée;* b. – **1112. Coronopus procumbens** Gilib. (C. squamatus Asch., Senebiera Coronopus Poiret) – Niederliegender Krähenfuß – *Coronope (Pied de corneille) couché;* b. – **1113. C. didymus** (L.) Sm. (S. didyma Pers.) – Zweiknotiger K. – *C. didyme;* jv. – **1114. Biscutella levigata** L. – Gemeines Brillenschötchen – *Lunetière lisse;* j. – **1115. B. cichoriifolia** Loisel. – Wegwartenblättriges B. – *L. à feuilles de Chicorée;* j.

or = orange; p = pourpre, purpurn; r = rouge, rot; rs = rose, rosa; v = vert, grün; vi = violet(t)

1116. Iberis saxatilis L. – Felsen-Bauernsenf – *Ibéris des rochers;* b. – **1117*. I. sempervirens** L. – Immergrüner B. – *I. toujours vert, Corbeille d'argent;* b. – **1118*. I. intermedia** Guersent ssp. **intermedia** (Guersent) Rouy & Fouc. var. **Contejeáni** (Billot) – Mittlerer B. – *I. intermédiaire;* rsp. – **1119. I. umbellata** L. – Doldiger B. – *I. en ombelle;* rsp. – **1120. I. amara** L. – Bitterer B. – *I. amer;* b. – **1121*. id.** var. **ceratophylla** (Reuter) Thell.; b. – **1122. I. pinnata** L. – Fiederblättriger B. – *I. penné;* b, l.

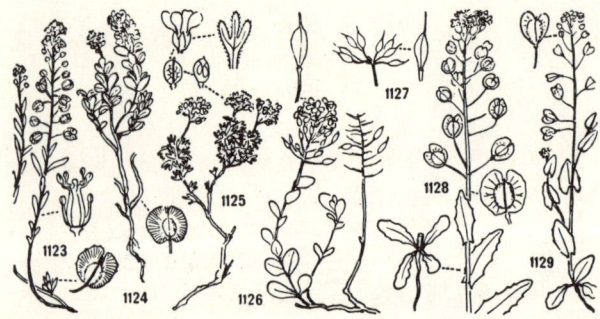

1123. Æthionema saxatile (L.) R. Br. – Gewöhnliches Steintäschel – *Æthionema des rochers;* rs. – **1124*. Æ. Thomasianum** J. Gay – Thomas' S. – *Æ. de Thomas;* rs. – **1125. Petrocallis pyrenaica** (L.) R. Br. – Steinschmückel – *Pétrocallis des Pyrénées;* rs. – **1126. Thlaspi rotundifolium** (L.) Gaudin – Rundblättriges Täschelkraut – *Tabouret à feuilles rondes;* vi. – **1127. id.** ssp. **corymbosum** (J. Gay) Gremli; vi. – **1128. Th. arvense** L. – Acker-T. – *T. des champs, Herbe aux écus;* b. – **1129. Th. perfoliatum** L. – Stengelumfassendes T. – *T. perfolié;* b.

b=blanc, weiß; bl=bleu, blau; br=brun, braun; j=jaune, gelb; l=lila(s); n=noir, schwarz

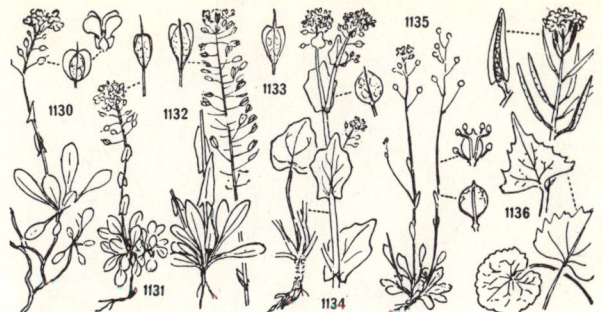

1130. Thlaspi montanum L. – Berg-Täschelkraut – *Tabouret des montagnes;* b. – **1131. Th. alpinum** Crantz ssp. **sylvium** (Gaudin) P. Fournier – Penninisches T. – *T. des Alpes pennines;* b. – **1132*. Th. alpestre** L. – Voralpen-T. – *T. alpestre;* b. – **1133. Th. virens** Jordan – Grünes T. – *T. verdoyant;* b. – **1134. Cochlearia officinalis** L. ssp. **alpina** (Babington) Hooker f. (C. pyrenaica DC.) – Löffelkraut – *Cranson des Alpes;* b. – **1135. Kernera saxatilis** (L.) Rchb. – Kugelschötchen – *Kernéra des rochers;* b. – **1136. Alliaria officinalis** Andrz. (A. petiolata Cavara & Grande) – Knoblauchhederich – *Alliaire officinale;* b.

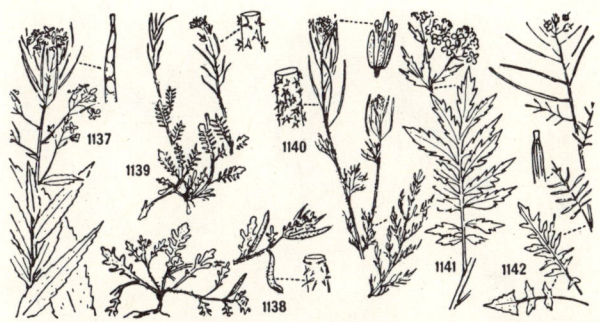

1137. Sisymbrium strictissimum L. – Steife Rauke – *Sisymbre raide;* j. – **1138. S. supinum** L. (Braya supina Koch) – Niederliegende R. – *S. couché;* b. – **1139. S. dentatum** All. (S. pinnatifidum DC., B. pinnatifida Koch, Murbeckiella pinnatifida Rothmaler) – Fiederspaltige R. – *S. pennatifide;* b. – **1140. S. Sophia** L. (Descurainia Sophia Webb) – Sophienkraut – *S. Sagesse, Sagesse des chirurgiens;* jb. – **1141. S. tanacetifolium** L. (Hugueninia tanacetifolia Rchb.) – Rainfarnblättrige Rauke – *S. à feuilles de Tanaisie;* j. – **1142. S. altissimum** L. (S. Sinapistrum Crantz, S. pannonicum Jacq.) – Ungarische R. – *S. élevé;* jb.

or = orange; p = pourpre, purpurn; r = rouge, rot; rs = rose, rosa; v = vert, grün; vi = violet(t)

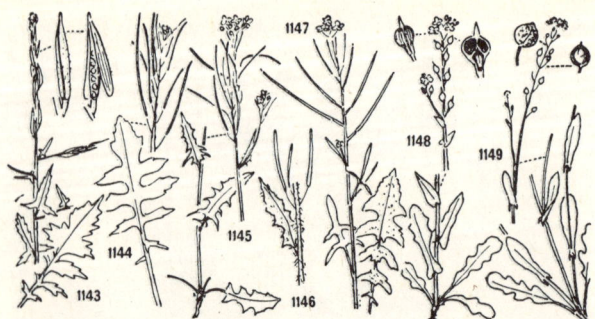

1143. Sisymbrium officinale (L.) Scop. – Weg-Rauke – *Sisymbre officinal, Vélar, Herbe aux chantres;* j. – **1144. S. Irio** L. – Schlaffe R. – *S. Irio, Vélaret;* j. – **1145. S. austriacum** Jacq. (S. pyrenaicum Vill.) – Österreichische R. – *S. de Autriche;* j. – **1146. S. Lœselii** L. – Lœsels R. – *S. de Lœsel;* j. – **1147. S. orientale** L. (S. Columnæ Jacq.) – Östliche R. – *S. d'Orient;* j. – **1148. Myagrum perfoliatum** L. – Hohldotter – *Myagre perfolié;* j. – **1149. Calepina irregularis** (Asso) Thell. (C. Corvini Desv.) – Calepine – *Calépine irrégulière;* b.

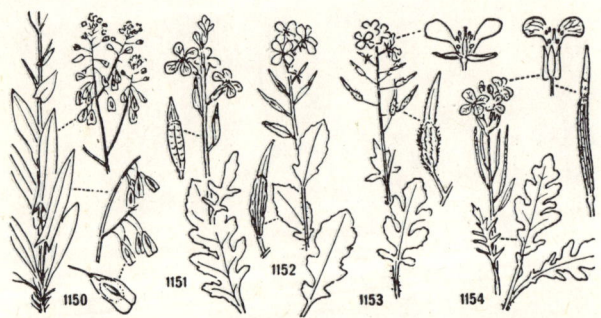

1150. Isatis tinctoria L. – Waid, Färberwaid – *Pastel des teinturiers;* j. – **1151. Eruca sativa** Miller – Ruke – *Roquette cultivée;* bj|vi. – **1152. Sinapis arvensis** L. (Brassica arvensis Rabenh.) – Acker-Senf – *Moutarde des champs, Sénevé;* j. – **1153. S. alba** L. – Weißer S. – *M. blanche;* j. – **1154. Brassicella Erucastrum** (L.) O. E. Schulz (Sinapis Cheiranthos Koch, Rhynchosinapis Cheiranthos Dandy) – Echter Lacksenf – *Brassicelle Fausse Roquette, Chou Giroflée;* j.

b = blanc, weiß; bl = bleu, blau; br = brun, braun; j = jaune, gelb; l = lila(s); n = noir, schwarz

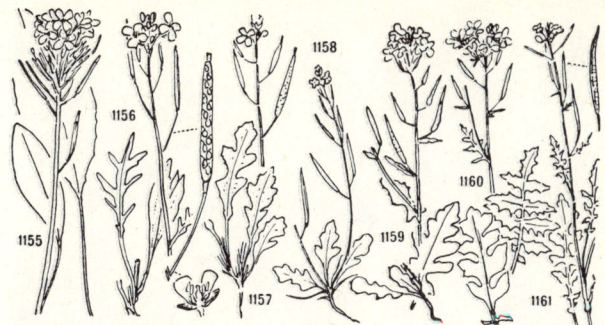

1155*. Brassicella Richeri (Vill.) O. E. Schulz (Brassica Richeri Vill., Rhynchosinapis Richeri Heywood) – Richers Lacksenf – *Brassicelle de Richer;* j. –
1156. Diplotaxis tenuifolia (L.) DC. – Schmalblättriger Doppelsame – *Diplotaxis à feuilles ténues;* j. – **1157. D. muralis** (L.) DC. – Mauer-D. – *D. des murailles;* j. – **1158*. D. viminea** (L.) DC. – Rutenästiger D. – *D. effilé;* j. – **1159*. D. erucoides** (L.) DC. – Rukenähnlicher D. – *D. Fausse Roquette;* b. – **1160. Erucastrum nasturtiifolium** (Poiret) O. E. Schulz (E. obtusangulum Rchb.) – Brunnenkressenblättrige Rampe – *Fausse Roquette à feuilles de Cresson;* j. –
1161. E. gallicum (Willd.) O. E. Schulz (E. Pollichii Schimper & Spenner) – Französische R. – *F. R. de France;* jb.

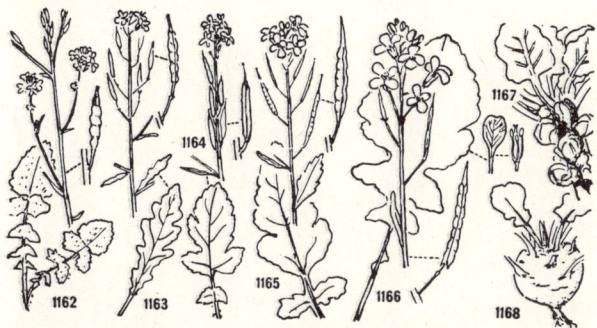

1162. Hirschfeldia incana (L.) Lagrèze-Fossat (Erucastrum incanum Koch, Brassica incana Meigen) – Graukohl – *Hirschfeldie grisâtre;* jb. – **1163*. Brassica elongata** Ehrh. – Langrispiger Kohl – *Chou à panicule allongée;* j. – **1164. B. nigra** (L.) Koch – Schwarzer Senf – *Ch. noir, Moutarde noire;* j. – **1165. B. juncea** (L.) Czerniaev – Sarepta-S. – *Ch. Faux Jonc, M. de Sarepta;* j. – **1166. B. oleracea** L. – Gemüse-Kohl – *Chou potager;* jb. – **1167. id.** var. **gemmifera** DC. – Rosenkohl – *Chou de Bruxelles;* jb. – **1168. id.** var. **gongylodes** L. – Oberkohlrabi – *Colrave;* jb.

or = orange; p = pourpre, purpurn; r = rouge, rot; rs = rose, rosa; v = vert, grün; vi = violet(t)

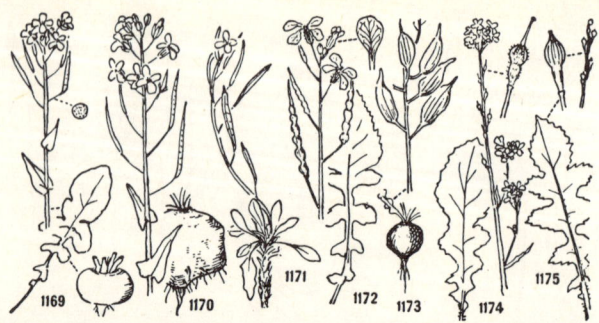

1169. Brassica Rapa L. – Rüben-Kohl, Weiße Rübe – *Rave;* j. – **1170. B. Napus** L. – Raps, Lewat, Bodenkohlrabi – *Colza, Navet, Chou-rave;* j. – **1171*. B. repanda** (Willd.) DC. – Aufwärtsgekrümmter Kohl – *Chou recourbé;* j. – **1172. Raphanus Raphanistrum** L. – Acker-Rettich, Hederich – *Radis Ravenelle;* b|vi, jb|vi. – **1173. R. sativus** L. – Garten-R., Rettich – *R. cultivé, Radis;* b|vi. – **1174. Rapistrum rugosum** (L.) All. – Runzliger Rapsdotter – *Rapistre rugueux;* j. – **1175. R. perenne** (L.) All. – Mehrjähriger R. – *R. vivace;* j.

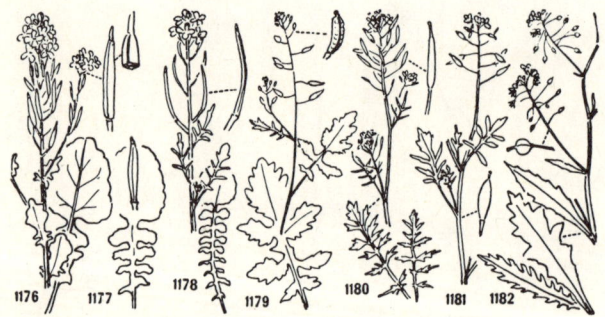

1176. Barbarea vulgaris R. Br. – Gemeine Winterkresse – *Barbarée vulgaire, Herbe de Ste-Barbe;* j. – **117. B. intermedia** Boreau – Mittlere W. – *B. intermédiaire;* j. – **1178. B. verna** (Miller) Asch. (B. præcox R. Br.) – Frühlings-W. – *B. du printemps;* j. – **1179. Rorippa islandica** (Œder) Borbás (R. palustris Besser, Nasturtium palustre DC.) – Gemeine Sumpfkresse – *Cresson des marais;* jb. – **1180. R. silvestris** (L.) Besser (N. silvestre R. Br.) – Wilde S. – *C. sauvage;* j. – **1181. R. prostrata** (Bergeret) Sch. & Thell. (N. anceps Rchb., N. riparium Gremli) – Niederliegende S. – *C. couché;* j. – **1182. R. amphibia** (L.) Besser (N. amphibium R. Br.) – Wasserkresse – *C. amphibie;* j.

b = blanc, weiß; bl = bleu, blau; br = brun, braun; j = jaune, gelb; l = lila(s); n = noir, schwarz

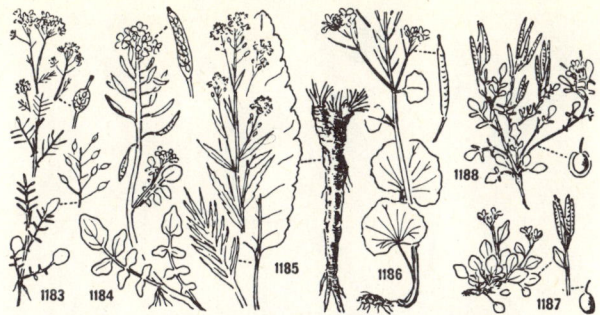

1183. Rorippa stylosa (Pers.) Mansfeld & Rothmaler (R. pyrenaica Rchb., Nasturtium pyrenaicum R. Br.) – Pyrenäen-Sumpfkresse – *Cresson à long style;* j. – **1184*. Nasturtium officinale** R. Br. (Rorippa Nasturtium-aquaticum Hayek) – Gemeine Brunnenkresse – *Cresson de fontaine;* b. – **1185. Armoracia lapathifolia** Gilib. (A. rusticana G., M. & Sch., Cochlearia Armoracia L.) – Meerrettich – *Armoracia à feuilles de Patience, Raifort;* b. – **1186. Cardamine asarifolia** L. – Haselwurzblättriges Schaumkraut – *Cardamine à feuilles d'Asaret;* b. – **1187. C. alpina** Willd. – Alpen-Sch. – *C. des Alpes;* b. – **1188. C. resedifolia** L. – Resedablättriges Sch. – *C. à feuilles de Réséda;* b.

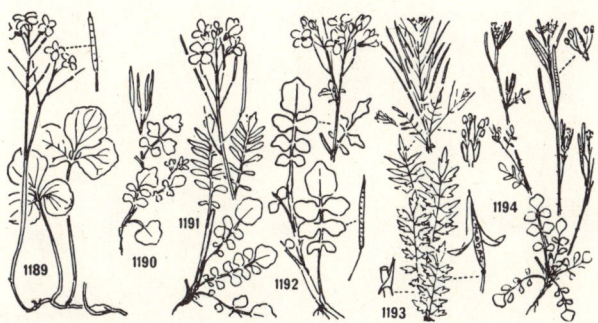

1189. Cardamine trifolia L. – Dreiblättriges Schaumkraut – *Cardamine à trois folioles;* b. – **1190*. C. thalictrifolia** All. (C. Plumieri auct.) – Wiesenrautenblättriges Sch. – *C. à feuilles de Pigamon;* b. – **1191*. C. pratensis** L. Wiesen-Sch. – *C. des prés, Cressonnette;* l, b. – **1192. C. amara** L. – Bitteres Sch. – *C. amère;* b. – **1193. C. impatiens** L. – Spring-Sch. – *C. impatiente;* b. – **1194. C. hirsuta** L. – Vielstengliges Sch. – *C. à tiges nombreuses;* b.

or = orange; p = pourpre, purpurn; r = rouge, rot; rs = rose, rosa; v = vert, grün; vi = violet(t)

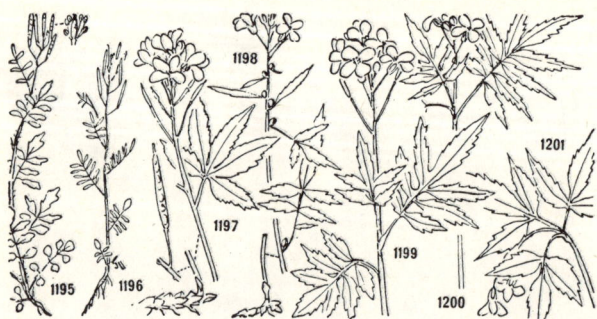

1195. Cardamine flexuosa With. (C. silvatica Link) – Wald-Schaumkraut – *Cardamine flexueuse;* b. – **1196*. C. parviflora** L. – Teich-Sch. – *C. à petites fleurs;* b. – **1197. C. pentaphyllos** (L.) Crantz em. R. Br. (C. digitata O. E. Schulz, Dentaria digitata Lam., D. pentaphyllos L.) – Fingerblättrige Zahnwurz – *C. (Dentaire) à cinq folioles, C. digitée;* vi. – **1198. C. bulbifera** (L.) Crantz (D. bulbifera L.) – Knöllchentragende Z. – *C. à bulbilles;* l. – **1199. C. heptaphylla** (Vill.) O. E. Schulz (C. pinnata R. Br., D. heptaphylla Vill., D. pinnata Lam.) – Fiederblättrige Z. – *C. à sept folioles, C. pennée;* b, lb. – **1200. C. Kitaibelii** Becherer (C. polyphylla O. E. Schulz, D. polyphylla Waldst. & Kit.) – Kitaibels Z. – *C. de Kitaibel, C. jaunâtre;* jb. – **1201*. C. enneaphyllos** (L.) Crantz (D. enneaphyllos L.) – Neunblättrige Z. – *C. à neuf folioles;* jb.

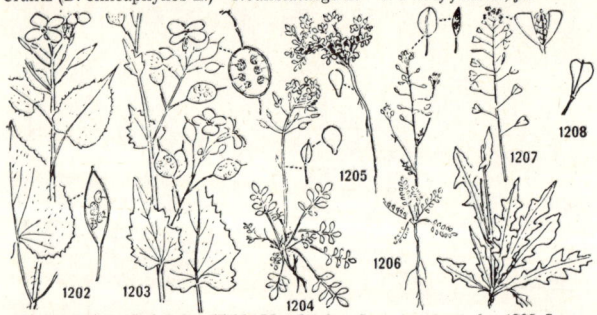

1202. Lunaria rediviva L. – Wilde Mondviole – *Lunaire vivace;* l. – **1203. L. annua** L. (L. biennis Moench) – Garten-M., Silberling – *L. annuelle, Monnaie du Pape;* p. – **1204. Hutchinsia alpina** (L.) R. Br. – Gemskresse – *Hutchinsie des Alpes, Cresson des chamois;* b. – **1205. id.** ssp. **brevicaulis** (Hoppe) Arcangeli; b. – **1206. Hornungia petræa** (L.) Rchb. (Hutchinsia petræa R. Br.) – Steinkresse – *Hornungie des pierres;* b. – **1207. Capsella Bursa-pastoris** (L.) Medikus – Gemeines Hirtentäschchen – *Capselle Bourse-à-pasteur;* b. – **1208. C. rubella** Reuter – Rötliches H. – *C. rougeâtre;* b.

b=blanc, weiß; bl=bleu, blau; br=brun, braun; j=jaune, gelb; l=lila(s); n=noir, schwarz

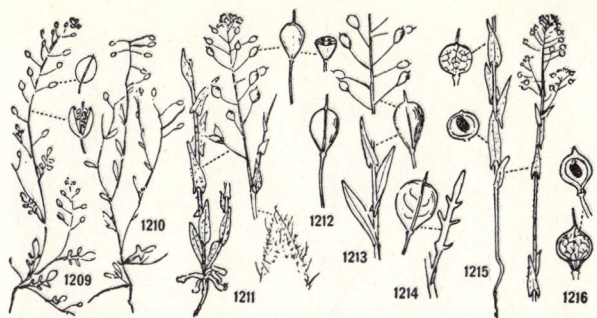

1209. Capsella procumbens (L.) Fries (Hymenolobus procumbens Nuttall, Hutchinsia procumbens Desv.) − Kleine Salzkresse − *Capselle couchée;* b. − **1210. C. pauciflora** Koch (Hym. pauciflorus Br.-Bl., Hutch. pauciflora Bertol.) − Armblütige S. − *C. pauciflore;* b. − **1211. Camelina microcarpa** Andrz. − Kleinfrüchtiger Leindotter − *Caméline à petits fruits;* j. − **1212. C. pilosa** (DC.) Zinger − Behaarter L. − *C. poilue;* j. − **1213. C. sativa** (L.) Crantz − Saat-L. − *C. cultivée;* j. − **1214. C. Alyssum** (Miller) Thell. (C. dentata Pers.) − Gezähnter L. − *C. Alyssum;* j. − **1215. Neslia paniculata** (L.) Desv. (Vogelia paniculata Hornem.) − Kugelfrüchtiges Ackernüßchen − *Neslie paniculée;* j. − **1216. N. apiculata** Fischer, Meyer & Avé-Lallemant (V. apiculata Vierhapper) − Spitzfrüchtiges A. − *N. apiculée;* j.

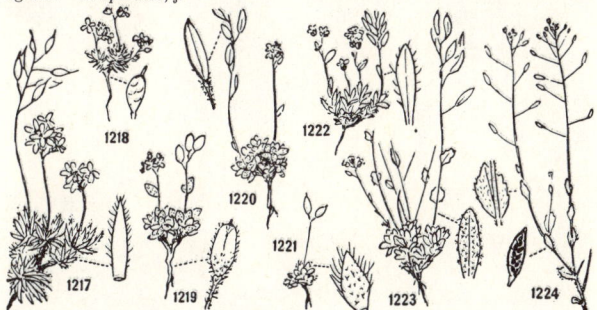

1217. Draba aizoides L. − Immergrünes Hungerblümchen − *Drave Faux Aizoon;* j. − **1218. D. Hoppeana** Rchb. (D. Zahlbruckneri Host) − Hoppes H. − *D. de Hoppe,* j. − **1219. D. tomentosa** Clairv. − Filziges H. − *D. tomenteuse;* b, jb. − **1220. D. dubia** Suter (D. frigida Sauter) − Gletscher-H. − *D. douteuse;* b. − **1221. D. ladina** Br.-Bl. − Ladiner H. − *D. ladine;* jb. − **1222. D. fladnizensis** Wulfen (D. Wahlenbergii auct.) − Flattnitzer H. − *D. de Fladniz;* b. − **1223. D. carinthiaca** Hoppe (D. Johannis Host, D. siliquosa Fritsch) − Kärntner H. − *D. de Carinthie;* b. − **1224. D. nemorosa** L. − Hellgelbes H. − *D. jaunâtre;* j.

or = orange; p = pourpre, purpurn; r = rouge, rot; rs = rose, rosa; v = vert, grün; vi = violet(t)

1225. Draba muralis L. – Mauer-Hungerblümchen – *Drave des murailles;* b. –
1226. D. bernensis Moritzi (D. incana auct.) – Berner H. – *D. de Berne, D. blanchâtre;* b. – **1227. D. stylaris** J. Gay (D. Thomasii Koch) – Thomas' H. – *D. de Thomas;* b. – **1228*. D. magellanica** Lam. ssp. **cinerea** Ekman – Aschgraues H. – *D. cendrée;* b. – **1229. Erophila verna** (L.) Chevallier (Draba verna L.) – Lenzblümchen – *Erophile, Drave du printemps;* b. – **1230. Arabidopsis Thaliana** (L.) Heynhold (Stenophragma Thalianum Čelak.) – Schotenkresse – *Arabidopsis de Thal, Fausse Arabette;* b. – **1231. Turritis glabra** L. (Arabis glabra Bernh.) – Turmkraut – *Tourette glabre;* bj.

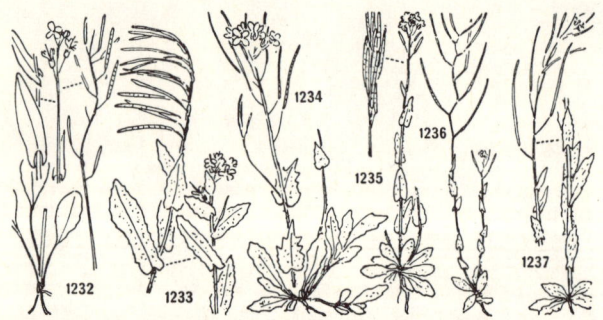

1232. Arabis pauciflora (Grimm) Garcke (A. Brassica Rauschert, A. brassiciformis Wallroth) – Armblütige Gänsekresse – *Arabette pauciflore, A. Faux Chou;* b. – **1233. A. Turrita** L. – Turm-G. – *A. Tourette;* bj. – **1234. A. alpina** L. – Alpen-G. – *A. des Alpes, Corbeille d'argent;* b. – **1235*. A. hirsuta** (L.) Scop. – Rauhhaarige G. – *A. hérissée;* b. – **1236. A. recta** Vill. (A. auriculata auct.) – Öhrchen-G. – *A. à oreillettes;* b. – **1237. A. nova** Vill. (A. saxatilis All.) – Felsen-G. – *A. nouvelle;* b.

b=blanc, weiß; bl=bleu, blau; br=brun, braun; j=jaune, gelb; l=lila(s); n=noir, schwarz

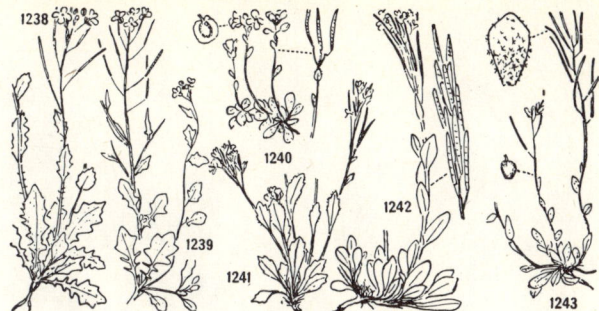

1238*. Arabis arenosa (L.) Scop. (Cardaminopsis arenosa Hayek) – Sand-Gänsekresse – *Arabette des sables;* l, b. – **1239. A. Halleri** L. (C. Halleri Hayek) – Hallers G. – *A. de Haller;* b, lb. – **1240. A. pumila** Jacq. – Zwerg-G. – *A. naine;* b. – **1241. A. cœrulea** All. – Blaue G. – *A. bleuâtre;* blb. – **1242. A. Soyeri** Reuter & Huet ssp. **subcoriacea** (Gren.) Breistr. (A. Jacquini Beck, A. bellidifolia Jacq.) – Jacquins G. – *A. de Jacquin;* b. – **1243. A. serpyllifolia** Vill. – Quendelblättrige G. – *A. à feuilles de Serpolet;* b.

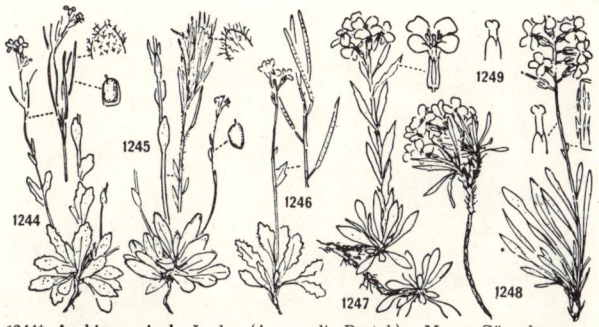

1244*. Arabis muricola Jordan (A. muralis Bertol.) – Mauer-Gänsekresse – *Arabette des murailles;* b, rs. – **1245. A. ciliata** Clairv. (A. corymbiflora Vest, A. alpestris Rchb.) – Bewimperte G. – *A. ciliée;* b. – **1246. A. scabra** All. (A. stricta Hudson) – Rauhe G. – *A. scabre;* bj. – **1247. Erysimum ochroleucum** DC. (E. dubium Thell., E. humile Pers.) – Blaßgelber Schöterich – *Erysimum jaune pâle;* j. – **1248. E. helveticum** (Jacq.) DC. (E. silvestre Scop. ssp. helveticum Sch. & Thell.) – Schweizerischer Sch. – *E. sauvage, E. de Suisse;* j. – **1249*. E. silvestre** (Crantz) Scop. ssp. **Cheiranthus** (Pers.) Sch. & Thell.; j.

or = orange; p = pourpre, purpurn; r = rouge, rot; rs = rose, rosa; v = vert, grün; vi = violet(t)

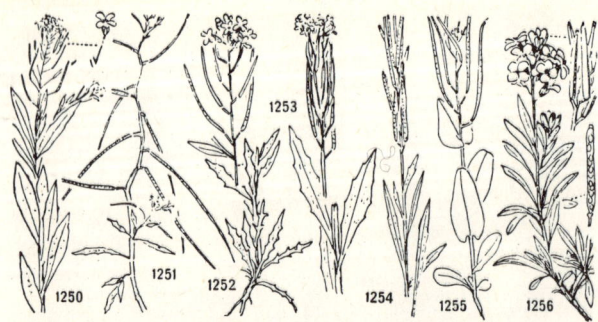

1250. Erysimum cheiranthoides L. – Acker-Schöterich – *Erysimum Fausse Giroflée;* j. – **1251. E. repandum** L. – Brachen-Sch. – *E. étalé;* j. – **1252*. E. crepidifolium** Rchb. – Pippaublättriger Sch. – *E. à feuilles de Crépide;* j. –**1253. E. hieraciifolium** L. ssp. **strictum** (G., M. & Sch.) Hartman (E. hieraciifolium L.) – Steifer Sch. – *E. à feuilles d'Epervière;* j. – **1254. id.** ssp. **virgatum** (Roth) Sch. & K. (E. virgatum Roth); j. – **1255. Conringia orientalis** (L.) Dumortier – Akkerkohl – *Conringie d'Orient, Roquette d'Orient;* jb. – **1256. Cheiranthus Cheiri** L. (Erysimum Cheiri Crantz) – Goldlack – *Giroflée jaune;* j.

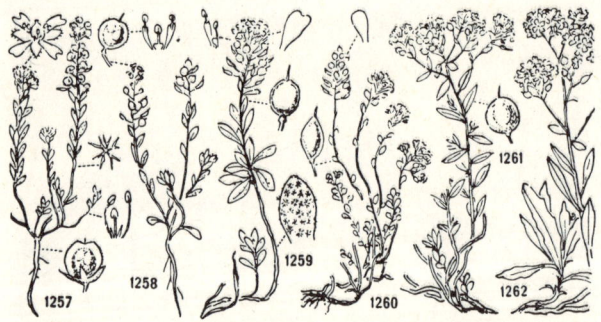

1257. Alyssum alyssoides L. (A. calycinum L.) – Gemeines Steinkraut – *Alysson Faux Alysson, A. à calice persistant;* jb. – **1258*. A. campestre** L. – Acker-S. – *A. des champs;* j. – **1259. A. montanum** L. – Berg-S. – *A. des montagnes;* j. – **1260. A. alpestre** L. – Alpen-S. – *A. alpestre;* j. – **1261*. A. argenteum** All. – Silbergraues S. – *A. argenté;* j. – **1262*. A. saxatile** L. – Felsen-S. – *A. des rochers, Corbeille d'or;* j.

b=blanc, weiß; bl=bleu, blau; br=brun, braun; j=jaune, gelb; l=lila(s); n=noir, schwarz

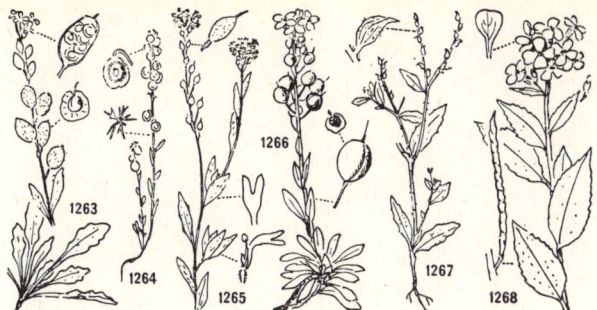

1263*. Farsetia clypeata (L.) R. Br. (Fibigia clypeata Medikus) – Schildkresse – *Farsétie en bouclier, Herbe des croisades;* j. – **1264. Clypeola Ionthlaspi** L. (C. Gaudini Trachsel p.p.) – Schildkraut – *Clypéole Jonthlaspi;* jb. – **1265. Berteroa incana** (L.) DC. – Graukresse – *Bertéroa blanchâtre;* b. – **1266. Alyssoides utriculatum** (L.) Medikus (Vesicaria utriculata DC.) – Blasenschötchen – *Faux Alysson renflé, Vésicaire renflée;* j. – **1267. Euclidium syriacum** (L.) R. Br. – Schnabelschötchen – *Euclidium de Syrie;* jb. – **1268. Hesperis matronalis** L. – Nachtviole – *Julienne des dames;* p, l, b.

1269*. Matthiola fruticulosa (L.) Maire var. **sabauda** (DC.) Becherer subvar. **valesiaca** (J. Gay) Becherer (M. valesiaca Boissier) – Walliser Levkoje – *Violier du Valais;* l. – **1270. Bunias Erucago** L. – Acker-Zackenschötchen – *Bunias Fausse Roquette;* j. – **1271. B. orientalis** L. – Östliches Z. – *B. d'Orient;* j. ● **1272*. Capparis spinosa** L. – Kapernstrauch – *Câprier épineux;* rsb. ● **1273. Reseda Luteola** L. – Färber-Reseda – *Réséda jaunâtre, R. des teinturiers, Gaude;* j. – **1274. R. lutea** L. – Gelbe R. – *R. jaune;* j.

or = orange; p = pourpre, purpurn; r = rouge, rot; rs = rose, rosa; v = vert, grün; vi = violet(t)

Resedaceæ 1275 • *Droseraceæ 1276–1280* • *Sarraceniaceæ 1281* •
Crassulaceæ 1282–1289

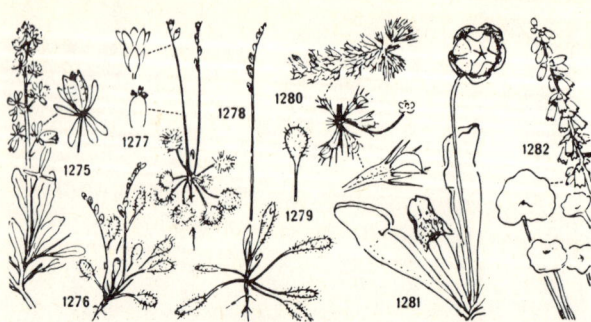

1275. Reseda Phyteuma L. – Rapunzel-Reseda – *Réséda Raiponce;* b. • **1276. Drosera intermedia** Hayne – Mittlerer Sonnentau – *Rossolis intermédiaire;* b. – **1277. D. rotundifolia** L. – Rundblättriger S. – *R. à feuilles rondes;* b. – **1278. D. anglica** Hudson em. Sm. – Langblättriger S. – *R. d'Angleterre;* b. – **1279. D. obovata** M. & K. (D. anglica x rotundifolia) – Breitblättriger S. – *R. à feuilles obovales;* b. – **1280. Aldrovanda vesiculosa** L. – Aldrovande – *Aldrovande à vessies;* b. • **1281. Sarracenia purpurea** L. – Krugpflanze – *Sarracénie pourpre;* v|p. • **1282*. Umbilicus rupester** (Salisb.) Dandy (U. pendulinus DC., Cotyledon Umbilicus-Veneris auct.) – Venusnabel – *Ombilic de Vénus;* vr.

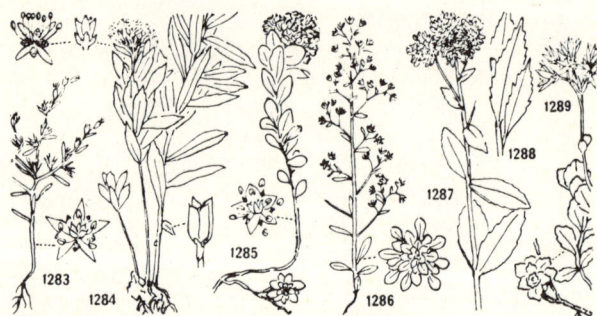

1283. Sedum rubens L. (Crassula rubens L.) – Rötlicher Mauerpfeffer – *Crassule rougeâtre;* b|r. – **1284. S. Rosea** (L.) Scop. (S. Rhodiola DC., Rhodiola Rosea L.) – Rosenwurz – *Sédum (Orpin) Rose;* j|r. – **1285. S. Anacampseros** L. – Rundblättriges Fettkraut – *S. Anacampséros;* p. – **1286. S. Cepæa** L. – Rispiges F. – *S. Pourpier;* b|rs. – **1287*. S. Telephium** L. ssp. **maximum** (Hoffm.) Rouy & Camus (S. maximum Hoffm.) – Großes F. – *S. Téléphium, Reprise;* jv. – **1288. id.** ssp. **Fabaria** (Koch) Syme (S. Fabaria Koch, S. vulgaris Link); p. – **1289. S. spurium** M. Bieb. – Kaukasus-F. – *S. bâtard;* p.

b=blanc, weiß; bl=bleu, blau; br=brun, braun; j=jaune, gelb; l=lila(s); n=noir, schwarz

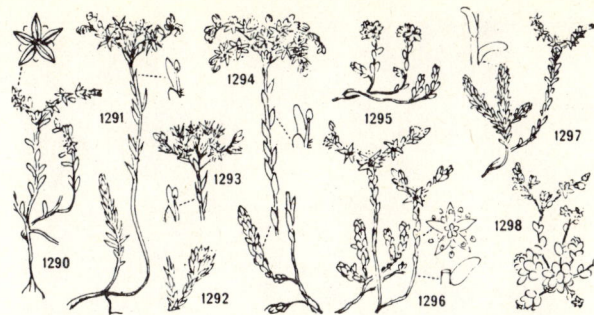

1290. Sedum annuum L. – Einjähriger Mauerpfeffer – *Sédum (Orpin) annuel;* j. – **1291. S. rupestre** L. (S. reflexum L.) – Felsen-M. – *S. des rochers, S. réfléchi;* j. – **1292*. id.** ssp. **elegans** (Lejeune) Hegi & Schmid (S. Forsterianum Sm.); j. – **1293*. S. ochroleucum** Chaix – Blaßgelber M. – *S. jaune pâle;* j, jb. – **1294*. S. sediforme** (Jacq.) Pau (S. nicæense All., S. altissimum Poiret) – Nizzaer M. – *S. de Nice;* j. – **1295. S. alpestre** Vill. (S. repens Schleicher) – Alpen-M. – *S. des Alpes;* j. – **1296. S. acre** L. – Scharfer M. – *S. âcre, Poivre de muraille;* j. – **1297. S. mite** Gilib. (S. sexangulare auct.) – Milder M. – *S. doux;* j. – **1298. S. dasyphyllum** L. – Dickblättriger M. – *S. à feuilles épaisses;* b|p.

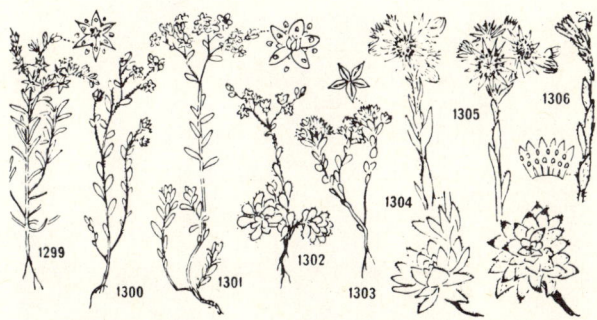

1299. Sedum hispanicum L. – Spanischer Mauerpfeffer – *Sédum (Orpin) d'Espagne;* b|p. – **1300. S. villosum** L. – Moor-M. – *S. velu;* rs. – **1301. S. album** L. – Weißer M. – *S. blanc;* b. – **1302*. S. hirsutum** All. – Rauhhaariger M. – *S. hérissé;* rs. – **1303. S. atratum** L. – Dunkler M. – *S. noirâtre;* jb, jv, jr. – **1304. Sempervivum Wulfeni** Hoppe – Wulfens Hauswurz – *Joubarbe de Wulfen;* jb. – **1305. S. grandiflorum** Haworth (S. Gaudini Christ) – Gaudins H. – *J. de Gaudin;* jb. – **1306*. S. Allionii** (Jordan & Fourreau) Nyman – Allionis H. – *J. d'Allioni;* jb.

or = orange; p = pourpre, purpurn; r = rouge, rot; rs = rose, rosa; v = vert, grün; vi = violet(t)

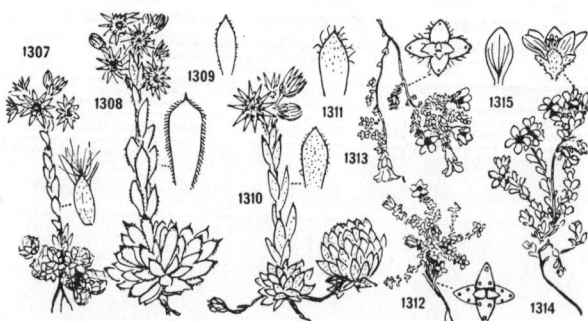

1307. Sempervivum arachnoideum L. – Spinnweb-Hauswurz – *Joubarbe aranéeuse;* r. – **1308. S. tectorum** L. – Gemeine H. – *J. des toits;* rsl. – **1309. S. alpinum** Griseb. & Schenk – Alpen-H. – *J. des Alpes;* rsl. – **1310. S. montanum** L. – Berg-H. – *J. des montagnes;* rsvi, p. – **1311. S. Fauconnetii** Reuter – Fauconnets H. – *J. de Fauconnet;* rs. ● **1312*. Saxifraga retusa** Gouan (S. purpurea All.) – Gestutzter Steinbrech – *Saxifrage tronquée;* rsp. – **1313. S. oppositifolia** L. – Gegenblättriger S. – *S. à feuilles opposées;* vi, l. – **1314. S. biflora** All. – Zweiblütiger S. – *S. à deux fleurs;* vi. – **1315. S. macropetala** Kerner (S. biflora All. ssp. macropetala Rouy & Camus) – Großblütiger S. – *S. à grands pétales;* vi.

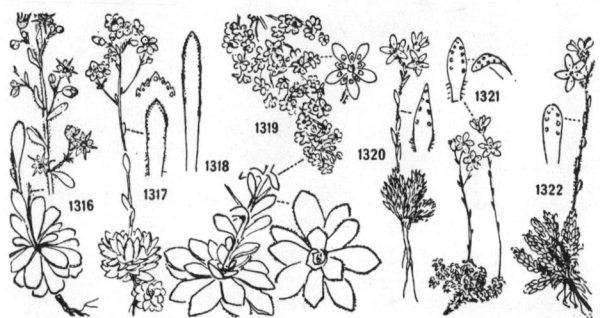

1316. Saxifraga mutata L. – Safrangelber Steinbrech – *Saxifrage changée, S. safranée;* jor. – **1317. S. paniculata** Miller (S. Aizoon Jacq.) – Trauben-S. – *S. Aïzoon;* b. – **1318*. S. Hostii** Tausch (S. elatior M. & K.) – Hosts S. – *S. de Host;* b. – **1319. S. Cotyledon** L. – Strauß-S. – *S. Cotylédon;* b. – **1320*. S. Vandellii** Sternb. – Vandellis S. – *S. de Vandelli;* b. – **1321. S. cæsia** L. – Blaugrüner S. – *S. bleuâtre;* b. – **1322. S. diapensioides** Bell. – Diapensienartiger S. – *S. Fausse Diapensie;* b.

b=blanc, weiß; bl=bleu, blau; br=brun, braun; j=jaune, gelb; l=lila(s); n=noir, schwarz

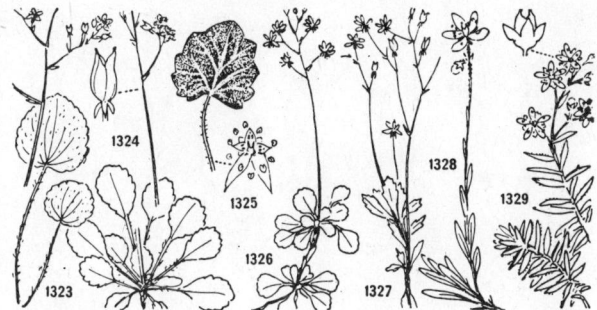

1323*. Saxifraga Geum L. – Nieren-Steinbrech – *Saxifrage Benoîte;* b. – **1324*. S. umbrosa** L. – Schattenliebender S. – *S. des endroits ombragés, Mignonnette, Désespoir du peintre;* b. – **1325*. S. stolonifera** Curtis (S. sarmentosa L.) – Judenbart – *S. sarmenteuse;* b, b|rs. – **1326. S. cuneifolia** L. – Keilblättriger Steinbrech – *S. à feuilles en coin;* b. – **1327. S. stellaris** L. – Sternblütiger S. – *S. étoilée;* b. – **1328. S. Hirculus** L. – Goldblumiger S. – *S. Bouc, S. dorée;* j. – **1329. S. aizoides** L. (S. autumnalis L.) – Bewimperter S. – *S. Faux Aïzoon;* j, jor.

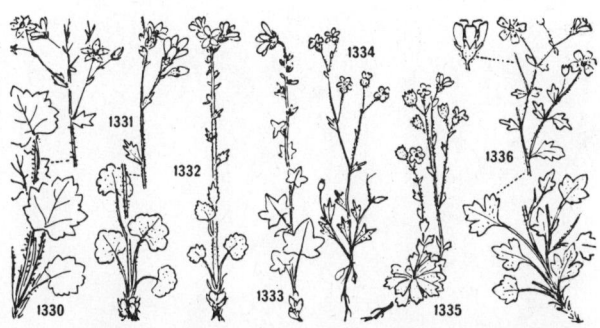

1330. Saxifraga rotundifolia L. – Rundblättriger Steinbrech – *Saxifrage à feuilles rondes;* b. – **1331. S. granulata** L. – Knöllchen-S. – *S. granulée;* b. – **1332. S. bulbifera** L. – Zwiebel-S. – *S. bulbifère;* b. – **1333. S. cernua** L. – Arktischer Knöllchen S. – *S. penchée;* b. – **1334. S. tridactylites** L. – Dreifingeriger S. – *S. à trois doigts;* b. – **1335. S. adscendens** L. (S. controversa Sternb.) – Aufsteigender S. – *S. ascendante;* b. – **1336*. S. petræa** L. – Krainer S. – *S. des rocailles;* jb.

or = orange; p = pourpre, purpurn; r = rouge, rot; rs = rose, rosa; v = vert, grün; vi = violet(t)

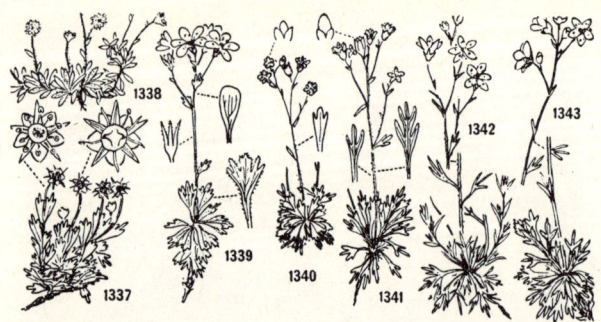

1337. Saxifraga aphylla Sternb. (S. stenopetala Gaudin) – Schmalkronblättriger Steinbrech – *Saxifrage à pédoncules nus;* jb. – **1338*. S. sedoides** L. – Fettkraut-S. – *S. Faux Sédum;* jb. – **1339*. S. pedemontana** All. – Piemonteser S. – *S. du Piémont;* b. – **1340. S. moschata** Wulfen (S. varians Sieber) – Moschus-S. – *S. musquée;* vj. – **1341. S. exarata** Vill. – Gefurchter S. – *S. sillonnée;* jb. – **1342*. S. hypnoides** L. – Moos-S. – *S. Faux Hypne;* jb. – **1343*. S. decipiens** Ehrh. (S. rosacea Moench) – Rosen-S. – *S. Rose, S. trompeuse;* b.

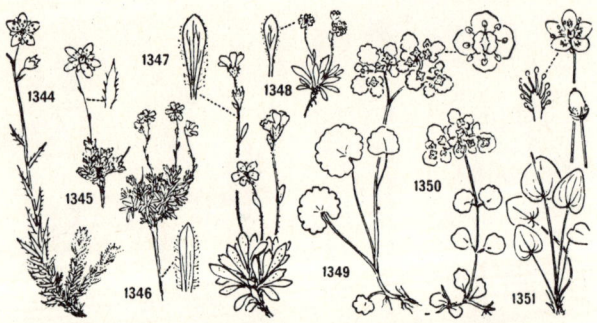

1344. Saxifraga aspera L. – Rauher Steinbrech – *Saxifrage rude;* jb. – **1345. id. ssp. bryoides** (L.) Gaudin (S. bryoides L.); jb. – **1346. S. muscoides** All. (S. planifolia auct.) – Moosartiger S. – *S. Fausse Mousse, S. à feuilles planes;* jb, j. – **1347. S. androsacea** L. – Mannsschild-S. – *S. Androsace;* b. – **1348. S. Seguieri** Sprengel – Séguiers S. – *S. de Séguier;* j. – **1349. Chrysosplenium alternifolium** L. – Wechselblättriges Milzkraut – *Dorine à feuilles alternes;* jv. – **1350. Ch. oppositifolium** L. – Gegenblättriges M. – *D. à feuilles opposées;* jv. – **1351. Parnassia palustris** L. – Studentenröschen, Herzblatt – *Parnassie des marais;* b.

b=blanc, weiß; bl=bleu, blau; br=brun, braun; j=jaune, gelb; l=lila(s); n=noir, schwarz

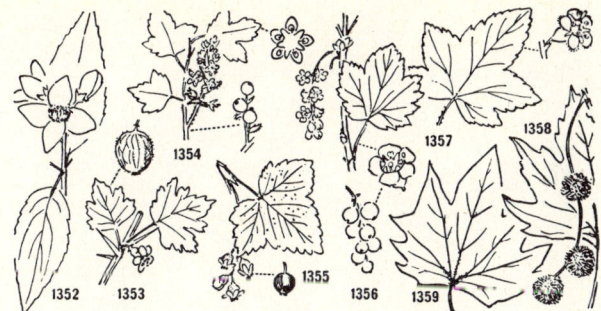

1352*. Philadelphus coronarius L. – Pfeifenstrauch, Falscher Jasmin – *Philadelphe en couronne, Seringa;* b. – **1353. Ribes Uva-crispa** L. (R. Grossularia L.) – Stachelbeere – *Groseillier épineux;* vb|p. – **1354. R. alpinum** L. – Alpen-Johannisbeere – *G. des Alpes;* jv. – **1355. R. nigrum** L. – Schwarze J., Cassis – *G. noir, Cassis;* r. – **1356. R. rubrum** L. (R. vulgare Lam.) – Rote J. – *G. à grappes, Raisin de mars;* jv. – **1357. R. petræum** Wulfen – Felsen-J. – *G. des rochers;* jv|r. ● **1358. Platanus orientalis** L. – Asiatische Platane – *Platane d'Orient.* – **1359. P. hybrida** Brot. (P. acerifolia Willd., P. occidentalis × orientalis) – Bastard-P. – *P. hybride.* ●

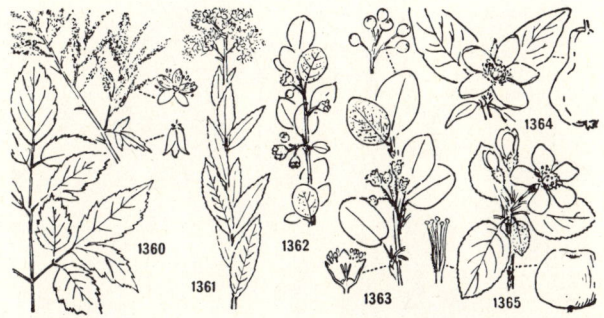

1360. Aruncus diœcus (Walter) Fernald (A. silvester Kosteletzky, Spiræa Aruncus L.) – Geißbart – *Aronce sauvage, Barbe de bouc, Reine des bois;* b. – **1361*. Spiræa salicifolia** L. – Weidenblättriger Spierstrauch – *Spirée à feuilles de Saule;* rsb. – **1362. Cotoneaster integerrima** Medikus (C. vulgaris Lindley) – Gewöhnliche Steinmispel – *Cotonnier à feuilles entières;* rs. – **1363. C. tomentosa** (Aiton) Lindley – Filzige S. – *C. tomenteux;* rs. – **1364. Cydonia oblonga** Miller (C. maliformis Miller, C. vulgaris Delarbre) – Quittenbaum, Quitte – *Cognassier;* b|rs. – **1365. Pyrus Malus** L. (Malus silvestris Miller, M. communis Lam.) – Apfelbaum – *Pommier;* b|rs.

or = orange; p = pourpre, purpurn; r = rouge, rot; rs = rose, rosa; v = vert, grün; vi = violet(t)

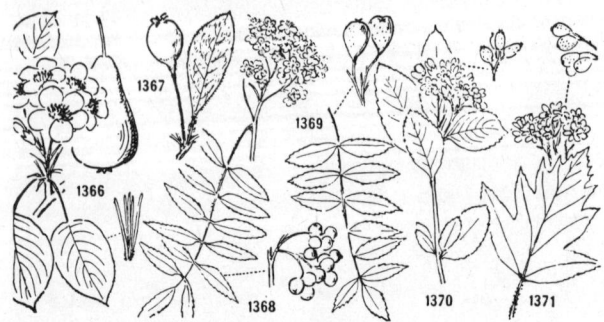

1366. Pyrus communis L. (P. Piraster Burgsdorf) – Birnbaum – *Poirier commun;* b. – **1367. P. nivalis** Jacq. – Schneebirne – *P. mûrissant avec les neiges;* b. – **1368. Sorbus aucuparia** L. – Vogelbeerbaum – *Sorbier des oiseleurs;* b. – **1369. S. domestica** L. – Spierling, Sperberbaum – *S. domestique, Cormier;* b. – **1370. S. Chamæmespilus** (L.) Crantz – Zwergmispel – *S. Petit Néflier, Alisier nain;* rs. – **1371. S. torminalis** (L.) Crantz – Elsbeerbaum – *S. antidysentérique, Alisier;* b.

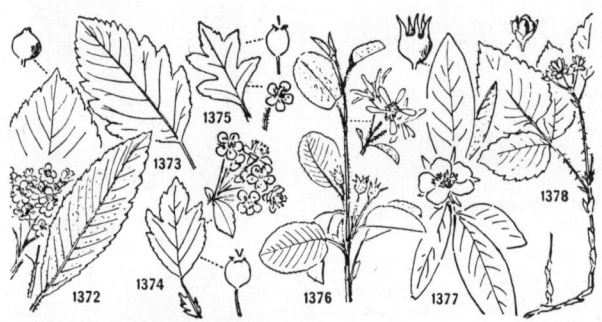

1372. Sorbus Aria (L.) Crantz – Mehlbeerbaum – *Sorbier Alisier, Allier, Alouchier;* b. – **1373. S. Mougeoti** Soyer & Godron – Mougeots M. – *S. de Mougeot;* b. – **1374. Cratægus Oxyacantha** L. (C. lævigata DC.) – Zweigriffliger Weißdorn – *Aubépine épineuse, Epine blanche;* b, rs. – **1375. C. monogyna** Jacq. – Eingriffliger W. – *A. à un style, Epine blanche;* b, rs. – **1376. Amelanchier ovalis** Medikus (Aronia rotundifolia Pers.) – Felsenmispel – *Amélanchier à feuilles ovales, Néflier des rochers;* b. – **1377. Mespilus germanica** L. – Mispel – *Néflier d'Allemagne, Néflier;* b. – **1378. Rubus saxatilis** L. – Steinbeere – *Ronce des rochers;* b.

b = blanc, weiß; bl = bleu, blau; br = brun, braun; j = jaune, gelb; l = lila(s); n = noir, schwarz

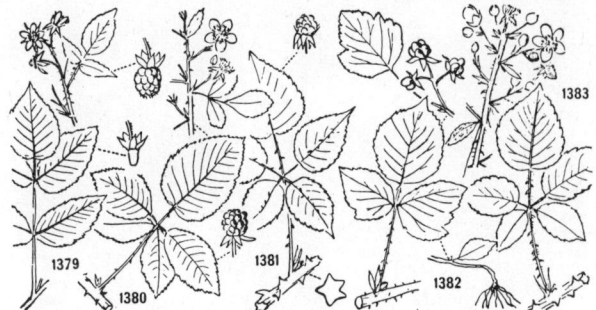

1379. Rubus idæus L. – Himbeere – *Framboisier;* b. – **1380. R. nessensis** W. Hall (R. suberectus G. Anderson) – Schottische Brombeere – *Ronce d'Ecosse, R. dressée;* b. – **1381. R. sulcatus** Vest – Gefurchte B. – *R. sillonnée;* b|rs. – **1382. R. cæsius** L. – Blaue B. – *R. bleuâtre;* b. – **1383. R. candicans** Weihe (R. thyrsoideus Wimmer) – Weißliche B. – *R. blanchâtre;* b, rsb.

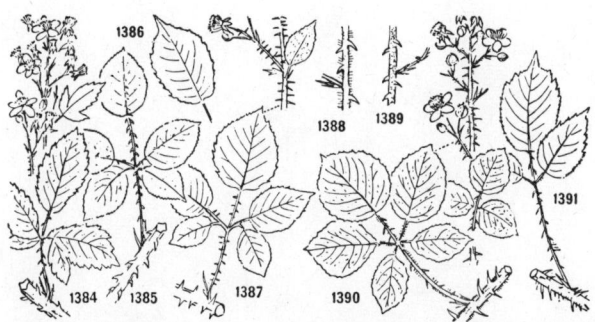

1384. Rubus tomentosus Borkh. – Filzige Brombeere – *Ronce tomenteuse;* bj. – **1385*. R. rhamnifolius** W. & N. – Kreuzdornblättrige B. – *R. à feuilles de Nerprun;* b. – **1386. R. apiculatus** W. & N. – Bespitzte B. – *R. apiculée;* rsb. – **1387. R. bifrons** Vest – Zweifarbige B. – *R. à feuilles discolores;* rsb. – **1388. R. procerus** Ph. J. Müller (R. hedycarpus Focke) – Schlanke B. – *R. élevée;* b, rs. – **1389. R. ulmifolius** Schott – Ulmenblättrige B. – *R. à feuilles d'Ormeau;* rs. – **1390. R. vestitus** W. & N. – Samtige B. – *R. revêtue;* b, rs. – **1391. R. Menkei** W. & N. – Menkes B. – *R. de Menke;* b.

or = orange; p = pourpre, purpurn; r = rouge, rot; rs = rose, rosa; v = vert, grün; vi = violet(t)

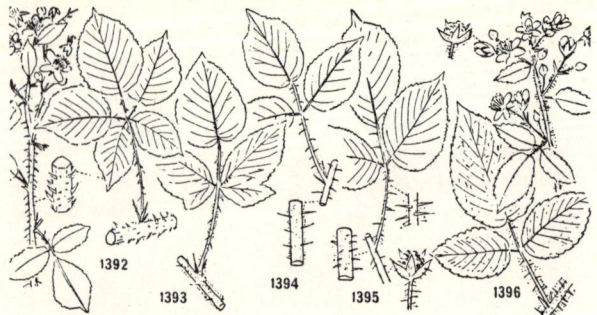

1392. Rubus foliosus W. & N. – Blattreiche Brombeere – *Ronce feuillée;* b, rs. – **1393. R. serpens** Weihe – Kriechende B. – *R. rampante;* b. – **1394. R. teretikaulis** Ph. J. Müller – Rundstenglige B. – *R. à tige ronde;* b. – **1395. R. Bellardii** W. & N. – Bellardis B. – *R. de Bellardi;* b. – **1396. R. hirtus** Waldst. & Kit. – Drüsige B. – *R. hérissée;* b.

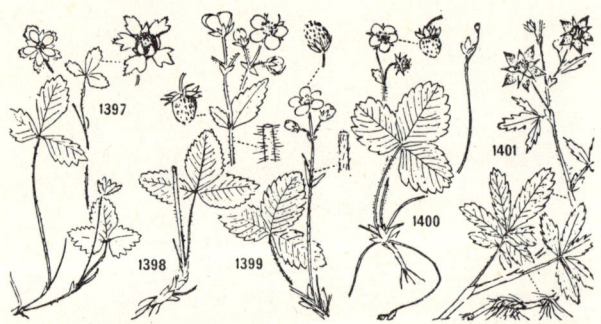

1397. Fragaria indica Andrews (Duchesnea indica Focke) – Indische Erdbeere, Scheinerdbeere – *Fraisier des Indes;* j. – **1398. F. moschata** Duchesne (F. elatior Ehrh.) – Moschus-E. – *F. musqué;* b. – **1399. F. viridis** Duchesne (F. collina Ehrh.) – Hügel-E. – *F. des coteaux;* b. – **1400. F. vesca** L. – Wald-E. – *F. des bois;* b. – **1401. Comarum palustre** L. (Potentilla palustris Scop.) – Blutauge – *Comaret des marais;* pn.

b=blanc, weiß; bl=bleu, blau; br=brun, braun; j=jaune, gelb; l=lila(s); n=noir, schwarz

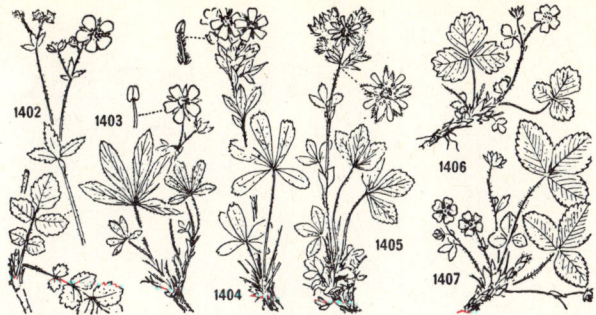

1402. Potentilla rupestris L. – Felsen-Fingerkraut – *Potentille des rochers;* b. –
1403. P. alba L. – Weißes F. – *P. blanche;* b. – **1404. P. caulescens** L. – Vielstengliges F. – *P. caulescente;* b. – **1405. P. grammopetala** Moretti – Schmalkronblättriges F. – *P. à pétales étroits;* b. – **1406. P. sterilis** (L.) Garcke (P. Fragariastrum Ehrh.) – Erdbeer-F. – *P. stérile, P. Faux Fraisier;* b. – **1407. P. micrantha** Ramond – Kleinblütiges F. – *P. à petites fleurs;* rs.

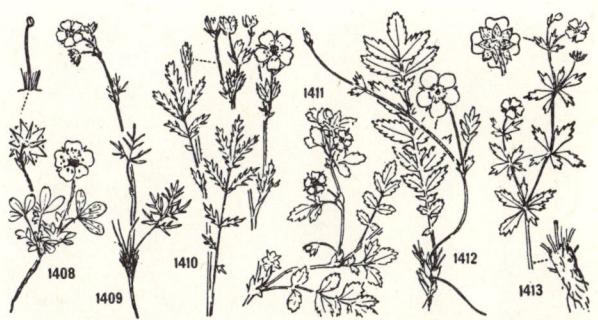

1408*. Potentilla nitida L. – Glänzendes Fingerkraut – *Potentille luisante;* rs,
b. – **1409. P. multifida** L. – Schlitzblättriges F. – *P. multifide;* j. – **1410*. P. pensylvanica** L. ssp. **sanguisorbifolia** (E. Favre) – Wiesenknopfblättriges F. – *P. à feuilles de Pimprenelle;* j. – **1411. P. supina** L. – Niederliegendes F. – *P. étalée;* j. – **1412. P. Anserina** L. – Gänse-F. – *P. Ansérine;* j. – **1413. P. erecta** (L.) Räuschel (P. Tormentilla Necker) – Gemeiner Tormentill – *P. dressée, Tormentille commune;* j.

or = orange; p = pourpre, purpurn; r = rouge, rot; rs = rose, rosa; v = vert, grün; vi = violet(t)

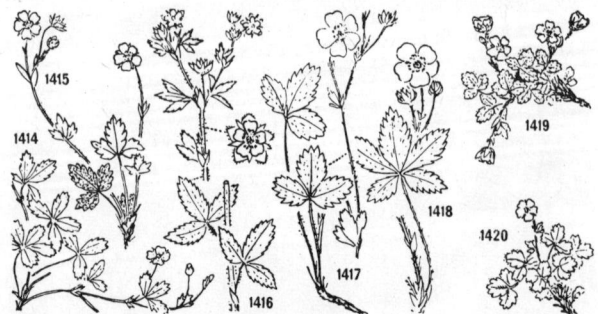

1414*. Potentilla anglica Laicharding (P. procumbens Sibth.) – Kriechender Tormentill – *Potentille couchée, Tormentille couchée;* j. – **1415. P. nivea** L. – Schneeweißes Fingerkraut – *P. blanc de neige;* j. – **1416. P. norvegica** L. – Norwegisches F. – *P. de Norvège;* jb, j. – **1417. P. grandiflora** L. – Großblütiges F. – *P. à grandes fleurs;* j. – **1418*. P. delphinensis** Gren. & Godr. – Dauphiné-F. – *P. du Dauphiné;* j. – **1419. P. frigida** Vill. (P. glacialis Haller f.) – Gletscher-F. – *P. des régions froides;* j. – **1420. P. Brauneana** Hoppe (P. minima Haller f., P. dubia Zimmeter) – Zwerg-F. – *P. de Braune, P. douteuse;* j.

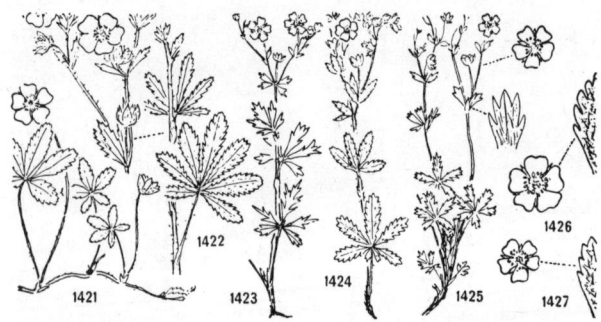

1421. Potentilla reptans L. – Kriechendes Fingerkraut – *Potentille rampante, Quintefeuille;* j. – **1422. P. recta** L. – Hohes F. – *P. droite;* j, jb. – **1423. P. argentea** L. – Silber-F. – *P. argentée;* j. – **1424. P. canescens** Besser (P. assurgens Vill.) – Graues F. – *P. grisâtre;* j. – **1425. P. alpicola** Delasoie – Alpen-F. – *P. des Alpes;* j. – **1426. P. præcox** F. Schultz – Frühzeitiges F. – *P. précoce;* j. – **1427. P. leucopolitana** Ph. J. Müller – Weißenburger F. – *P. de Wyssembourg;* j.

b=blanc, weiß; bl=bleu, blau; br=brun, braun; j=jaune, gelb; l=lila(s); n=noir, schwarz

1428. Potentilla intermedia L. – Mittleres Fingerkraut – *Potentille intermédiaire;* j. – **1429. P. thuringiaca** Bernh. (P. parviflora Gaudin) – Thüringer F. – *P. de Thuringe;* j. – **1430. P. heptaphylla** L. (P. rubens Zimmeter) – Rötliches F. – *P. rougeâtre;* j. – **1431. P. aurea** L. – Gold-F. – *P. dorée;* j. – **1432. P. Crantzii** (Crantz) Beck (P. alpestris Haller f., P. villosa Zimmeter, P. salisburgensis Haenke) – Crantz' F. – *P. de Crantz;* j. – **1433. P. verna** L. em. Koch (P. Tabernæmontani Asch., P. Neumanniana Rchb.) – Frühlings-F. – *P. printanière;* j.

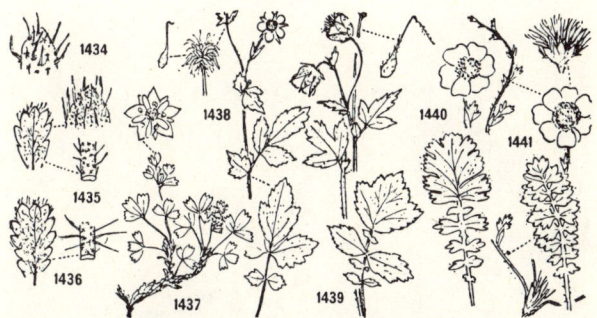

1434. Potentilla puberula Krašan (P. Gaudini Gremli, P. pusilla Host) – Schwachflockiges Fingerkraut – *Potentille pubescente;* j. – **1435*. P. arenaria** Borkh. – Sand-F. – *P. des sables;* j. – **1436. P. cinerea** Chaix – Aschgraues F. – *P. cendrée;* j. – **1437. Sibbaldia procumbens** L. – Sibbaldie – *Sibbaldie couchée;* jv. – **1438. Geum urbanum** L. – Gemeine Nelkenwurz, Benediktenkraut – *Benoîte commune;* j. – **1439. G. rivale** L. – Bach-N. – *B. des ruisseaux;* jb|r. – **1440. Sieversia montana** (L.) R. Br. (Geum montanum L.) – Gemeine Bergnelkenwurz – *Sieversie des montagnes;* j. – **1441. S. reptans** (L.) R. Br. (G. reptans L.) – Kriechende B. – *S. rampante;* j.

or = orange; p = pourpre, purpurn; r = rouge, rot; rs = rosa, rose; v = vert, grün; vi = violet(t)

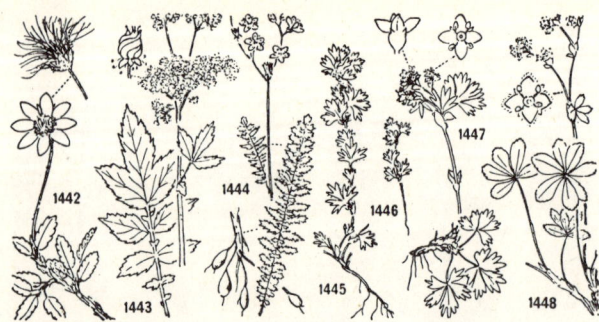

1442. Dryas octopetala L. – Silberwurz – *Dryade à huit pétales, Chênette;* b. –
1443. Filipendula Ulmaria (L.) Maxim. (Spiræa Ulmaria L.) – Moor-Spierstaude – *Filipendule Ulmaire, Reine des prés;* b. – **1444. F. hexapetala** Gilib.
(F. vulgaris Moench, S. Filipendula L.) – Knollige S. – *F. à six pétales;* b. –
1445. Alchemilla arvensis (L.) Scop. (Aphanes arvensis L.) – Acker-Frauenmantel – *Alchémille des champs;* v. – **1446. A. microcarpa** Boissier & Reuter
(Aph. microcarpa Rothmaler) – Kleinfrüchtiger F. – *A. à petits fruits;* v. – **1447.
A. pentaphyllea** L. – Schneetälchen-F. – *A. des combes à neige;* v. – **1448. A. alpina** L. – Alpen-F., Silbermantel – *A. des Alpes;* v.

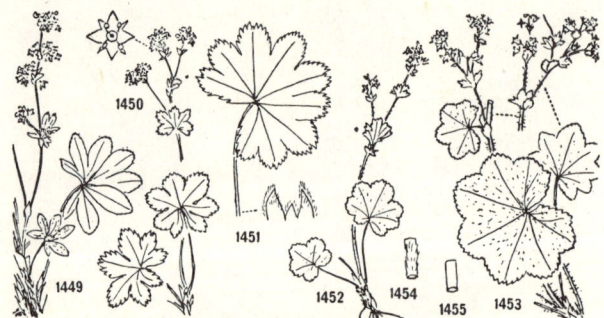

1449. Alchemilla conjuncta Babington em. Becherer (A. Hoppeana D. T.) –
Kalk-Silbermantel – *Alchémille à folioles soudées, A. de Hoppe;* v. – **1450. A.
fissa** Guenther & Schummel (A. glaberrima Buser) – Kahler Frauenmantel –
A. glabre; v. – **1451. A. splendens** Christ – Glänzender F. – *A. brillante;* v. –
1452. A. hybrida L. s. l. (A. pubescens Lam.) – Weichhaariger F. – *A. hybride;* v.
– **1453. A. vulgaris** L. ssp. **pratensis** (F. W. Schmidt) Camus (A. xanthochlora
Rothmaler) – Gemeiner F. – *A. vulgaire;* v. – **1454. id.** ssp. **alpestris** (F. W.
Schmidt) Camus (A. glabra Neygenfind); v. –**1455. id.** ssp. **coriacea** (Buser)
Camus (A. coriacea Buser); v.

b=blanc, weiß; bl=bleu, blau; br=brun, braun; j=jaune, gelb; l=lila(s); n=noir, schwarz

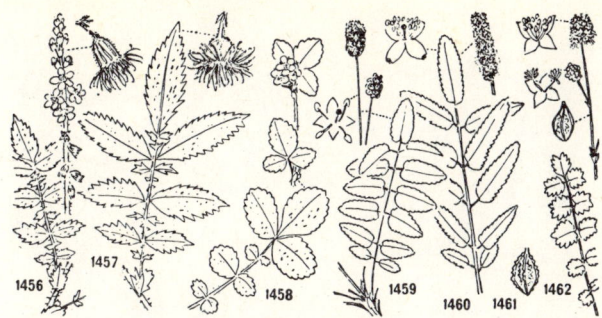

1456. Agrimonia Eupatoria L. – Gemeiner Odermennig – *Aigremoine Eupatoire;* j. – **1457. A. odorata** (Gouan) Miller (A. procera Wallroth) – Wohlriechender O. – *A. odorante;* j. – **1458*. Aremonia Agrimonoides** (L.) DC. – Aremonie – *Arémoine Fausse Aigremoine;* jor. – **1459. Sanguisorba officinalis** L. (Poterium officinale A. Gray) – Großer Wiesenknopf – *Sanguisorbe (Pimprenelle) officinale;* pn. – **1460*. S. dodecandra** Moretti (P. dodecandrum Bentham & Hooker) – Bergamasker W. – *S. des Alpes bergamasques;* vj. – **1461. S. muricata** (Spach) Gremli (P. muricatum Spach) – Weichstachliger W. – *S. muriquée;* v. – **1462. S. minor** Scop. (P. Sanguisorba L.) – Kleiner W. – *Petite S.;* v.

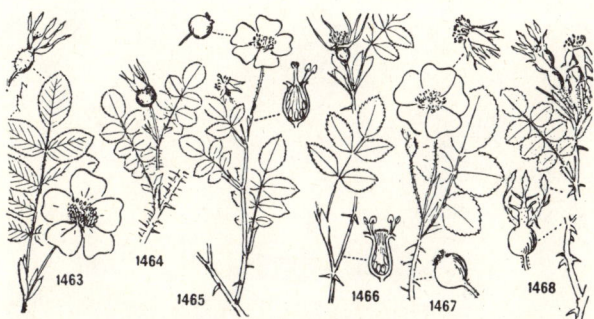

1463. Rosa pendulina L. (R. alpina L.) – Alpen-Hagrose – *Rosier des Alpes;* rsp. – **1464. R. spinosissima** L. (R. pimpinellifolia L.) – Reichstachlige Rose – *R. à nombreuses épines;* b. – **1465. R. arvensis** Hudson – Feld-R., Weiße Wildrose – *R. des champs;* b. – **1466. R. majalis** Herrm. (R. cinnamomea auct.) – Zimt-R. – *R. Cannelle;* rs. – **1467. R. gallica** L. – Essig-R. – *R. de France;* rs, p. – **1468. R. eglanteria** L. (R. rubiginosa L.) – Wein-R. – *R. Eglantier, R. rubigineux;* rs.

or = orange; p = pourpre, purpurn; r = rouge, rot; rs = rose, rosa; v = vert, grün; vi = violet(t)

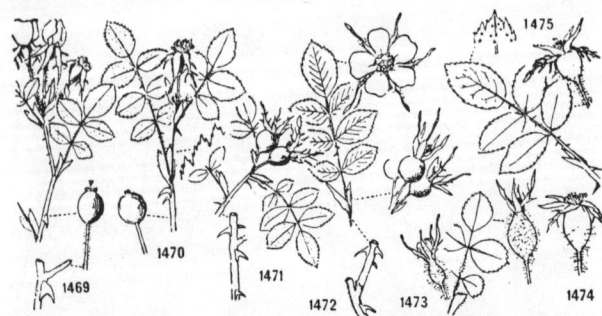

1469. Rosa micrantha Borrer ex Sm. – Kleinblütige Rose – *Rosier à petites fleurs;* b, rsb. – **1470. R. agrestis** Savi (R. sepium Thuill.) – Hohe Hecken-R. – *R. agreste;* b, rsb. – **1471. R. elliptica** Tausch (R. graveolens Gren.) – Duft-R. – *R. à feuilles elliptiques;* b, rsb. – **1472. R. rubrifolia** Vill. (R. glauca Pourret) – Bereifte R. – *R. glauque;* rs. – **1473. R. montana** Chaix – Südalpine R. – *R. des montagnes;* rs. – **1474. R. Chavini** Rapin – Chavins R. – *R. de Chavin;* rs. – **1475. R. Jundzillii** Besser – Jundzills R. – *R. de Jundzill;* rs.

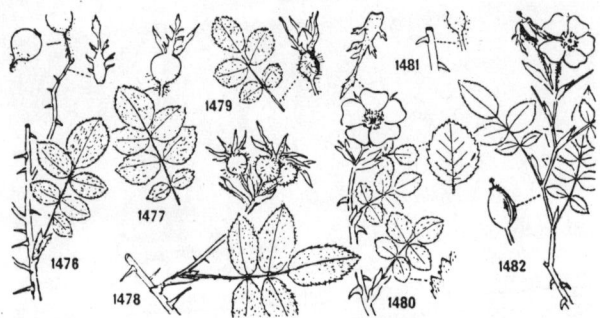

1476. Rosa tomentosa Sm. – Filzige Rose – *Rosier tomenteux;* rsb, b. – **1477. R. Sherardi** Davies (R. omissa Déségl.) – Sherards R. – *R. de Sherard;* rs. – **1478. R. pomifera** Herrm. (R. villosa L.) – Apfel-R. – *R. Pommier;* rs. – **1479. R. mollis** Sm. – Weiche R. – *R. à feuilles molles;* rs. – **1480. R. obtusifolia** Desv. (R. tomentella Léman) – Stumpfblättrige R. – *R. à feuilles obtuses;* rsb. – **1481. R. abietina** Gren. – Tannen-R. – *R. des Sapins;* rs. – **1482. R. stylosa** Desv. – Säulengrifflige R. – *R. à styles soudés;* rsb, b.

b = blanc, weiß; bl = bleu, blau; br = brun, braun; j = jaune, gelb; l = lila(s); n = noir, schwarz

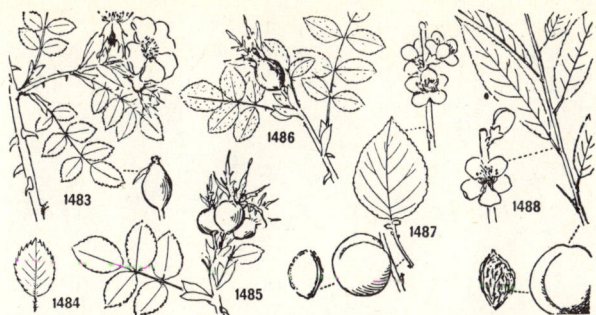

1483. Rosa canina L. – Hunds-Rose – *Rosier des chiens, Eglantier;* b, rs. –
1484. R. dumetorum Thuill. (R. corymbifera Borkh.) – Busch-R. – *R. des buissons;* b, rs. – **1485. R. vosagiaca** Desp. (R. glauca Vill.) – Blaugrüne R. – *R. des Vosges;* rs. – **1486. R. coriifolia** Fries – Lederblättrige R. – *R. à feuilles coriaces;* rs. – **1487. Prunus Armeniaca** L. (Armeniaca vulgaris Lam.) – Aprikosenbaum – *Abricotier;* b. – **1488. P. Persica** (L.) Batsch (Persica vulgaris Miller) – Pfirsichbaum – *Pêcher;* rs.

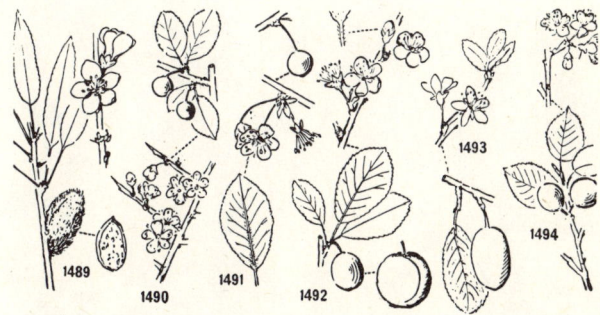

1489. Prunus Amygdalus Batsch (P. communis Arcangeli, Amygdalus communis L.) – Mandelbaum – *Amandier;* rs, b. – **1490. P. spinosa** L. – Schlehdorn, Schwarzdorn – *Prunellier, Epine noire;* b. – **1491*. P. cerasifera** Ehrh. – Kirschpflaume – *Prunier-cerise;* b. – **1492. P. insititia** L. – Pflaumenbaum – *Prunier à greffer, P. sauvage (Prune, Mirabelle, Reine-Claude);* b. – **1493. P. domestica** L. – Zwetschgenbaum – *Prunier domestique (Prune à Pruneau);* b. – **1494*. P. brigantiaca** Vill. – Briançon-Pflaume – *Prunier de Briançon, Marmottier;* b.

or = orange; p = pourpre, purpurn; r = rouge, rot; rs = rose, rosa; v = vert, grün; vi = violet(t)

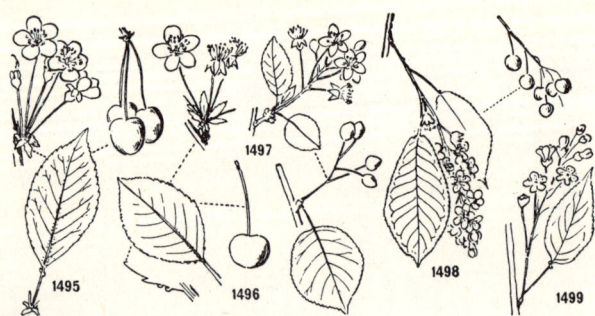

1495. Prunus avium L. – Süßkirsche – *Cerisier, Merisier, Bigarreautier;* b. –
1496. P. Cerasus L. – Sauerkirsche, Weichselkirsche – *Griottier;* b. – **1497. P.
Mahaleb** L. – Felsenkirsche, Steinweichsel – *Prunier Mahaleb, Faux Merisier;*
b. – **1498. P. Padus** L. – Traubenkirsche – *Merisier à grappes, Bois puant;* b. –
1499. id. var. transsilvanica (Schur) Becherer (P. petræa Tausch); b.

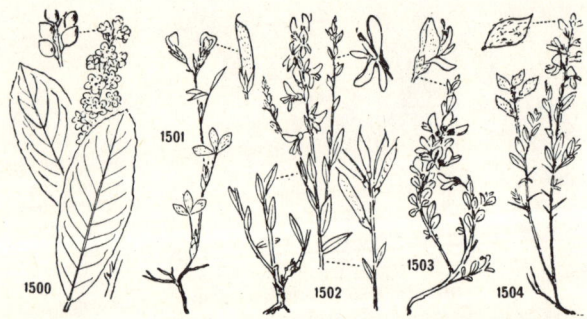

1500*. Prunus Laurocerasus L. – Kirschlorbeer – *Laurier-cerise;* b. ● **1501*.
Argyrolobium Zanonii** (Turra) P. W. Ball (A. argenteum Arrondeau, A. Linnæanum Walpers, Cytisus argenteus L., Genista argentea Noulet) – Silberginster – *Argyrolobe;* jor. – **1502. Genista tinctoria** L. – Färber-Ginster – *Genêt des teinturiers;* j. – **1503. G. pilosa** L. – Behaarter G. – *G. poilu;* j. – **1504. G. germanica** L. – Deutscher G. – *G. d'Allemagne;* j.

b = blanc, weiß; bl = bleu, blau; br = brun, braun; j = jaune, gelb; l = lila(s); n = noir, schwarz

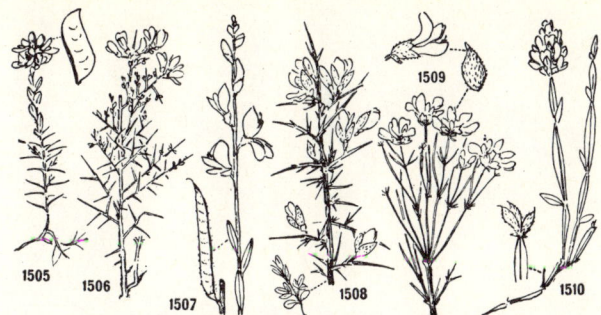

1505*. Genista anglica L. – Englischer Ginster – *Genêt d'Angleterre;* j. – **1506*. G. Scorpius** (L.) DC. – Skorpions-G. – *G. Scorpion;* j. – **1507*. Spartium junceum** L. – Spanischer Ginster – *Spartier à tige de Jonc, Genêt d'Espagne;* j. – **1508. Ulex europæus** L. – Europäischer Stechginster – *Ajonc d'Europe;* j. – **1509. Cytisus radiatus** (L.) M. & K. (Genista radiata Scop.) – Kugelginster – *Cytise rayonnant;* j. – **1510. C. sagittalis** (L.) Koch (G. sagittalis L., Chamæspartium sagittale P. Gibbs) – Flügelginster – *C. sagitté, C. ailé;* j.

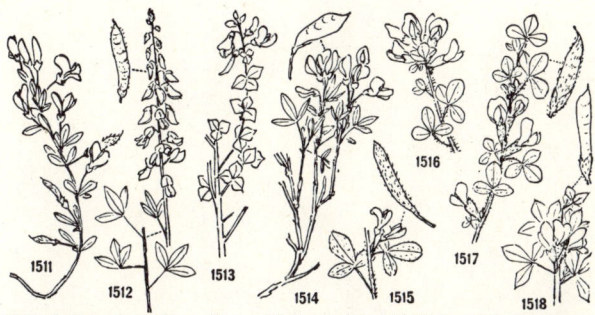

1511. Cytisus decumbens (Durande) Spach (Genista Halleri DC., G. decumbens auct., G. pedunculata L'Héritier ssp. decumbens Gams) – Niederliegender Geißklee – *Cytise rampant;* j. – **1512. C. nigricans** L. (Lembotropis nigricans Griseb.) – Schwarzwerdender G. – *C. noircissant;* j. – **1513*. C. sessilifolius** L. – Blattstielloser G. – *C. à feuilles sessiles;* j. – **1514. C. emeriflorus** Rchb. (C. glabrescens Sartorelli) – Strauchwicken-G. – *C. à fleurs de Coronille Emérus;* j. – **1515*. C. triflorus** L'Héritier – Dreiblütiger G. – *C. à trois fleurs;* j|br. – **1516. C. supinus** L. (C. capitatus Scop., Chamæcytisus supinus Link) – Niedriger G. – *C. couché;* j|br. – **1517. C. hirsutus** L. (Ch. hirsutus Link) – Rauhhaariger G. – *C. hérissé;* j|br, rs. – **1518*. C. purpureus** Scop. (Ch. purpureus Link) – Roter G. – *C. pourpre;* prs.

or = orange; p = pourpre, purpurn; r = rouge, rot; rs = rose, rosa; v = vert, grün; vi = violet(t)

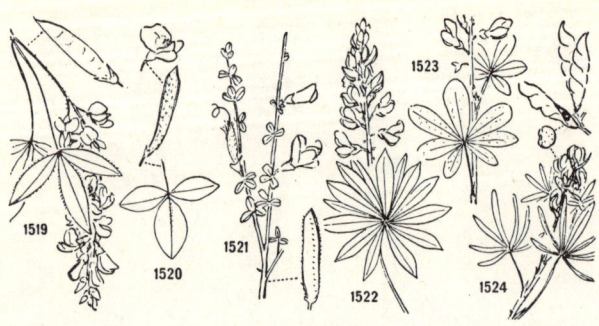

1519. Laburnum alpinum (Miller) J. Presl (Cytisus alpinus Miller) – Alpen-Goldregen – *Laburnum des Alpes, Aubours;* j. – **1520. L. anagyroides** Medikus (L. vulgare Griseb., C. Laburnum L.) – Gewöhnlicher G. – *L. Faux Anagyris, Aubours, Faux Ebénier;* j. – **1521. Sarothamnus scoparius** (L.) Koch (Cytisus scoparius Link) – Besenginster – *Sarothamne à balais, Genêt à balais;* j. – **1522. Lupinus polyphyllus** Lindley – Vielblättrige Wolfsbohne (Lupine) – *Lupin à folioles nombreuses;* bl, p. – **1523. L. albus** L. – Weiße W. – *L. blanc;* b|bl. – **1524. L. angustifolius** L. – Schmalblättrige W. – *L. à folioles étroites;* bl.

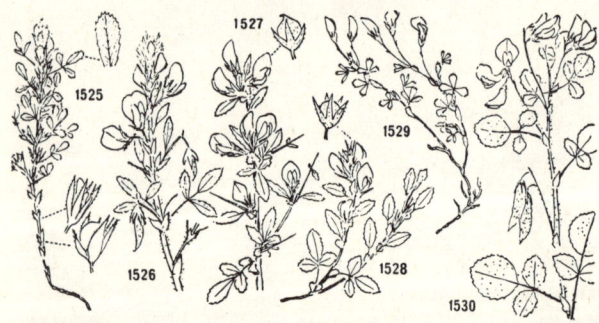

1525. Ononis pusilla L. (O. Columnæ All., O. subocculta Vill.) – Zierliche Hauhechel – *Ononis (Bugrane) nain;* j. – **1526. O. Natrix** L. – Gelbe H. – *O. Natrix, O. jaune;* j. – **1527. O. spinosa** L. – Dornige H. – *O. épineux, Arrête-bœuf;* rs. – **1528. O. repens** L. – Kriechende H. – *O. rampant;* rs. – **1529*. O. cristata** Miller (O. cenisia L.) – Mont-Cenis-H. – *O. à crête, O. du Mont Cenis;* rs. – **1530. O. rotundifolia** L. – Rundblättrige H. – *O. à feuilles rondes;* rs.

b=blanc, weiß; bl=bleu, blau; br=brun, braun; j=jaune, gelb; l=lila(s); n=noir, schwarz

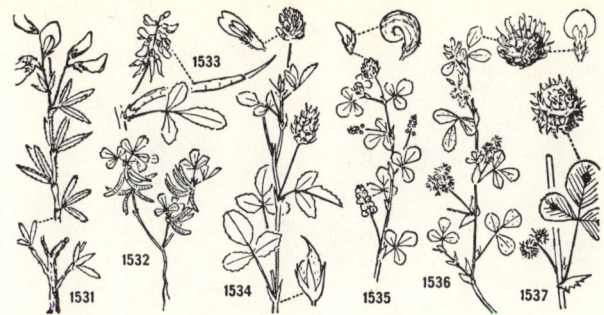

1531*. Ononis fruticosa L. – Strauchige Hauhechel – *Ononis (Bugrane) buissonnant;* rs. – **1532. Trigonella monspeliaca** L. – Französischer Hornklee – *Trigonelle de Montpellier;* j. – **1533*. T. Fœnum-græcum** L. – Bocks-H., Griechisch-Heu – *T. Fenugrec;* b|pbl. – **1534. T. Melilotus-cœrulea** (L.) A. & G. (T. cœrulea Ser.) – Blauer H., Schabziegerkraut – *T. Mélilot bleu, T. bleue;* bl. – **1535. Medicago lupulina** L. – Hopfenklee – *Luzerne Lupuline, Minette;* j. – **1536. M. minima** (L.) Bartalini – Zwerg-Schneckenklee – *L. naine;* j. – **1537. M. arabica** (L.) Hudson (M. maculata Willd.) – Arabischer Sch. – *L. d'Arabie;* j.

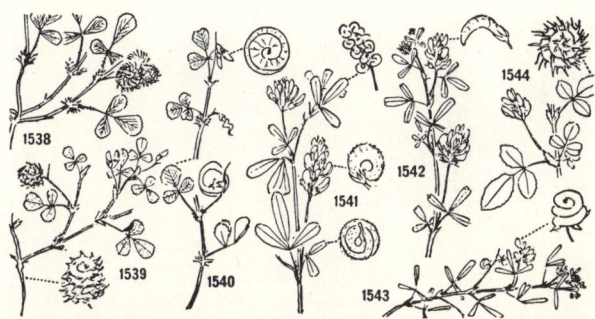

1538. Medicago hispida Gaertner (M. nigra Krocker) – Stachliger Schneckenklee – *Luzerne hérissée;* j. – **1539*. M. rigidula** (L.) Desr. – Samt-Sch. – *L. dressée;* j. – **1540*. M. orbicularis** (L.) All. – Scheiben-Sch. – *L. orbiculaire;* j. – **1541. M. sativa** L. – Luzerne – *L. cultivée;* bl, vi. – **1542. M. falcata** L. – Sichelklee, Gelbe L. – *L. en faux;* j. – **1543*. M. prostrata** Jacq. – Niederliegende L. – *L. couchée;* j. – **1544*. M. carstiensis** Jacq. – Karst-Schneckenklee – *L. du Carso;* j.

or = orange; p = pourpre, purpurn; r = rouge, rot; rs = rose, rosa; v = vert, grün; vi = violet(t)

1545. Melilotus alba Desr. – Weißer Honigklee – *Mélilot blanc;* b. – **1546. M. altissima** Thuill. – Hoher H. – *M. élevé;* j. – **1547. M. officinalis** Lam. em. Thuill. – Gebräuchlicher H. – *M. officinal;* j. – **1548. M. indica** All. (M. parviflora Desf.) – Kleinblütiger H. – *M. à petites fleurs;* j. – **1549. M. sulcata** Desf. – Gefurchter H. – *M. sillonné;* j. – **1550. Trifolium fragiferum** L. – Erdbeer-Klee – *Trèfle porte-fraise;* rs.

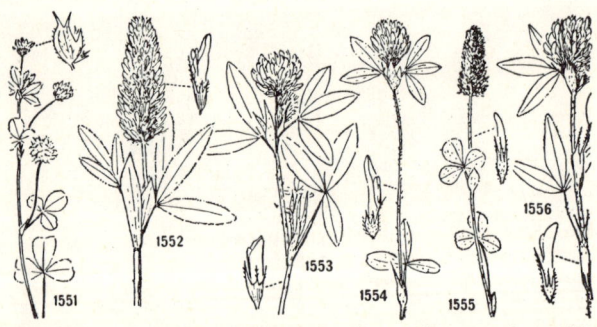

1551. Trifolium resupinatum L. – Persischer Klee – *Trèfle renversé;* rs. – **1552. T. rubens** L. – Purpur-K. – *T. pourpre;* p. – **1553. T. medium** Hudson – Mittlerer K. – *T. intermédiaire;* p. – **1554. T. ochroleucon** Hudson – Gelblicher K. – *T. jaunâtre;* jb. – **1555. T. incarnatum** L. – Inkarnat-K. – *T. incarnat;* r. – **1556. T. alpestre** L. – Hügel-K. – *T. alpestre;* p.

---

b=blanc, weiß; bl=bleu, blau; br=brun, braun; j=jaune, gelb; l=lila(s); n=noir, schwarz

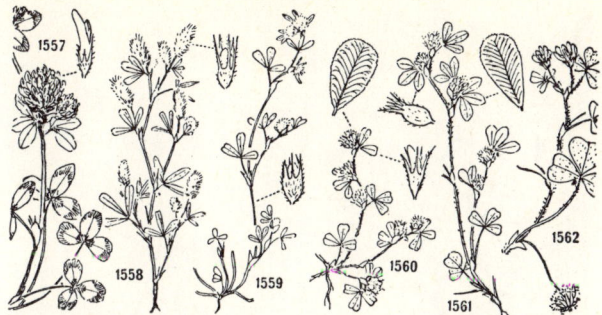

1557*. Trifolium pratense L. – Roter Wiesen-Klee, Rot-K. – *Trèfle des prés;* p, rs, b. – **1558. T. arvense** L. – Hasen-K. – *T. des champs, Pied de lièvre;* b > rsb. – **1559. T. saxatile** All. – Stein-K. – *T. des rocailles;* rsb. – **1560. T. scabrum** L. – Rauher K. – *T. scabre;* b. – **1561. T. striatum** L. – Gestreifter K. – *T. strié;* rs. – **1562*. T. subterraneum** L. – Bodenfrüchtiger K. – *T. souterrain;* b|rs.

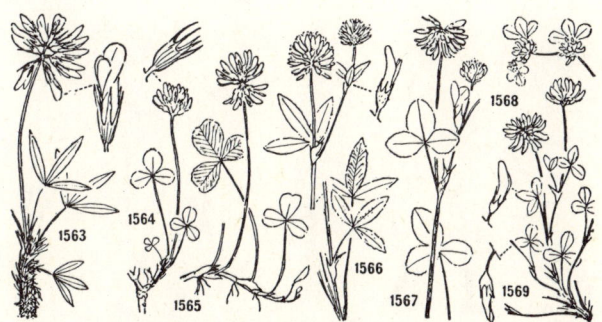

1563. Trifolium alpinum L. – Alpen-Klee – *Trèfle des Alpes;* rsp. – **1564. T. Thalii** Vill. (T. cæspitosum Reynier) – Thals K. – *T. de Thal;* b > rs > br. – **1565. T. repens** L. – Kriechender K., Weißer Wiesen-K. – *T. rampant;* b, rsb. – **1566. T. montanum** L. – Berg-K. – *T. des montagnes;* b. – **1567*. T. hybridum** L. – Schweden-K. – *T. hybride;* b, rs. – **1568*. T. glomeratum** L. – Knäuel-K. – *T. aggloméré;* rs. – **1569. T. pallescens** Schreber – Bleicher K. – *T. pâlissant;* b, rsb.

or = orange; p = pourpre, purpurn; r = rouge, rot; rs = rose, rosa; v = vert, grün; vi = violet(t)

1570. Trifolium spadiceum L. – Brauner Moor-Klee – *Trèfle marron;* j > br. –
1571. T. badium Schreber – Braun-K. – *T. brun;* j > br. – **1572. T. strepens**
Crantz (T. agrarium L., T. aureum Pollich) – Gold-K. – *T. agraire, T. doré;*
j > jbr. – **1573. T. campestre** Schreber (T. procumbens L.) – Gelber Acker-K. –
T. couché; j > jbr. – **1574. T. patens** Schreber (T. chrysanthum Gaudin) – Südlicher Gold-K. – *T. étalé;* j > jbr. – **1575. T. dubium** Sibth. (T. minus Sm.) – Gelber Wiesen-K. – *T. douteux;* j > jbr. – **1576*. T. filiforme** L. (T. micranthum Viv.) – Faden-K. – *T. filiforme;* j > jbr.

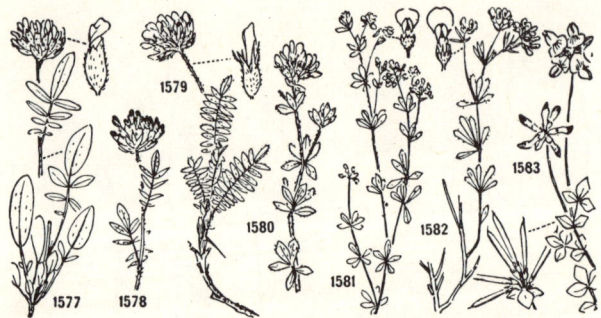

1577*. Anthyllis Vulneraria L. – Gemeiner Wundklee – *Anthyllide Vulnéraire;*
j, jb. – **1578. id.** var. **purpurascens** Shuttl. (var. vallesiaca Beck, ssp. Dillenii
auct.); r. – **1579. A. montana** L. – Berg-W. – *A. des montagnes;* p. – **1580*. Dorycnium hirsutum** (L.) Ser. – Behaarter Backenklee – *Dorycnium hérissé;*
b|vin. – **1581. D. herbaceum** Vill. – Krautiger B. – *D. herbacé;* b|vin. – **1582. D. germanicum** (Gremli) Rikli (D. suffruticosum auct. helv.) – Deutscher B. – *D. d'Allemagne;* b|vin. – **1583*. Lotus corniculatus** L. – Wiesen-Schotenklee – *Lotier corniculé, L. commun;* j|r.

b = blanc, weiß; bl = bleu, blau; br = brun, braun; j = jaune, gelb; l = lila(s); n = noir, schwarz

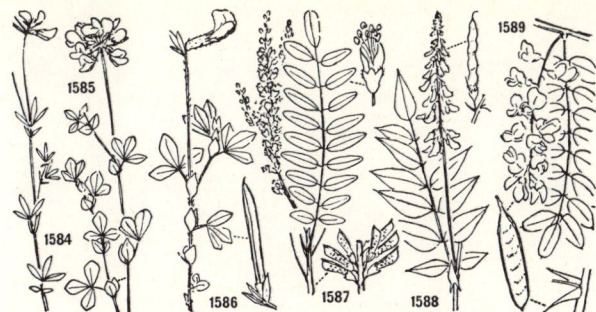

1584. Lotus corniculatus L. ssp. **tenuifolius** (L.) Hartman (L. tenuis Waldst. & Kit.); j. – **1585. L. uliginosus** Schkuhr – Sumpf-Schotenklee – *Lotier des marais;* j. – **1586. Tetragonolobus maritimus** (L.) Roth (T. siliquosus Roth) – Spargelerbse – *Tétragonolobe siliqueux;* j. – **1587. Amorpha fruticosa** L. – Bastardindigo – *Amorphe buissonnante, Indigo bâtard;* vin. – **1588. Galega officinalis** L. – Geißraute – *Galéga officinal, Rue de chèvre;* bl, b. – **1589. Robinia Pseudo-Acacia** L. – Robinie, Falsche Akazie – *Robinier Faux Acacia;* b.

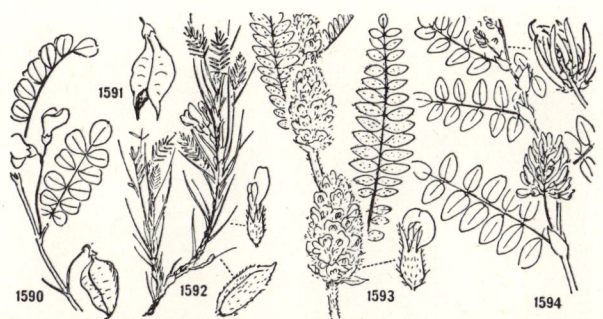

1590. Colutea arborescens L. – Gemeiner Blasenstrauch – *Baguenaudier arborescent;* j. – **1591. C. orientalis** Miller – Asiatischer B. – *B. d'Orient;* j. – **1592. Astragalus sempervirens** Lam. (A. aristatus L'Héritier) – Dorniger Tragant – *Astragale aristé;* b|l. – **1593*. A. centroalpinus** Br.-Bl. (A. alopecuroides auct.) – Alpen-Fuchsschwanz-T. – *A. centro-alpin;* jh – **1594. A. glycyphyllos** L. – Süßer T., Bärenschote – *A. à feuilles de Réglisse;* jb.

or = orange; p = pourpre, purpurn; r = rouge, rot; rs = rose, rosa; v = vert, grün; vi = violet(t)

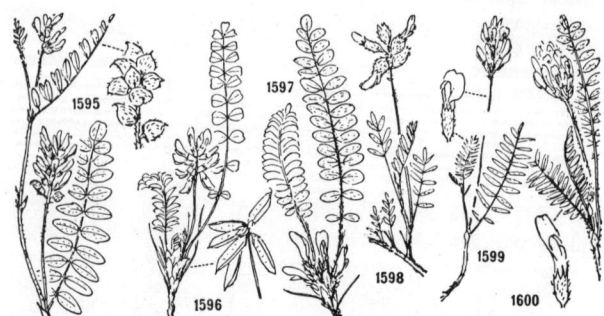

1595. Astragalus Cicer L. – Kichererbsen-Tragant – *Astragale Pois chiche;* jb. – **1596. A. depressus** L. – Niederliegender T. – *A. nain;* jb. – **1597. A. exscapus** L. – Stengelloser T. – *A. sans tige;* j. – **1598*. A. vesicarius** L. – Blasen-T. – *A. vésiculeux;* vi, jb. – **1599*. A. danicus** Retz. – Dänischer T. – *A. du Danemark;* p. – **1600*. A. purpureus** Lam. em. DC. var. **Gremlii** (Burnat) (A. Gremlii Burnat, A. Hypoglottis L. var. Gremlii Fiori & Paoletti) – Gremlis T. – *A. de Gremli;* p.

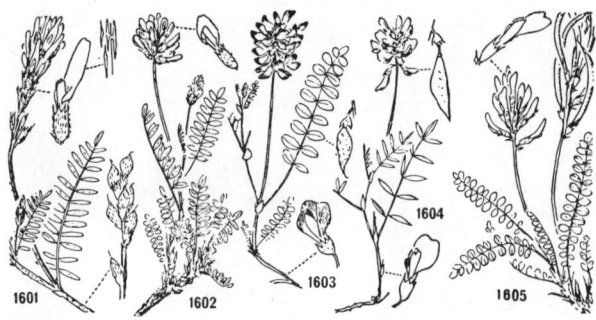

1601. Astragalus Onobrychis L. – Esparsetten-Tragant – *Astragale Esparcette;* pbl. – **1602. A. leontinus** Wulfen – Tiroler T. – *A. de Lienz;* blvi, l. – **1603. A. alpinus** L. – Alpen-T. – *A. des Alpes;* b|vi. – **1604. A. australis** (L.) Lam. – Südlicher T. – *A. austral;* b|vi. – **1605. A. monspessulanus** L. – Französischer T. – *A. de Montpellier;* pvi.

b=blanc, weiß; bl=bleu, blau; br=brun, braun; j=jaune, gelb; l=lila(s); n=noir, schwarz

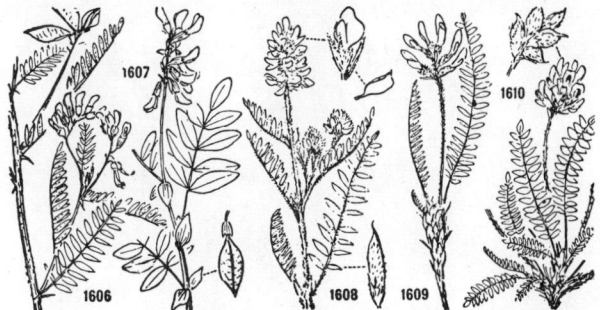

1606. Phaca penduliflora (Lam.) Dusén (Ph. alpina L., Astragalus penduliflorus Lam.) – Alpenlinse – *Phaque des Alpes;* j. – **1607. Ph. frigida** L. (A. frigidus A. Gray) – Gletscherlinse – *Ph. des régions froides;* jb. – **1608. Oxytropis pilosa** (L.) DC. – Zottiger Spitzkiel – *Oxytropis poilu;* jb. – **1609. O. fœtida** (Vill.) DC. – Drüsiger S. – *O. fétide;* jb. – **1610. O. campestris** (L.) DC. – Alpen-S. – *O. des Alpes;* jb, b, vi.

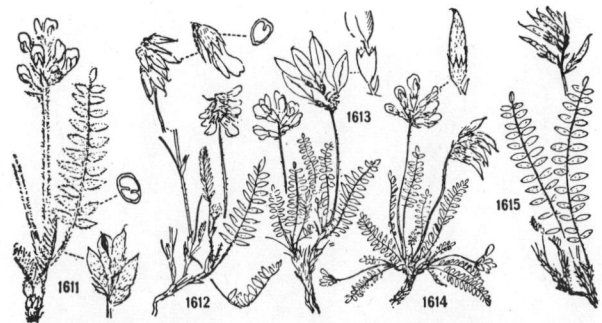

1611. Oxytropis Halleri Bunge (O. sericea Simonkai) – Hallers Spitzkiel – *Oxytropis de Haller, O. soyeux;* vi. – **1612. O. lapponica** (Wahlenb.) J. Gay – Lappländer S. – *O. de Laponie;* vi. – **1613. O. Jacquini** Bunge (O. montana DC.) – Jacquins S. – *O. des montagnes;* vibl. – **1614. O. helvetica** Scheele (O. Gaudini Bunge, O. triflora Sch. & K.) – Schweizerischer S. – *O. à trois fleurs;* vi. – **1615. O. pyrenaica** Godr. & Gren. var. **insubrica** Brügger (O. generosa Brügger, O. Huteri Rchb. f., O. triflora var. insubrica Sch. & K.) – Südalpiner S. – *O. de Huter, O. du Mont Generoso;* vi.

or = orange; p = pourpre, purpurn; r = rouge, rot; rs = rose, rosa; v = vert, grün; vi = violet(t)

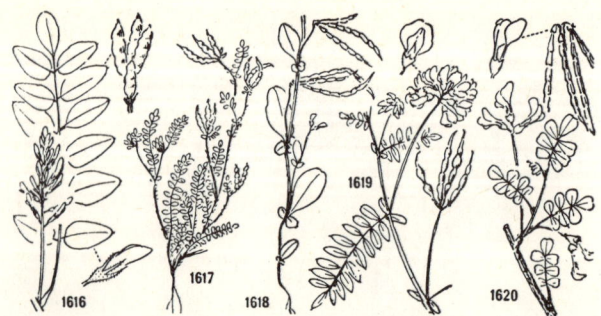

1616*. Glycyrrhiza glabra L. – Süßholz – *Réglisse glabre;* l|b. – **1617. Ornithopus perpusillus** L. – Krallenklee, Vogelfuß – *Ornithope délicat, Pied d'oiseau;* b|rs. – **1618*. Coronilla scorpioides** (L.) Koch – Skorpionskraut – *Coronille Faux Scorpion;* j. – **1619. C. varia** L. – Bunte Kronwicke – *C. bigarrée;* rs|b. – **1620. C. Emerus** L. – Strauchwicke – *C. Emérus;* j.

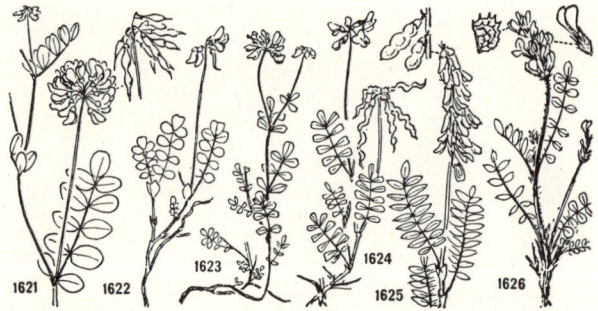

1621. Coronilla coronata L. (C. montana Jacq.) – Berg-Kronwicke – *Coronille en couronne, C. des montagnes;* j. – **1622. C. vaginalis** Lam. – Scheiden-K. – *C. engainante;* j. – **1623. C. minima** L. – Kleine K. – *Petite C.;* j. – **1624. Hippocrepis comosa** L. – Hufeisenklee – *Hippocrépide à toupet;* j. – **1625. Hedysarum Hedysaroides** (L.) Sch.& Thell. (H. obscurum L.) – Süßklee – *Hédysarum des Alpes, Sainfoin des Alpes;* pvi. – **1626. Onobrychis montana** DC. – Berg-Esparsette – *Esparcette des montagnes;* p.

b=blanc, weiß; bl=bleu, blau; br=brun, braun; j=jaune, gelb; l=lila(s); n=noir, schwarz

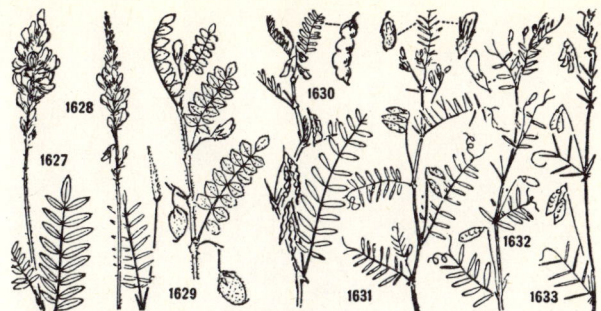

1627. Onobrychis viciifolia Scop. (O. sativa Lam.) – Futter-Esparsette – *Esparcette à feuilles de Vesce, E. cultivée;* p. – **1628. O. arenaria** (Kit.) DC. – Sand-E. – *E. des sables;* rsb. – **1629. Cicer arietinum** L. – Kichererbse – *Cicer Tête de bélier, Pois chiche;* vi, p, rs, b. – **1630. Vicia Ervilia** (L.) Willd. – Linsen-Wicke – *Vesce Ervilia, Ervilier;* b|vi. – **1631. V. hirsuta** (L.) S. F. Gray – Rauhhaarige W. – *V. hérissée;* blb. – **1632. V. tetrasperma** (L.) Schreber – Viersamige W. – *V. à quatre graines;* blb. – **1633. V. tenuissima** (M. Bieb.) Sch. & Thell. (V. gracilis Loisel.) – Zarte W. – *V. grêle;* l.

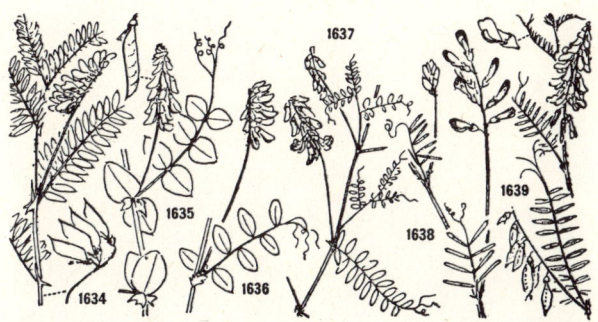

1634. Vicia Orobus DC. – Rankenlose Wicke – *Vesce Orobe;* b|vi. – **1635. V. pisiformis** L. – Erbsen-W. – *V. à feuilles de Pois;* jb. – **1636. V. dumetorum** L. – Hecken-W. – *V. des buissons;* rvi > rj. – **1637. V. silvatica** L. – Wald-W. – *V. des bois;* b|bl. – **1638. V. onobrychioides** L. – Esparsetten-W. – *V. Fausse Esparcette;* blvi. – **1639. V. Cracca** L. ssp. **vulgaris** Gaudin (V. Cracca L. s.str.) – Vogel-W. – *V. Cracca;* bl, vi.

or = orange; p = pourpre, purpurn; r = rouge, rot; rs = rose, rosa; v = vert, grün; vi = violet(t)

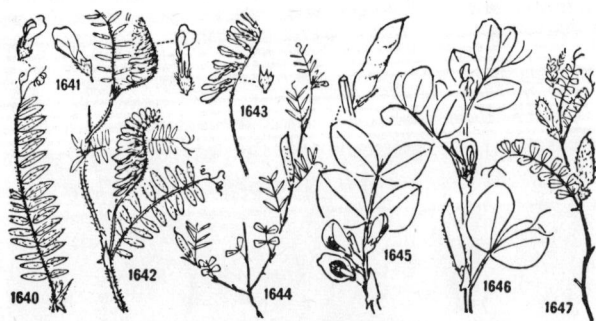

1640. Vicia Cracca L. ssp. **Gerardi** Gaudin (V. incana Gouan); bl, vi. – **1641. id.** ssp. **tenuifolia** (Roth) Gaudin (V. tenuifolia Roth); bl, vi. – **1642. V. villosa** Roth – Zottige Wicke – *Vesce velue;* vi|bl. – **1643. V. dasycarpa** Ten. (V. varia Host) – Bunte W. – *V. bigarrée;* vi. – **1644. V. lathyroides** L. – Platterbsen-W. – *V. Fausse Gesse;* r|vi. – **1645. V. Faba** L. – Ackerbohne, Saubohne – *V. Fève;* b|vin. – **1646. V. narbonensis** L. – Maus-Wicke – *V. de Narbonne;* p|vi. – **1647. V. hybrida** L. – Bastard-W. – *V. hybride;* jb|r.

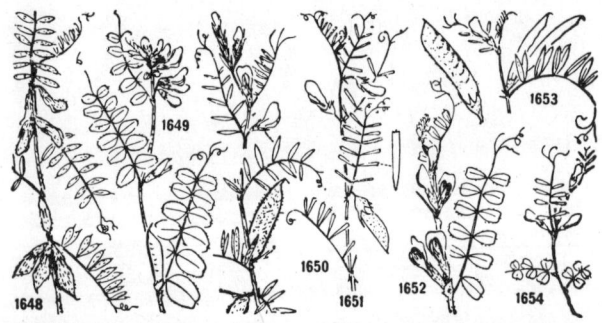

1648. Vicia pannonica Crantz – Ungarische Wicke – *Vesce de Hongrie;* jb, pj. – **1649. V. sepium** L. – Zaun-W. – *V. des haies;* p. – **1650. V. lutea** L. – Gelbe W. – *V. jaune;* j, jb. – **1651. V. peregrina** L. – Fremde W. – *V. voyageuse;* r. – **1652. V. sativa** L. ssp. **obovata** (Ser.) Gaudin (V. sativa L. s.str.) -Futter-W. – *V. cultivée, Poisette;* p|bl. – **1653. id.** ssp. **angustifolia** (L.) Gaudin; p. – **1654. id.** ssp. **cordata** (Wulfen) Arcangeli (V. cordata Wulfen); p.

b=blanc, weiß; bl=bleu, blau; br=brun, braun; j=jaune, gelb; l=lila(s); n=noir, schwarz

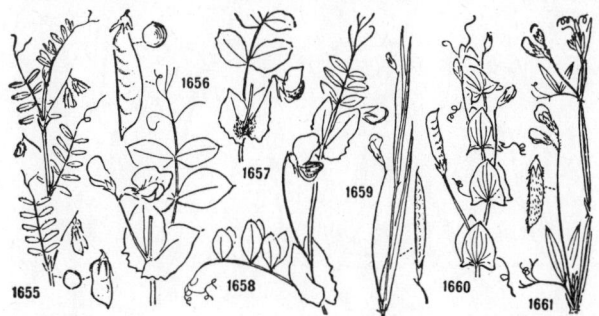

1655. Lens culinaris Medikus (L. esculenta Moench, Vicia Lens Cosson & Germain) – Linse – *Lentille comestible;* b|bl. – **1656. Pisum sativum** L. – Erbse – *Pois cultivé;* b, rs. – **1657. id.** ssp. **arvense** (L.) A. & G.; l|p. – **1658. id.** ssp. **elatius** (M. Bieb.) A. & G.; l|p. – **1659. Lathyrus Nissolia** L. – Gras-Platterbse – *Gesse Nissole, G. sans vrilles;* p. – **1660. L. Aphaca** L. – Ranken-P. – *G. Aphaca, G. sans feuilles;* j. – **1661. L. hirsutus** L. – Behaartfrüchtige P. – *G. hérissée;* blvi.

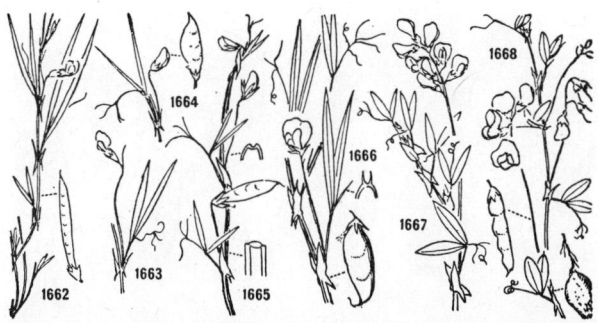

1662. Lathyrus sphæricus Retz. – Kugelsamige Platterbse – *Gesse à graines sphériques;* r. – **1663*. L. angulatus** L. – Kantige P. – *G. anguleuse;* r. – **1664*. L. setifolius** L. – Borstenblättrige P. – *G. à fines feuilles;* r. – **1665. L. Cicera** L. – Kicher-P. – *G. Chiche;* r|vi. – **1666. L. sativus** L. – Saat-P. – *G. cultivée;* b. – **1007. L. pratensis** L. – Wiesen-P. – *G. des prés;* j. – **1668. L. tuberosus** L. – Knollige P. – *G. tubéreuse;* prs.

or = orange; p = pourpre, purpurn; r = rouge, rot; rs = rose, rosa; v = vert, grün; vi = violet(t)

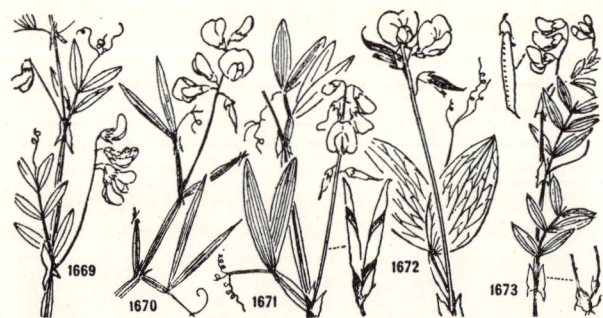

1669. Lathyrus paluster L. – Sumpf-Platterbse – *Gesse des marais;* bl. – **1670. L. silvester** L. – Wald-P. – *G. des bois;* rs|v. – **1671. L. heterophyllus** L. – Verschiedenblättrige P. – *G. à feuilles de deux formes;* rs. – **1672. L. latifolius** L. – Breitblättrige P. – *G. à larges feuilles;* rs. – **1673. L. montanus** Bernh. (L. linifolius Bässler) – Berg-P. – *G. des montagnes;* pb > bl.

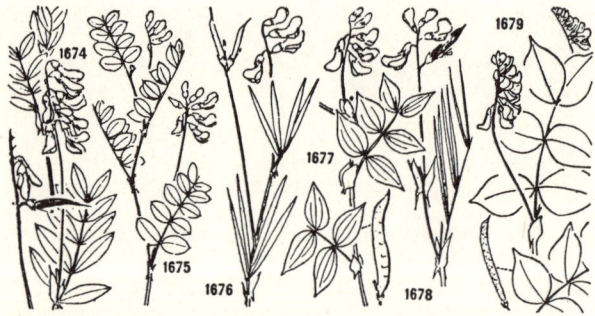

1674. Lathyrus levigatus (Waldst. & Kit.) Fritsch (L. luteus Peterm., L. occidentalis Fritsch) – Gelbe Berg-Platterbse – *Gesse lisse, G. brunâtre;* jb > brj. – **1675. L. niger** (L.) Bernh. – Dunkle P. – *G. noire;* p. – **1676. L. filiformis** (Lam.) J. Gay ssp. **ensifolius** (Lapeyr.) Gams (L. Bauhinii Genty) – Schwertblättrige P. – *G. à feuilles en glaive;* pvi. – **1677. L. vernus** (L.) Bernh. – Frühlings-P. – *G. printanière;* p > bl. – **1678. id.** var. **flaccidus** (Ser.) Ducommun (L. gracilis Ducommun); p > bl. – **1679. L. venetus** (Miller) Wohlfarth (L. variegatus Gren. & Godr.) – Venezianische P. – *G. de Vénétie;* prs.

b = blanc, weiß; bl = bleu, blau; br = brun, braun; j = jaune, gelb; l = lila(s); n = noir, schwarz

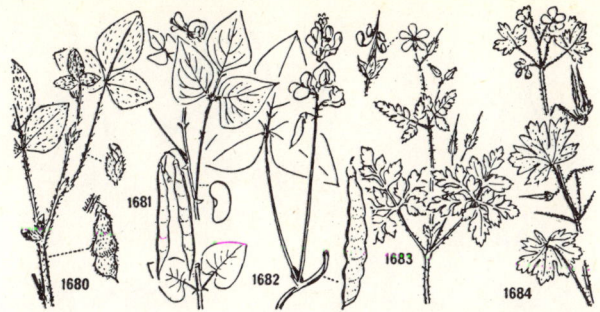

1680. Glycine Soja (L.) Sieb. & Zucc. (G. Max Merrill, G. hispida Maxim.) – Sojabohne – *Glycine hérissée, Soya;* vi, b. – **1681. Phaseolus vulgaris** L. – Garten-Bohne – *Haricot commun;* b, l. – **1682. Ph. coccineus** L. (Ph. multiflorus Lam.) – Feuer-B. – *H. écarlate, H. d'Espagne;* r. ● **1683*. Geranium Robertianum** L. – Ruprechtskraut, Gemeiner Storchschnabel – *Géranium Herbe à Robert;* p, rs. – **1684. G. rotundifolium** L. – Rundblättriger S. – *G. à feuilles rondes;* rs.

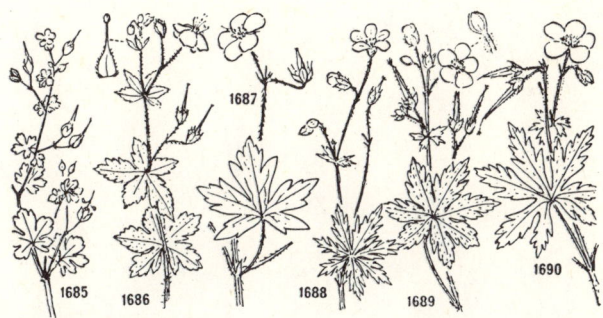

1685. Geranium lucidum L. – Glänzender Storchschnabel – *Géranium luisant;* rs. – **1686*. G. phæum** L. var. **lividum** (L'Héritier) DC. – Trübvioletter S. – *G. livide;* vibr. – **1687. G. palustre** L. – Sumpf-S. – *G. des marais;* p – **1688. G. rivulare** Vill. (G. aconitifolium L'Héritier) – Blaßblütiger S. – *G. blanc;* b. – **1689. G. silvaticum** L. – Wald-S. – *G. des bois;* pvi. – **1690. G. pratense** L. – Wiesen-S. – *G. des prés;* blvi.

or = orange; p = pourpre, purpurn; r = rouge, rot; rs = rose, rosa; v = vert, grün; vi = violet(t)

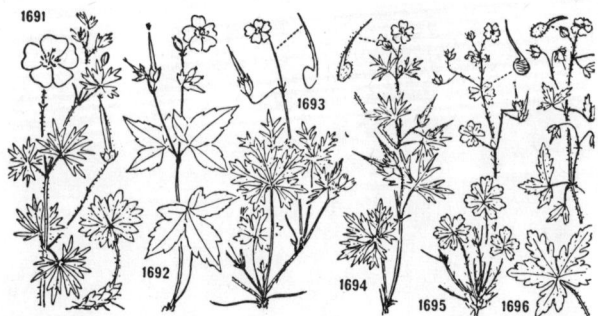

1691. Geranium sanguineum L. – Blutroter Storchschnabel – *Géranium rouge sang;* p. – **1692. G. nodosum** L. – Knotiger S. – *G. noueux;* pvi. – **1693. G. columbinum** L. – Tauben-S. – *G. colombin;* rs. – **1694. G. dissectum** L. – Schlitzblättriger S. – *G. découpé;* p. – **1695. G. molle** L. – Weicher S. – *G. mou;* rs. – **1696. G. divaricatum** Ehrh. – Spreizender S. – *G. divariqué;* rs.

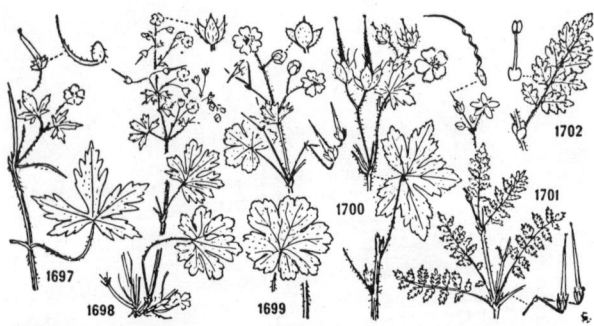

1697. Geranium sibiricum L. – Sibirischer Storchschnabel – *Géranium de Sibérie;* rsb. – **1698. G. pusillum** L. – Kleiner S. – *G. fluet;* l. – **1699. G. pyrenaicum** Burm. f. – Pyrenäen-S. – *G. des Pyrénées;* l. – **1700. G. bohemicum** L. – Böhmischer S. – *G. de Bohême;* bl. – **1701. Erodium cicutarium** (L.) L'Héritier – Gemeiner Reiherschnabel – *Erodium (Cicutaire) à feuilles de Ciguë;* rs. – **1702. E. moschatum** (L.) L'Héritier – Moschus-R. – *E. musqué;* rs.

b=blanc, weiß; bl=bleu, blau; br=brun, braun; j=jaune, gelb; l=lila(s); n=noir, schwarz

Geraniaceæ 1703 ● *Oxalidaceæ 1704–1706* ● *Linaceæ 1707–1714* ● 137
Zygophyllaceæ 1715 ● *Rutaceæ 1716*

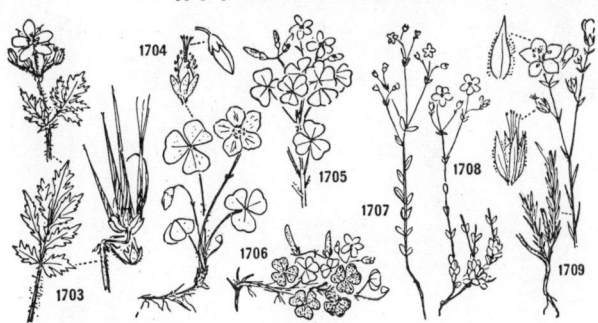

1703*. Erodium ciconium (L.) L'Héritier – Langschnäbliger Reiherschnabel – *Erodium (Cicutaire) Bec de cigogne;* vibl. ● **1704. Oxalis Acetosella** L. – Gemeiner Sauerklee, Kuckucksklee – *Oxalis Petite Oseille, Surelle, Pain de coucou;* b, rsb. – **1705. O. stricta** L. (O. fontana Bunge) – Aufrechter S. – *O. raide;* j. – **1706. O. corniculata** L. – Hornfrüchtiger S. – *O. corniculé;* j. ● **1707. Linum catharticum** L. – Purgier-Lein – *Lin purgatif;* b. – **1708*. id.** var. **subalpinum** Haußkn.; b. – **1709. L. tenuifolium** L. – Feinblättriger L. – *L. à feuilles menues;* rsb.

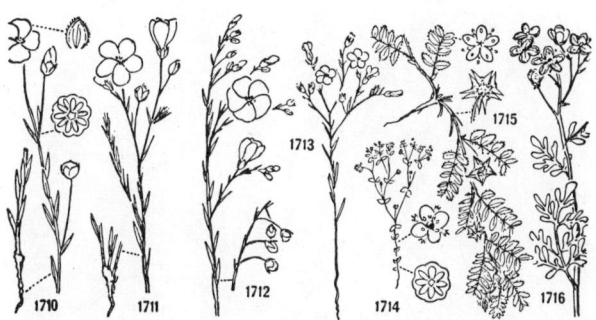

1710. Linum usitatissimum L. – Saat-Lein, Flachs – *Lin usuel;* bl. – **1711. L. alpinum** Jacq. – Alpen-L. – *L. des Alpes;* bl. – **1712. L. austriacum** L. – Österreichischer L. – *L. d'Autriche;* bl. – **1713*. L. gallicum** L. – Französischer L. – *L. de France;* j. – **1714. Radiola Linoides** Roth – Zwergflachs – *Radiole Faux Lin;* b. ● **1715*. Tribulus terrester** L. – Burzeldorn – *Tribule terrestre, Croix de Malte;* j. ● **1716. Ruta graveolens** L. – Raute – *Rue fétide, R. des jardins;* jv.

or = orange; p = pourpre, purpurn; r = rouge, rot; rs = rose, rosa; v = vert, grün; vi = violet(t)

Rutaceæ 1717 ● Simaroubaceæ 1718 ● Polygalaceæ 1719–1727 ●
Euphorbiaceæ 1728

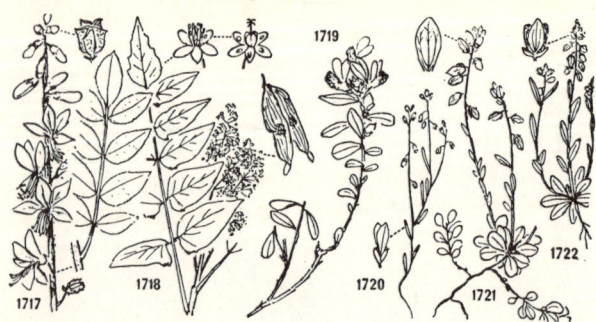

1717. Dictamnus albus L. – Diptam – *Dictame blanc, Fraxinelle;* rs. ● **1718. Ailanthus glandulosa** Desf. (A. Cacodendron Sch. & Thell., A. altissima Swingle) – Götterbaum – *Ailante, Vernis du Japon;* bj. ● **1719. Polygala Chamæbuxus** L. – Buchsblättrige Kreuzblume – *Polygala Petit Buis, Faux Buis;* j|b|p, j|rs|p. – **1720*. P. exilis** DC. – Zwerg-K. – *P. grêle;* bv|p. – **1721. P. calcarea** F. Schultz – Kalk-K. – *P. des sols calcaires;* bl, rs, b. – **1722. P. amarella** Crantz – Bittere K. – *P. amer;* bl, b.

1723. Polygala alpina (DC.) Steudel – Alpen-Kreuzblume – *Polygala des Alpes;* blb, b. – **1724. P. serpyllifolia** Hose (P. serpyllacea Weihe, P. depressa Wenderoth) – Quendelblättrige K. – *P. à feuilles de Serpolet;* blb. – **1725. P. alpestris** Rchb. – Voralpen-K. – *P. alpestre;* bl, blb. – **1726*. P. vulgaris** L. ssp. **eu-vulgaris** Syme (ssp. vulgaris Sch. & K., P. vulgaris L. s.str.) – Gemeine K. – *P. vulgaire;* bl, rs – **1727. id.** ssp. **comosa** (Schkuhr) R. Chodat (P. comosa Schkuhr); rs. ● **1728. Euphorbia Lathyris** L. – Kreuzblättrige Wolfsmilch – *Euphorbe Epurge;* v.

b = blanc, weiß; bl = bleu, blau; br = brun, braun; j = jaune, gelb; l = lila(s); n = noir, schwarz

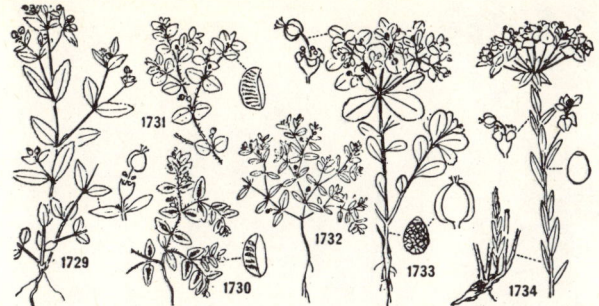

1729. Euphorbia nutans Lagasca – Nickende Wolfsmilch – *Euphorbe penchée;* v. – **1730. E. maculata** L. – Gefleckte W. – *E. maculée;* v. – **1731*. E. Chamæsyce** L. – Zwerg-W. – *E. Petit Figuier;* v. – **1732. E. humifusa** Willd. – Niederliegende W. – *E. couchée;* v. – **1733. E. helioscopia** L. – Sonnenwend-W. – *E. Réveille-matin;* v. – **1734. E. Seguieriana** Necker (E. Gerardiana Jacq.) – Séguiers W. – *E. de Séguier;* jv.

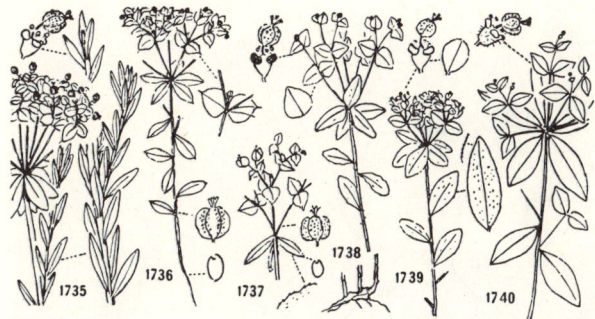

1735. Euphorbia palustris L. – Sumpf-Wolfsmilch – *Euphorbe des marais;* jv. – **1736. E. platyphyllos** L. – Breitblättrige W. – *E. à larges feuilles;* jv. – **1737. E. stricta** L. – Steife W. – *E. raide;* jv. – **1738. E. dulcis** L. – Süße W. – *E. douce;* v. – **1739. E. verrucosa** L. em. Jacq. – Warzige W. – *E. verruqueuse;* jv. – **1740. E. carniolica** Jacq. – Krainer W. – *E. de Carniole;* v.

or = orange; p = pourpre, purpurn; r = rouge, rot; rs = rose, rosa; v = vert, grün; vi = violet(t)

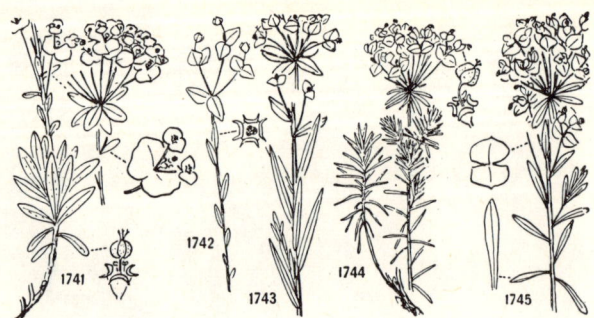

1741. Euphorbia amygdaloides L. – Mandelblättrige Wolfsmilch – *Euphorbe à feuilles d'Amandier*; jv. – **1742*. E. variabilis** Cesati (E. Gayi Sch. & K., non Salis) – Insubrische W. – *E. variable*; v. – **1743. E. virgata** Waldst. & Kit. – Rutenförmige W. – *E. effilée*; jv. – **1744. E. Cyparissias** L. – Zypressen-W. – *E. Faux Cyprès*; jv. – **1745*. E. Esula** L. – Scharfe W. – *E. Esule*; jv.

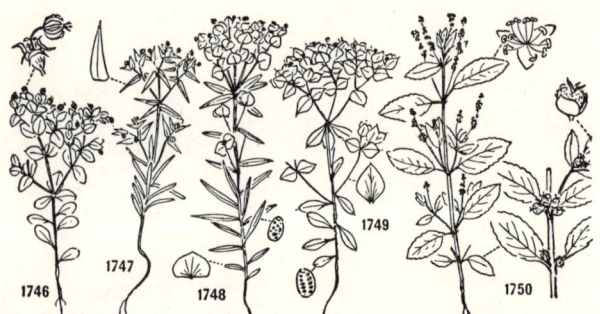

1746. Euphorbia Peplus L. – Garten-Wolfsmilch – *Euphorbe Péplus, Omblette*; jv. – **1747. E. exigua** L. – Kleine W. – *E. fluette*; jv. – **1748. E. segetalis** L. – Saat-W. – *E. des moissons*; jv. – **1749. E. falcata** L. – Sichelblättrige – *E. en faux*; jv. – **1750. Mercurialis annua** L. – Einjähriges Bingelkraut – *Mercuriale annuelle*; v.

b=blanc, weiß; bl=bleu, blau; br=brun, braun; j=jaune, gelb; l=lila(s); n=noir, schwarz

Euphorbiaceæ 1751, 1752 ● *Callitrichaceæ 1753–1757* ● *Buxaceæ 1758* ● 141
Anacardiaceæ 1759–1761 ● *Aquifoliaceæ 1762* ● *Celastraceæ 1763*

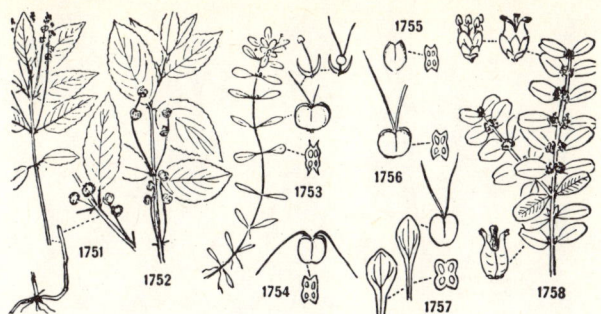

1751. Mercurialis perennis L. – Ausdauerndes Bingelkraut – *Mercuriale vivace;* v. – **1752. M. ovata** Sternb. & Hoppe – Eiblättriges B. – *M. à feuilles ovales;* v. ● **1753. Callitriche stagnalis** Scop. – Gemeiner Wasserstern – *Callitriche des étangs.* – **1754. C. hamulata** Kützing – Hakiger W. – *C. en crochet.* – **1755. C. verna** L. em. Lönnroth (C. palustris L.) – Frühlings-W. – *C. printanière.* – **1756. C. cophocarpa** Sendtner (C. polymorpha Lönnroth) – Stumpffrüchtiger W. – *C. à fruits obtus.* – **1757. C. obtusangula** Le Gall – Stumpfkantiger W. – *C. à angles obtus.* ● **1758. Buxus sempervirens** L. – Buchs – *Buis;* v. ●

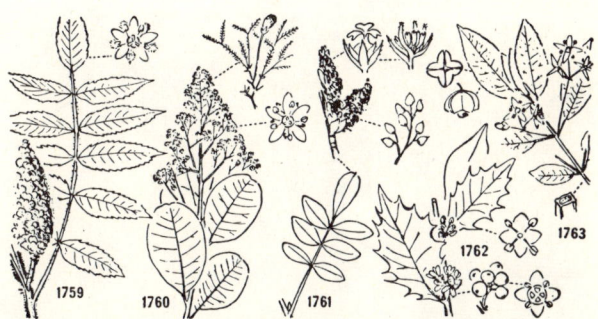

1759*. Rhus typhina L. (R. hirta Sudworth) – Sumach, Essigbaum – *Sumac Fausse Massette;* v, r. – **1760. Cotinus Coggygria** Scop. (Rhus Cotinus L.) – Perückenstrauch – *Fustet Coggygria, Arbre à perruque;* vb. – **1761*. Pistacia Terebinthus** L. – Pistazie, Terebinthe – *Pistachier Térébinthe;* v|br. ● **1762. Ilex Aquifolium** L. – Stechpalme – *Houx;* b. ● **1763*. Evonymus europæus** L. – Gemeiner Spindelstrauch, Pfaffenhütchen – *Fusain d'Europe, Bois carré, Bonnet de prêtre;* vb.

or = orange; p = pourpre, purpurn; r = rouge, rot; rs = rose, rosa; v = vert, grün; vi = violet(t)

Celastraceæ 1764 ● Staphyleaceæ 1765 ● Aceraceæ 1766–1771 ●
Hippocastanaceæ 1772 ● Balsaminaceæ 1773

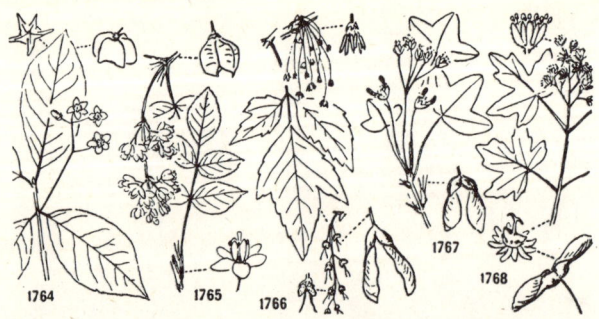

1764. Evonymus latifolius (L.) Miller – Breitblättriger Spindelstrauch – *Fusain à larges feuilles;* vrs. ● **1765. Staphylea pinnata** L. – Pimpernuß – *Staphylier penné;* b. ● **1766. Acer Negundo** L. – Eschen-Ahorn – *Erable Négundo, E. à feuilles de Frêne;* vj. – **1767*. A. monspessulanum** L. – Französischer Maßholder – *E. de Montpellier;* vj. – **1768. A. campestre** L. – Feld-Ahorn, Maßholder – *E. champêtre, Petit Erable;* vj.

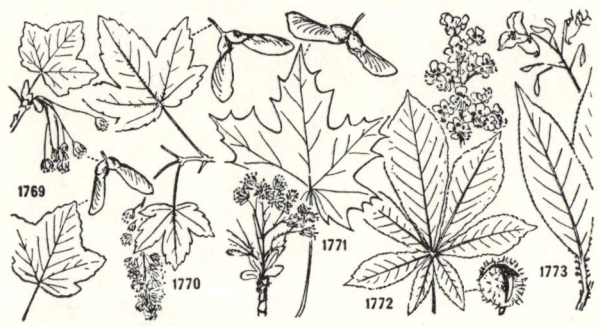

1769. Acer Opalus Miller (A. opulifolium Chaix, A. italum Lauth) – Schneeballblättriger Ahorn – *Erable à feuilles d'Obier;* vj. – **1770. A. Pseudoplatanus** L. – Berg-A. – *E. Faux Platane, Sycomore;* vj. – **1771. A. platanoides** L. – Spitz-A. – *E. Platane, Plane;* vj. ● **1772. Æsculus Hippocastanum** L. – Roßkastanie – *Marronnier, Faux Châtaignier;* b|j|p. ● **1773. Impatiens glandulifera** Royle (I. Roylei Walpers) – Drüsiges Springkraut – *Impatiente (Balsamine) de Royle;* rs.

b=blanc, weiß; bl=bleu, blau; br=brun, braun; j=jaune, gelb; l=lila(s); n=noir, schwarz

Balsaminaceæ 1774–1776 ● *Rhamnaceæ 1777–1783* ●
Vitaceæ 1784, 1785

1774. Impatiens Balfourii Hooker f. (I. Mathildæ Chiovenda, I. insubrica Beauverd) – Balfours Springkraut – *Impatiente (Balsamine) de Balfour*; rs|b. – **1775. I. Noli-tangere** L. – Wald-S., Rührmichnichtan – *I. N'y-touchez-pas*; j. – **1776. I. parviflora** DC. – Kleinblütiges S. – *I. à petites fleurs*; jb. ● **1777*. Paliurus Spina-Christi** Miller – Christusdorn – *Paliure Epine du Christ*; jv. – **1778. Rhamnus cathartica** L. – Purgier-Kreuzdorn, Gemeiner K. – *Nerprun purgatif*; v. – **1779. R. saxatilis** Jacq. – Felsen-K. – *N. des rochers*; vj.

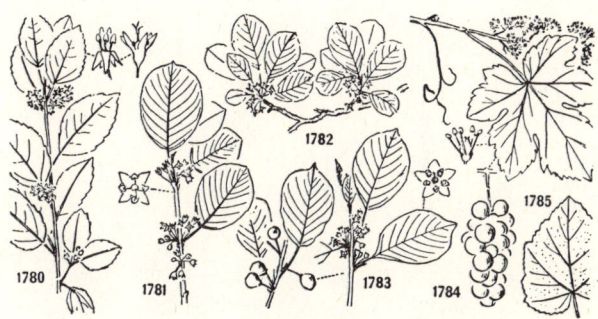

1780*. Rhamnus Alaternus L. – Immergrüner Kreuzdorn – *Nerprun Alaterne*; vj. – **1781. R. alpina** L. – Alpen-K. – *N. des Alpes*; vj. – **1782. R. pumila** Turra – Zwerg-K. – *N. nain*; vj. – **1783. Frangula Alnus** Miller (Rhamnus Frangula L.) – Faulbaum – *Bourdaine*; v. ● **1784. Vitis vinifera** L. – Europäische Weinrebe (Rebe) – *Vigne d'Europe*; v. – **1785. V. Labrusca** L. – Labruska-W., Tessiner Rebe – *V. Framboisier, V. américaine*; v.

or = orange; p = pourpre, purpurn; r = rouge, rot; rs = rose, rosa; v = vert, grün; vi = violet(t)

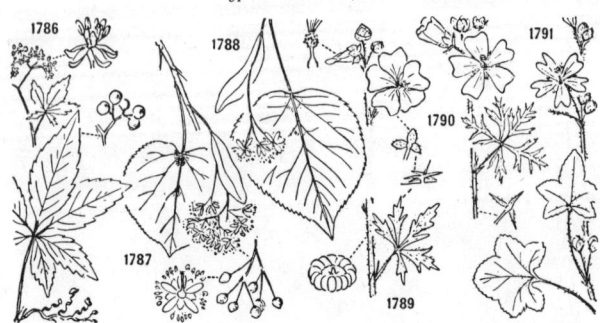

1786. Parthenocissus quinquefolia (L.) Planchon (P. inserta Fritsch, Ampelopsis quinquefolia Michaux) – Jungfernrebe – *Vigne vierge;* v. ● **1787. Tilia cordata** Miller (T. ulmifolia Scop., T. parvifolia Ehrh.) – Winter-Linde – *Tilleul à feuilles en cœur, T. à petites feuilles;* jb. – **1788. T. platyphyllos** Scop. (T. grandifolia Ehrh.) – Sommer-L. – *T. à larges feuilles, T. à grandes feuilles;* jb. ● **1789. Malva Alcea** L. – Sigmarswurz – *Mauve Alcée;* rs. – **1790. M. moschata** L. – Bisam-Malve – *M. musquée;* rs. – **1791. M. silvestris** L. – Wilde M. – *M. sauvage, Grande Mauve;* p.

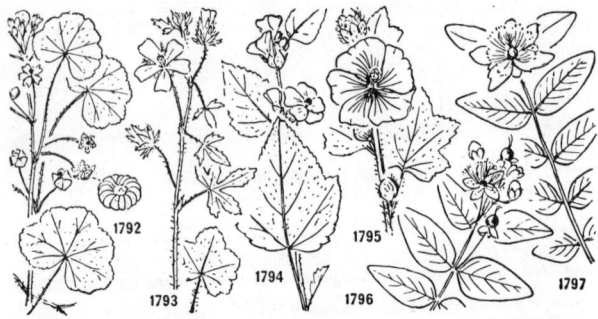

1792. Malva neglecta Wallroth – Kleine Malve, Käslikraut – *Mauve négligée, M. commune, Petite Mauve;* rsb, l. – **1793. Althæa hirsuta** L. – Rauhhaariger Eibisch – *Guimauve hérissée;* l, blb. – **1794. A. officinalis** L. – Gebräuchlicher E. – *G. officinale;* rsb. – **1795*. A. rosea** (L.) Cav. – Stockrose – *Rose Trémière;* rs, p, b. ● **1796. Hypericum Androsæmum** L. – Mannsblut – *Millepertuis Androsème;* j. – **1797. H. calycinum** L. – Großblütiges Johanniskraut – *M. à calice persistant;* j.

b=blanc, weiß; bl=bleu, blau; br=brun, braun; j=jaune, gelb; l=lila(s); n=noir, schwarz

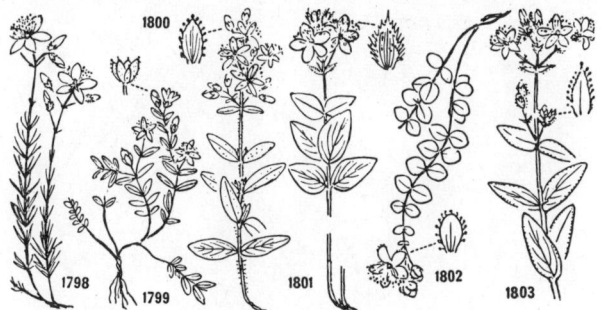

1798. Hypericum Coris L. – Quirlblättriges Johanniskraut – *Millerpertuis Coris, M. verticillé;* j. – **1799. H. humifusum** L. – Niederliegendes J. – *M. couché;* j. – **1800. H. hirsutum** L. – Behaartes J. – *M. hérissé;* j. – **1801. H. Richeri** Vill. – Richers J. – *M. de Richer;* j. – **1802*. H. nummularium** L. – Rundblättriges J. – *M. nummulaire;* j. – **1803. H. montanum** L. – Berg-J. – *M. des montagnes;* j.

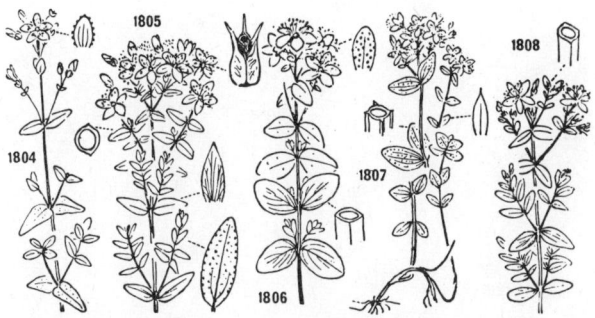

1804. Hypericum pulchrum L. – Schönes Johanniskraut – *Millepertuis élégant;* j. – **1805. H. perforatum** L. – Gemeines J. – *M. perforé, Herbe à mille trous;* j. – **1806*. H. maculatum** Crantz (H. quadrangulum auct.) – Geflecktes J. – *M. maculé;* j. – **1807. H. tetrapterum** Fries (H. acutum Moench) – Vierflügeliges J. – *M. quadrangulé;* j. – **1808. H. Desetangsii** Lamotte – Des Etangs' J. – *M. de Des Etangs;* j. ●

or = orange; p = pourpre, purpurn; r = rouge, rot; rs = rose, rosa; v = vert, grün; vi = violet(t)

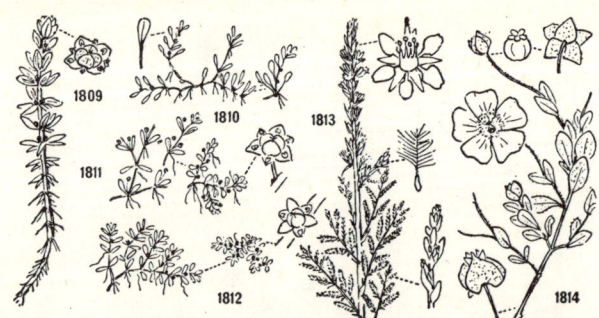

1809. Elatine Alsinastrum L. – Quirliger Tännel – *Elatine Fausse Alsine*. – **1810. E. Hydropiper** L. – Wasserpfeffer-T. – *E. Poivre d'eau*. – **1811. E. hexandra** (Lapierre) DC. – Sechsmänniger T. – *E. à six étamines*. – **1812*. E. triandra** Schkuhr – Dreimänniger T. – *E. à trois étamines*. ● **1813. Myricaria germanica** (L.) Desv. – Tamariske – *Myricaire d'Allemagne, Tamarin d'Allemagne;* rsb. ● **1814. Cistus salviifolius** L. – Cistrose – *Ciste à feuilles de Sauge;* b.

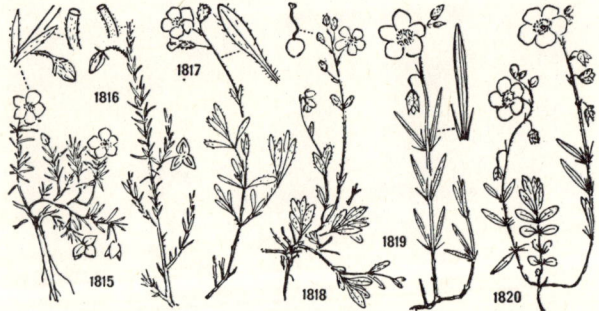

1815. Fumana procumbens (Dunal) Gren. & Godr. (F. vulgaris Spach, Helianthemum Fumana Miller) – Niederliegendes Heideröschen – *Fumana couché;* j. – **1816. F. ericoides** (Cav.) Gandoger (F. Spachii Gren. & Godr.) – Aufrechtes H. – *F. Fausse Bruyère;* j. – **1817. Helianthemum alpestre** (Jacq.) DC. – Alpen-Sonnenröschen – *Hélianthème alpestre;* j. – **1818. H. canum** (L.) Baumg. – Graufilziges S. – *H. blanchâtre;* j. – **1819. H. apenninum** (L.) Miller (H. poliifolium Miller, H. pulverulentum Lam. & DC.) – Apenninen-S. – *H. des Apennins;* b. – **1820*. H. nummularium** (L.) Miller (H. Chamæcystus Miller, H. vulgare Gaertner) – Gemeines S. – *H. nummulaire, H. à feuilles rondes, H. commun;* j.

b=blanc, weiß; bl=bleu, blau; br=brun, braun; j=jaune, gelb; l=lila(s); n=noir, schwarz

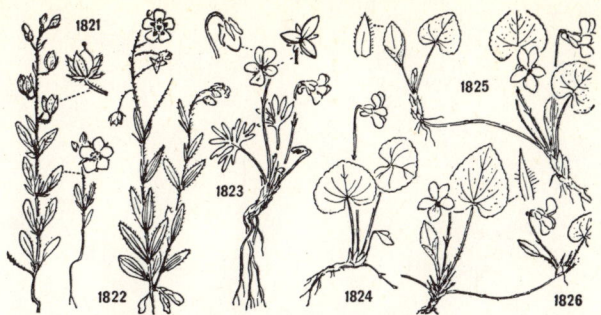

1821. Helianthemum salicifolium (L.) Miller – Weidenblättriges Sonnenröschen – *Hélianthème à feuilles de Saule;* j. – **1822*. H. guttatum** (L.) Miller (Tuberaria guttata Fourreau) – Getüpfeltes S. – *H. à gouttes;* j|pn. ● **1823. Viola pinnata** L. – Fiederblättriges Veilchen – *Violette pennée;* bll. – **1824. V. palustris** L. – Sumpf-V. – *V. des marais;* l. – **1825. V. odorata** L. – Wohlriechendes V. – *V. odorante;* vi. – **1826. V. alba** Besser – Weißes V. – *V. blanche;* b.

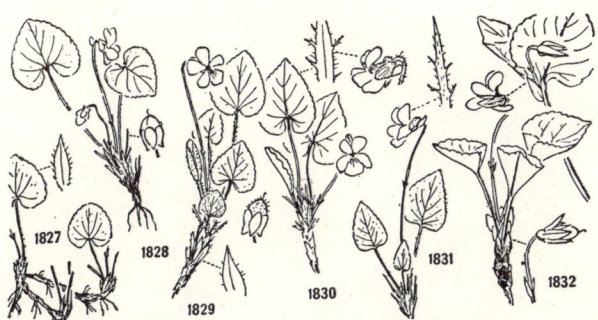

1827. Viola Wolfiana W. Becker (V. Steveni auct., V. suavis M. Bieb.) – Ferd. Otto Wolfs Veilchen – *Violette de Wolf;* vib|b. – **1828. V. pyrenaica** Ramond (V. sciaphila Koch) – Pyrenäen-V. – *V. des Pyrénées;* vi. – **1829. V. hirta** L. – Rauhhaariges V. – *V. hérissée;* vi. – **1830. V. collina** Besser – Hügel-V. – *V. des coteaux;* blb, l. – **1831. V. Thomasiana** Perr. & Song. – Thomas' V. – *V. de Thomas;* vir. – **1832. V. mirabilis** L. – Wunder-V. – *V. singulière;* l.

or = orange; p = pourpre, purpurn; r = rouge, rot; rs = rose, rosa; v = vert, grün; vi = violet(t)

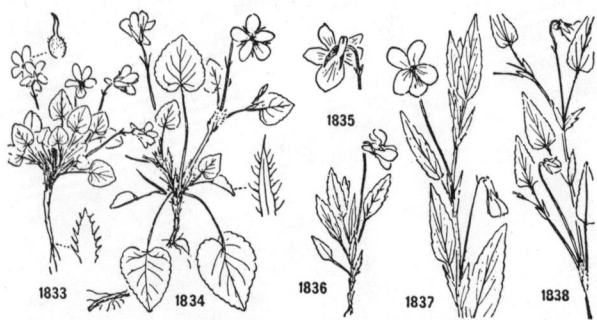

1833. Viola rupestris F. W. Schmidt (V. arenaria DC.) – Sand-Veilchen – *Violette des rocailles, V. des sables;* bl|l, b. – **1834. V. silvestris** Lam. em. Rchb. (V. Reichenbachiana Jordan, V. silvatica Fries) – Wald-V. – *V. des bois;* vi. – **1835. V. Riviniana** Rchb. – Rivinus' V. – *V. de Rivinus;* vi|b. – **1836. V. pumila** Chaix – Niedriges V. – *V. naine;* bl|l. – **1837. V. elatior** Fries – Hohes V. – *V. élevée;* blb|b. – **1838. V. stagnina** Kit. (V. persicifolia Roth) – Moor-V. – *V. des étangs;* blb|b.

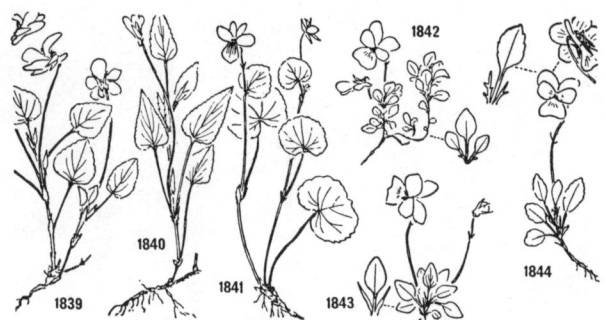

1839. Viola canina L. em. Rchb. – Heide-Veilchen – *Violette des chiens;* bl. – **1840. V. montana** L. (V. canina L. ssp. montana Hartman) – Berg-V. – *V. des montagnes;* blb. – **1841. V. biflora** L. – Gelbes Bergveilchen – *V. à deux fleurs;* j. – **1842. V. cenisia** L. – Mont-Cenis-Stiefmütterchen – *V. du Mont Cenis;* vi. – **1843*. V. Comollia** Massara – Comollis S. – *V. de Comolli;* vi. – **1844. V. calcarata** L. – Langsporniges S. – *V. éperonnée;* vi, j, b.

b = blanc, weiß; bl = bleu, blau; br = brun, braun; j = jaune, gelb; l = lila(s); n = noir, schwarz

Violaceæ 1845–1851 ● Cactaceæ 1852 ● Thymelæaceæ 1853–1856   149

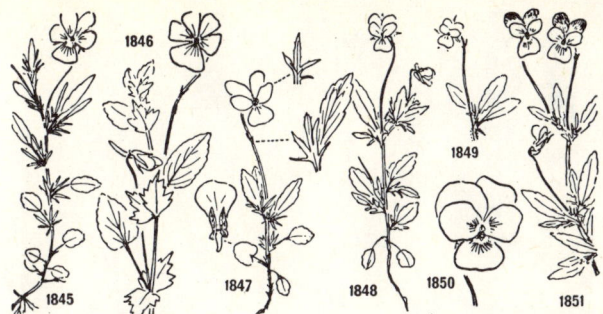

1845*. Viola Dubyana Burnat (V. gracilis Comolli, V. heterophylla Comolli, V. declinata Gaudin) – Dubys Stiefmütterchen – *Violette de Duby;* vi. – **1846*. V. cornuta** L. – Horn-S. – *V. cornue;* vi. – **1847. V. lutea** Hudson – Gelbes Alpen-S. – *V. jaune;* j, j|vi, vi. – **1848. V. tricolor** L. ssp. **arvensis** (Murray) Gaudin (V. arvensis Murray) – Acker-S. – *V. tricolore, Pensée des champs;* jb, jb|vi. – **1849. id.** ssp. **minima** Gaudin (V. valesiaca E. Thomas, V. Kitaibeliana Schultes) – Zwerg-S. – *V. naine;* jb|vi. – **1850. id.** ssp. **eu-tricolor** Syme var. **hortensis** DC. – Garten-S. – *P. des jardins;* vi, bl, b, j, vi|bl|j. – **1851. id.** ssp. **subalpina** Gaudin (V. alpestris Jordan) – Voralpen-S. – *V. subalpine;* vi|b|j. ●

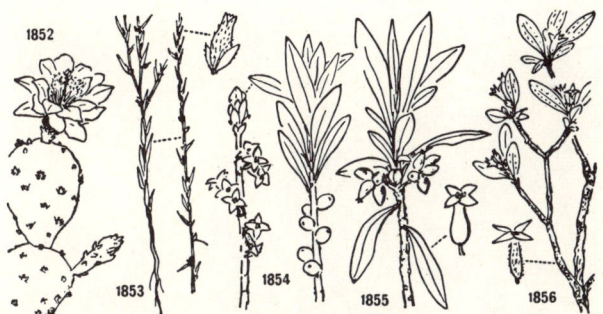

1852. Opuntia compressa (Salisb.) Macbride (O. humifusa auct., O. vulgaris auct.) – Opuntie, Feigenkaktus – *Oponce vulgaire, Figuier d'Inde;* j. ● **1853. Thymelæa Passerina** (L.) Cosson & Germain (Passerina annua Wikström) – Vogelkopf – *Thymélée Passerine, Passerine annuelle;* v. – **1854. Daphne Mezereum** L. – Gemeiner Seidelbast, Ziland – *Daphné Mézéréon, Bois gentil;* prs. – **1855. D. Laureola** L. – Lorbeer-S. – *D. Lauréole, Laurier des bois;* jv. – **1850. D. alpina** L. – Alpen-S. – *D. des Alpes;* b.

or = orange; p = pourpre, purpurn; r = rouge, rot; rs = rose, rosa; v = vert, grün; vi = violet(t)

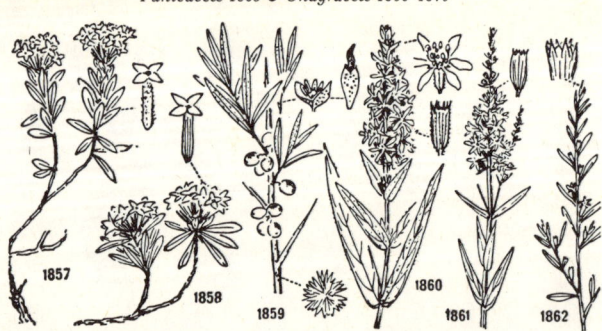

1857. Daphne Cneorum L. – Flaumiger Seidelbast, Fluhröschen – *Daphné Camélée;* rs. – **1858. D. striata** Tratt. – Gestreifter S., Steinröschen – *D. strié;* rsb.
● **1859. Hippophaë Rhamnoides** L. – Sanddorn – *Argousier Faux Nerprun;* vbr. ● **1860. Lythrum Salicaria** L. – Blut-Weiderich – *Lythrum Salicaire;* p. – **1861*. L. virgatum** L. – Ruten-W. – *L. effilé;* p. – **1862. L. Hyssopifolia** L. – Ysop-W. – *L. à feuilles d'Hysope;* l.

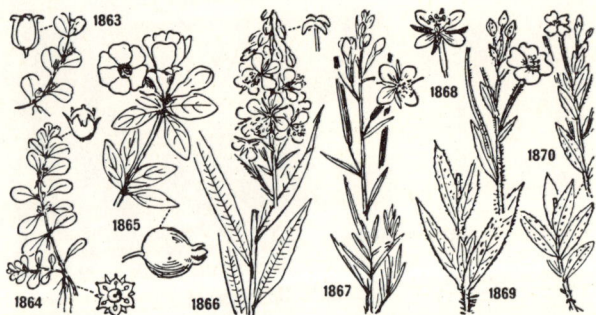

1863*. Lythrum nummulariifolium Pers. em. Loisel. var. **erectum** (Requien) Kœhne (Peplis Timeroyi Jordan) – Pfennigkrautblättriger Weiderich – *Lythrum à feuilles de Nummulaire*. – **1864. Peplis Portula** L. – Sumpfquendel – *Péplis Pourpier.* ● **1865. Punica Granatum** L. – Granatapfelbaum – *Grenadier;* r. ● **1866. Epilobium angustifolium** L. – Wald-Weidenröschen – *Epilobe à feuilles étroites;* p. – **1867. E. Dodonæi** Vill. (E. rosmarinifolium Haenke) – Dodonæus' W. – *E. de Dodoens, E. Rosmarin;* rs. – **1868. E. Fleischeri** Hochst. – Fleischers W. – *E. de Fleischer;* rs. – **1869. E. hirsutum** L. – Zottiges W. – *E. hérissé;* p. – **1870. E. parviflorum** Schreber – Kleinblütiges W. – *E. à petites fleurs;* rsl.

b=blanc, weiß; bl=bleu, blau; br=brun, braun; j=jaune, gelb; l=lila(s); n=noir, schwarz

1871. Epilobium lanceolatum Sebast. & Mauri – Lanzettblättriges Weidenröschen – *Epilobe lancéolé;* b > rs. – **1872. E. collinum** Gmelin –Hügel-W. – *E. des coteaux;* rs. – **1873. E. montanum** L. – Berg-W. – *E. des montagnes;* rs. – **1874. E. Duriæi** J. Gay – Durieus W. – *E. de Durieu;* rs. – **1875. E. palustre** L. – Sumpf-W. – *E. des marais;* rs. – **1876. E. roseum** Schreber – Rosenrotes W. – *E. rosé;* b > rs. – **1877. E. alpestre** (Jacq.) Krocker (E. trigonum Schrank) – Quirliges W. – *E. alpestre;* prs.

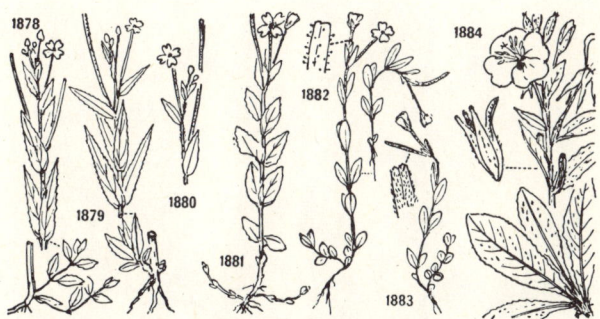

1878. Epilobium obscurum Schreber – Dunkelgrünes Weidenröschen – *Epilobe foncé;* rs. – **1879. E. tetragonum** L. (E. adnatum Griseb.) – Vierkantiges W. – *E. à quatre angles;* rsl. – **1880. id.** ssp. **Lamyi** (F. Schultz) Arcangeli (E. Lamyi F. Schultz); rsl. – **1881. E. alsinifolium** Vill. (E. origanifolium Lam.) – Mierenblättriges W. – *E. à feuilles d'Alsine;* rsl. – **1882. E. alpinum** L. (E. anagallidifolium Lam.) – Alpen-W. – *E. des Alpes;* rs.– **1883. E. nutans** F. W. Schmidt – Nikkendes W. – *E. penché;* rsl. – **1884. Œnothera biennis** L. – Gemeine Nachtkerze – *Onagre bisannuelle;* j.

or = orange; p = pourpre, purpurn; r = rouge, rot; rs = rose, rosa; v = vert, grün; vi = violet(t)

Onagraceæ 1885–1889 ● *Hydrocaryaceæ 1890* ●
Haloragaceæ 1891–1893 ● *Hippuridaceæ 1894* ● *Araliaceæ 1895* ●

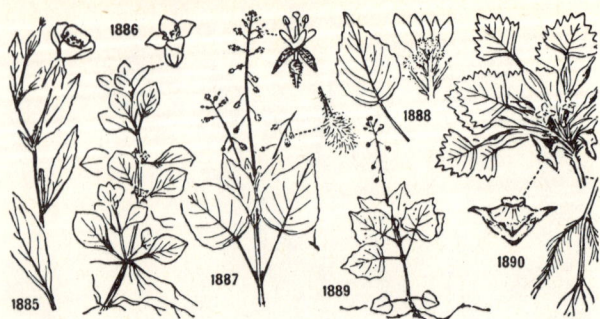

1885. Œnothera muricata L. – Kleinblütige Nachtkerze – *Onagre muriquée;* j. – **1886. Ludwigia palustris** (L.) Elliott (Isnardia palustris L.) – Heusenkraut – *Ludwigie des marais;* v. – **1887. Circæa lutetiana** L. – Gemeines Hexenkraut – *Circée de Paris, Herbe des sorcières;* b, brs. – **1888. C. intermedia** Ehrh. (C. alpina × lutetiana) – Mittleres H. – *C. intermédiaire;* b, brs. – **1889. C. alpina** L. – Alpen-H. – *C. des Alpes;* b, brs. ● **1890. Trapa natans** L. – Wassernuß – *Macre nageante, Châtaigne d'eau;* b. ●

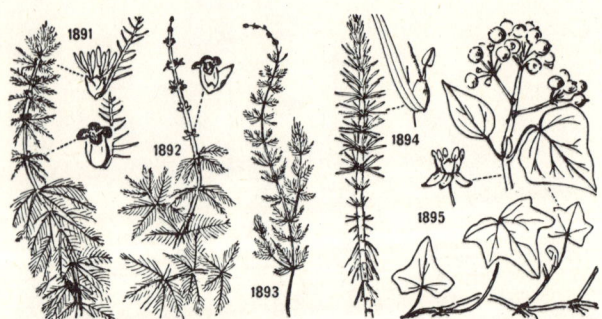

1891. Myriophyllum verticillatum L. – Quirliges Tausendblatt – *Myriophylle verticillé.* – **1892. M. spicatum** L. – Ähriges T. – *M. en épi.* – **1893. M. alterniflorum** DC. – Armblütiges T. – *M. à fleurs alternes.* ● **1894. Hippuris vulgaris** L. – Tannenwedel – *Pesse vulgaire* ● **1895. Hedera Helix** L. – Efeu – *Lierre;* vj. ●

b=blanc, weiß; bl=bleu, blau; br=brun, braun; j=jaune, gelb; l=lila(s); n=noir, schwarz

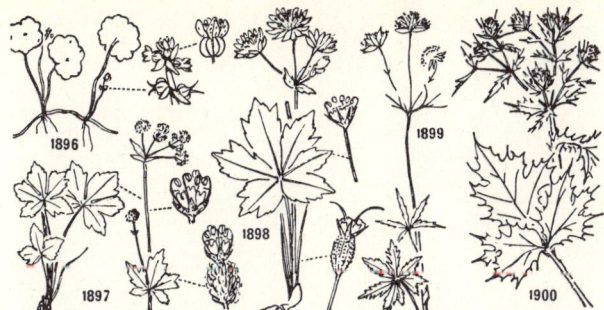

1896. Hydrocotyle vulgaris L. – Wassernabel – *Hydrocotyle commun, Ecuelle d'eau;* b. – **1897. Sanicula europæa** L. – Heilkraut, Sanikel – *Sanicle d'Europe;* b. – **1898. Astrantia major** L. – Große Sterndolde – *Grande Astrance;* b, rs. – **1899. A. minor** L. – Kleine S. – *Petite A.;* b. – **1900. Eryngium campestre** L. – Feld-Mannstreu – *Panicaut champêtre;* vb.

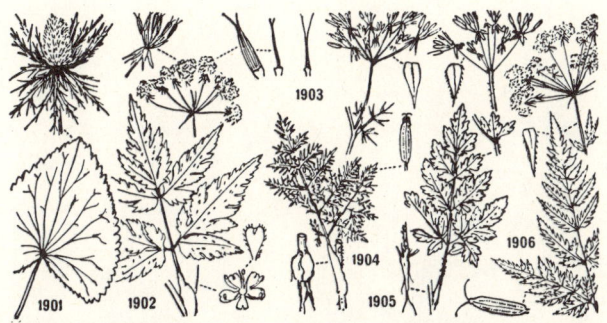

1901. Eryngium alpinum L. – Alpen-Mannstreu, Alpendistel – *Panicaut des Alpes, Chardon bleu;* b|bl. – **1902*. Chærophyllum hirsutum** L. ssp. **Cicutaria** (Vill.) Briq. (Ch. Cicutaria Vill.) – Gebirgs-Kälberkropf – *Chérophylle hérissé;* b, rs. – **1903. id.** ssp. **Villarsii** (Koch) Arcangeli (Ch. Villarsii Koch); b, rs. – **1904*. Ch. bulbosum** L. – Kerbelrübe – *Ch. bulbeux;* b. – **1905. Ch. temulum** L. – Hecken-Kälberkropf – *Ch. enivrant, Ch. puant;* b. – **1906. Ch. aureum** L. – Gelbfrüchtiger K. – *Ch. doré;* b.

or = orange; p = pourpre, purpurn; r = rouge, rot; rs = rose, rosa; v = vert, grün; vi = violet(t)

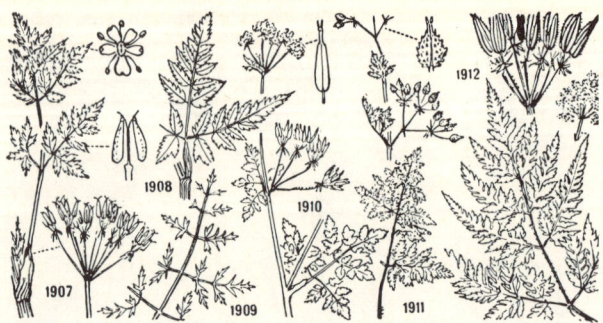

1907. Anthriscus silvestris (L.) Hoffm. (A. s. ssp. silvestris Gremli, Chærefolium silvestre Sch. & Thell., Chærophyllum silvestre L.) – Wiesen-Kerbel – *Cerfeuil des prés;* b. – **1908. A. nitida** (Wahlenb.) Garcke (A. s. ssp. alpestris Gremli, A. s. ssp. nitida Hazlinsky, Chæref. silvestre Hoffm. ssp. nitidum Sch. & Thell., Chæroph. nitidum Wahlenb.) – Glänzender K. – *C. lustré;* b. – **1909. A. silvestris** (L.) Hoffm. ssp. **stenophylla** (Rouy & Camus) Briq. (A. alpina Gremli); b. – **1910. A. Cerefolium** (L.) Hoffm. (Chæref. Cerefolium Sch. & Thell., Chæroph. Cerefolium Crantz) – Garten-K. – *Cerfeuil cultivé;* b. – **1911. A. Caucalis** M. Bieb. (A. scandicina Mansfeld, A. vulgaris Pers., Chæref. Anthriscus Sch. & Thell., Torilis Anthriscus Gaertner) – Gemeiner K. – *C. Faux Scandix, C. vulgaire;* b. – **1912. Myrrhis odorata** (L.) Scop. – Süßdolde – *Myrrhis odorant, Cerfeuil musqué;* b.

1913. Scandix Pecten-Veneris L. – Venuskamm – *Scandix Peigne de Vénus;* b. – **1914. Molopospermum peloponnesiacum** (L.) Koch (M. cicutarium DC.) – Striemensame – *Moloposperme du Péloponnèse;* b. – **1915. Torilis nodosa** (L.) Gaertner – Knäuelkerbel – *Torilis noueux;* b. – **1916. T. leptophylla** (L.) Rchb. f. – Feinblättrige Borstendolde – *T. à feuilles étroites;* b, rs. – **1917. T. japonica** (Houttuyn) DC. (T. Anthriscus Gmelin) – Gemeine B. – *T. japonais, T. Anthrisque;* b, rs. – **1918. T. arvensis** (Hudson) Link (T. infesta Clairv.) – Feld-B. – *T. des champs;* b, rs.

b=blanc, weiß; bl=bleu, blau; br=brun, braun; j=jaune, gelb; l=lila(s); n=noir, schwarz

1919. Caucalis Lappula (Weber) Grande (C. daucoides L., C. platycarpos L.) – Möhren-Haftdolde – *Caucalis Fausse Bardane, C. Faux Daucus;* b. – **1920. C. latifolia** L. (Turgenia latifolia Hoffm.) – Breitblättrige H. – *C. à larges feuilles;* b, p. – **1921. Orlaya grandiflora** (L.) Hoffm. – Breitsame – *Orlaya à grandes fleurs;* b. – **1922. Coriandrum sativum** L. – Koriander – *Coriandre cultivé;* b, rs. – **1923. Bifora radians** M. Bieb. – Hohlsame – *Bifora rayonnant;* b.

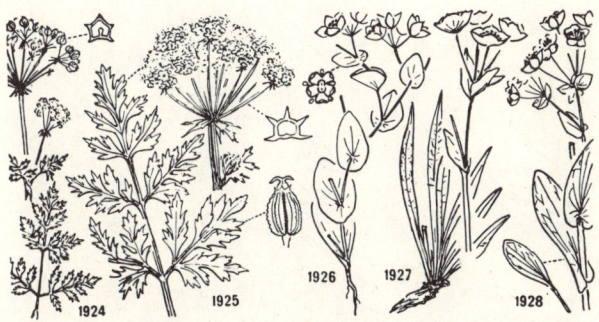

1924. Conium maculatum L. – Fleckenschierling – *Ciguë tachée, Grande Ciguë;* b. – **1925. Pleurospermum austriacum** (L.) Hoffm. – Rippensame – *Pleurosperme d'Autriche;* b. – **1926. Bupleurum rotundifolium** L. – Rundblättriges Hasenohr – *Buplèvre à feuilles rondes;* jb. – **1927. B. stellatum** L. – Sternblütiges H. – *B. étoilé;* j. – **1928. B. longifolium** L. – Langblättriges H. – *B. à longues feuilles;* jbr.

or = orange; p = pourpre, purpurn; r = rouge, rot; rs = rose, rosa; v = vert, grün; vi = violet(t)

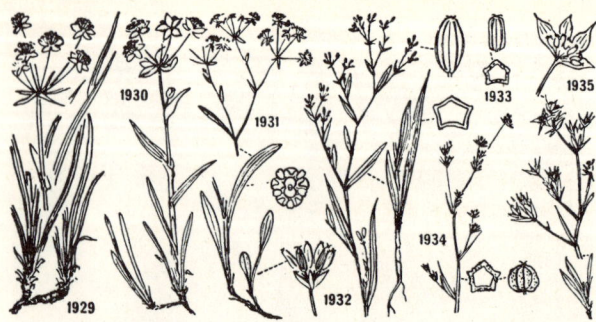

1929*. Bupleurum petræum L. (B. graminifolium Vahl) – Felsen-Hasenohr – *Buplèvre des rochers;* j. – **1930*. B. ranunculoides** L. – Hahnenfußartiges H. – *B. Renoncule;* j. – **1931. B. falcatum** L. – Sichelblättriges H. – *B. en faux;* j. – **1932*. B. junceum** L. – Simsen-H. – *B. en forme de Jonc;* j. – **1933*. B. Gerardi** All. – Gérards H. – *B. de Gérard;* j. – **1934*. B. tenuissimum** L. – Zartes H. – *B. fluet;* j. – **1935*. B. baldense** Turra em. Thell. (B. aristatum Bartling) ssp. **opacum** (Cesati) Thell. (B. divaricatum Lam. var. opacum Briq.) – Monte-Baldo-H. – *B. du Mont Baldo, B. aristé;* j.

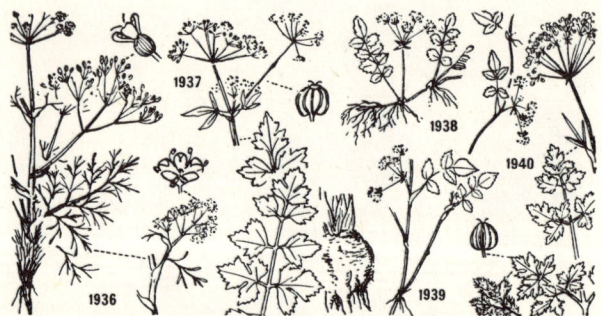

1936. Trinia glauca (L.) Dumortier (T. vulgaris DC.) – Faserschirm – *Trinie glauque;* bj. – **1937. Apium graveolens** L. – Sellerie – *Ache odorante, Céleri;* b. – **1938. A. repens** (Jacq.) Lagasca (Helosciadium repens Koch) – Kriechender Eppich – *A. rampante;* b. – **1939. A. nodiflorum** (L.) Lagasca (H. nodiflorum Koch) – Knotenblütiger E. – *A. nodiflore;* b. – **1940. Petroselinum crispum** (Miller) Airy-Shaw (P. hortense Hoffm., P. sativum Hoffm.) – Petersilie – *Persil cultivé;* jv.

b=blanc, weiß; bl=bleu, blau; br=brun, braun; j=jaune, gelb; l=lila(s); n=noir, schwarz

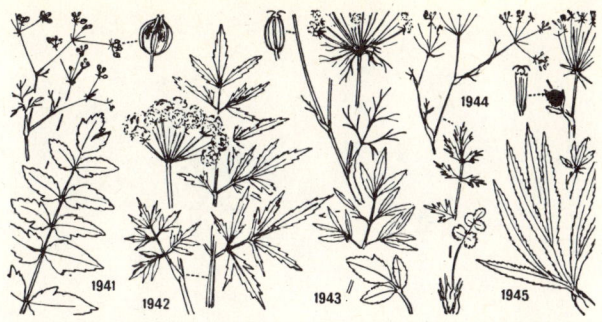

1941. Sison Amomum L. – Gewürzdolde – *Sison Amome, S. aromatique*; b. –
1942. Cicuta virosa L. – Wasserschierling – *Ciguë aquatique*; b. – **1943. Ammi majus** L. – Knorpelmöhre – *Ammi élevé*; b. – **1944. Ptychotis saxifraga** (L.) Loret & Barrandon (P. heterophylla Koch) – Faltenohr – *Ptychotis saxifrage*; b. – **1945. Falcaria vulgaris** Bernh. (F. Rivini Host) – Sicheldolde – *Falcaire commune*; b.

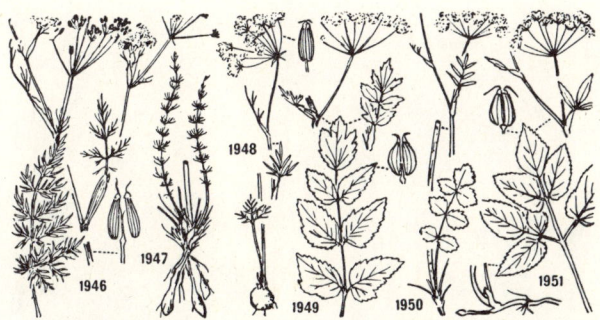

1946. Carum Carvi L. – Wiesen-Kümmel – *Carum Carvi, Cumin des prés*; b, rs. – **1947*. C. verticillatum** (L.) Koch – Stern-K. – *C. verticillé*; b, rs. – **1948. Bunium Bulbocastanum** L. (Carum Bulbocastanum Koch) – Knollenkümmel, Erdkastanie – *Bunium Noix de terre*; b. – **1949. Pimpinella major** (L.) Hudson (P. magna L.) – Große Bibernelle – *Grand Boucage*; b, rs. – **1950*. P. saxifraga** L. – Kleine B. – *B. saxifrage*; b. – **1951. Ægopodium Podagraria** L. – Geißfuß – *Egopode Podagraire, Herbe aux goutteux*; b.

or = orange; p = pourpre, purpurn; r = rouge, rot; rs = rose, rosa; v = vert, grün; vi = violet(t)

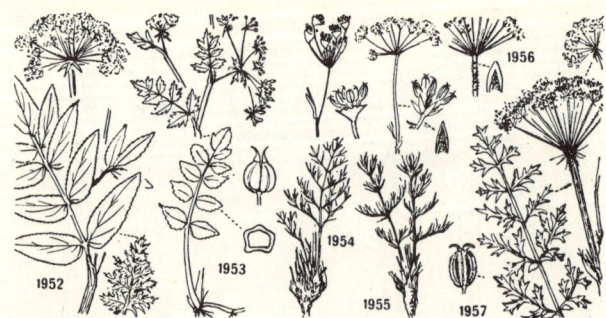

1952. Sium latifolium L. – Großer Merk – *Berle à larges feuilles;* b. – **1953. S. erectum** Hudson (S. angustifolium L., Berula angustifolia M. & K., B. erecta Coville) – Kleiner M. – *B. dressée, B. à feuilles étroites;* b. – **1954*. Seseli Hippomarathrum** Jacq. – Roß-Sesel – *Séséli Hippomarathrum;* b. – **1955*. S. montanum** L. – Berg-S. – *S. des montagnes;* b. – **1956. S. annuum** L. (S. coloratum Ehrh.) – Hügel-S. – *S. annuel;* b. – **1957. S. Libanotis** (L.) Koch (Libanotis montana Crantz) – Hirschheil – *S. Libanotis;* b.

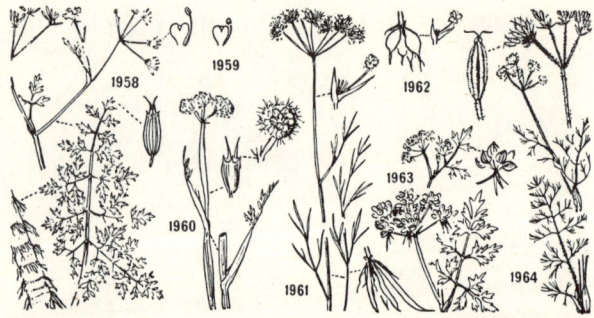

1958. Œnanthe aquatica (L.) Poiret (Œ. Phellandrium Lam.) – Wasserfenchel – *Œnanthe aquatique;* b. – **1959*. Œ. fluviatilis** (Babington) Coleman – Flutende Rebendolde – *Œ. des eaux courantes;* b. – **1960. Œ. fistulosa** L. – Röhrige R. – *Œ. fistuleuse;* b. – **1961. Œ. Lachenalii** Gmelin – Lachenals R. – *Œ. de Lachenal;* b. – **1962. Œ. peucedanifolia** Pollich – Schmalblättrige R. – *Œ. à feuilles de Peucédan;* b. – **1963. Æthusa Cynapium** L. – Hundspetersilie – *Ethuse Ciguë, Petite Ciguë, Faux Persil;* b. – **1964. Athamanta cretensis** L. (A. hirsuta Pohl) – Augenwurz – *Athamante de Crète, A. hérissée;* b.

b=blanc, weiß; bl=bleu, blau; br=brun, braun; j=jaune, gelb; l=lila(s); n=noir, schwarz

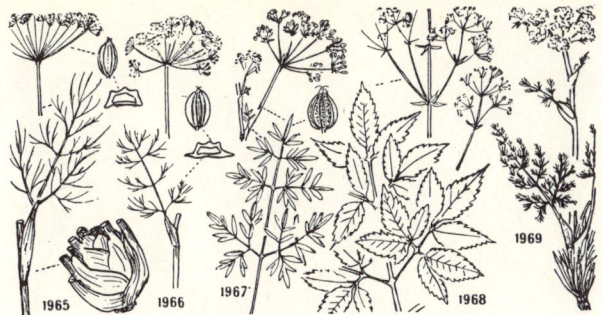

1965. Fœniculum vulgare Miller (F. officinale All.) – Fenchel – *Fenouil commun;* j. – **1966. Anethum graveolens** L. – Dill – *Aneth odorant, Fenouil bâtard;* j. – **1967. Silaum Silaus** (L.) Sch. & Thell. (S. selinoides Beck, Silaus flavescens Bernh., Silaus pratensis Besser) – Roßkümmel – *Silaüm Silaüs, Fenouil des chevaux;* vj. – **1968. Trochiscanthes nodiflorus** (All.) Koch – Radblüte – *Trochiscanthe nodiflore;* vb. – **1969. Meum athamanticum** Jacq. – Bärenwurz – *Méum Fausse Athamante, Fenouil des Alpes;* b.

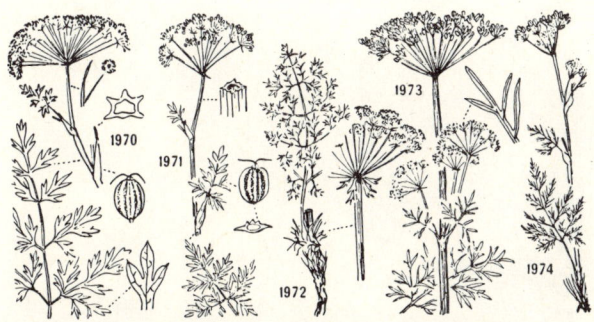

1970. Cnidium silaifolium (Jacq.) Simonkai (C. apioides Sprengel) – Brenndolde – *Cnide à feuilles de Silaüm;* b. – **1971. Selinum Carvifolia** L. – Silge – *Sélin à feuilles de Carvi;* b. – **1972*. Ligusticum ferulaceum** All. – Asantblättriger Liebstock – *Ligustique Fausse Férule;* b. – **1973. L. lucidum** Miller var. **Seguieri** (Jacq.) Flori (L. Seguieri Koch) – Séguiers L. – *L. de Séguier;* b. – **1974. L. Mutellina** (L.) Crantz (Meum Mutellina Gaertner) – Alpen-L., Alpen-Mutterwurz, Muttern – *L. Mutelline;* b, rs.

or = orange; p = pourpre, purpurn; r = rouge, rot; rs = rose, rosa; v = vert, grün; vi = violet(t)

1975. Ligusticum mutellinoides (Crantz) Vill. (L. simplex All., Gaya simplex Gaudin, Pachypleurum simplex Rchb.) − Zwerg-Mutterwurz − *Ligustique Fausse Mutelline;* b, rs. − **1976. Levisticum officinale** Koch − Liebstöckel, Stockkraut − *Livèche, Ache de montagne, «Herbe à Maggi»;* jb. − **1977*. Angelica pyrenæa** (L.) Sprengel (Selinum pyrenæum Gouan) − Pyrenäen-Brustwurz − *Angélique des Pyrénées;* bj. − **1978. A. silvestris** L. − Wilde B. − *A. sauvage;* b, rs. − **1979*. A. Archangelica** L. (Archangelica officinalis Hoffm.) − Engelwurz − *A. vraie;* vb, v. − **1980. Peucedanum Carvifolia** Vill. (P. Chabræi Rchb.) − Kümmel-Haarstrang − *Peucédan à feuilles de Carvi;* bv. − **1981*. P. Schottii** Besser − Schotts H. − *P. de Schott;* bv.

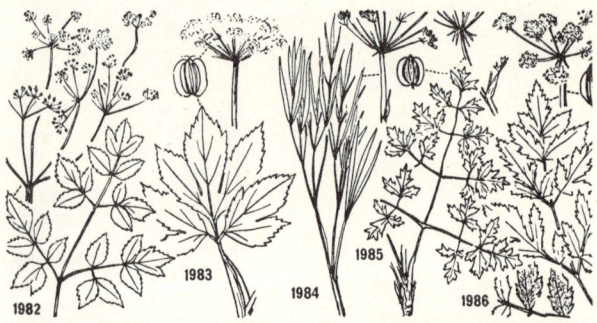

1982. Peucedanum verticillare (L.) Koch (P. altissimum Thell., Angelica altissima Grande, A. verticillaris L., Tommasinia verticillaris Bertol.) − Quirldoldiger Haarstrang − *Peucédan verticillé;* jv. − **1983. P. Ostruthium** (L.) Koch (Imperatoria Ostruthium L.) − Meisterwurz − *P. Ostruthium, Impératoire;* b, rs. − **1984*. P. officinale** L. − Gebräuchlicher Haarstrang − *P. officinal;* jb. − **1985. P. Oreoselinum** (L.) Moench − Berg-H. − *P. Oréosélin, P. des montagnes;* b. − **1986. P. Cervaria** (L.) Lapeyr. − Hirschwurz − *P. Cervaire, Herbe aux cerfs;* b.

b=blanc, weiß; bl=bleu, blau; br=brun, braun; j=jaune, gelb; l=lila(s); n=noir, schwarz

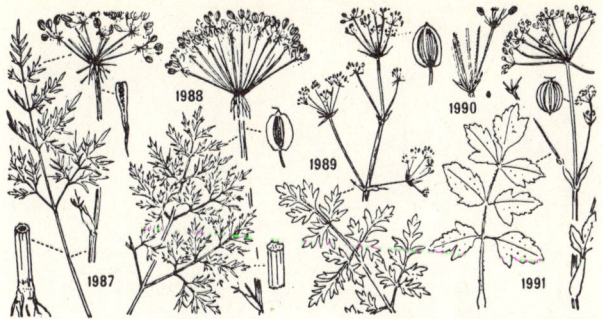

1987. Peucedanum palustre (L.) Moench (Thysselinum palustre Hoffm.) – Sumpf-Haarstrang – *Peucédan des marais;* b. – **1988*. P. austriacum** (Jacq.) Koch – Österreichischer H. – *P. d'Autriche;* b. – **1989*. P. alsaticum** L. – Elsässischer H. – *P. d'Alsace;* jb. – **1990. P. venetum** (Sprengel) Koch – Venezianischer H. – *P. de Vénétie;* b. – **1991. Pastinaca sativa** L. – Pastinak – *Panais cultivé;* j.

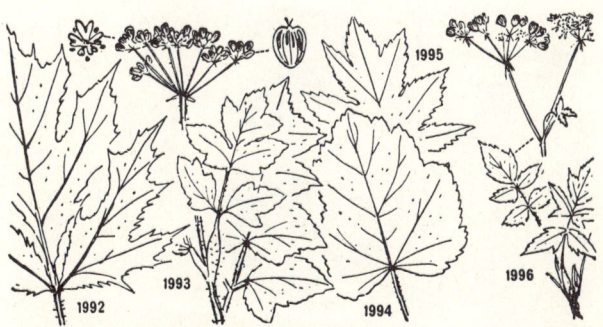

1992. Heracleum Mantegazzianum Sommier & Levier – Kaukasus-Bärenklau – *Berce de Mantegazzi;* b. – **1993*. H. Sphondylium** L. ssp. **australe** (Hartman) Ahlfvengren (H. Sphondylium L. s. str.) – Wiesen-B. – *B. des prés (Patte d'ours);* b. – **1994. id.** ssp. **juranum** (Genty) Thell. (H. alpinum L.) – Jura-B. – *B. du Jura;* b. – **1995. id.** ssp. **pyrenaicum** (Lam.) Bonnier em. Thell. var. **Pollinianum** (Bertol.) Thell. (H. Pollinianum Bertol.) – Pollinis B. – *B. de Pollini;* b. – **1996. H. austriacum** L. – Österreichische B. – *B. d'Autriche;* b.

or = orange; p = pourpre, purpurn; r = rouge, rot; rs = rose, rosa; v = vert, grün; vi = violet(t)

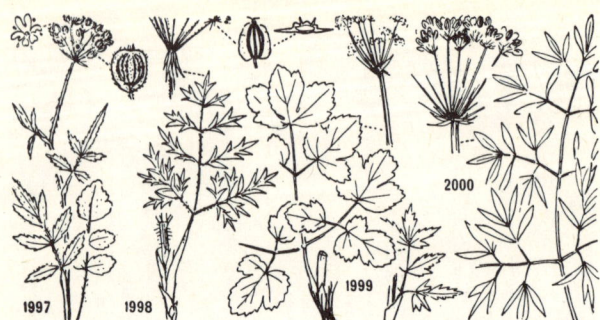

1997. Tordylium maximum L. – Zirmet – *Tordyle élevé;* b. – **1998. Laserpitium prutenicum** L. – Preußisches Laserkraut – *Laser de Prusse;* b. – **1999. L. Krapfii** Crantz (L. marginatum Waldst. & Kit.) ssp. **Gaudini** (Moretti) Thell. – Gaudins L. – *L. de Gaudin;* vj|r. – **2000. L. Siler** L. (Siler montanum Crantz) – Berg-L. – *L. Siler, Sermontain;* b, rs.

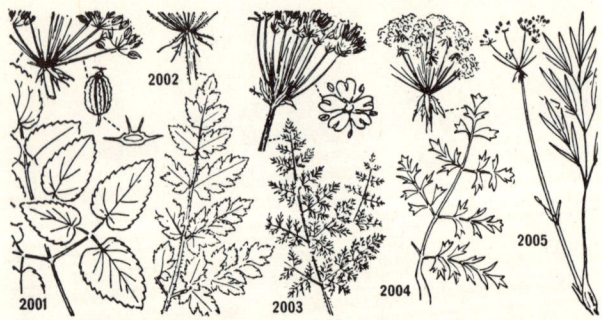

2001. Laserpitium latifolium L. – Breitblättriges Laserkraut – *Laser à larges feuilles;* b, rs. – **2002*. L. nitidum** Zantedeschi – Glänzendes L. – *L. brillant;* b. – **2003. L. Halleri** Crantz (L. Panax Gouan, L. hirsutum Lam.) – Hallers L. – *L. de Haller, L. Panax;* b. – **2004*. L. gallicum** L. – Französisches L. – *L. de France;* b, rs. – **2005*. L. peucedanoides** L. – Haarstrang-L. – *L. Faux Peucédan;* b.

b=blanc, weiß; bl=bleu, blau; br=brun, braun; j=jaune, gelb; l=lila(s); n=noir, schwarz

2006. Daucus Carota L. – Möhre, Mohrrübe, Gelbe Rübe – *Daucus Carotte, Carotte;* b. ● **2007. Cornus sanguinea** L. – Roter Hornstrauch, Hartriegel – *Cornouiller couleur de sang, Sanguine;* b. – **2008. C. mas** L. – Kornelkirsche, Tierlibaum – *C. mâle, Cornouiller;* j. ● **2009. Pyrola uniflora** L. (Moneses uniflora A. Gray) – Einblütiges Wintergrün – *Pirole à une fleur;* b. – **2010. P. secunda** L. (Orthilia secunda House) – Einseitswendiges W. – *P. unilatérale;* b.

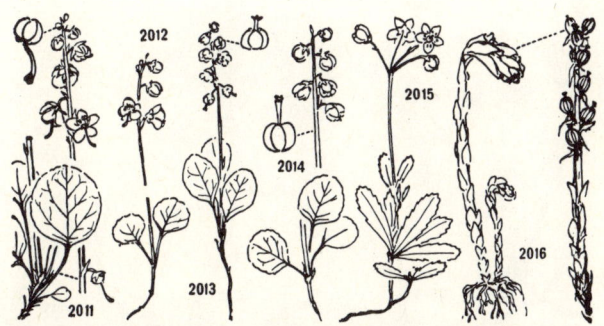

2011. Pyrola rotundifolia L. – Rundblättriges Wintergrün – *Pirole à feuilles rondes;* b. – **2012. P. chlorantha** Sw. (P. virens Schweigger) – Grünliches W. – *P. verdâtre;* vb. – **2013. P. minor** L. – Kleines W. – *Petite P.;* b. – **2014. P. media** Sw. – Mittleres W. – *P. intermédiaire;* b. – **2015. Chimaphila umbellata** (L.) Barton (Pyrola umbellata L.) – Winterlieb – *Chimaphile ombellée;* rs. – **2016*. Monotropa Hypopitys** L. – Fichtenspargel – *Monotrope, Sucepin;* jb. ●

or = orange; p = pourpre, purpurn; r = rouge, rot; rs = rose, rosa; v = vert, grün; vi = violet(t)

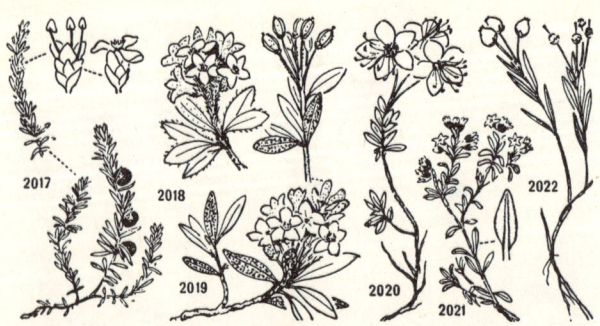

2017*. Empetrum nigrum L. – Krähenbeere – *Camarine noire;* rs, p. ● **2018. Rhododendron hirsutum** L. – Bewimperte Alpenrose – *Rhododendron cilié;* rs. – **2019. R. ferrugineum** L. – Rostblättrige A. – *R. ferrugineux;* rsp. – **2020*. Rhodothamnus Chamæcistus** (L.) Rchb. – Zwergalpenrose – *Rhodothamne Ciste nain;* rs. – **2021. Loiseleuria procumbens** (L.) Desv. (Azalea procumbens L.) – Alpenazalee – *Loiseleurie couchée, Azalée des Alpes;* rs. – **2022. Andromeda Polifolia** L. – Rosmarinheide – *Andromède à feuilles de Polium;* rsb.

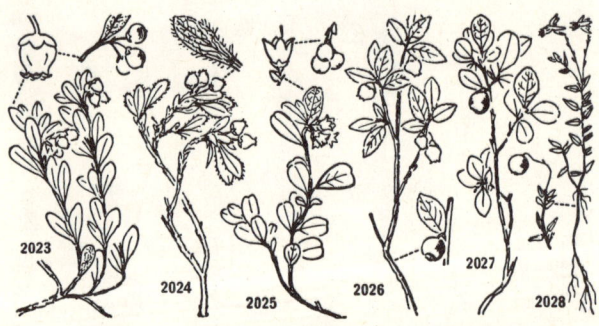

2023. Arctostaphylos Uva-ursi (L.) Sprengel – Immergrüne Bärentraube – *Raisin d'ours commun, Busserole;* b. – **2024. A. alpina** (L.) Sprengel – Alpen-B. – *R. d'o. des Alpes;* b. – **2025. Vaccinium Vitis-idæa** L. – Preiselbeere – *Airelle rouge;* b, rs. – **2026. V. Myrtillus** L. – Heidelbeere – *Myrtille;* v|p. – **2027*. V. uliginosum** L. – Moorbeere, Rauschbeere – *Airelle des marais;* b, rs. – **2028*. Oxycoccus quadripetalus** Gilib. (O. paluster Pers., Vaccinium Oxycoccos L.) – Moosbeere – *Canneberge à quatre pétales;* rs.

b = blanc, weiß; bl = bleu, blau; br = brun, braun; j = jaune, gelb; l = lila(s); n = noir, schwarz

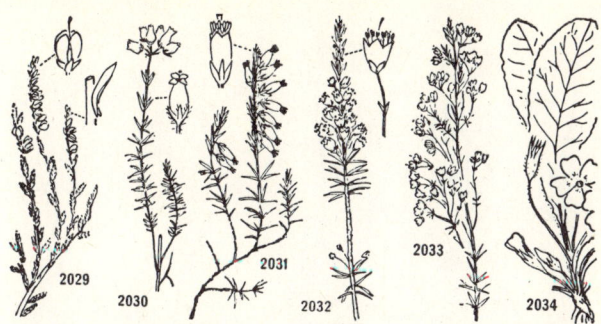

2029. Calluna vulgaris (L.) Hull – Besenheide – *Callune vulgaire, Fausse Bruyère;* rsp. – **2030. Erica Tetralix** L. – Glockenheide – *Bruyère à quatre angles;* rs. – **2031. E. carnea** L. (E. herbacea L.) – Schneeheide, Erika – *B. couleur de chair;* rs. – **2032. E. vagans** L. – Wanderheide – *B. vagabonde;* rs. – **2033*. E. arborea** L. – Baumheide – *B. arborescente;* b. ● **2034. Primula vulgaris** Hudson (P. acaulis Hill) – Schaftlose Schlüsselblume – *Primevère vulgaire, P. sans tige;* j.

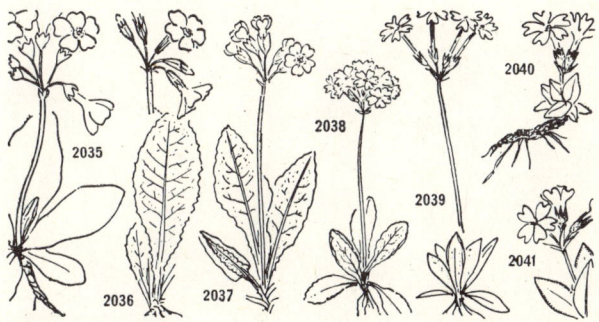

2035. Primula Auricula L. – Gelbe Felsenprimel, Aurikel, Flühblümchen – *Primevère Auricule;* j. – **2036. P. elatior** (L.) Hill em. Schreber – Wald-Schlüsselblume – *P. élevée;* j. – **2037*. P. veris** L. em. Hudson (P. officinalis Gouan) – Frühlings-S. – *P. du printemps;* j. – **2038. P. farinosa** L. – Mehlprimel – *P. farineuse;* rsl. – **2039. P. Halleri** J. F. Gmelin (P. longiflora Jacq.) – Hallers Primel – *P. de Haller, P. à longues fleurs;* rsl. – **2040. P. integrifolia** L. – Ganzblättrige P. – *P. à feuilles entières;* p. – **2041*. P. glaucescens** Moretti (P. calycina Duby) – Meergrüne P. – *P. glaucescente;* rsl.

or = orange; p = pourpre, purpurn; r = rouge, rot; rs = rose, rosa; v = vert, grün; vi = violet(t)

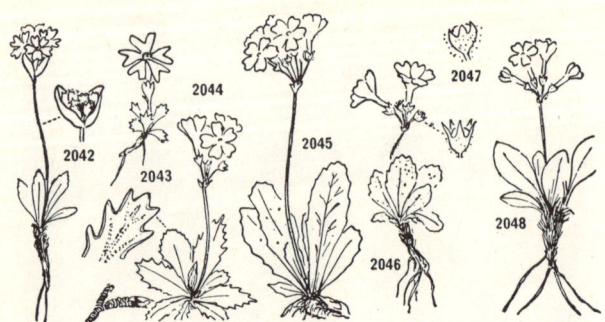

2042. Primula glutinosa Wulfen – Klebrige Primel – *Primevère glutineuse;* pvi. – **2043*. P. minima** L. – Zwerg-P. – *P. naine;* rs. – **2044*. P. marginata** Curtis – Weißrandige P. – *P. marginée;* lbl. – **2045. P. latifolia** Lapeyr. (P. viscosa All., P. hirsuta Vill.) – Breitblättrige P. – *P. visqueuse;* pvi. – **2046. P. hirsuta** All. (P. viscosa Vill.) – Rote Felsenprimel – *P. hérissée;* rsvi. – **2047*. P. daonensis** Leybold (P. œnensis E. Thomas) – Val-Daone-Primel – *P. du Val Daone;* rsvi. – **2048*. P. pedemontana** E. Thomas – Piemonteser P. – *P. du Piémont;* rsvi.

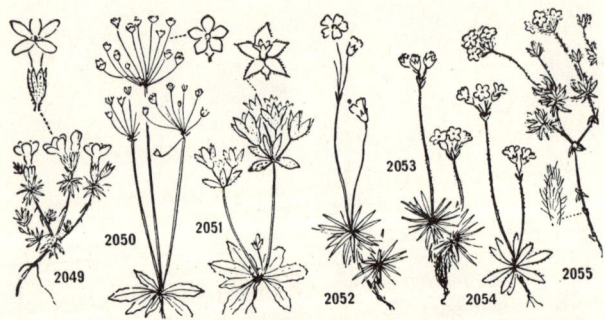

2049. Douglasia Vitaliana (L.) Pax (Aretia Vitaliana L., Gregoria Vitaliana Duby, Vitaliana primuliflora Bertol., Androsace Vitaliana Lapeyr.) – Goldprimel – *Douglasia;* j. – **2050. Androsace septentrionalis** L. – Nordischer Mannsschild – *Androsace septentrionale;* b. – **2051. A. maxima** L. – Acker-M. – *A. des champs;* b. – **2052. A. lactea** L. – Milchweißer M. – *A. couleur de lait;* b. – **2053*. A. carnea** L. – Roter M. – *A. couleur de chair;* rs. – **2054. A. obtusifolia** All. – Stumpfblättriger M. – *A. à feuilles obtuses;* b. – **2055. A. villosa** L. – Zottiger M. – *A. velue;* b|rs.

b=blanc, weiß; bl=bleu, blau; br=brun, braun; j=jaune, gelb; l=lila(s); n=noir, schwarz

Primulaceæ 2056–2070

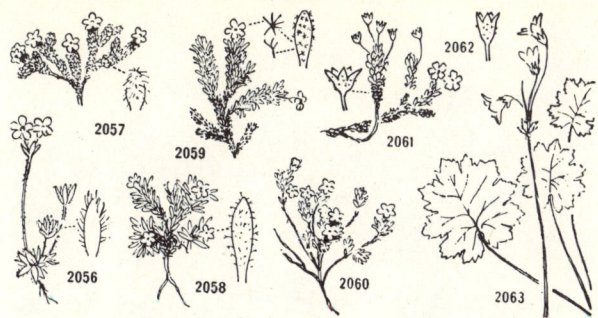

2056. Androsace Chamæjasme Wulfen – Bewimperter Mannsschild – *Androsace Petit Jasmin;* b|rs. – **2057. A. helvetica** (L.) All. (Aretia helvetica L.) – Schweizerischer M. – *A. de Suisse;* b. – **2058. A. pubescens** DC. (Aretia pubescens Loisel.) – Weichhaariger M. – *A. pubescente;* b. – **2059. A. Vandellii** (Turra) Chiovenda (A. multiflora Moretti, A. imbricata Lam., Aretia Vandellii Turra) – Vandellis M. – *A. de Vandelli, A. imbriquée;* b. – **2060. A. alpina** (L.) Lam. (A. glacialis Hoppe, Aretia alpina L.) – Alpen-M. – *A. des Alpes;* rs. – **2061. A. brevis** (Hegetschw.) Cesati (A. Charpentieri Heer, Aretia brevis Hegetschw.) – Charpentiers M. – *A. de Charpentier,* rs. – **2062*. A. Wulfeniana** (Sieber) Rchb. f. – Wulfens M. – *A. de Wulfen;* rs. – **2063. Cortusa Matthioli** L. – Mattioliprimel – *Cortusa de Matthiole;* rsp.

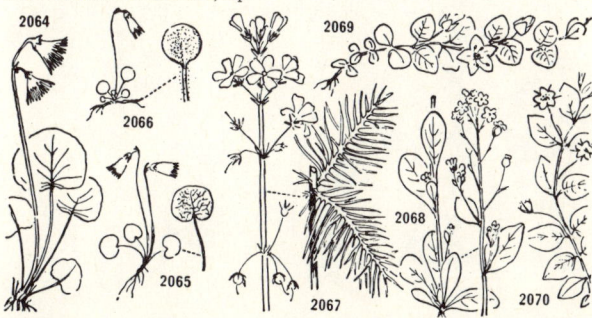

2064. Soldanella alpina L. – Große Soldanelle, Alpenglöckchen – *Soldanelle des Alpes;* vi. – **2065. S. pusilla** Baumg. – Kleine S. – *Petite S.;* vir. – **2066*. S. minima** Hoppe – Zwerg-S. – *S. naine;* lb. – **2067. Hottonia palustris** L. – Wasserfeder – *Hottonie des marais, Millefouille aquatique;* rsb, b. – **2068. Samolus Valerandi** L. – Bunge – *Samole de Valerand;* b. – **2069. Lysimachia Nummularia** L. – Pfennigkraut – *Lysimaque Nummulaire, Herbe aux écus;* j. – **2070. L. nemorum** L. – Wald-Lysimachie – *L. des bois;* j.

---

or = orange; p = pourpre, purpurn; r = rouge, rot; rs = rose, rosa; v = vert, grün; vi = violet(t)

Primulaceæ 2071–2079 ● *Plumbaginaceæ 2080–2082* ●
Ebenaceæ 2083, 2084 ●

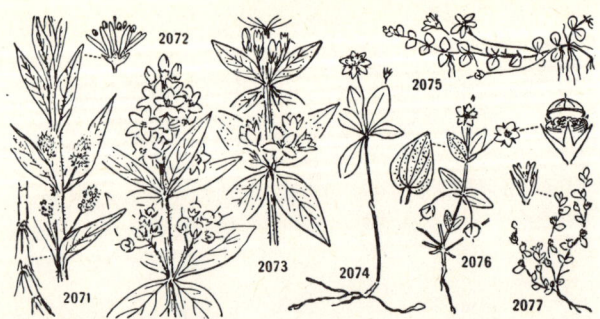

2071. Lysimachia thyrsiflora L. – Strauß-Gilbweiderich – *Lysimaque à fleurs en thyrse;* j. – **2072. L. vulgaris** L. – Gewöhnlicher G. – *L. vulgaire;* j. – **2073. L. punctata** L. – Getüpfelter G. – *L. ponctuée;* j. – **2074. Trientalis europæa** L. – Siebenstern – *Trientalis d'Europe;* b. – **2075. Anagallis tenella** L. – Zarter Gauchheil – *Mouron délicat;* rs. – **2076*. A. arvensis** L. – Acker-G. – *M. des champs;* r, bl. – **2077. Centunculus minimus** L. (Anagallis minima Krause) – Kleinling – *Centenille naine;* rsb.

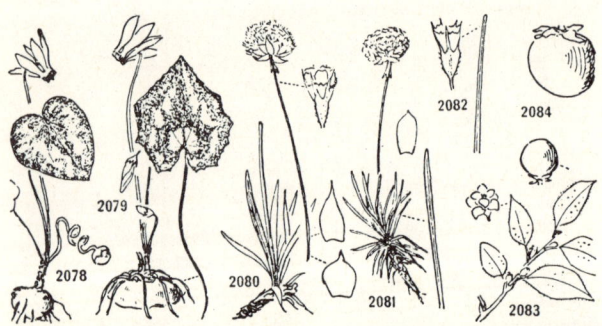

2078. Cyclamen purpurascens Miller (C. europæum auct.) – Gewöhnliches Zyklamen (Alpenveilchen) – *Cyclamen d'Europe;* rsp. – **2079. C. neapolitanum** Ten. (C. linearifolium DC.) – Neapolitanisches Z. – *C. de Naples;* rs. ● **2080. Armeria plantaginea** (All.) Willd. (A. alliacea Hoffmannsegg & Link, Statice plantaginea All.) – Wegerichartige Grasnelke – *Arméria Faux Plantain;* rs. – **2081. A. alpina** (DC.) Willd. (S. montana Miller) – Alpen-G. – *A. des Alpes;* rs. – **2082. A. purpurea** Koch (A. rhenana Gremli, S. purpurea Koch) – Purpur-G. – *A. purpurin;* p. ● **2083*. Diospyros Lotus** L. – Lotuspflaume, Italienische Dattelpflaume – *Plaqueminier Lotier;* v. – **2084*. D. Kaki** L. f. – Kakipflaume, Japanische D. – *P. Kaki;* v. ●

b=blanc, weiß; bl=bleu, blau; br=brun, braun; j=jaune, gelb; l=lila(s); n=noir, schwarz

2085. Fraxinus excelsior L. – Gemeine Esche – *Frêne élevé, F. commun;* v. –
2086. F. Ornus L. – Blumen-E., Manna-E. – *F. Orne, F. à fleurs;* b. – **2087. Syringa vulgaris** L. – Flieder – *Lilas vulgaire;* l, vi, p, b. – **2088. Olea europæa** L. – Ölbaum, Olivenbaum – *Olivier;* b.

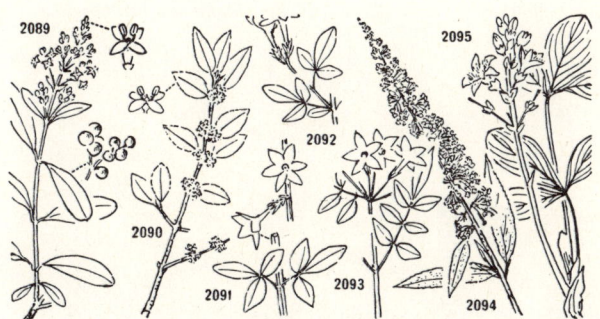

2089. Ligustrum vulgare L. - Liguster, Rainweide – *Troène vulgaire;* b. –
2090*. Phillyrea media L. (Ph. latifolia L. ssp. media P. Fournier) – Steinlinde – *Philaria à larges feuilles;* bv. – **2091*. Jasminum nudiflorum** Lindley – Winter-Jasmin – *Jasmin à fleurs nues;* j. – **2092*. J. fruticans** L. – Strauchiger J. – *J. arbrisseau;* j. – **2093*. J. officinale** L. – Echter J. – *J. officinal;* b. ● **2094. Buddleja Davidii** Franchet (B. variabilis Hemsley) – Buddleja – *Buddléa de David;* vi. ● **2095. Menyanthes trifoliata** L. – Fieberklee – *Ményanthe trifolié, Trèfle d'eau;* b.

or = orange; p = pourpre, purpurn; r = rouge, rot; rs = rose, rosa; v = vert, grün; vi = violet(t)

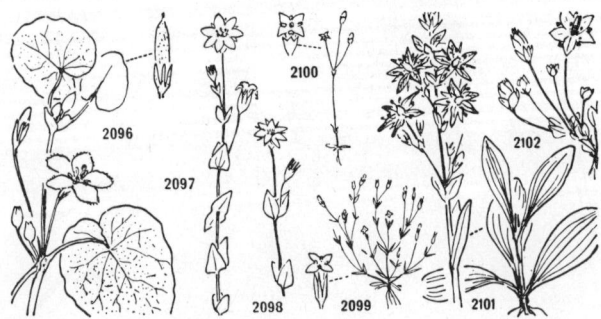

2096. Nymphoides orbiculata Gilib. (N. peltata O. Kuntze, Limnanthemum Nymphoides Hoffmannsegg & Link, Villarsia Nymphoides Ventenat) – Teichenzian – *Nymphoïdès, Petit Nénufar;* j. – **2097. Blackstonia perfoliata** (L.) Hudson (Chlora perfoliata L.) – Gewöhnlicher Bitterling – *Blackstonie perfoliée;* j. – **2098. B. acuminata** (Koch & Ziz) Domin (B. serotina Beck, Ch. serotina Koch) – Spätblühender B. – *B. acuminée;* j. – **2099*. Exaculum pusillum** (Lam.) Caruel (Cicendia pusilla Griseb.) – Zwerg-Zindelkraut – *Cicendie naine;* bj, brs. – **2100*. Cicendia filiformis** (L.) Delarbre (Microcala filiformis Link) – Fadenförmiges Z. – *Cicendie filiforme;* j. – **2101. Swertia perennis** L. – Moorenzian – *Swertie vivace;* viv. – **2102. Lomatogonium carinthiacum** (Wulfen) Rchb. (Pleurogyna carinthiaca G. Don) – Saumnarbe – *Lomatogonium de Carinthie;* blb.

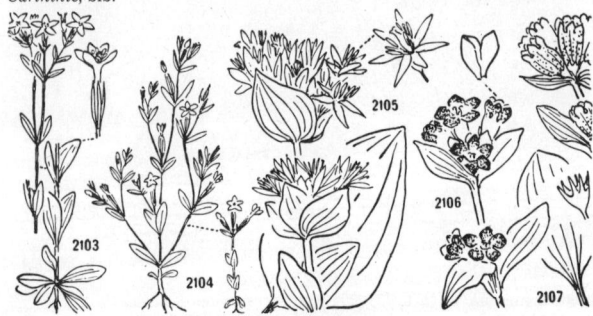

2103. Centaurium umbellatum Gilib. (C. minus Moench, C. Erythræa Rafin., Erythræa Centaurium Pers.) – Gemeines Tausendguldenkraut – *Petite Centaurée ombellée;* rs. – **2104. C. pulchellum** (Sw.) Druce (E. pulchella Fries) – Kleines T. – *P. C. élégante;* rs. – **2105. Gentiana lutea** L. – Gelber Enzian – *Gentiane jaune;* j. – **2106. G. purpurea** L. – Purpur-E. – *G. pourprée;* pbr|j. – **2107. G. punctata** L. – Getüpfelter E. – *G. ponctuée;* jb|pn.

b=blanc, weiß; bl=bleu, blau; br=brun, braun; j=jaune, gelb; l=lila(s); n=noir, schwarz

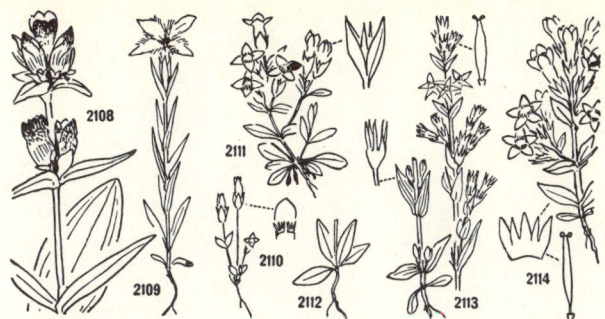

2108. Gentiana pannonica Scop. – Ostalpen-Enzian – *Gentiane de Hongrie;* pvi. – **2109. G. ciliata** L. (Gentianella ciliata Borkh.) – Gefranster E. – *G. ciliée;* bl. – **2110. G. tenella** Rottb. (Gentianella tenella Börner) – Zarter E. – *G. délicate;* vi, bl. – **2111. G. campestris** L. (Gentianella campestris Börner) – Feld-E. – *G. champêtre;* vi, b. – **2112. id.** ssp. **baltica** (Murbeck) Dahl (Gentianella baltica Börner); vi, b. – **2113. G. axillaris** (F. W. Schmidt) Rchb. (G. amarella L., Gentianella amarella Börner) – Blattwinkelblütiger E. – *G. axillaire;* vir. – **2114. G. germanica** Willd. (Gentianella germanica Börner) – Deutscher E. – *G. d'Allemagne;* vir.

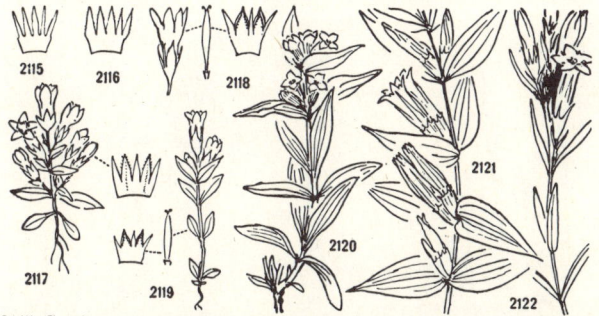

2115. Gentiana ramosa Hegetschw. (G. compacta Hegetschw., G. obtusifolia auct., Gentianella ramosa Holub) – Reichästiger Enzian – *Gentiane rameuse;* lb. – **2116. G. insubrica** Kunz (Gentianella insubrica Holub) – Insubrischer E. – *G. d'Insubrie;* vibl. – **2117. G. aspera** Hegetschw. (Gentianella aspera Dostal) – Rauher E. – *G. rude;* vi. – **2118. G. anisodonta** Borbás (G. calycina Wettst., Gentianella anisodonta A. & D. Löve) – Ungleichzähniger E. – *G. à dents inégales;* vi. – **2119. G. engadinensis** (Wettst.) Br.-Bl. & Sam. (Gentianella engadinensis Holub) – Engadiner E. – *G. d'Engadine;* vir. – **2120. G. Cruciata** L. – Kreuzblättriger E. – *G. Croisette;* bl. – **2121. G. asclepiadea** L. – Schwalbenwurz-E. – *G. à feuilles d'Asclépiade;* bl, b. – **2122. G. Pneumonanthe** L. – Lungen-E. – *G. Pneumonanthe, G. des marais;* bl.

or=orange; p=pourpre, purpurn; r=rouge, rot; rs=rose, rosa; v=vert, grün; vi=violet(t)

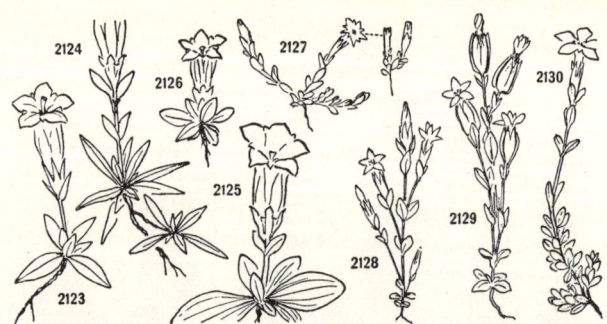

2123. Gentiana Clusii Perr. & Song. – Clusius' Enzian – *Gentiane de Clusius;* bl. – **2124*. G. angustifolia** Vill. – Schmalblättriger E. – *G. à feuilles étroites;* bl. – **2125. G. Kochiana** Perr. & Song. (G. excisa Koch, G. acaulis L. s. str.) – Kochscher E. – *G. de Koch;* bl. – **2126. G. alpina** Vill. – Alpen-E. – *G. des Alpes;* bl. – **2127. G. prostrata** Haenke – Niederliegender E. – *G. couchée;* bll. – **2128. G. nivalis** L. – Schnee-E. – *G. des neiges;* bl, l. – **2129. G. utriculosa** L. – Aufgeblasener E. – *G. à calice renflé;* bl. – **2130. G. bavarica** L. – Bayrischer E. – *G. de Bavière;* bl.

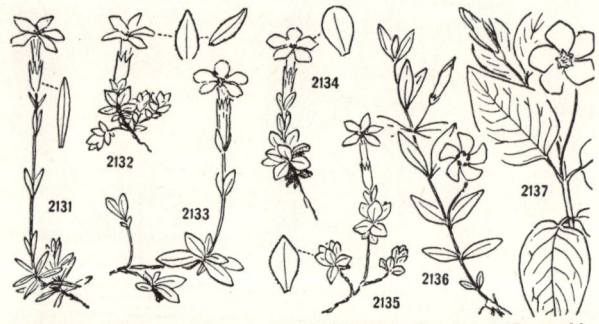

2131*. Gentiana Rostani Reuter – Rostans Enzian – *Gentiane de Rostan;* bl. – **2132. G. Schleicheri** (Vaccari) Kunz (G. terglouensis auct.) – Schleichers E. – *G. de Schleicher;* bl. – **2133. G. verna** L. – Frühlings-E. – *G. printanière;* bl. – **2134. G. orbicularis** Schur (G. Favrati Rittener) – Rundblättriger E. – *G. à feuilles orbiculaires;* bl. – **2135. G. brachyphylla** Vill. – Kurzblättriger E. – *G. à feuilles courtes;* bl. ● **2136. Vinca minor** L. – Kleines Immergrün – *Petite Pervenche;* bl, vi, rs, b. – **2137. V. major** L. – Großes I. – *Grande P.;* bl. ●

b=blanc, weiß; bl=bleu, blau; br=brun, braun; j=jaune, gelb; l=lila(s); n=noir, schwarz

Asclepiadaceæ 2138, 2139 ● *Convolvulaceæ 2140–2147* ●
Polemoniaceæ 2148, 2149 ●

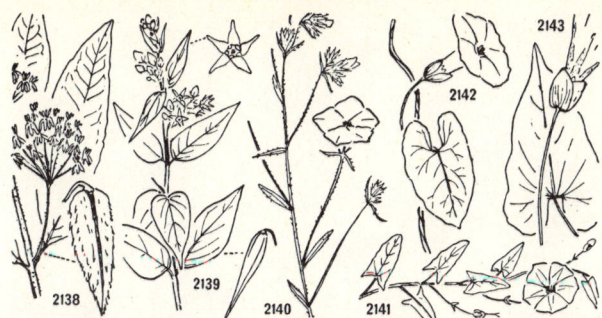

2138*. Asclepias syriaca L. – Seidenpflanze – *Asclépiade de Syrie, Herbe à la ouate;* p. – **2139. Cynanchum Vincetoxicum** (L.) Pers. (Vincetoxicum officinale Moench, V. hirundinaria Medikus) – Schwalbenwurz – *Dompte-venin officinal;* b, bj. ● **2140*. Convolvulus Cantabrica** L. – Kantabrika-Winde – *Liseron Plante de Biscaye;* rs. – **2141. C. arvensis** L. – Acker-W. – *L. des champs;* b, b|rs, rs. – **2142. C. sepium** L. (Calystegia sepium R. Br.) – Zaun-W. – *L. des haies;* b. – **2143. C. silvaticus** Waldst. (C. silvester Waldst. & Kit., Calystegia silvatica Griseb.) – Wald-W. – *L. des bois;* b|rs.

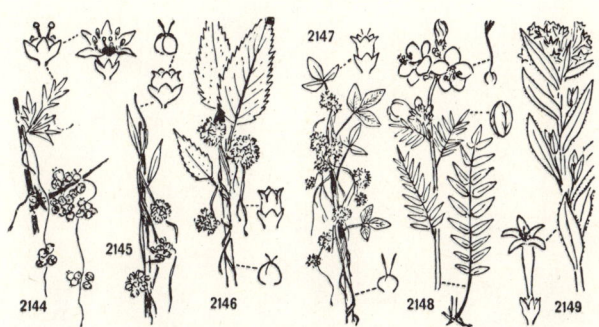

2144. Cuscuta australis R. Br. var. **Cesatiana** (Bertol.) Fiori (C. Cesatiana Bertol.) – Knöterich-Seide – *Cuscute (Rache) méridionale;* bj. – **2145. C. Epilinum** Weihe – Flachs-S. – *C. du Lin;* bj. – **2146. C. europæa** L. – Nessel-S. – *C. d'Europe;* rsb. – **2147. C. Epithymum** (L.) Murray – Quendel-S. – *C. du Thym;* rsb. ● **2148. Polemonium cœruleum** L. – Sperrkraut – *Polémoine bleue;* bl, b. – **2149*. Collomia grandiflora** Douglas – Leimsaat – *Collomia à grandes fleurs;* j>jr. ●

or = orange; p = pourpre, purpurn; r = rouge, rot, rs = rose, rosa; v = vert, grün; vi = violet(t)

2150. Phacelia tanacetifolia Bentham – Büschelblume – *Phacélie à feuilles de Tanaisie;* bl. ● **2151. Heliotropium europæum** L. – Sonnenwende – *Héliotrope d'Europe;* b. – **2152. Omphalodes verna** Moench – Nabelnuß, Falsches Vergißmeinnicht – *Omphalodès du printemps, Petite Bourrache;* bl. – **2153. Cynoglossum officinale** L. – Gebräuchliche Hundszunge – *Cynoglosse officinale;* rvi|brr. – **2154*. C. creticum** Miller – Kretische H. – *C. de Crète;* rs|bll. – **2155. C. germanicum** Jacq. (C. montanum Lam.) – Deutsche H. – *C. d'Allemagne;* rvi|brr. – **2156*. C. Dioscoridis** Vill. – Dioskorides' H. – *C. de Dioscoride;* rvi.

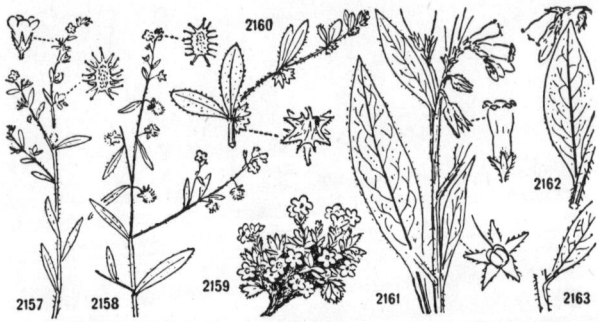

2157. Lappula echinata Gilib. (L. squarrosa Dumortier, L. Myosotis Moench, Echinospermum Lappula Lehm.) – Acker-Igelsame – *Fausse Bardane échinée;* bl. – **2158. L. deflexa** (Wahlenb.) Garcke (E. deflexum Lehm.) – Wald-I. – *F. B. réfléchie;* bl. – **2159. Eritrichium nanum** (L.) Gaudin – Himmelsherold – *Eritrichium nain, Roi des Alpes;* bl. – **2160. Asperugo procumbens** L. – Scharfkraut – *Râpette couchée;* bl. – **2161. Symphytum officinale** L. – Gemeine Wallwurz, Beinwell – *Consoude officinale;* pvi, jb. – **2162. S. asperum** Lepechin – Rauhe W., Comfrey – *C. rude;* bll. – **2163*. S. uplandicum** Nyman – Schwedische W. – *C. d'Upland;* bll.

b = blanc, weiß; bl = bleu, blau; br = brun, braun; j = jaune, gelb; l = lila(s); n = noir, schwarz

2164. Symphytum bulbosum C. Schimper – Knollige Wallwurz – *Consoude bulbeuse;* jb. – **2165. S. tuberosum** L. – Knotige W. – *C. tubéreuse;* jb. – **2166. Borago officinalis** L. – Borretsch– *Bourrache officinale;* bl. – **2167. Lycopsis arvensis** L. (Anchusa arvensis M. Bieb.) – Wolfsauge, Krummhals – *Lycopsis des champs;* bl. – **2168. Anchusa officinalis** L. – Gebräuchliche Ochsenzunge – *Buglosse officinale;* vip.

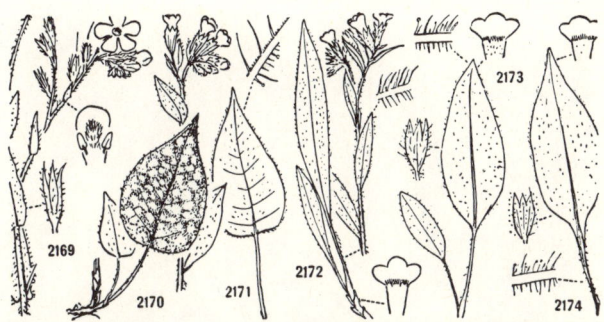

2169. Anchusa italica Retz. (A. azurea Miller) – Italienische Ochsenzunge – *Buglosse d'Italie;* bl. – **2170. Pulmonaria officinalis** L. (P. maculosa Hayne) – Gemeines Lungenkraut – *Pulmonaire officinale;* rs > blvi. – **2171. id.** var. **obscura** (Dumortier) Simonkai (var. immaculata Beck, P. obscura Dumortier); rs > blvi. – **2172*. P. angustifolia** L. (P. azurea Besser) – Azurblaues L. – *P. à feuilles étroites;* rs > bl. – **2173. P. vulgaris** Mérat (P. tuberosa Schrank) – Rauhes L. – *P. vulgaire;* rs > vi. – **2174. P. montana** Lejeune – Berg-L. – *P. des montagnes;* rs > vi.

or = orange; p = pourpre, purpurn; r = rouge, rot; rs = rose, rosa; v = vert, grün; vi = violet(t)

2175. Nonea lutea (Desr.) DC. – Gelbes Mönchskraut – *Nonnée jaune;* j. –
2176*. Myosotis scorpioides L. em. Hill (M. palustris Lam.) – Sumpf-Vergißmeinnicht – *Myosotis Faux Scorpion, M. des marais;* bl. – **2177. id.** ssp. **cæspititia** (DC.) E. Baumann (M. Rehsteineri Wartmann); bl. – **2178. M. cæspitosa** K. F. Schultz (M. laxa Lehm. ssp. cæspitosa Hylander) – Rasiges V. – *M. gazonnant;* bl. – **2179. M. silvatica** (Ehrh.) Hoffm. – Wald-V. – *M. des bois;* bl. – **2180. M. alpestris** F. W. Schmidt (M. pyrenaica auct.) – Alpen-V. – *M. alpestre;* bl. –
2181. M. collina Hoffm. (M. ramosissima Rochel, M. hispida Schlechtendal) – Hügel-V. – *M. des coteaux;* bl.

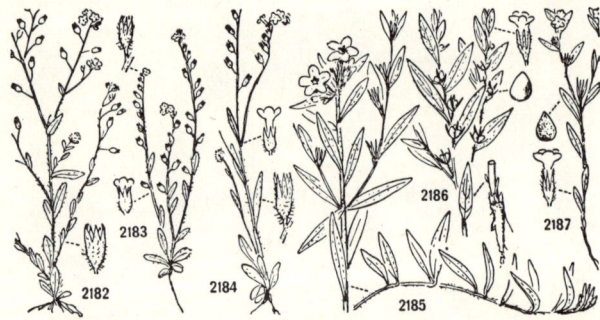

2182. Myosotis arvensis (L.) Hill (M. intermedia Link) – Acker-Vergißmeinnicht – *Myosotis des champs;* bl. – **2183. M. micrantha** Pallas (M. arenaria Schrader, M. stricta Link) – Kleinblütiges V. – *M. à petites fleurs;* bl. – **2184. M. versicolor** (Pers.) Sm. (M. discolor Pers., M. lutea auct.) – Farbwechselndes V. – *M. versicolore;* j > bl. – **2185. Lithospermum purpuro-cœruleum** L. (Buglossoides purpuro-cœruleum Johnston) – Blauer Steinsame – *Grémil rougebleu;* rs > blvi. – **2186. L. officinale** L. – Gebräuchlicher S. – *G. officinal;* bj. –
2187. L. arvense L. (B. arvense Johnston) – Acker-S. – *G. des champs;* b, blb.

b = blanc, weiß; bl = bleu, blau; br = brun, braun; j = jaune, gelb; l = lila(s); n = noir, schwarz

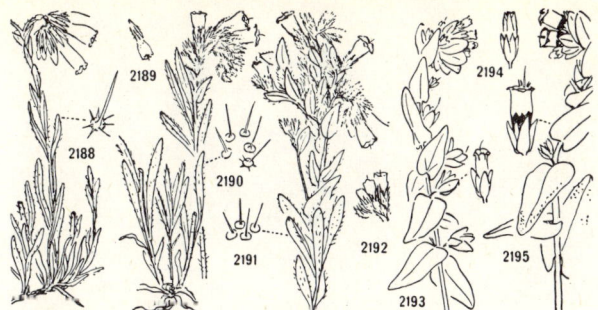

2188*. Onosma tauricum Willd. ssp. **helveticum** (A. DC.) Br.-Bl. (O. helveticum Boissier ssp. Thommenii Breistr. var. sabaudum Breistr., O. helveticum Boissier) – Schweizerische Lotwurz – *Onosma de Suisse;* jb. – **2189*. id.** ssp. **cinerascens** Br.-Bl. (O. helveticum Boissier ssp. Thommenii Breistr. var. cinerascens Lacaita); jb. – **2190*. O. vaudense** Gremli (O. helveticum Boissier ssp. vaudense Breistr., O. echioides L. ssp. vaudense Br.-Bl.) – Waadtländer L. – *O. vaudois;* jb. – **2191*. O. arenarium** Waldst. & Kit. ssp. **penninum** Br.-Bl. (O. penninum Binz) – Sand-L. – *O. des sables;* jb. – **2192*. id.** ssp. **pyramidatum** Br.-Bl. var. **typicum** Beck (O. echioides L. ssp. fastigiatum Br.-Bl.); jb. – **2193. Cerinthe glabra** Miller (C. alpina Kit.) – Alpen-Wachsblume – *Mélinet glabre;* j|brp. – **2194*. C. minor** L. – Kleine W. – *Petit M.;* j|brp. – **2195. C. major** L. – Große W. – *Grand M.;* j|brp.

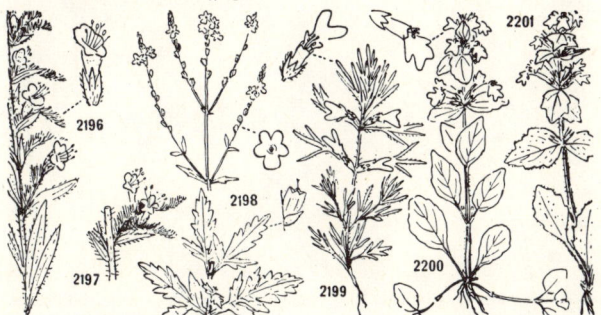

2196. Echium vulgare L. – Gemeiner Natterkopf – *Vipérine vulgaire;* rs > bl. – **2197*. E. italicum** L. – Italienischer N. – *V. d'Italie;* b, rs. ● **2198. Verbena officinalis** L. – Eisenkraut – *Vervetne officinale;* l. ● **2199. Ajuga Chamæpitys** (L.) Schreber – Gelber Günsel – *Bugle Petit Pin, B. jaune;* j. – **2200. A. reptans** L. – Kriechender G. – *B. rampante;* blvi. – **2201. A. genevensis** L. – Genfer G. – *B. de Genève;* bl.

or = orange; p = pourpre, purpurn; r = rouge, rot; rs = rose, rosa; v = vert, grün; vi = violet(t)

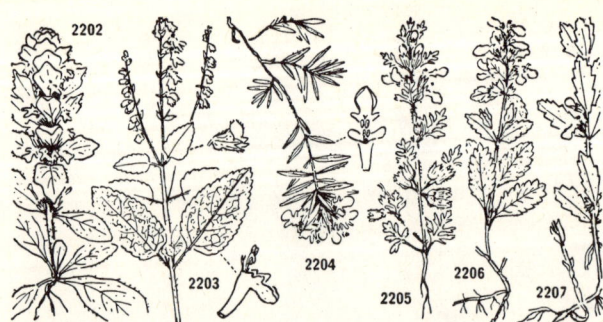

2202. Ajuga pyramidalis L. – Berg-Günsel – *Bugle pyramidale;* blvi. – **2203. Teucrium Scorodonia** L. – Salbeiblättriger Gamander – *Germandrée Scorodoine, Sauge des bois;* jv. – **2204. T. montanum** L. – Berg-G. – *G. des montagnes;* b. – **2205. T. Botrys** L. – Trauben-G. – *G. Botryde;* rs. – **2206. T. Chamædrys** L. – Edel-G. – *G. Petit Chêne;* rs. – **2207. T. Scordium** L. (T. palustre Lam.) – Lauch-G. – *G. Scordium, G. d'eau;* p.

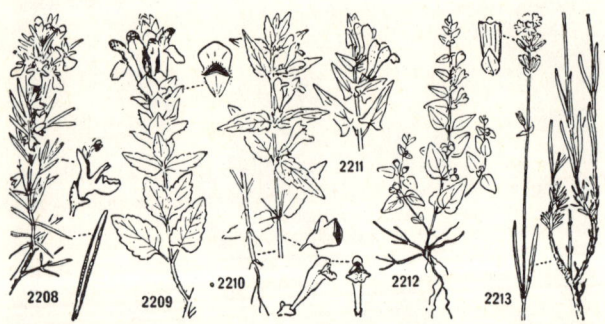

2208. Rosmarinus officinalis L. – Rosmarin – *Romarin officinal;* bll. – **2209. Scutellaria alpina** L. – Alpen-Helmkraut – *Scutellaire des Alpes;* b|blvi. – **2210. S. galericulata** L. – Sumpf-H. – *S. à casque, Grande Toque;* bl. – **2211*. S. hastifolia** L. – Spießblättriges H. – *S. à feuilles hastées;* bl. – **2212*. S. minor** Hudson – Kleines H. – *Petite S., Petite Toque;* rsvi. – **2213. Lavandula angustifolia** Miller (L. officinalis Chaix, L. Spica L. em. Loisel.) – Lavendel – *Lavende Spic, Aspic;* bl.

b=blanc, weiß; bl=bleu, blau; br=brun, braun; j=jaune, gelb; l=lila(s); n=noir, schwarz

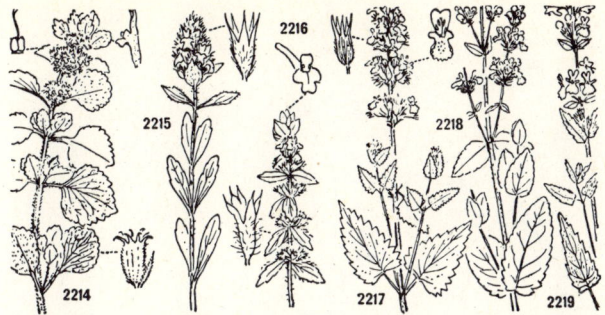

2214. Marrubium vulgare L. – Andorn – *Marrube vulgaire;* b. – **2215. Sideritis hyssopifolia** L. – Ysopblättriges Gliedkraut – *Crapaudine à feuilles d'Hysope;* jb. – **2216. S. montana** L. – Berg-G. – *C. des montagnes;* j > br. – **2217. Nepeta Cataria** L. – Echte Katzenminze – *Népéta Chataire, Herbe aux chats;* jb, rsb. – **2218. N. nuda** L. (N. pannonica L.) – Kahle K. – *N. glabre;* vi. – **2219*. N. Nepetella** L. (N. lanceolata Lam.) – Lanzettblättrige K. – *N. Petit Népéta;* b, rs.

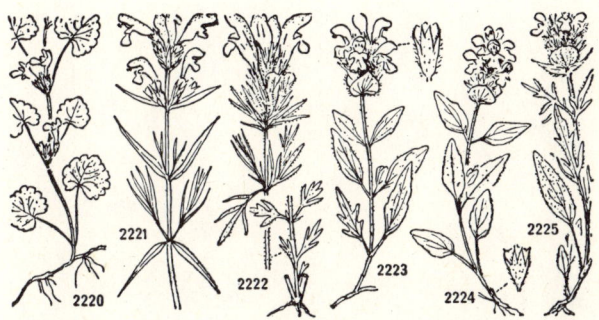

2220. Glechoma hederacea L. – Gundelrebe – *Glécome Faux Lierre, Lierre terrestre;* vibl. – **2221. Dracocephalum Ruyschiana** L. – Nordischer Drachenkopf – *Dracocéphale (Tête de dragon) de Ruysch;* blvi. – **2222. D. austriacum** L. – Österreichischer D. – *D. d'Autriche;* blvi. – **2223. Prunella grandiflora** (L.) Scholler – Großblütige Brunelle – *Brunelle à grandes fleurs;* vi. – **2224. P. vulgaris** L. – Gemeine B. – *B. vulgaire;* vi. – **2225. P. laciniata** L. (P. alba Pallas) – Weiße B. – *B. laciniée, B. blanche;* b.

or = orange; p = pourpre, purpurn; r = rouge, rot; rs = rose, rosa; v = vert, grün; vi = violet(t)

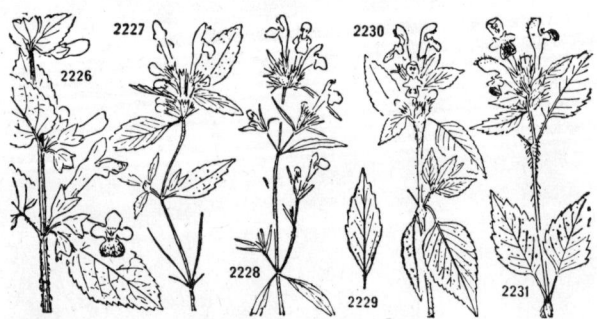

2226. Melittis Melissophyllum L. – Immenblatt – *Mélitte à feuilles de Mélisse;* rs, p, b. – **2227. Galeopsis segetum** Necker (G. dubia Leers, G. ochroleuca Lam.) – Gelber Hohlzahn – *Galéopsis des moissons, G. douteux;* jb. – **2228. G. Ladanum** L. ssp. **angustifolia** (Ehrh.) Gaudin (G. angustifolia Ehrh.) – Acker-H. – *G. Ladanum;* p. – **2229. id.** ssp. **latifolia** (Hoffm.) Gaudin (G. Ladanum L. s. str., G. latifolia Hoffm., G. intermedia Vill.); p. – **2230. G. pubescens** Besser – Weichhaariger H. – *G. pubescent;* bj|j|prs. – **2231. G. speciosa** Miller (G. versicolor Curtis) – Bunter H. – *G. orné;* bj|j|vi.

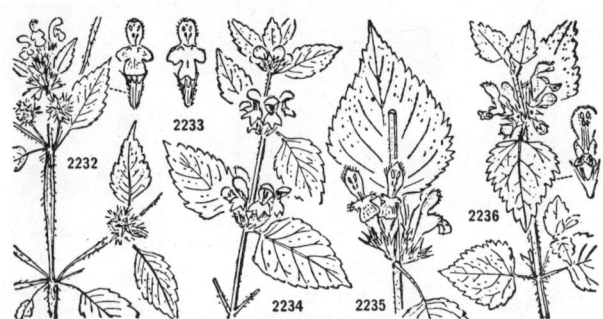

2232. Galeopsis Tetrahit L. – Gemeiner Hohlzahn – *Galéopsis Tétrahit, Ortie royale;* p, b. – **2233. G. bifida** Boenningh. – Ausgerandeter H. – *G. bifide;* p, b. – **2234*. Lamium Galeobdolon** (L.) Crantz (Galeobdolon luteum Hudson, Lamiastrum Galeobdolon Ehrendorfer & Polatschek) – Goldnessel – *Lamier Galéobdolon, Ortie jaune;* j. – **2235*. L. Orvala** L. – Großblütige Taubnessel – *L. Orvala;* rs, pbr. – **2236. L. maculatum** L. – Gefleckte T. – *L. tacheté, Ortie morte;* p.

b=blanc, weiß; bl=bleu, blau; br=brun, braun; j=jaune, gelb; l=lila(s); n=noir, schwarz

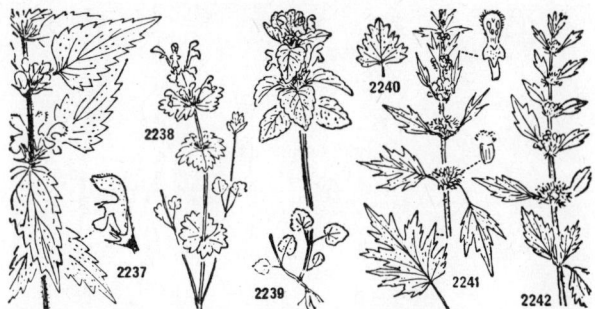

2237. Lamium album L. – Weiße Taubnessel – *Lamier blanc, Ortie blanche;* b. – **2238. L. amplexicaule** L. – Stengelumfassende T. – *L. à feuilles embrassantes;* rs. – **2239. L. purpureum** L. – Acker-T. – *L. rouge, Ortie rouge;* p. – **2240. L. hybridum** Vill. (L. incisum Willd.) – Schlitzblättrige T. – *L. hybride;* rs, p. – **2241. Leonurus Cardiaca** L. – Löwenschwanz – *Agripaume Cardiaque;* rs. – **2242*. L. Marrubiastrum** L. – Katzenschwanz – *A. Faux Marrube;* rsb.

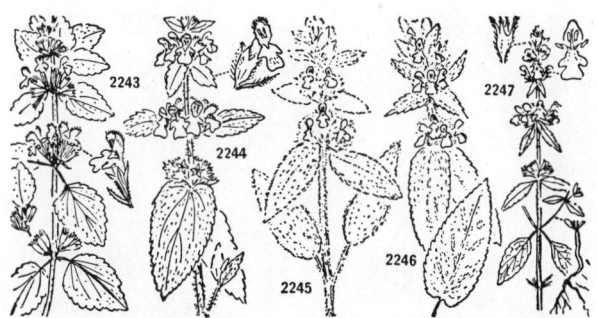

2243*. Ballota nigra L. – Schwarznessel – *Ballote noire;* lrs. – **2244. Stachys alpina** L. – Alpen-Ziest – *Epiaire des Alpes;* p. – **2245. S. byzantina** K. Koch (S. lanata Jacq., S. olympica Poiret) – Wolliger Z. – *E. laineuse;* rs. – **2246. S. germanica** L. – Deutscher Z. – *E. d'Allemagne;* rs. – **2247. S. annua** L. – Einjähriger Z. – *E. annuelle;* bj.

or = orange; p = pourpre, purpurn; r = rouge, rot; rs = rose, rosa; v = vert, grün; vi = violet(t)

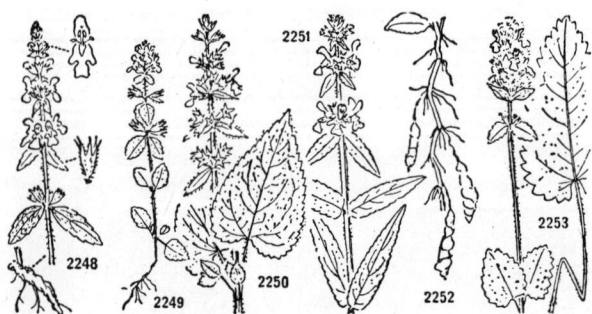

2248*. Stachys recta L. – Aufrechter Ziest – *Epiaire droite;* bj. – **2249. S. arvensis** L. – Äcker-Z. – *E. des champs;* rs. – **2250. S. silvatica** L. – Wald-Z. – *E. des bois, Ortie puante;* brr. – **2251. S. palustris** L. – Sumpf-Z. – *E. des marais;* p. – **2252*. S. affinis** Bunge (S. Sieboldii Miquel) – Stachys, Japanknollen – *E. affine, Stachys comestible, Crosne;* p. – **2253. S. Alopecuros** (L.) Bentham (Betonica Alopecuros L.) – Blaßgelbe Betonie – *E. (Bétoine) Queue de renard;* jb.

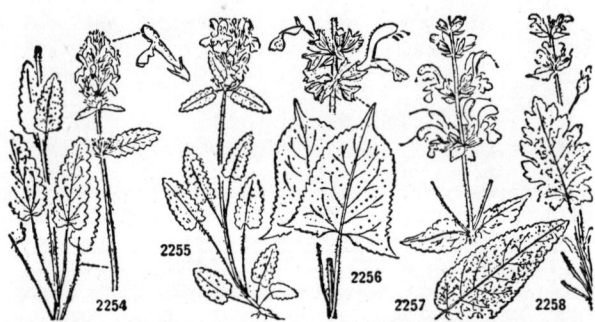

2254. Stachys officinalis (L.) Trevisan (S. Betonica Bentham, Betonica officinalis L.) – Gebräuchliche Betonie – *Epiaire (Bétoine) officinale;* rs. – **2255. S. densiflora** Bentham (S. danica Sch. & Thell., B. hirsuta L.) – Alpen-B. – *E. à fleurs denses, B. hérissée;* rs. – **2256. Salvia glutinosa** L. – Klebrige Salbei – *Sauge glutineuse;* j. – **2257. S. pratensis** L. – Wiesen-S. – *S. des prés;* vibl, rs, b. – **2258*. S. Verbenaca** L. – Eisenkraut-S. – *S. Fausse Verveine;* vi.

b = blanc, weiß; bl = bleu, blau; br = brun, braun; j = jaune, gelb; l = lila(s); n = noir, schwarz

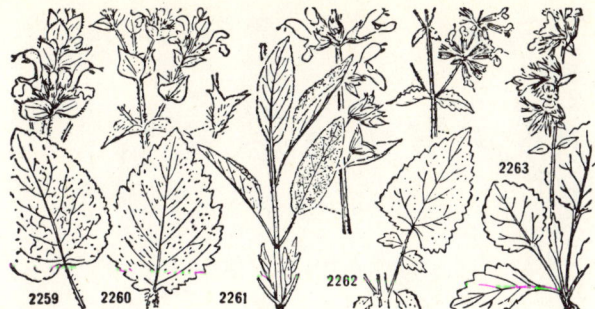

2259. Salvia Sclarea L. – Muskateller-Salbei – *Sauge Sclarée;* lb, rs. – **2260*. S. Æthiopis** L. – Mohren-S. – *S. d'Ethiopie;* b. – **2261. S. officinalis** L. (S. minor Gmelin) – Garten-S. – *S. officinale;* vibl. – **2262. S. verticillata** L. – Quirlige S. – *S. verticillée;* vi. – **2263. Horminum pyrenaicum** L. – Drachenmaul – *Hormin des Pyrénées;* vi.

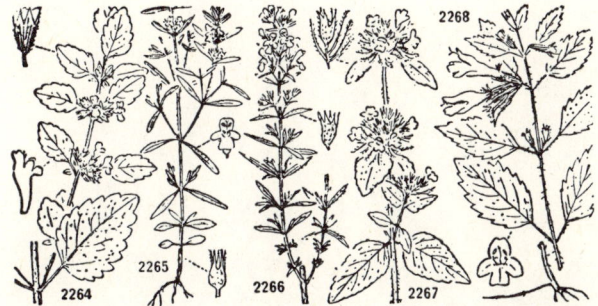

2264. Melissa officinalis L. – Melisse – *Mélisse officinale;* b. – **2265. Satureja hortensis** L. – Bohnenkraut – *Sarriette des jardins, S. commune;* l. – **2266*. S. montana** L. – Berg-Saturei – *S. des montagnes;* b, rs. – **2267. S. vulgaris** (L.) Fritsch (S. Clinopodium Caruel, Calamintha Clinopodium Spenner, Clinopodium vulgare L.) – Wirbeldost – *S. vulgare, S. Clinopode;* rs. – **2268. S. grandiflora** (L.) Scheele (Cal. grandiflora Moench) – Großblütige Bergminze – *Sarriette (Calament) à grandes fleurs;* p.

or = orange; p = pourpre, purpurn; r = rouge, rot; rs = rose, rosa; v = vert, grün; vi = violet(t)

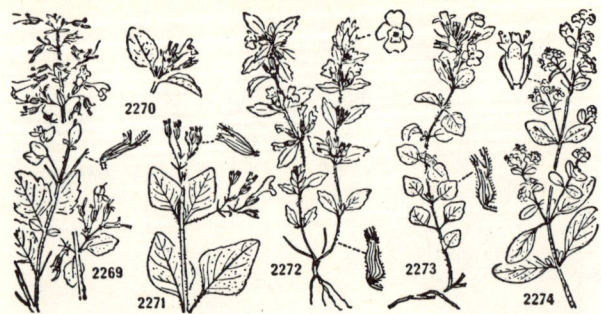

2269*. Satureja Calamintha (L.) Scheele ssp. **silvatica** Briq. (S. Calamintha Scheele, Calamintha officinalis Moench, Cal. silvatica Bromfield) – Echte Bergminze – *Sarriette (Calament) officinale;* l. – **2270. id.** ssp. **adscendens** (Jordan) Briq. (S. adscendens Druce, Cal. adscendens Jordan); l. – **2271. id.** ssp. **Nepeta** (L.) Briq. (S. Nepeta Scheele, Cal. Nepeta Savi); l. – **2272. S. Acinos** (L.) Scheele (Acinos arvensis Dandy, Cal. Acinos Clairv.) – Steinquendel – *S. Acinos;* vil. – **2273. S. alpina** (L.) Scheele (A. alpinus Moench, Cal. alpina Lam.) – Alpen-St. – *S. des Alpes;* vip. – **2274. Majorana hortensis** Moench (Origanum Majorana L.) – Majoran – *Marjolaine des jardins;* b, lb.

2275. Hyssopus officinalis L. – Ysop – *Hysope officinal;* bl. – **2276. Origanum vulgare** L. – Dost, Kostets – *Origan vulgaire, Marjolaine sauvage;* pvi. – **2277. Thymus vulgaris** L. – Garten-Thymian (Quendel) – *Thym vulgaire;* rs. – **2278*. Th. Serpyllum** L. ssp. **Chamædrys** (Fries) Vollmann – Wilder T., Kleiner Kostets – *T. Serpolet;* rs. – **2279. id.** ssp. **hesperites** Lyka; rs.

b=blanc, weiß; bl=bleu, blau; br=brun, braun; j=jaune, gelb; l=lila(s); n=noir, schwarz

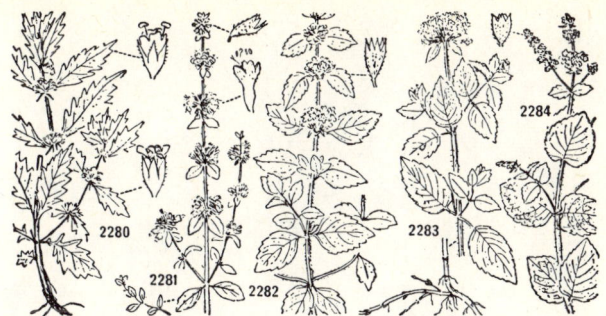

2280. Lycopus europæus L. – Wolfsfuß – *Lycope (Pied de loup) d'Europe;* b|p. – **2281. Mentha Pulegium** L. – Polei-Minze – *Menthe Pouliot;* vi. – **2282. M. arvensis** L. – Acker-M. – *M. des champs;* l, vi. – **2283. M. aquatica** L. – Bach-M. – *M. aquatique;* l. – **2284. M. rotundifolia** (L.) Hudson (M. suaveolens Ehrh.) – Rundblättrige M. – *M. à feuilles rondes;* b, rs.

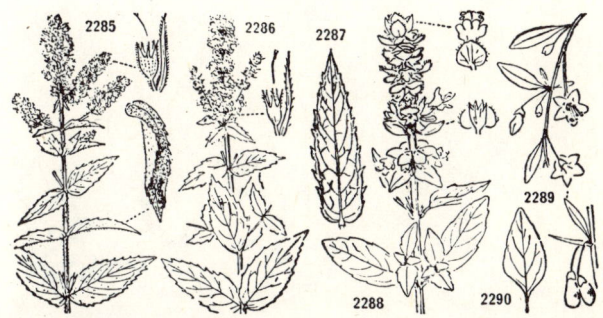

2285. Mentha longifolia (L.) Hudson (M. silvestris L.) – Roß-Minze – *Menthe à longues feuilles;* l, rs. – **2286. M. spicata** L. em. Hudson (M. viridis L.) – Grüne M. – *M. en grappe;* l, rs. – **2287. M. piperita** L. (M. aquatica × spicata) – Pfefferminze – *M. poivrée;* l, rs. – **2288. Ocimum Basilicum** L. – Basilienkraut, Basilikum – *Ocimum Basilic, Basilic;* b. ● **2289. Lycium halimifolium** Miller – Gemeiner Bocksdorn – *Lyciet commun;* vi. – **2290*. L. chinense** Miller – Chinesischer B. – *L. de Chine;* vi.

or = orange; p = pourpre, purpurn; r = rouge, rot; rs = rose, rosa; v = vert, grün; vi = violet(t)

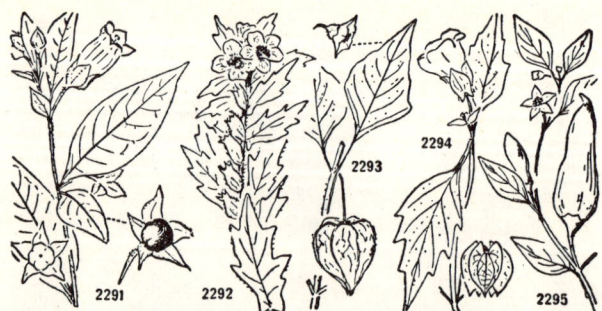

2291. Atropa Bella-donna L. – Tollkirsche – *Atropa, Belladone;* br. – **2292. Hyoscyamus niger** L. – Bilsenkraut – *Jusquiame noire;* j|vi. – **2293. Physalis Alkekengi** L. – Judenkirsche – *Coqueret Alkékenge;* b. – **2294. Nicandra physalodes** (L.) Gaertner – Giftbeere – *Nicandre Faux Coqueret;* bl|b. – **2295*. Capsicum annuum** L. – Spanischer Pfeffer – *Piment annuel;* b, vi.

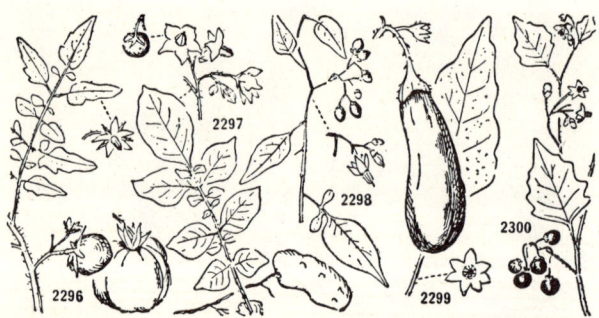

2296. Solanum Lycopersicum L. (Lycopersicon esculentum Miller) – Tomate – *Tomate;* j. – **2297. S. tuberosum** L. – Kartoffel – *Pomme de terre;* b, vi, rs. – **2298. S. Dulcamara** L. – Bittersüß – *Morelle Douce-amère;* vi. – **2299*. S. Melongena** L. – Eierpflanze, Aubergine – *Aubergine;* vi. – **2300. S. nigrum** L. – Schwarzer Nachtschatten – *Morelle noire;* b.

b=blanc, weiß; bl=bleu, blau; br=brun, braun; j=jaune, gelb; l=lila(s); n=noir, schwarz

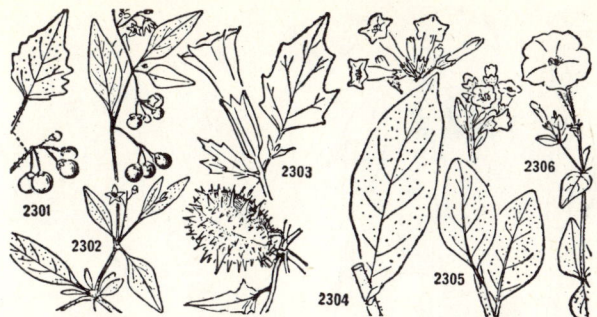

2301. Solanum luteum Miller (S. villosum Lam.) – Gelber Nachtschatten – *Morelle à fruits jaunes;* b. – **2302. S. Ottonis** Hylander (S. gracile Otto, S. sublobatum Willd.) – Zierlicher N. – *M. grêle;* b. – **2303. Datura Stramonium** L. – Stechapfel – *Datura Stramoine, Pomme épineuse;* b. – **2304. Nicotiana Tabacum** L. – Virginischer Tabak – *Nicotiane Tabac, Grand Tabac;* rs. – **2305. N. rustica** L. – Bauern-T. – *N. rustique, Petit Tabac;* jv. – **2306*. Petunia hybrida** hort. – Petunie – *Pétunia hybride;* b, rs, bl, vi.

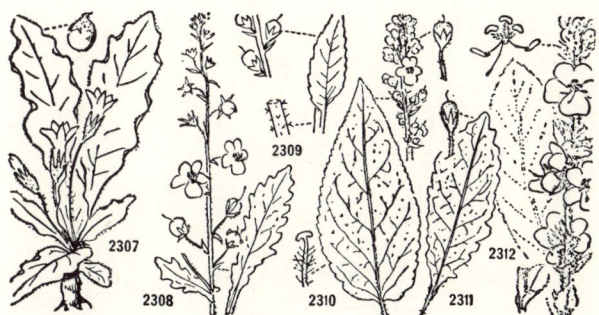

2307*. Mandragora vernalis Bertol. – Alraunpflanze – *Mandragore du printemps;* vb. ● **2308. Verbascum Blattaria** L. – Echtes Schabenkraut – *Molène Blattaire, Herbe aux mites;* j|vi. – **2309*. V. virgatum** With. (V. blattarioides Lam.) – Falsches Sch. – *M. effilée, M. Fausse Blattaire;* j|vi. – **2310*. V. nigrum** L. – Dunkles Wollkraut (Königskerze) – *M. noire;* j|vi. – **2311*. V. Chaixii** Vill. – Chaix' W. – *M. de Chaix;* j|vi. – **2312. V. phlomoides** L. – Filziges W. – *M. Faux Phlomis;* j.

or = orange; p = pourpre, purpurn; r = rouge, rot; rs = rose, rosa; v = vert, grün; vi = violet(t)

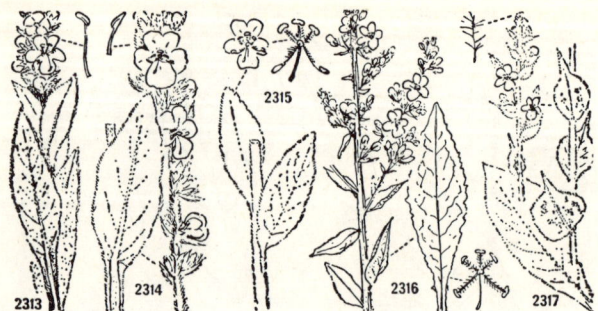

2313. Verbascum Thapsus L. – Kleinblütiges Wollkraut (Königskerze) – *Molène Thapsus, Bouillon blanc;* j. – **2314. V. densiflorum** Bertol. (V. thapsiforme Schrader) – Dichtblütiges W. – *M. Faux Bouillon blanc, Bonhomme;* j. – **2315. V. crassifolium** DC. (V. montanum Schrader, V. Thapsus L. ssp. crassifolium Murbeck) – Berg-W. – *M. à feuilles épaisses;* j. – **2316. V. Lychnitis** L. – Lampen-W. – *M. Lychnite;* j, b. – **2317. V. pulverulentum** Vill. (V. floccosum Waldst. & Kit.) – Flockiges W. – *M. pulvérulente;* j, b.

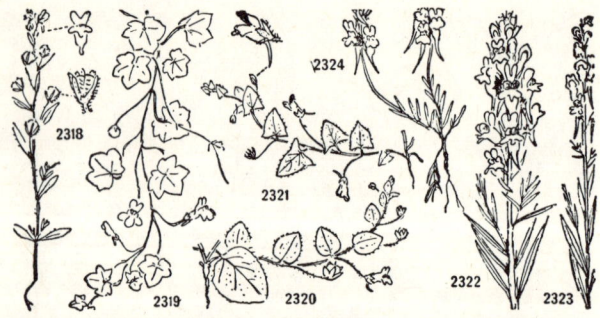

2318. Linaria minor (L.) Desf. (Chænorrhinum minus Lange) – Kleines Leinkraut – *Petite Linaire;* l|j. – **2319. L. Cymbalaria** (L.) Miller (Cymbalaria muralis G., M. & Sch.) – Mauer-L., Zimbelkraut – *L. Cymbalaire, Ruine de Rome;* vi|j. – **2320. L. spuria** (L.) Miller (Kickxia spuria Dumortier) – Eiblättriges L. – *L. bâtarde;* jb|vi. – **2321. L. Elatine** (L.) Miller (K. Elatine Dumortier) – Pfeilblättriges L. – *L. Elatine;* jb|vi. – **2322. L. vulgaris** Miller – Gemeines L. – *L. vulgaire;* j|or. – **2323. L. angustissima** (Loisel.) Re (L. italica Treviranus) – Italienisches L. – *L. à feuilles étroites, L. d'Italie;* j|or. – **2324*. L. supina** (L.) Chazelles – Niederliegendes L. – *L. couchée;* j|or.

b=blanc, weiß; bl=bleu, blau; br=brun, braun; j=jaune, gelb; l=lila(s); n=noir, schwarz

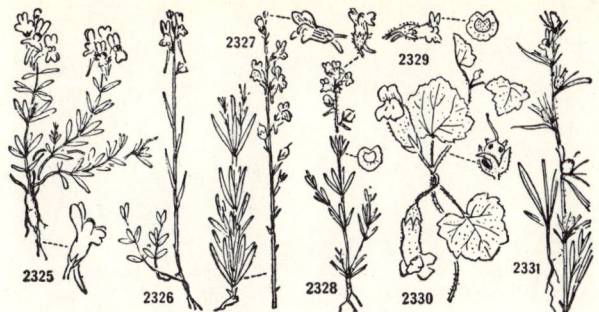

2325*. Linaria alpina (L.) Miller – Alpen-Leinkraut – *Linaire des Alpes;* bl|j, bl. – **2326*. L. Pellisseriana** (L.) Miller – Pelliciers L. – *L. de Pellicier;* pvi. – **2327. L. repens** (L.) Miller (L. monspessulana Miller, L. striata Dumont-Courset) – Gestreiftes L. – *L. striée;* lb|j. – **2328. L. arvensis** (L.) Desf. – Acker-L. – *L. des champs;* blb|vi. – **2329. L. simplex** (Willd.) DC. – Einfaches L. – *L. simple;* jb|vi. – **2330*. Antirrhinum Asarina** L. – Haselwurz-Löwenmaul – *Muflier Asaret;* jb. – **2331. A. Orontium** L. (Misopates Orontium Rafin.) – Feld-L. – *M. Orontium, M. des champs;* rs.

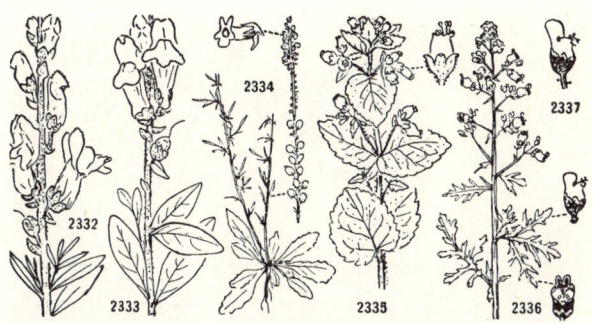

2332. Antirrhinum majus L. – Großes Löwenmaul – *Grand Muflier, M. des jardins;* p, b, j. – **2333*. id.** ssp. **latifolium** (Miller) Rouy (A. latifolium Miller); jb. – **2334*. Anarrhinum bellidifolium** (L.) Desf. – Lochschlund – *Anarrhinum à feuilles de Pâquerette;* blvi. – **2335. Scrophularia vernalis** L. – Frühlings-Braunwurz – *Scrophulaire du printemps;* jv. – **2336. S. canina** L. – Hunds-B. – *S. des chiens;* b|pbr. – **2337. S. juratensis** Schleicher (S. Hoppii Koch) – Jurassische B. – *S. du Jura;* b|pbr.

or = orange; p = pourpre, purpurn; r = rouge, rot; rs = rose, rosa; v = vert, grün; vi = violet(t)

2338. Scrophularia nodosa L. – Knotige Braunwurz – *Scrophulaire noueuse;* pbr|v. – **2339. S. aquatica** L. em. Hudson (S. auriculata L.) – Wasser-B. – *S. aquatique;* pbr|v. – **2340. S. alata** Gilib. (S. umbrosa Dumortier) – Geflügelte B. – *S. ailée;* pbr|v. – **2341. Gratiola officinalis** L. – Gnadenkraut – *Gratiole officinale;* rsb. – **2342. Mimulus guttatus** DC. (M. luteus auct.) – Gefleckte Gauklerblume – *Mimule tacheté;* j|p. – **2343*. M. moschatus** Douglas – Bisam-G. – *M. musqué;* j|p.

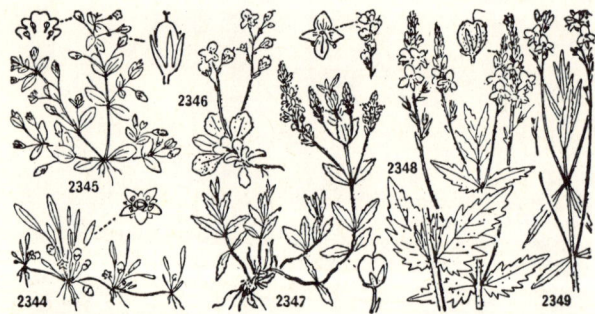

2344. Limosella aquatica L. – Schlammkraut – *Limoselle aquatique;* b. – **2345. Lindernia Pyxidaria** L. (L. procumbens Philcox) – Büchsenkraut – *Lindernie Pyxidaire;* lb. – **2346. Veronica aphylla** L. – Blattloser Ehrenpreis – *Véronique à tige nue;* bll. – **2347*. V. prostrata** L. – Niederliegender E. – *V. couchée;* bll. – **2348. V. Teucrium** L. – Gamanderartiger E. – *V. Germandrée;* bl. – **2349. V. austriaca** L. (V. dentata F. W. Schmidt) – Österreichischer E. – *V. d'Autriche, V. dentée;* bl.

b=blanc, weiß; bl=bleu, blau; br=brun, braun; j=jaune, gelb; l=lila(s); n=noir, schwarz

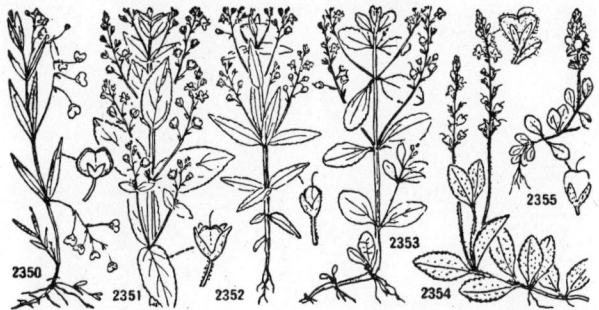

2350. Veronica scutellata L. – Schildfrüchtiger Ehrenpreis – *Véronique à écussons;* lb. – **2351*. V. Anagallis-aquatica** L. – Wasser-E. – *V. Mouron d'eau;* blb, l. – **2352*. V. anagalloides** Guss. – Gauchheil-E. – *V. Faux Mouron;* lb, b. – **2353. V. Beccabunga** L. – Bachbungen-E. – *V. Beccabonga, Cresson de cheval;* bl. – **2354. V. officinalis** L. – Gebräuchlicher E. – *V. officinale;* l, blb. – **2355*. V. Allionii** Vill. – Allionis E. – *V. d'Allioni;* bl.

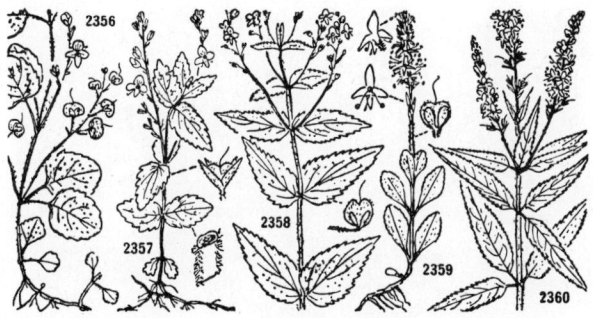

2356. Veronica montana L. – Berg-Ehrenpreis – *Véronique des montagnes;* l. – **2357. V. Chamædrys** L. – Gamander-E. – *V. Petit Chêne, Fausse Germandrée;* bl. – **2358. V. latifolia** L. em. Scop. (V. urticifolia Jacq.) – Breitblättriger E. – *V. à larges feuilles, V. à feuilles d'Ortie;* l. – **2359. V. spicata** L. – Ähriger E. – *V. en épi;* bl. – **2360*. V. longifolia** L. – Langblättriger E. – *V. à longues feuilles;* bll.

or = orange; p = pourpre, purpurn; r = rouge, rot; rs = rose, rosa; v = vert, grün; vi = violet(t)

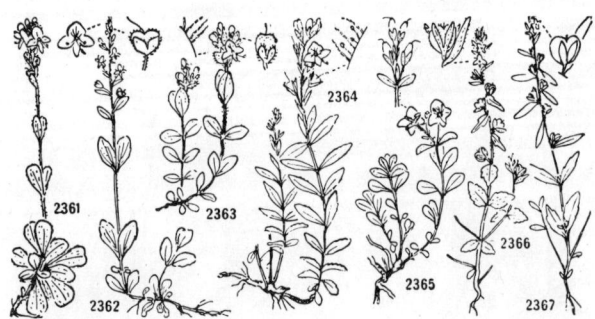

2361. Veronica bellidioides L. – Rosetten-Ehrenpreis – *Véronique Fausse Pâquerette;* bl. – **2362*. V. serpyllifolia** L. – Quendelblättriger E. – *V. à feuilles de Serpolet;* b, l. – **2363. V. alpina** L. – Alpen-E. – *V. des Alpes;* bl. – **2364. V. fruticulosa** L. – Halbstrauchiger E. – *V. sous-ligneuse;* rs – **2365. V. fruticans** Jacq. (V. saxatilis Scop.) – Felsen-E. – *V. buissonnante, V. des rochers;* bl. – **2366. V. arvensis** L. – Feld-E. – *V. des champs;* bl. – **2367*. V. peregrina** L. – Amerikanischer E. – *V. voyageuse;* b, blb.

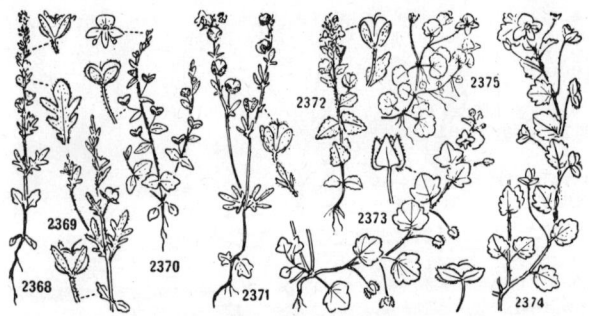

2368. Veronica verna L. – Frühlings-Ehrenpreis – *Véronique du printemps;* bl. – **2369. V. Dillenii** Crantz – Dillenius' E. – *V. de Dillenius;* bl. – **2370. V. acinifolia** L. – Steinquendelblättriger E. – *V. à feuilles de Calament Acinos;* bl. – **2371. V. triphyllos** L. – Dreiteiliger E. – *V. à trois lobes;* bl. – **2372. V. præcox** All. – Frühblühender E. – *V. précoce;* bl. – **2373. V. hederifolia** L. – Efeublättriger E. – *V. à feuilles de Lierre;* bll. – **2374. V. persica** Poiret (V. Tournefortii Gmelin) – Persischer E. – *V. de Perse, V. de Tournefort;* bl. – **2375. V. filiformis** Sm. – Feinstieliger E. – *V. filiforme;* bll.

b=blanc, weiß; bl=bleu, blau; br=brun, braun; j=jaune, gelb; l=lila(s); n=noir, schwarz

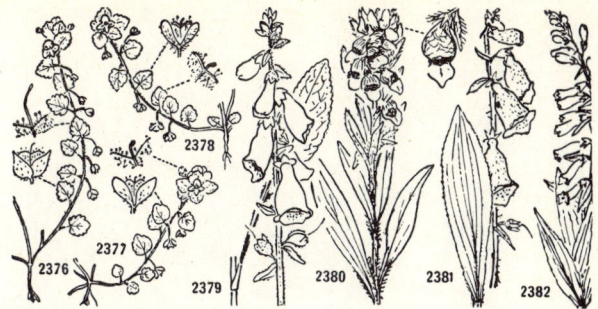

2376. Veronica polita Fries (V. didyma Ten.) – Glänzender Ehrenpreis – *Véronique luisante;* bl. – **2377*. V. opaca** Fries – Dunkler E. – *V. terne;* bl. – **2378. V. agrestis** L. – Acker-E. – *V. agreste;* b|bl. – **2379. Digitalis purpurea** L. – Roter Fingerhut – *Digitale pourpre;* p. – **2380. D. lanata** Ehrh. – Wolliger F. – *D. laineuse;* jb|br|b. – **2381. D. grandiflora** Miller (D. ambigua Murray) – Blaßgelber F. – *D. à grandes fleurs, D. ambiguë;* jb. – **2382. D. lutea** L. – Gelber F. – *D. jaune;* jb.

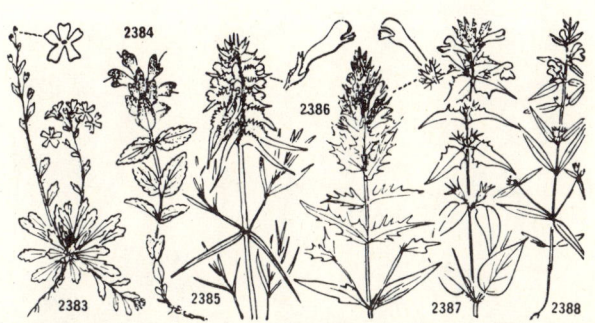

2383. Erinus alpinus L. – Leberbalsam – *Erine des Alpes;* pvi. – **2384. Bartsia alpina** L. – Bartschie – *Bartsie des Alpes;* vibr. – **2385. Melampyrum cristatum** L. – Kamm-Wachtelweizen – *Mélampyre à crêtes;* jb|p. – **2386. M. arvense** L. – Acker-W. – *M. des champs;* p|j. – **2387. M. nemorosum** L. – Hain-W. – *M. des bois;* jor|j. – **2388. M. silvaticum** L. – Wald-W. – *M. des forêts;* j.

or = orange; p = pourpre, purpurn; r = rouge, rot; rs = rosa, rose; v = vert, grün; vi = violet(t)

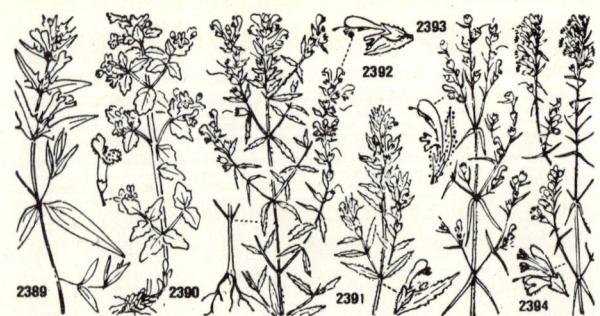

2389. Melampyrum pratense L. – Heide-Wachtelweizen – *Mélampyre des prés;* j|b, j. – **2390. Tozzia alpina** L. – Tozzie – *Tozzie des Alpes;* j|p. – **2391. Euphrasia Odontites** L. (Odontites rubra Gilib., O. verna Dumortier) – Roter Zahntrost – *Euphraise Odontitès;* r. – **2392. E. serotina** Lam. (O. vulgaris Moench, O. serotina Dumortier) – Spätblühender Z. – *E. tardive;* r. – **2393. E. viscosa** L. (O. viscosa Clairv.) – Klebriger Z. – *E. visqueuse;* j. – **2394. E. lutea** L. (O. lutea Clairv.) – Gelber Z. – *E. jaune;* j.

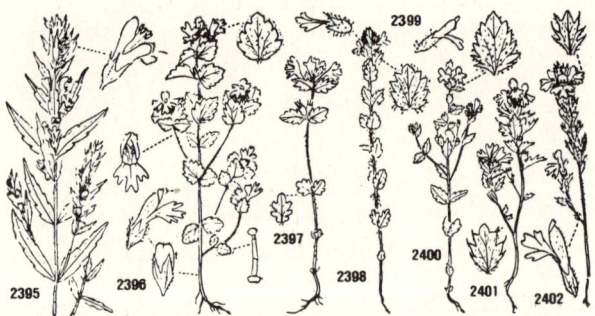

2395*. Euphrasia lanceolata Gaudin (Odontites lanceolata Rchb.) – Lanzettlicher Zahntrost – *Euphraise lancéolée;* j. – **2396. E. Rostkoviana** Hayne (E. officinalis auct.) – Rostkovs Augentrost – *E. de Rostkov, Herbe à l'ophtalmie, Casse-lunettes;* b|vi|j. – **2397. E. montana** Jordan (E. Rostkoviana Hayne ssp. montana Wettst.) – Berg-A. – *E. des montagnes;* b|vi|j. – **2398. E. hirtella** Jordan – Zottiger A. – *E. hérissée;* b|vi|j. – **2399. E. drosocalyx** Freyn – Drüsiger A. – *E. à calice glanduleux;* j, j|bl, vi. – **2400. E. vernalis** List (E. brevipila Burnat & Gremli) – Kurzhaariger A. – *E. printanière;* l|j. – **2401. E. Christii** Favrat – Christs A. – *E. de Christ;* j. – **2402. E. alpina** Lam. – Alpen-A. – *E. des Alpes;* b|lb|j|vi.

b=blanc, weiß; bl=bleu, blau; br=brun, braun; j=jaune, gelb; l=lila(s); n=noir, schwarz

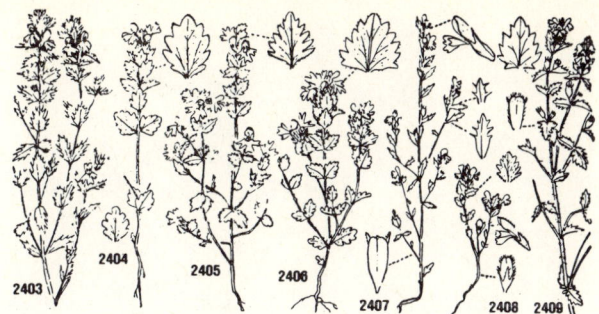

2403. Euphrasia cisalpina Pugsley (E. alpina Lam. var. castanetorum Christ) – Tessiner Augentrost – *Euphraise du Tessin;* vb. – **2404. E. picta** Wimmer – Gescheckter A. – *E. tachée;* b|vi|j. – **2405. E. Kerneri** Wettst. – Kerners A. – *E. de Kerner;* b|vi|j. – **2406. E. versicolor** Kerner – Bunter A. – *E. bigarrée;* b|vi|j. – **2407. E. salisburgensis** Hoppe – Salzburger A. – *E. de Salzbourg;* b|vi. – **2408. E. minima** Jacq. – Zwerg-A. – *E. naine;* j, b, blvi. – **2409. E. nitidula** Reuter (E. nemorosa auct.) – Busch-A. – *E. un peu luisante;* b|vi|j.

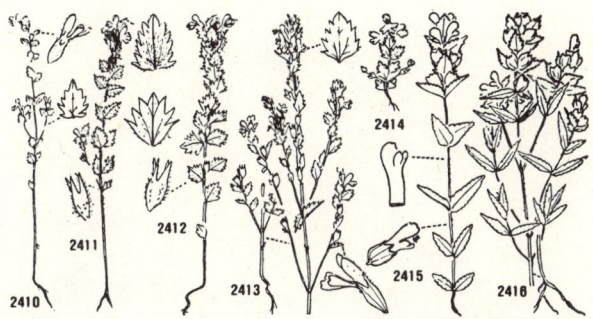

2410*. Euphrasia micrantha Rchb. (E. gracilis Fries) – Kleinblütiger Augentrost – *Euphraise à petites fleurs, E. grêle;* b|j. – **2411. E. tatarica** F. E. L. Fischer – Tatarischer A. – *E. de Tartarie;* lb. – **2412. E. pectinata** Ten. – Kamm-A. – *E. pectinée;* lb|vi. – **2413. E. stricta** D. Wolff (E. ericetorum Jordan, E. rigidula Jordan) – Heide-A. – *E. des bruyères, E. dressée;* l|p|j. – **2414. E. pulchella** Kerner – Niedlicher A. – *E. élégante;* blb|j. – **2415. Rhinanthus minor** L. (R. Cristagalli L.) – Kleiner Klappertopf – *Petit Rhinanthe, R. Crête de coq, Cocriste;* j. – **2416*. R. stenophyllus** (Schur) Druce – Linealblättriger K. – *R. à feuilles linéaires;* j.

or = orange; p = pourpre, purpurn; r = rouge, rot; rs = rose, rosa; v = vert, grün; vi = violet(t)

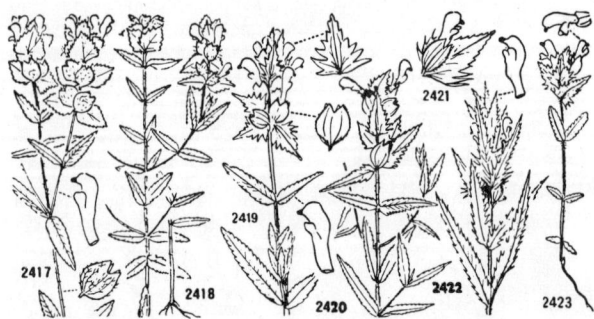

2417. Rhinanthus Alectorolophus (Scop.) Pollich (R. hirsutus Lam.) – Zottiger Klappertopf – *Rhinanthe velu;* j. – **2418*. R. ellipticus** Hausskn. – Elliptischblättriger K. – *R. à feuilles elliptiques;* j. – **2419. R. glaber** Lam. (R. major Ehrh.) – Kahler K. – *R. glabre, Grand R.;* j. – **2420*. R. serotinus** (Schönheit) Oborny – Spätblühender K. – *R. tardif;* j. – **2421. R. ovifugus** Chabert – Gemiedener K. – *R. refusé par les moutons;* j. – **2422*. R. Songeoni** Chabert – Songeons K. – *R. de Songeon;* j. – **2423. R. antiquus** (Sterneck) Sch. & Thell. – Altertümlicher K. – *R. antique;* j.

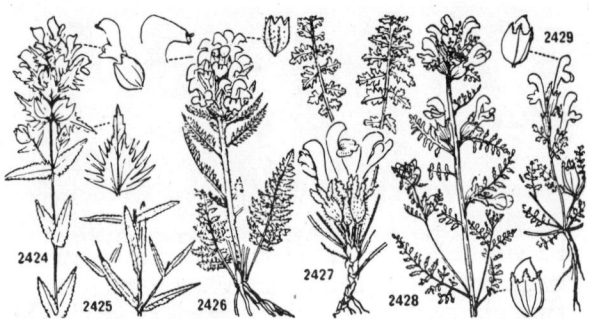

2424. Rhinanthus subalpinus (Sterneck) Sch. & Thell. – Voralpen-Klappertopf – *Rhinanthe des Préalpes;* j. – **2425*. R. angustifolius** Gmelin – Schmalblättriger K. – *R. à feuilles étroites;* j. – **2426*. Pedicularis comosa** L. – Schopf-Läusekraut – *Pédiculaire chevelue;* jb. – **2427*. P. acaulis** Scop. – Stengelloses L. – *P. sans tige;* rs. – **2428. P. palustris** L. – Sumpf-L. – *P. des marais;* p. – **2429. P. silvatica** L. – Waldmoor-L. – *P. des bois;* rsp.

b = blanc, weiß; bl = bleu, blau; br = brun, braun; j = jaune, gelb; l = lila(s); n = noir, schwarz

2430. Pedicularis foliosa L. – Blattreiches Läusekraut – *Pédiculaire feuillée;* jb. – **2431*. P. rosea** Wulfen – Rosenrotes L. – *P. rose;* rsp. – **2432. P. Œderi** Vahl (P. versicolor Wahlenb.) – Oeders L. – *P. d'Œder;* j|pbr. – **2433. P. recutita** L. – Trübrotes L. – *P. tronquée;* r. – **2434. P. verticillata** L. – Quirlblättriges L. – *P. verticillée;* p. – **2435. P. tuberosa** L. – Knolliges L. – *P. tubéreuse;* jb.

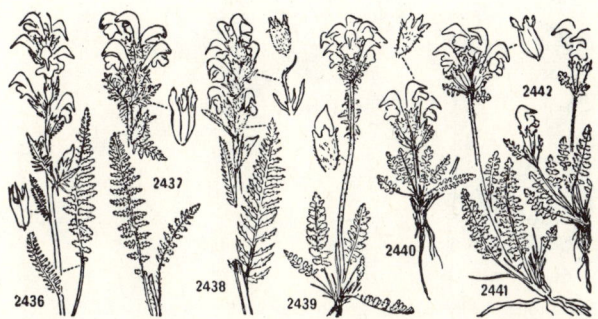

2436. Pedicularis adscendens Schleicher (P. Barrelieri Rchb.) – Aufsteigendes Läusekraut – *Pédiculaire ascendante;* jb. – **2437. P. gyroflexa** Vill. (P. fasciculata Bell.) – Bogenblütiges L. – *P. arquée;* rs. – **2438. P. rostrato-spicata** Crantz (P. incarnata Jacq.) – Fleischrotes L. – *P. incarnate;* rs. – **2439*. P. cenisia** Gaudin – Mont-Cenis-L. – *P. du Mont Cenis;* rs|p. – **2440. P. aspleniifolia** Flörke – Farnblättriges L. – *P. à feuilles d'Asplénium;* rs|p. – **2441. P. rostratocapitata** Crantz (P. Jacquini Koch) – Jacquins L. – *P. de Jacquin;* rs. – **2442. P. Kerneri** D. T. (P. cæspitosa Sieber, P. rhætica Kerner) – Kerners L. – *P. de Kerner;* rsp. ●

or = orange; p = pourpre, purpurn; r = rouge, rot; rs = rose, rosa; v = vert, grün; vi = violet(t)

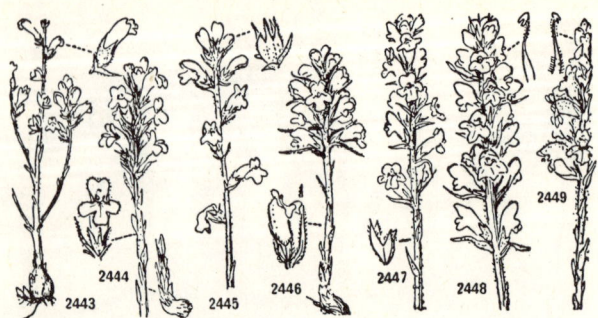

2443*. Orobanche ramosa L. (Phelypæa ramosa C. A. Meyer) – Ästige Sommerwurz, Hanfwürger – *Orobanche rameuse* [Cannabis, Nicotiana, Solanum]; l. – **2444. O. arenaria** Borkh. (O.levis auct., Ph. arenaria Walpers) – Sand-S. – *O. des sables* [Art. camp.]; l. – **2445. O. purpurea** Jacq. (O. cœrulea Vill., Ph. cœrulea C. A. Meyer, Ph. purpurea Asch.) – Violette S. – *O. violette* [Ach., Art.]; l. – **2446. O. lutea** Baumg. (O. rubens Wallroth) – Gelbe S. – *O. jaune* [Med., Melil.]; jbr. – **2447. O. Hederæ** Duby – Efeu-S. – *O. du Lierre* [Hedera]; jb. – **2448. O. Rapum-Genistæ** Thuill. – Ginster-S., Ginsterwürger – *O. du Genêt* [Sarothamnus]; jbr. – **2449. O. flava** H. Martius – Hellgelbe S. – *O. jaune clair* [Aconitum, Adenostyles, Petasites]; j.

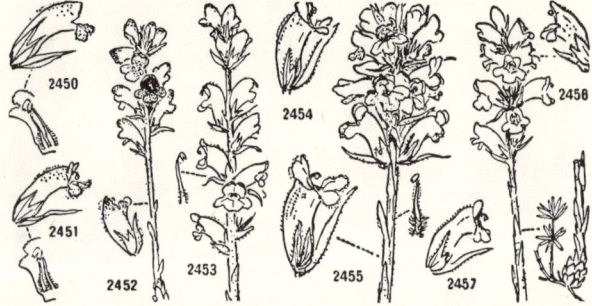

2450. Orobanche lucorum A. Br. – Berberitzen-Sommerwurz – *Orobanche de l'Epine-vinette* [Berb., Rubus]; jbr. – **2451. O. Salviæ** F. W. Schultz – Salbei-S. – *O. de la Sauge* [Salvia glut.]; jbr. – **2452. O. gracilis** Sm. (O. cruenta Bertol.) – Schlanke S. – *O. grêle* [Papilionaceæ]; br|r. – **2453. O. major** L. (O. elatior Sutton) – Große S. – *Grande O.* [Centaurea Scabiosa, C. alpestris]; jbr. – **2454. O. alsatica** Kirschl. (O. Cervariæ Suard) – Elsässische S. – *O. d'Alsace* [Peucedanum Cervaria, Seseli Libanotis]; jvi. – **2455. O. Laserpitii-Sileris** Reuter – Laserkraut-S. – *O. du Sermontain* [Laserpitium]; jvi. – **2456. O. vulgaris** Poiret (O. caryophyllacea Sm., O. Galii Duby) – Labkraut-S. – *O. vulgaire* [Asperula, Galium]; brr. – **2457. O. Teucrii** Holandre – Gamander-S. – *O. de la Germandrée* [Teucr.]; jr|vi.

b=blanc, weiß; bl=bleu, blau; br=brun, braun; j=jaune, gelb; l=lila(s); n=noir, schwarz

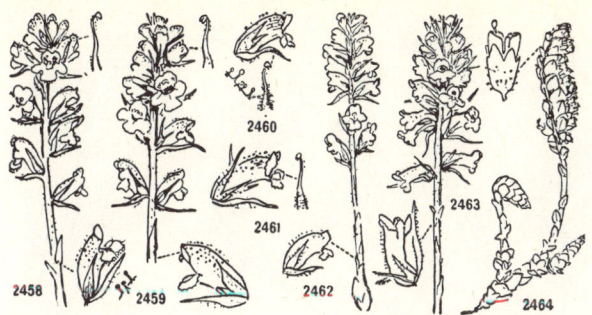

2458. Orobanche alba Stephan (O. Epithymum DC.) – Quendel-Sommerwurz – *Orobanche blanche* [Thymus Serp.]; jbr. – **2459. O. reticulata** Wallroth (O. Scabiosæ Koch) – Distel-S. – *O. réticulée* [Kn., Scab., Card., Cirs.]; jvi. – **2460. O. Picridis** F. W. Schultz – Bitterkraut-S. – *O. de la Picride* [Picris hier.]; jb. – **2461. O. loricata** Rchb. – Beifuß-S. – *O. en cotte de mailles* [Art. camp.]; jb|vi. – **2462. O. minor** Sm. (O. barbata Poiret) – Kleine S., Kleewürger, Kleeteufel – *Petite O., O. du Trèfle* [bes. Trifolium]; jb|vi. – **2463*. O. amethystea** Thuill. – Amethystblaue S. – *O. couleur améthyste* [Eryngium campestre]; b|vi. – **2464. Lathræa Squamaria** L. – Schuppenwurz – *Lathrée écailleuse*; rsb|p. ●

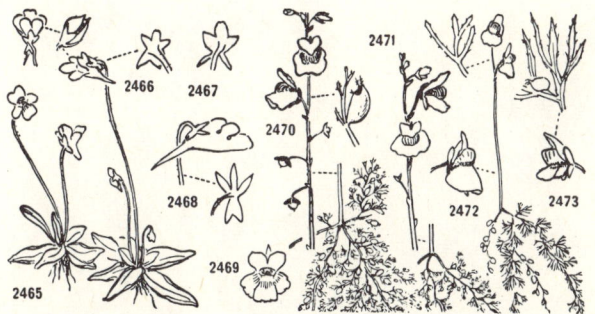

2465. Pinguicula alpina L. – Weißes Alpen-Fettblatt – *Grassette blanche des Alpes;* b. – **2466. P. vulgaris** L. – Gemeines F. – *G. vulgaire;* vi. – **2467. P. leptoceras** Rchb. (P. vulgaris L. ssp. leptoceras Arcangeli) – Blaues Alpen-F. – *G. bleue des Alpes;* vi. – **2468. P. grandiflora** Lam. – Großblütiges F. – *G. à grandes fleurs;* vi. – **2469*. id. ssp. Reuteri** (Genty) Sch. & K. (var. pallida Reuter, P. Reuteri Genty, P. juratensis Bernhard); l. – **2470. Utricularia vulgaris** L. – Gewöhnlicher Wasserschlauch – *Utriculaire vulgaire;* j. – **2471. U. australis** R. Br. (U. neglecta Lehm.) – Südlicher W. – *U. négligée;* j. – **2472. U. intermedia** Hayne – Mittlerer W. – *U. intermédiaire;* j. – **2473*. U. ochroleuca** R. Hartman – Blaßgelber W. – *U. jaune pâle;* j, jb.

or = orange; p = pourpre, purpurn; r = rouge, rot; rs = rose, rosa; v = vert, grün; vi = violet(t)

Lentibulariaceæ 2474, 2475 ● *Globulariaceæ 2476–2478* ●
Plantaginaceæ 2479–2486

2474. Utricularia minor L. – Kleiner Wasserschlauch – *Petite Utriculaire;* jb. – **2475. U. Bremii** Heer – Bremis W. – *U. de Bremi;* jb. ● **2476. Globularia elongata** Hegetschw. (G. vulgaris L. ssp. Willkommii Sch. & K., G. Willkommii Nyman, G. punctata Lapeyr.) – Gemeine Kugelblume – *Globulaire vulgaire;* bl. – **2477. G. cordifolia** L. – Herzblättrige K. – *G. à feuilles en cœur;* bl. – **2478. G. nudicaulis** L. – Schaft-K. – *G. à tige nue;* bl. ● **2479. Plantago sempervirens** Crantz (P. suffruticosa Lam., P. Cynops auct.) – Halbstrauchiger Wegerich – *Plantain sous-ligneux, P. Cynops.*

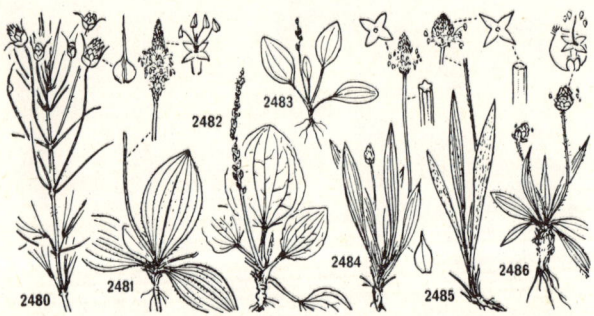

2480. Plantago indica L. (P. arenaria Waldst. & Kit.) – Sand-Wegerich – *Plantain des Indes.* – **2481. P. media** L. – Mittlerer W. – *P. moyen.* – **2482. P. major** L. – Großer W. – *Grand P.* – **2483. P. intermedia** Gilib. (P. nana Tratt., P. major L. ssp. intermedia Arcangeli) – Zwerg-W. – *P. intermédiaire, P. nain.* – **2484. P. lanceolata** L. – Spitz-W. – *P. lancéolé.* – **2485*. P. argentea** Chaix – Silber-W. – *P. argenté.* – **2486. P. atrata** Hoppe (P. montana Lam.) – Berg-W. – *P. des montagnes.*

b = blanc, weiß; bl = bleu, blau; br = brun, braun; j = jaune, gelb; l = lila(s); n = noir, schwarz

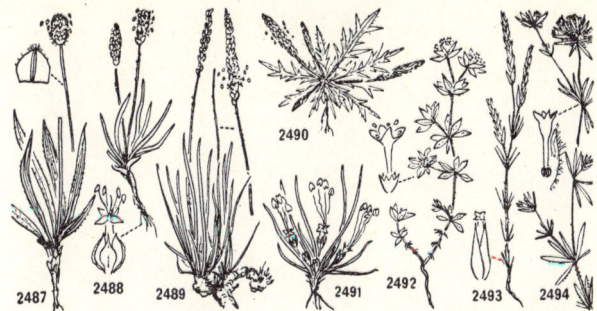

2487*. Plantago fuscescens Jordan – Bräunlicher Wegerich – *Plantain brunâtre.* – **2488. P. alpina** L. – Alpen-W., Adelgras – *P. des Alpes.* – **2489. P. serpentina** All. – Schlangen-W. – *P. serpentant.* – **2490*. P. Coronopus** L. – Krähenfuß-W. – *P. Pied de corbeau, Corne de cerf.* – **2491. Littorella uniflora** (L.) Asch. (L. lacustris L.) – Strandling – *Littorelle uniflore.* ● **2492. Sherardia arvensis** L. – Ackerröte – *Rubéole des champs;* l. – **2493*. Crucianella angustifolia** L. – Kreuzähre – *Crucianelle à feuilles étroites;* j. – **2494. Asperula arvensis** L. – Acker-Waldmeister – *Aspérule des champs;* bl.

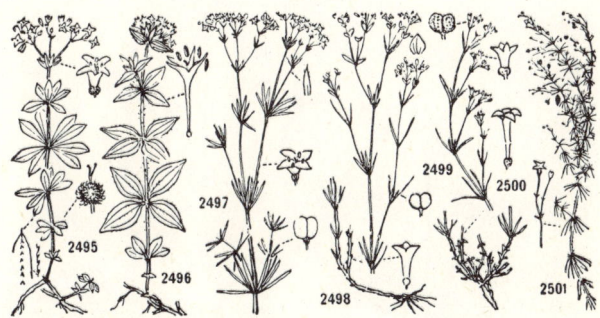

2495. Asperula odorata L. (Galium odoratum Scop.) – Echter Waldmeister – *Aspérule odorante;* b. – **2496. A. taurina** L. – Turiner W. – *A. de Turin;* b. – **2497. A. glauca** (L.) Besser (A. galioides M. Bieb., G. glaucum L.) – Blaugrüner W. – *A. glauque;* b. – **2498. A. tinctoria** L. – Färber-W. – *A. des teinturiers;* b. – **2499. A. cynanchica** L. ssp. **eu-cynanchica** Béguinot (A. cynanchica L.) – Hügel-W. – *A. à l'esquinancie;* rsb. – **2500. id.** ssp. **aristata** (L. f.) Béguinot (A. aristata L. f., A. longiflora Waldst. & Kit.); rsb. – **2501. Galium purpureum** L. (Asperula purpurea Ehrendorfer) – Purpur-Labkraut – *Gaillet pourpre;* r.

or = orange; p = pourpre, purpurn; r = rouge, rot; rs = rose, rosa; v = vert, grün; vi = violet(t)

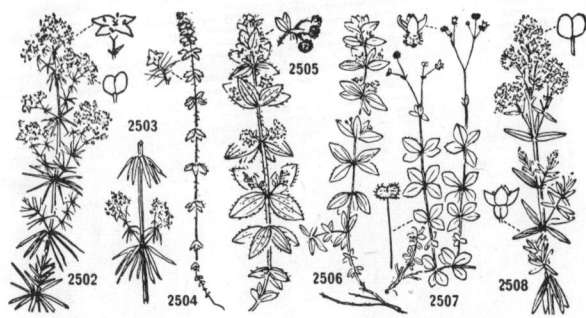

2502. Galium verum L. – Gelbes Labkraut – *Gaillet jaune;* j. – **2503. id.** ssp. **Wirtgeni** (F. W. Schultz) Oborny (ssp. præcox Petrak, G. Wirtgeni F. W. Schultz); j. – **2504. G. pedemontanum** (Bell.) All. (Cruciata pedemontana Ehrendorfer) – Piemonteser L. – *G. du Piémont;* j. – **2505. G. Cruciata** (L.) Scop. (C. lævipes Opiz) – Kreuz-L. – *G. Croisette;* j. – **2506. G. vernum** Scop. (C. glabra Ehrendorfer) – Frühlings-L. – *G. du printemps;* j. – **2507. G. rotundifolium** L. – Rundblättriges L. – *G. à feuilles rondes;* b. – **2508. G. boreale** L. – Nordisches L. – *G. boréal;* b.

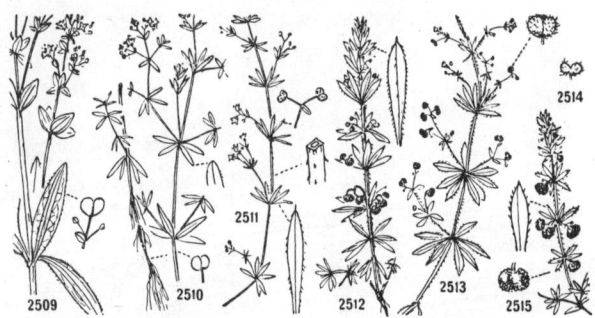

2509. Galium rubioides L. – Krappartiges Labkraut – *Gaillet Fausse Garance;* b. – **2510*. G. palustre** L. – Sumpf-L. – *G. des marais;* b. – **2511. G. uliginosum** L. – Moor-L. – *G. aquatique;* b. – **2512. G. tricorne** Stokes (G. tricornutum Dandy) – Dreihörniges L. – *G. à trois cornes;* b. – **2513. G. Aparine** L. – Kletten-L., Klebkraut – *G. Gratteron;* b. – **2514. id.** ssp. **spurium** (L.) Hartman (G. spurium L.); b. – **2515. G. Valantia** Weber (G. verrucosum Hudson) – Anis-L. – *G. Vaillantie, G. anisé;* bv.

b = blanc, weiß; bl = bleu, blau; br = brun, braun; j = jaune, gelb; l = lila(s); n = noir, schwarz

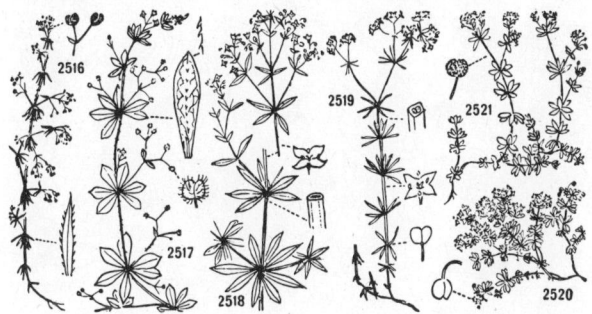

2516. Galium parisiense L. – Pariser Labkraut – *Gaillet de Paris;* vb. – **2517. G. triflorum** Michaux – Dreiblütiges L. – *G. à trois fleurs;* vb. – **2518. G. silvaticum** L. – Wald-L. – *G. des bois;* b. – **2519*. G. pumilum** Murray (G. asperum Schreber, G. silvestre Pollich) – Rauhes L. – *G. nain, G. sauvage;* b. – **2520. G. helveticum** Weigel (G. megalospermum All.) – Schweizerisches L. – *G. de Suisse;* b. – **2521*. G. harcynicum** Weigel (G. saxatile auct.) – Herzynisches L. – *G. des Monts Hercyniens;* b.

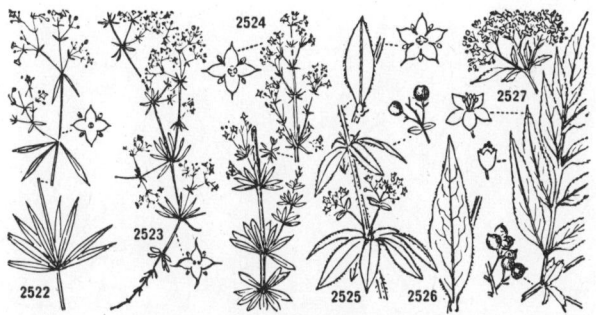

2522*. Galium aristatum L. – Begranntes Labkraut – *Gaillet aristé;* b. – **2523. G. rubrum** L. – Rotes L. – *G. rouge;* r, b. – **2524*. G. Mollugo** L. – Gemeines L. – *G. Mollugine, G. commun;* b. – **2525*. Rubia peregrina** L. – Fremde Färberröte – *Garance voyageuse;* jv. – **2526. R. tinctorum** L. – Echte F., Krapp – *G. des teinturiers;* jv. ● **2527. Sambucus Ebulus** L. – Zwerg-Holunder, Attich – *Sureau Yèble, Petit S.;* b, rsb.

---

or = orange; p = pourpre, purpurn; r = rouge, rot; rs = rose, rosa; v = vert, grün; vi = violet(t)

2528. Sambucus nigra L. (S. vulgaris Lam.) – Schwarzer Holunder – *Sureau noir, Grand S.;* b. – **2529. S. racemosa** L. – Trauben-H., Roter H. – *S. à grappes;* vj. – **2530. Viburnum Lantana** L. – Wolliger Schneeball – *Viorne Lantane, V. cotonneuse, Mancienne;* b. – **2531. V. Opulus** L. – Gemeiner Sch. – *V. Obier, Boule de neige;* b. – **2532. Lonicera Periclymenum** L. – Wald-Geißblatt – *Lonicéra Périclymène, L. des bois;* b > jb|p.

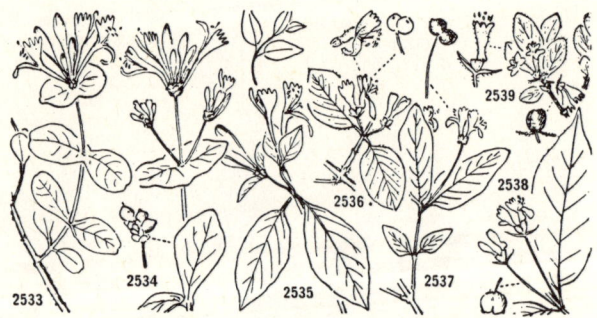

2533. Lonicera Caprifolium L. – Garten-Geißblatt, Jelängerjelieber – *Lonicéra Chèvrefeuille, Chèvrefeuille des jardins;* b > jb|p. – **2534. L. etrusca** Santi – Toskanisches G. – *L. de Toscane;* b > jb|p. – **2535. L. japonica** Thunb. – Japanisches G. – *L. du Japon;* b > j. – **2536. L. Xylosteum** L. – Rote Heckenkirsche, Beinholz – *L. Camérisier, L. des haies;* b > jb. – **2537. L. nigra** L. – Schwarze H. – *L. noir;* jb|p. – **2538. L. alpigena** L. – Alpen-H. – *L. des Alpes;* rbr. – **2539. L. cœrulea** L. – Blaue H. – *L. bleu;* jb.

b = blanc, weiß; bl = bleu, blau; br = brun, braun; j = jaune, gelb; l = lila(s); n = noir, schwarz

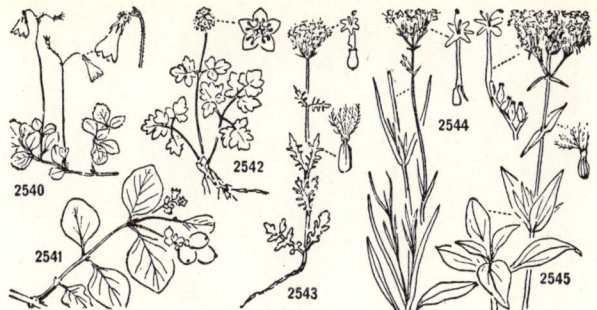

2540. Linnæa borealis L. – Moosglöckchen – *Linnée boréale;* rsb. – **2541. Symphoricarpos albus** (L.) S. F. Blake (S. racemosus Michaux) – Schneebeere – *Symphorine blanche;* rs. ● **2542. Adoxa Moschatellina** L. – Bisamkraut – *Adoxa Moschatelline, Herbe musquée, Muscatelle;* v. ● **2543*. Centranthus Calcitrapa** (L.) Dufresne – Fußangel-Spornblume – *Centranthe Chausse-trape;* rs. – **2544. C. angustifolius** (Miller) DC. – Schmalblättrige S. – *C. à feuilles étroites;* rs. – **2545. C. ruber** (L.) DC. – Rote S. – *C. rouge;* rs, p, b.

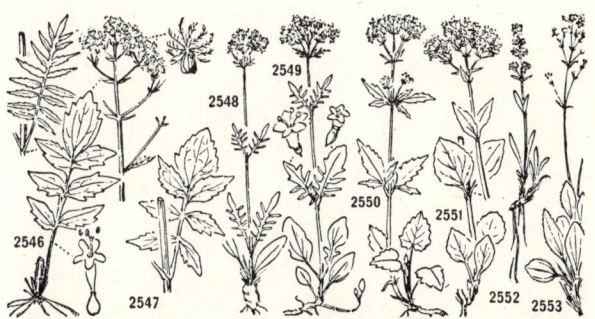

2546*. Valeriana officinalis L. – Gebräuchlicher Baldrian – *Valériane officinale, Herbe aux chats;* rs, b. – **2547*. V. sambucifolia** Mikan f. – Holunderblättriger B. – *V. à feuilles de Sureau;* rs, b. – **2548*. V. tuberosa** L. – Knolliger B. – *V. tubéreuse;* rs, b. – **2549. V. dioeca** L. – Sumpf-B. – *V. dioïque;* rs, b. – **2550. V. tripteris** L. – Dreischnittiger B. – *V. triséquée;* rs, b. – **2551. V. montana** L. – Berg-B. – *V. des montagnes;* rs, b. – **2552. V. celtica** L. ssp. **pennina** Vierhapper – Penninischer B. – *V. des Alpes pennines;* j|r. – **2553. V. saxatilis** L. – Felsen-B. – *V. des rochers;* b.

or = orange; p = pourpre, purpurn; r = rouge, rot; rs = rose, rosa; v = vert, grün; vi = violet(t)

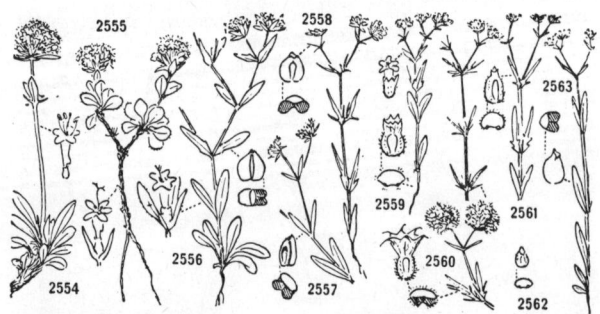

2554. Valeriana Saliunca All. – Felsschutt-Baldrian – *Valériane Saliunca, V. des débris;* rsl. – **2555. V. supina** Ard. – Zwerg-B. – *V. naine;* rsl. – **2556. Valerianella Locusta** (L.) Laterrade em. Betcke (V. olitoria Pollich) – Nüßlisalat – *Valérianelle potagère, Mâche, Doucette, Rampon;* blb. – **2557. V. carinata** Loisel. (V. præcox Waldst. & Kit.) – Gekielter Ackersalat – *V. carénée;* blb. – **2558*. V. pumila** (L.) DC. (V. membranacea Loisel.) – Zwerg-A. – *V. naine;* blb. – **2559. V. eriocarpa** Desv. (V. incrassata Nyman) – Haarfrüchtiger A. – *V. à fruits velus;* blb. – **2560*. V. coronata** (L.) DC. – Krönchen-A. – *V. couronnée;* blb. – **2561. V. dentata** (L.) Pollich (V. Morisonii DC.) – Gezähnter A. – *V. dentée;* blb. – **2562*. V. microcarpa** Loisel. – Kleinfrüchtiger A. – *V. à petits fruits;* blb. – **2563. V. rimosa** Bastard (V. Auricula DC.) – Gefurchter A. – *V. sillonnée;* blb. ●

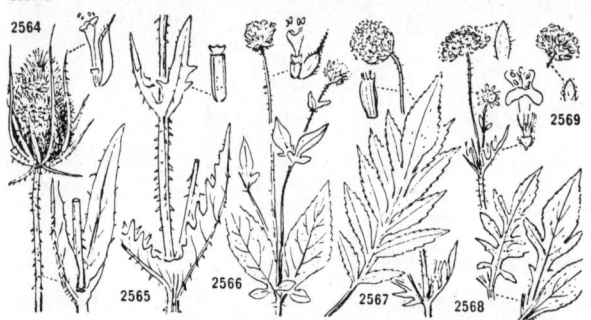

2564. Dipsacus silvester Hudson (D. fullonum L.) – Wilde Karde – *Cardère sauvage;* l. – **2565. D. laciniatus** L. – Schlitzblättrige K. – *C. découpée;* bj|l. – **2566. Cephalaria pilosa** (L.) Gren. & Godr. (Dipsacus pilosus L.) – Behaarter Schuppenkopf – *Céphalaire poilue;* bj. – **2567. C. alpina** (L.) Schrader – Alpen-S. – *C. des Alpes;* jb. – **2568*. Knautia arvensis** (L.) Coulter em. Duby – Feld-Witwenblume – *Knautie des champs;* vi, l. – **2569*. K. transalpina** (Christ) Briq. – Ennetbirgische W. – *K. transalpine;* p.

b=blanc, weiß; bl=bleu, blau; br=brun, braun; j=jaune, gelb; l=lila(s); n=noir, schwarz

2570. Knautia drymeia Heuffel – Ungarische Witwenblume – *Knautie des chênaies;* rs. – **2571. K. silvatica** (L.) Duby (K. dipsacifolia Kreutzer) – Wald-W. – *K. des bois;* vi. – **2572*. K. Godeti** Reuter (K. longifolia auct. helv.) – Godets W. – *K. de Godet;* rsl. – **2573. Succisa pratensis** Moench – Abbißkraut – *Succise des prés;* blvi. – **2574*. Succisella inflexa** (Kluk) Beck (Succisa inflexa Jundzill, Scabiosa australis Wulfen) – Sumpfabbiß – *Succiselle infléchie;* bl. – **2575. Scabiosa graminifolia** L. – Grasblättrige Skabiose (Krätzkraut) – *Scabieuse à feuilles de Graminée;* blb.

2576*. Scabiosa canescens Waldst. & Kit. (S. suaveolens Desf.) – Graue Skabiose (Krätzkraut) – *Scabieuse blanchâtre;* bl. – **2577. S. triandra** L. (S. gramuntia L.) – Südfranzösische S. – *S. à trois étamines, S. de Montpellier;* lrs. – **2578*. S. columbaria** L. – Gemeine S. – *S. Colombaire;* l, blvi. – **2579. S. lucida** Vill. – Glänzende S. – *S. luisante;* bll. ● **2580*. Ecballium Elaterium** (L.) A. Rich. – Spritzgurke – *Ecbalie Elatere;* jv. – **2581. Bryonia alba** L. – Weiße Zaunrübe – *Bryone blanche;* bv.

or = orange; p = pourpre, purpurn; r = rouge, rot; rs = rose, rosa; v = vert, grün; vi = violet(t)

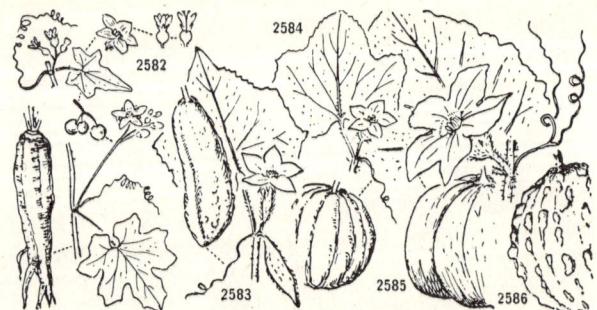

2582. Bryonia diœca Jacq. – Zweihäusige Zaunrübe – *Bryone dioïque;* bv. – **2583. Cucumis sativus** L. – Gurke – *Concombre, Cornichon;* j. – **2584. C. Melo** L. – Melone – *Melon;* j. – **2585. Cucurbita Pepo** L. – Gemeiner Kürbis, Zucchetti – *Citrouille Potiron, Courge, Courgette;* j. – **2586. id.** var. **verrucosa** (L.) Alefeld – Warzen-K. – *C. à verrues;* j. ●

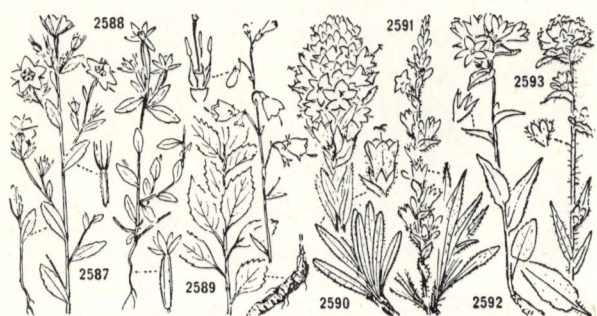

2587. Legousia Speculum-Veneris (L.) Chaix (Specularia Speculum-Veneris A. DC.) – Gemeiner Venusspiegel – *Legousie Miroir de Vénus;* vi. – **2588. L. hybrida** (L.) Delarbre (S. hybrida A. DC.) – Kleiner V. – *L. hybride;* vir. – **2589. Adenophora liliifolia** (L.) Besser (A. suaveolens Fischer) – Drüsenglocke – *Adénophore à feuilles de Lis;* blb. – **2590. Campanula thyrsoides** L. – Straußblütige Glockenblume – *Campanule en thyrse;* jb. – **2591. C. spicata** L. – Ährige. G. – *C. en épi;* blvi. – **2592. C. glomerata** L. – Knäuelblütige G. – *C. agglomérée;* blvi. – **2593. C. Cervicaria** L. – Borstige G. – *C. Cervicaire;* bl.

b = blanc, weiß; bl = bleu, blau; br = brun, braun; j = jaune, gelb; l = lila(s); n = noir, schwarz

2594. Campanula barbata L. – Bärtige Glockenblume – *Campanule barbue;* blb. – **2595*. C. alpestris** All. (C. Allionii Vill.) – Alpen-G. – *C. des Alpes;* blvi. – **2596*. C. Medium** L. – Großblumige G. – *C. Carillon;* blvi, b, rs. – **2597*. C. sibirica** L. – Sibirische G. – *C. de Sibérie;* bll. – **2598. C. rhomboidalis** L. – Rautenblättrige G. – *C. à feuilles rhomboïdales;* bl. – **2599. C. excisa** Schleicher – Ausgeschnittene G. – *C. incisée;* bll.

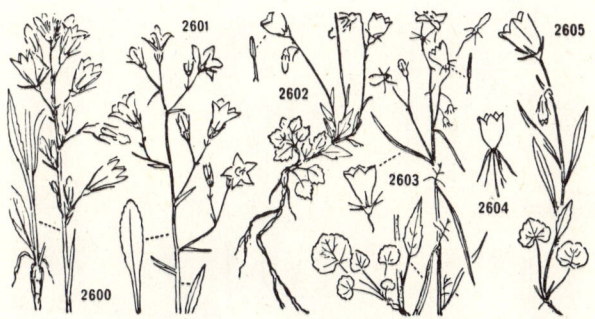

2600. Campanula Rapunculus L. – Rapunzel-Glockenblume – *Campanule Raiponce;* bl. – **2601. C. patula** L. – Lockerrispige G. – *C. étalée;* blvi. – **2602. C. cochleariifolia** Lam. (C. pusilla Haenke) – Niedliche G. – *C. à feuilles de Cranson, C. menue;* bll. – **2603*. C. rotundifolia** L. – Rundblättrige G. – *C. à feuilles rondes;* blvi. – **2604*. C. linifolia** Scop. (C. carnica Schiede) – Leinblättrige G. – *C. à feuilles de Lin;* blvi. – **2605. C. Scheuchzeri** Vill. – Scheuchzers G. – *C. de Scheuchzer;* blvi.

or = orange; p = pourpre, purpurn; r = rouge, rot; rs = rose, rosa; v = vert, grün; vi = violet(t)

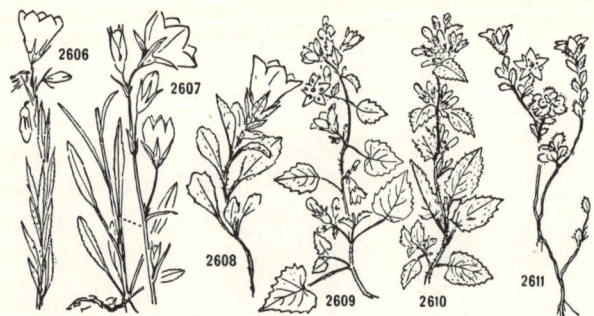

2606*. Campanula Hegetschweileri Becherer (C. Schleicheri Hegetschw., C. linifolia Reuter) – Hegetschweilers Glockenblume – *Campanule de Hegetschweiler;* blvi. – **2607. C. persicifolia** L. – Pfirsichblättrige G. – *C. à feuilles de Pêcher;* bl. – **2608*. C. Raineri** Perpenti – Insubrische G. – *C. de Rainer;* bl. – **2609*. C. Elatines** L. – Tännel-G. – *C. Elatinès;* bl. – **2610*. C. elatinoides** Moretti – Samt-G. – *C. Faux Elatinès;* bl. – **2611. C. cenisia** L. – Mont-Cenis-G. – *C. du Mont Cenis;* bl.

2612. Campanula bononiensis L. – Bologneser Glockenblume – *Campanule de Bologne;* bl. – **2613. C. rapunculoides** L. – Ausläufertreibende G. – *C. Fausse Raiponce;* blvi. – **2614. C. Trachelium** L. – Nesselblättrige G. – *C. Gantelée;* blvi, b. – **2615. C. latifolia** L. – Breitblättrige G. – *C. à larges feuilles;* blvi, b. – **2616. Phyteuma globulariifolium** Sternb. & Hoppe ssp. **pedemontanum** (R. Schulz) Becherer (Ph. pedemontanum R. Schulz, Ph. pauciflorum auct.) – Piemontesische Rapunzel – *Raiponce à feuilles de Globulaire;* bl.

b = blanc, weiß; bl = bleu, blau; br = brun, braun; j = jaune, gelb; l = lila(s); n = noir, schwarz

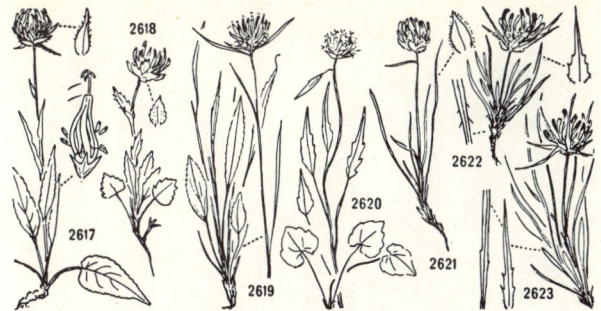

2617. Phyteuma orbiculare L. – Rundköpfige Rapunzel – *Raiponce orbiculaire;* bl. – **2618*. Ph. Sieberi** Sprengel (Ph. Charmelii Sieber non Vill., Ph. cordatum Rchb. non Vill.) – Siebers R. – *R. de Sieber;* bl. – **2619. Ph. Scheuchzeri** All. (Ph. corniculatum Gaudin) – Scheuchzers R. – *R. de Scheuchzer;* bl. – **2620*. Ph. Charmelii** Vill. – Charmeils R. – *R. de Charmeil;* bl. – **2621. Ph. hemisphæricum** L. – Halbkugelige R. – *R. hémisphérique;* bl. – **2622. Ph. humile** Schleicher – Niedrige R. – *R. naine;* bl. – **2623. Ph. hedraianthifolium** R. Schulz (Ph. Carestiæ auct.) – Rätische R. – *R. à feuilles d'Edréanthe, R. de Carestia;* bl.

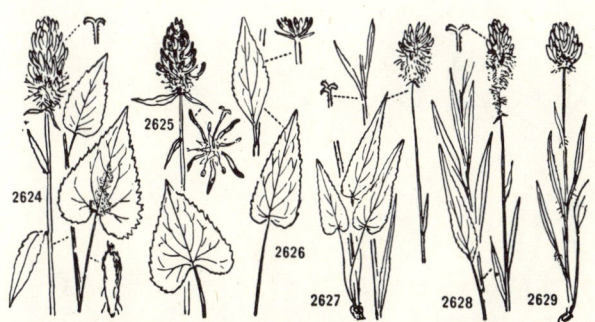

2624. Phyteuma spicatum L. – Ährige Rapunzel – *Raiponce en épi;* b, blb. – **2625. Ph. ovatum** Honckeny (Ph. Halleri All.) – Hallers R. – *R. ovoïde;* vin. – **2626*. Ph. nigrum** F. W. Schmidt – Schwarze R. – *R. noire;* vin. – **2627. Ph. betonicifolium** Vill. – Betonienblättrige R. – *R. à feuilles de Bétoine;* bl. – **2628. Ph. scorzonerifolium** Vill. – Schwarzwurzelblättrige R. – *R. à feuilles de Scorzonère;* bl. – **2629*. Ph. Michelii** All. – Michelis R. – *R. de Micheli;* bl.

or = orange; p = pourpre, purpurn; r = rouge, rot; rs = rose, rosa; v = vert, grün; vi = violet(t)

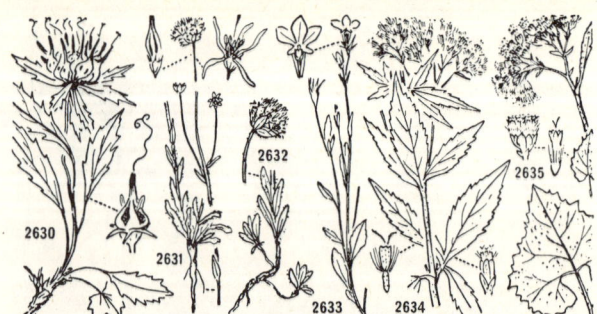

2630*. Phyteuma comosum L. (Physoplexis comosa Schur) – Schopf-Rapunzel – *Raiponce chevelue;* bl|pn. – **2631. Jasione montana** L. – Berg-Jasione – *Jasione des montagnes;* bl. – **2632*. J. levis** Lam. (J. perennis Vill.) – Ausdauernde J. – *J. vivace;* bl. – **2633*. Lobelia Erinus** L. – Lobelie – *Lobélie bleue, L. Erinus;* bl. ● **2634. Eupatorium cannabinum** L. – Wasserdost – *Eupatoire Chanvrine;* rs. – **2635. Adenostyles leucophylla** (Willd.) Rchb. (A. tomentosa Sch. & Thell.) – Filziger Alpendost – *Adénostyle à feuilles blanches;* rs.

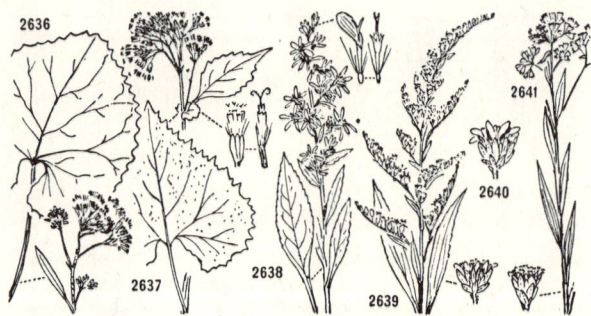

2636. Adenostyles glabra (Miller) DC. (A. alpina Bluff & Fingerhuth) – Grüner Alpendost – *Adénostyle glabre;* rsl. – **2637. A. Alliariæ** (Gouan) Kerner (A. albifrons Rchb.) – Grauer A. – *A. à feuilles d'Alliaire, A. à tête blanche;* rsl. – **2638*. Solidago Virgaurea** L. – Gemeine Goldrute – *Solidage Verge d'Or;* j. – **2639. S. canadensis** L. – Kanadische G. – *S. du Canada;* j. – **2640. S. gigantea** Aiton var. **serotina** (Aiton) Cronquist (var. leiophylla Fernald, S. serotina Aiton) – Spätblühende G. – *S. géant, S. tardif;* j. – **2641. S. graminifolia** (L.) Salisb. – Grasblättrige G. – *S. à feuilles de Graminée;* j.

b = blanc, weiß; bl = bleu, blau; br = brun, braun; j = jaune, gelb; l = lila(s); n = noir, schwarz

2642. Bellis perennis L. – Maßliebchen, Gänseblümchen – *Pâquerette vivace;* j˙b|p. – **2643. Bellidiastrum Michelii** Cass. (Aster Bellidiastrum Scop.) – Alpenmaßlieb – *Bellidiastrum de Micheli, Fausse Pâquerette;* j˙b|p. – **2644. Aster Linosyris** (L.) Bernh. (Linosyris vulgaris Less.) – Goldschopf-Aster – *Aster Linosyris;* j. – **2645. A. alpinus** L. – Alpen-A. – *A. des Alpes;* j˙blvi. – **2646. A. Amellus** L. – Berg-A. – *A. Amelle;* j˙bll. – **2647. A. Novi-Belgii** L. – Neubelgischer A. – *A. de la Nouvelle-Belgique;* j˙l.

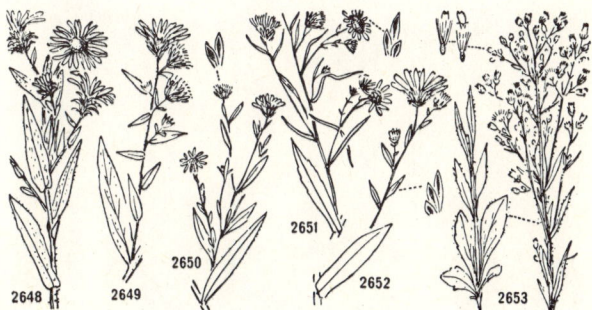

2648. Aster Novæ-Angliæ L. – Neuenglischer Aster – *Aster de la Nouvelle-Angleterre;* j˙bl (vi, rs). – **2649. A. salignus** Willd. – Weiden-A. – *A. à feuilles de Saule;* j˙b > bl. – **2650. A. Tradescanti** L. (A. parviflorus Nees) – Tradescants A. – *A. de Tradescant;* j˙rs > b. – **2651*. A. lanceolatus** Willd. – Lanzettblättriger A. – *A. lancéolé;* j˙lb. – **2652*. A. versicolor** Willd. – Gescheckter A. – *A. versicolore;* j˙bl. – **2653. Erigeron canadensis** L. (Conyza canadensis Cronquist) – Kanadisches Berufkraut – *Erigéron (Vergerette) du Canada;* jb˙b.

or = orange; p = pourpre, purpurn; r = rouge, rot; rs = rose, rosa; v = vert, grün; vi = violet(t)

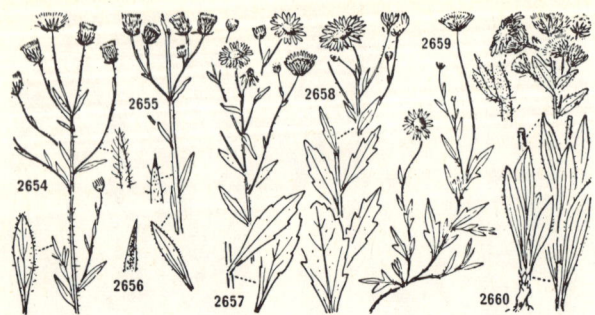

2654. Erigeron acer L. ssp. **typicus** (Beck) Neuman (ssp. acer Rikli) – Scharfes Berufkraut – *Erigéron (Vergerette) âcre;* j˙l. – **2655.** id. ssp. **angulosus** (Gaudin) Vaccari (ssp. droebachiensis Rikli); j˙lp. – **2656.** id. ssp. **politus** (Fries) Sch. & K.; j˙lp. – **2657. E. strigosus** Mühlenb. (E. ramosus Britton, Sterns & Poggenburg) – Ästiges B. – *E. rameux;* j˙b. – **2658*. E. annuus** (L.) Pers. (Stenactis annua Nees) – Feinstrahliges B. – *E. annuel;* j˙lrs. – **2659. E. Karvinskianus** DC. (Vittadinia triloba hort.) – Karwinskis B. – *E. de Karvinski, E. trilobé;* j˙r > b > rs. – **2660. E. atticus** Vill. (E. Villarii Bell.) – Reichdrüsiges B. – *E. d'Attique;* j˙p.

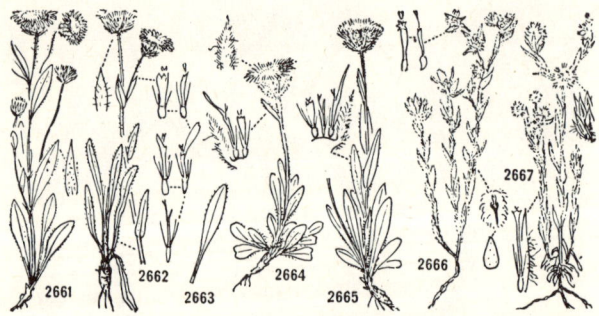

2661. Erigeron Gaudini Brügger (E. Schleicheri Gremli, E. glandulosus Sch. & Thell.) – Gaudins Berufkraut – *Erigéron (Vergerette) de Gaudin;* j˙b|lb. – **2662. E. alpinus** L. ssp. **alpinus** (L.) Briq. – Alpen-B. – *E. des Alpes;* j˙p(rs). – **2663.** id. ssp. **glabratus** (Hoppe & Hornsch.) Briq. (ssp. polymorphus Sch. & K., E. polymorphus Scop.); j˙p(rs). – **2664. E. uniflorus** L. – Einköpfiges B. – *E. à une tête;* j˙p(b, l). – **2665. E. neglectus** Kerner – Verkanntes B. – *E. négligé;* j˙p(rs). – **2666. Micropus erectus** L. – Falzblume – *Microbe dressé;* bj. – **2667*. Filago vulgaris** Lam. (F. germanica L.) – Gewöhnliches Fadenkraut – *Cotonnière vulgaire;* bj.

b = blanc, weiß; bl = bleu, blau; br = brun, braun; j = jaune, gelb; l = lila(s); n = noir, schwarz

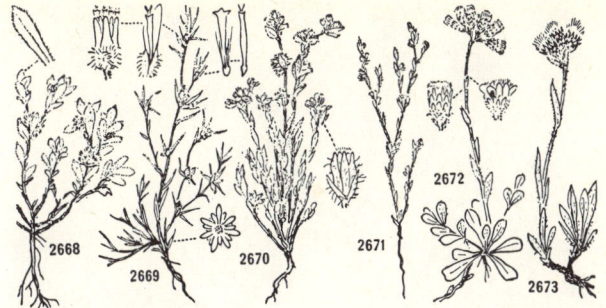

2668. Filago pyramidata L. (F. spathulata J. & C. Presl) – Spatelblättriges Fadenkraut – *Cotonnière spatulée;* bj. – **2669. F. gallica** L. – Französisches F. – *C. de France;* bj. – **2670. F. arvensis** L. – Acker-F. – *C. des champs;* bj. – **2671. F. minima** (Sm.) Pers. – Kleines F. – *C. naine;* bj. – **2672. Antennaria diœca** (L.) Gaertner – Gemeines Katzenpfötchen – *Antennaire (Pied de chat) dioïque;* bj, rs. – **2673. A. carpathica** (Wahlenb.) Bluff & Fingerhuth – Karpaten-K. – *A. des Carpathes;* bj.

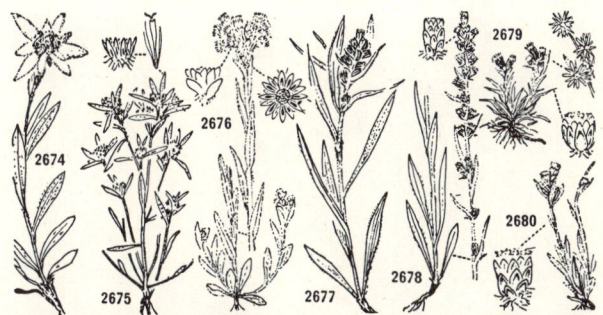

2674. Leontopodium alpinum Cass. – Edelweiß – *Etoile des Alpes, Edelweiss;* bj. – **2675. Gnaphalium uliginosum** L. – Sumpf-Ruhrkraut – *Gnaphale des marais;* bj. – **2676. G. luteoalbum** L. – Gelblichweißes R. – *G. blanc jaunâtre;* j. – **2677. G. norvegicum** Gunnerus – Norwegisches R. – *G. de Norvège;* br. – **2678. G. silvaticum** L. – Wald-R. – *G. des bois;* br. – **2679. G. supinum** L. – Niedriges R. – *G. couché;* br. – **2680. G. Hoppeanum** Koch – Hoppes R. – *G. de Hoppe;* br.

or = orange; p = pourpre, purpurn; r = rouge, rot; rs = rose, rosa; v = vert, grün; vi = violet(t)

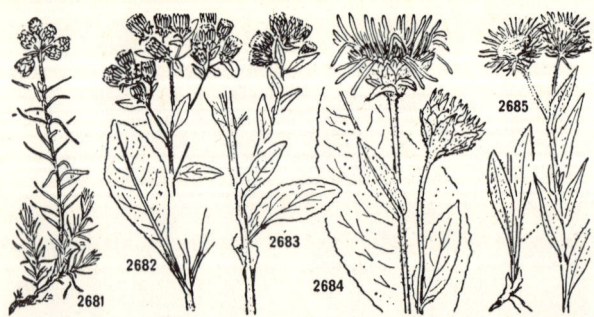

2681*. **Helichrysum Stœchas** (L.) DC. – Sonnengold, Immortelle – *Immortelle Stœchas;* j. – **2682. Inula Conyza** DC. (I. squarrosa Bernh., Conyza squarrosa L.) – Gemeine Dürrwurz – *Inule Conyze, Œil de cheval;* j, jbr. – **2683*. I. bifrons** L. (C. alata Baumg.) – Südliche D. – *I. à deux faces;* j. – **2684. I. Helenium** L. – Echter Alant – *I. Hélénie, Grande Aunée;* j. – **2685. I. Britannica** L. – Wiesen-A. – *I. Britannique, I. des prairies humides;* j.

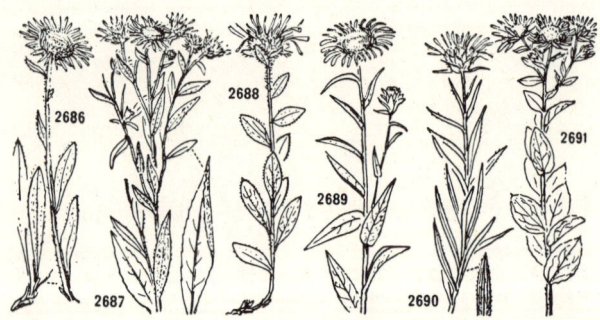

2686*. Inula montana L. – Berg-Alant – *Inule des montagnes;* j. – **2687. I. helvetica** Weber (I. Vaillantii Vill.) – Schweizerischer A. – *I. de Suisse;* j. – **2688. I. hirta** L. – Rauher A. – *I. hérissée;* j. – **2689. I. salicina** L. – Weiden-A. – *I. à feuilles de Saule;* j. – **2690*. I. ensifolia** L. – Schwert-A. – *I. à feuilles en glaive;* j. – **2691. I. spiræifolia** L. – Sparriger A. – *I. à feuilles de Spirée;* j.

b=blanc, weiß; bl=bleu, blau; br=brun, braun; j=jaune, gelb; l=lila(s); n=noir, schwarz

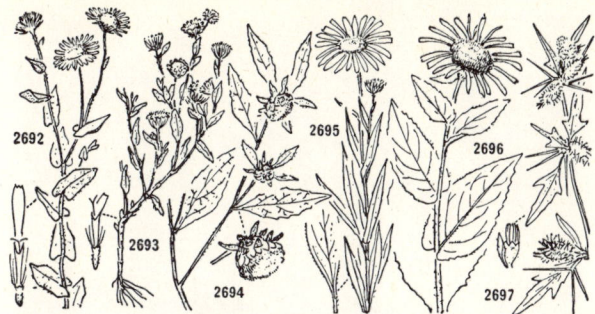

2692. Pulicaria dysenterica (L.) Bernh. – Großes Flohkraut, Ruhrwurz – *Pulicaire dysentérique;* j. – **2693. P. vulgaris** Gaertner – Kleines F. – *P. vulgaire;* j. – **2694. Carpesium cernuum** L. – Kragenblume – *Carpésium penché;* j. – **2695. Buphthalmum salicifolium** L. – Weidenblättriges Rindsauge – *Buphtalmum à feuilles de Saule;* j. – **2696*. B. speciosissimum** L. (Telekia speciosissima Less.) – Südalpines R. – *Télékie remarquable;* j. – **2697. Xanthium spinosum** L. – Dornige Spitzklette – *Lampourde épineuse;* jv.

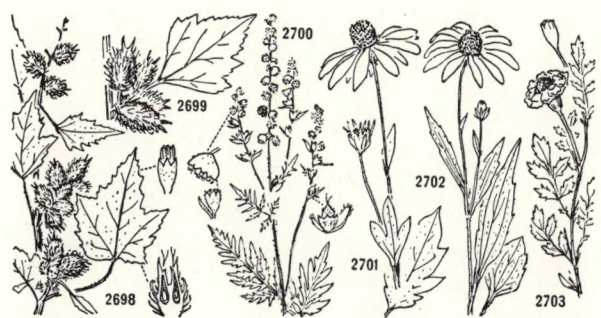

2698. Xanthium strumarium L. – Gewöhnliche Spitzklette – *Lampourde ordinaire;* v. – **2099. X. italicum** Moretti – Italienische S. – *L. d'Italie;* v. – **2700*. Ambrosia elatior** L. (A. artemisiifolia auct.) – Ambrosie – *Ambroisie élevée, A. à feuilles d'Armoise;* jb. – **2701. Rudbeckia laciniata** L. – Schlitzblättriger Sonnenhut – *Rudbeckie découpée;* brn·j. – **2702. R. hirta** L. – Rauher S. – *R. hérissée;* brn·j. – **2703*. Tagetes patula** L. – Sammetblume, Stinkende Hoffart – *Tagète étalé;* j|brp.

or = orange; p = pourpre, purpurn; r = rouge, rot; rs = rose, rosa; v = vert, grün; vi = violet(t)

2704. Helianthus annuus L. – Gewöhnliche Sonnenblume – *Hélianthe, Tournesol;* brn·j. – **2705. H. tuberosus** L. – Knollen-S., Topinambur – *H. tubéreux, Topinambour;* j. – **2706*. Coreopsis tinctoria** Nuttall – Wanzenblume, Jungferngesichtchen – *Coréopsis des teinturiers;* brp·j. – **2707*. Cosmos bipinnatus** Cav. – Cosmos – *Cosmos bipenné;* j·rs(p, b). – **2708. Bidens tripartita** L. – Dreiteiliger Zweizahn – *Bident triparti;* jbr.

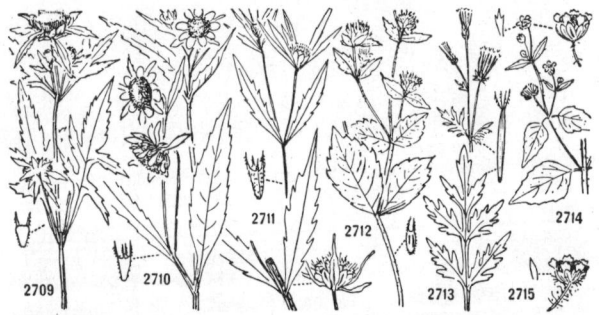

2709*. Bidens radiata Thuill. – Strahlender Zweizahn – *Bident rayonnant;* jbr. – **2710. B. cernua** L. – Nickender Z. – *B. penché;* jbr·j. –**2711. B. connata** Mühlenb. (B. decipiens Warnstorf) – Verwachsenblättriger Z. – *B. soudé;* jbr. – **2712*. B. tripartita** L. var. **hirta** (Jordan) Sherff (B. bullata L., B. hirta Jordan) – Rauher Z. – *B. hérissé;* jbr. – **2713. B. bipinnata** L. – Fiederblättriger Z. – *B. bipenné;* jbr·j. – **2714. Galinsoga parviflora** Cav. – Kleinblütiges Knopfkraut – *Galinsoga à petites fleurs;* j·b. – **2715. G. quadriradiata** Ruiz & Pavon ssp. **hispida** (DC.) Thell. (G. aristulata Bicknell, G. ciliata Blake) – Borstenhaariges K. – *G. hérissé;* j·b.

b=blanc, weiß; bl=bleu, blau; br=brun, braun; j=jaune, gelb; l=lila(s); n=noir, schwarz

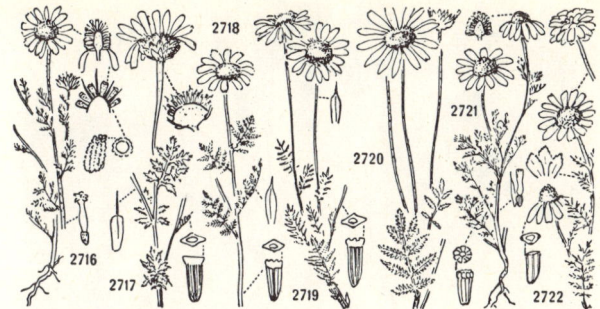

2716. Anthemis Cotula L. – Stinkende Hundskamille – *Anthémis Cotule, A. fétide;* j˙b. – **2717*. A. altissima** L. (A. Cota L.) – Riesen-H. – *A. géant, A. Cota;* j˙b. – **2718*. A. austriaca** Jacq. – Österreichische H. – *A. d'Autriche;* j˙b. – **2719. A. tinctoria** L. – Färberkamille – *A. des teinturiers;* j. – **2720. A. Triumfetti** (L.) DC. – Trionfettis H. – *A. de Trionfetti;* j˙b. – **2721. A. arvensis** L. – Feld-H. – *A. des champs, Fausse Camomille;* j˙b. – **2722*. A. nobilis** L. (Ormenis nobilis Gay) – Römische Kamille – *A. noble, Camomille romaine;* j˙b.

2723*. Santolina Chamæcyparissus L. – Heiligenkraut – *Santoline Petit Cyprès;* j. – **2724*. Achillea oxyloba** (DC.) F. W. Schultz (Anthemis alpina L.) – Spitzzipflige Schafgarbe – *Achillée à lobes aigus;* bj˙b. – **2725. A. Ptarmica** L. – Sumpf-S. – *A. Ptarmique, Herbe à éternuer;* bj˙b. – **2726. A. tomentosa** L. – Gelbe S. – *A. tomenteuse;* j. – **2727. A. macrophylla** L. – Großblättrige S. – *A. à grandes feuilles;* bj˙b. – **2728. A. Clavenæ** L. – Clavenas S. – *A. de Clavena;* bj˙b. – **2729. A. nana** L. – Zwerg-S. – *A. naine;* bj˙b.

or = orange; p = pourpre, purpurn; r = rouge, rot; rs = rose, rosa; v = vert, grün; vi = violet(t)

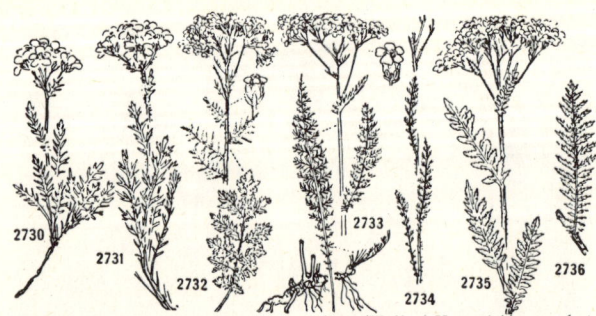

2730. Achillea Erba-rotta All. ssp. **moschata** (Wulfen) Vaccari (A. moschata Wulfen) – Moschus-Schafgarbe, Ivapflanze – *Achillée Erba-rotta, A. musquée;* bj˙b. – **2731. A. atrata** L. – Schwarzrandige S. – *A. noirâtre;* bj˙b. – **2732. A. nobilis** L. – Edle S. – *A. noble;* bj. – **2733*. A. Millefolium** L. – Gemeine S. – *A. Millefeuille;* bj˙b(rs). – **2734. A. setacea** Waldst. & Kit. – Borstenblättrige S. – A. sétacée; bj˙b(bj). – **2735. A. distans** Waldst. & Kit. (A. tanacetifolia All., A. dentifera DC.) – Rainfarnblättrige S. – *A. distante, A. à feuilles de Tanaisie;* bj˙b (rs, p). – **2736. A. stricta** Schleicher – Straffe S. – *A. rigide;* bj˙b.

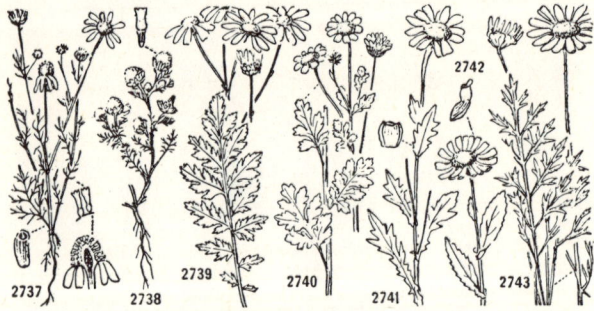

2737. Matricaria Chamomilla L. – Echte Kamille – *Matricaire Camomille, Camomille vraie;* j˙b. – **2738. M. matricarioides** (Less.) Porter (M. suaveolens Buchenau, M. discoidea DC.) – Strahlenlose K. – *M. Fausse Camomille, M. sans ligules;* jv. – **2739. Chrysanthemum corymbosum** L. (Tanacetum corymbosum Sch.-Bip.) – Straußblütige Margerite (Wucherblume) – *Chrysanthème en corymbe;* j˙b. – **2740. Ch. Parthenium** (L.) Bernh. (T. Parthenium Sch.-Bip.) – Mutterkraut, Falsche Kamille – *Ch. Parthénium, Grande Camomille;* j˙b. – **2741. Ch. segetum** L. – Saat-Margerite (Wucherblume) – *Ch. des moissons;* j. – **2742*. Ch. Myconis** L. – Rindsauge-M. – *Ch. Myconis;* j. – **2743. Ch. cinerariifolium** (Treviranus) Visiani (T. cinerariifolium Sch.-Bip.) – Dalmatinische Insektenblume – *Ch. à feuilles de Cinéraire, Pyrèthre;* j˙b.

b=blanc, weiß; bl=bleu, blau; br=brun, braun; j=jaune, gelb; l=lila(s); n=noir, schwarz

2744. Chrysanthemum maritimum (L.) Pers. (Ch. inodorum L., Matricaria inodora L., Tripleurospermum inodorum Sch.-Bip.) – Geruchlose Kamille – *Matricaire inodore;* j˙b. – **2745. Ch. alpinum** L. (Tanacetum alpinum Sch.-Bip., Leucanthemum alpinum Lam.) – Alpen-Margerite (Wucherblume) – *Chrysanthème des Alpes;* j˙b. – **2746*. Ch. Leucanthemum** L. (L. vulgare Lam.) – Wiesen-M. – *Ch. Leucanthème, Marguerite, Grande M.;* j˙b. – **2747. id.** ssp. **montanum** (All.) Gaudin (Ch. montanum All., Ch. adustum Fritsch, L. adustum Gremli); j˙b. – **2748. id.** ssp. **lanceolatum** (Pers.) E. Mayer (ssp. heterophyllum Gams, Ch. heterophyllum Willd., L. heterophyllum DC.); j˙b. – **2749*. Ch. Halleri** Suter (Ch. atratum auct. helv. non Jacq., L. Halleri Ducommun) – Schwarzrandige M. – *Ch. noirâtre;* j˙b.

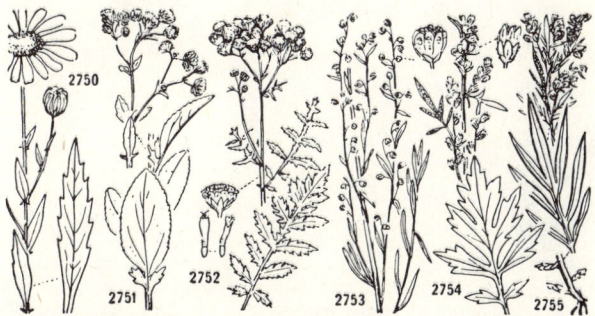

2750*. Chrysanthemum serotinum L. (Ch. uliginosum Pers., Leucanthemum serotinum Stankov) – Späte Margerite (Wucherblume) – *Chrysanthème tardif;* j˙b. – **2751*. Ch. Balsamita** L. (Tanacetum Balsamita L.) – Balsamkraut, Marienbalsam – *Ch. Balsamite, Menthe de Notre-Dame;* jb. – **2752. Tanacetum vulgare** L. (Chrysanthemum vulgare Bernh.) – Rainfarn – *Tanaisie vulgaire;* j. – **2753. Artemisia Dracunculus** L. – Estragon – *Armoise Estragon, Estragon;* jv. – **2754. A. vulgaris** L. – Gemeiner Beifuß – *A. vulgaire;* jv, brr. – **2755. A. Verlotorum** Lamotte (A. selengensis auct.) – Verlotscher B. – *A. des frères Verlot;* brr.

or = orange; p = pourpre, purpurn; r = rouge, rot; rs = rose, rosa; v = vert, grün; vi = violet(t)

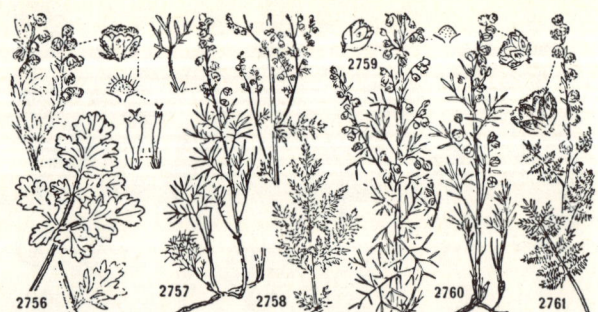

2756. Artemisia Absinthium L. – Wermut – *Armoise Absinthe;* j. – **2757*. A. alba** Turra (A. Lobelii All., A. camphorata Vill.) – Kampfer-Wermut – *A. blanche;* j. – **2758*. A. annua** L. – Einjähriger Beifuß – *A. annuelle;* jv. – **2759. A. campestris** L. – Feld-B. – *A. des champs;* j. – **2760. A. borealis** Pallas var. **nana** (Gaudin) Fritsch – Nordischer B. – *A. septentrionale;* j, brr. – **2761*. A. atrata** Lam. – Schwärzlicher B. – *A. noirâtre;* j.

2762*. Artemisia chamæmelifolia Vill. – Kamillen-Wermut – *Armoise à feuilles de Camomille;* j. – **2763. A. vallesiaca** All. (A. maritima L. ssp. vallesiaca Gams) – Walliser W. – *A. du Valais;* j. – **2764. A. pontica** L. – Pontischer W. – *A. du Pont, Petite Absinthe;* j. – **2765. A. Abrotanum** L. – Eberreis – *A. Aurone, Citronnelle;* jb. – **2766. A. Genipi** Weber (A. spicata Wulfen) – Schwarze Edelraute – *A. Genépi, Genépi noir;* j. – **2767. A. nivalis** Br.-Bl. (A. Genipi Weber forma glaberrima Heske) – Schnee-E. – *A. des neiges;* j. – **2768. A. Mutellina** Vill. (A. laxa Fritsch) – Echte E. – *A. lâche, Genépi blanc, G. jaune;* j. – **2769. A. glacialis** L. – Gletscher-E. – *A. des glaciers;* j.

b = blanc, weiß; bl = bleu, blau; br = brun, braun; j = jaune, gelb; l = lila(s); n = noir, schwarz

2770. Tussilago Farfara L. – Huflattich – *Tussilage Farfara, Pas-d'Ane;* j. –
2771. Petasites hybridus (L.) G., M. & Sch. (P. officinalis Moench) – Gemeine Pestwurz – *Pétasite hybride, Grand Taconnet;* rs, p. – **2772. P. albus** (L.) Gaertner – Weiße P. – *P. blanc;* bj. – **2773. P. paradoxus** (Retz.) Baumg. (P. niveus Baumg.) – Schneeweisse P. – *P. paradoxal, P. blanc de neige;* rs. – **2774. Homogyne alpina** (L.) Cass. – Alpenlattich – *Homogyne des Alpes;* rs|p.

2775. Arnica montana L. – Arnika, Wohlverleih – *Arnica des montagnes;* jor. –
2776. Doronicum Pardalianches L. em. Scop. – Kriechende Gemswurz – *Doronic Pardalianche, D. vrai;* j. – **2777***. **D. Columnæ** Ten. (D. cordatum Sch.-Bip.) – Colonnas G. – *D. à feuilles en cœur;* j. – **2778. D. grandiflorum** Lam. (Aronicum scorpioides Koch) – Großköpfige G. – *D. à grandes fleurs;* j. – **2779. D. Clusii** (All.) Tausch (A. Clusii Koch) – Clusius' G. – *D. de Clusius;* j. – **2780*. D. glaciale** (Wulfen) Nyman (A. glaciale Rchb.) – Gletscher-G. – *D. des glaciers;* j. – **2781. Senecio alpinus** (L.) Scop. (S. cordifolius Clairv., S. cordatus Koch) – Alpen-Kreuzkraut – *Seneçon des Alpes;* j.

or = orange; p = pourpre, purpurn; r = rouge, rot; rs = rose, rosa; v = vert, grün; vi = violet(t)

2782*. Senecio subalpinus Koch – Voralpen-Kreuzkraut – *Seneçon des Préalpes;* j. – **2783. S. paludosus** L. – Sumpf-K. – *S. des marais;* j. – **2784. S. Doronicum** L. – Gemswurz-K. – *S. Doronic;* j, jor. – **2785*. S. Doria** L. – Fettblättriges K. – *S. Doria;* j. – **2786. S. Fuchsii** Gmelin – Fuchs' K. – *S. de Fuchs;* j. – **2787. S. nemorensis** L. (S. Jacquinianus Rchb.) – Busch-K. – *S. des taillis;* j.

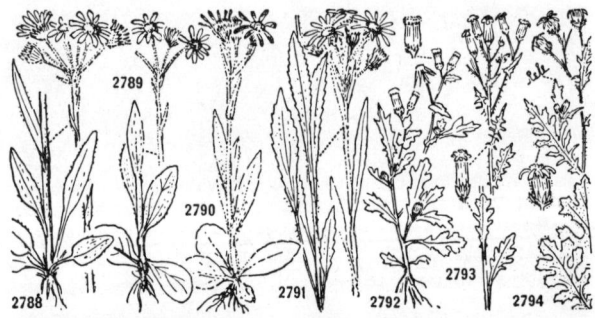

2788. Senecio spathulifolius (Gmelin) Grießelich (S. Helenitis Sch. & Thell. s. str.) – Spatelblättriges Kreuzkraut – *Seneçon à feuilles en spatule;* j. – **2789. S. integrifolius** (L.) Clairv. (S. campester DC.) – Ganzblättriges K. – *S. à feuilles entières;* j. – **2790. S. capitatus** (Wahlenb.) Steudel (S. aurantiacus auct.) – Orangerotes K. – *S. orangé;* jor, j. – **2791. S. Gaudini** Gremli – Gaudins K. – *S. de Gaudin;* j, jor. – **2792. S. vulgaris** L. – Gemeines K. – *S. vulgaire, Herbe aux coitrons;* j. – **2793. S. silvaticus** L. – Wald-K. – *S. des bois;* j. – **2794. S. viscosus** L. – Klebriges K. – *S. visqueux;* j.

b = blanc, weiß; bl = bleu, blau; br = brun, braun; j = jaune, gelb; l = lila(s); n = noir, schwarz

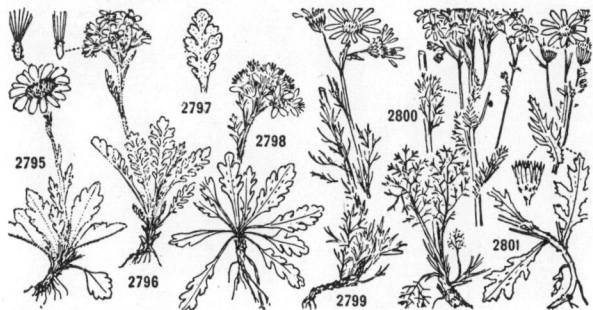

2795. Senecio Halleri Dandy (S. uniflorus All.) – Hallers Kreuzkraut – *Seneçon de Haller;* jor. – **2796. S. incanus** L. ssp. **eu-incanus** (Hermann) J. Braun (S. incanus L.s.str.) – Weissgraues K. – *S. blanchâtre;* jor. – **2797. id.** ssp. **insubricus** (Chenev.) J. Braun (S. insubricus Chenev.); jor. – **2798. id.** ssp. **carniolicus** (Willd.) J. Braun (S. carniolicus Willd.); jor. – **2799. S. abrotanifolius** L. – Eberreisblättriges K. – *S. à feuilles d'Aurone;* or. – **2800*. S. adonidifolius** Loisel. – Adonisblättriges K. – *S. à feuilles d'Adonis;* j. – **2801. S. rupester** Waldst. & Kit. (S. nebrodensis DC.) – Felsen-K. – *S. des rochers;* j.

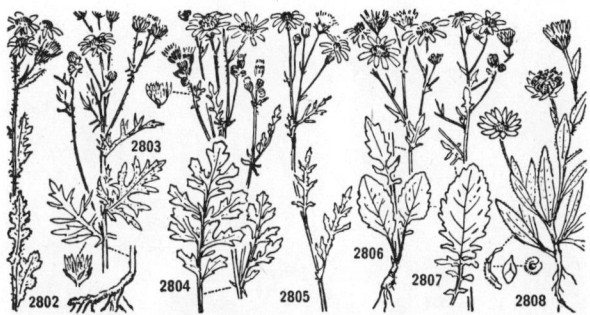

2802*. Senecio vernalis Waldst. & Kit. – Frühlings-Kreuzkraut – *Seneçon du printemps;* j. – **2803. S. erucifolius** L. – Rukenblättriges K. – *S. à feuilles de Roquette;* j. – **2804. S. Jacobæa** L. – Jakobs-K., Jakobskraut – *S. Jacobée, Herbe de St-Jacques;* j. – **2805*. S. gallicus** Chaix – Französisches K. – *S. de France;* j. – **2806. S. aquaticus** Hudson – Wasser K. – *S. aquatique;* j. – **2807. S. erraticus** Bertol. – Spreizendes K. – *S. erratique;* j. – **2808. Calendula arvensis** L. – Acker-Ringelblume – *Souci des champs;* jor.

or = orange; p = pourpre, purpurn; r = rouge, rot; rs = rose, rosa; v = vert, grün; vi = violet(t)

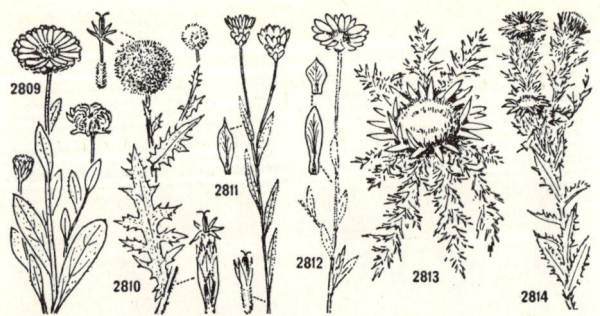

2809. Calendula officinalis L. – Garten-Ringelblume – *Souci des jardins;* j, or. – **2810. Echinops sphærocephalus** L. – Kugeldistel – *Echinope à tête ronde;* blb. – **2811. Xeranthemum inapertum** (L.) Miller – Felsenheide-Strohblume – *Xéranthème fermé;* rsp. – **2812. X. annuum** L. – Einjährige S. – *X. annuel;* rsp. – **2813. Carlina acaulis** L. – Stengellose Eberwurz, Silberdistel – *Carline sans tige;* b, pb. – **2814*. C. vulgaris** L. – Gemeine E., Golddistel – *C. vulgaire;* j, pj.

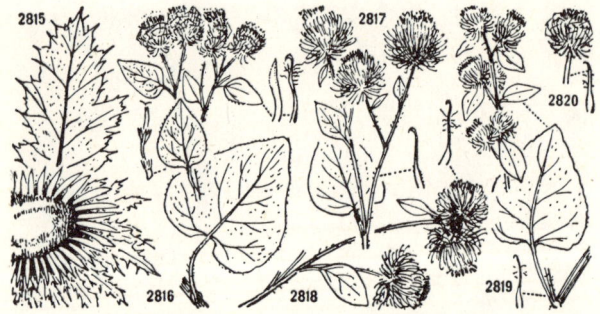

2815*. Carlina acanthifolia All. – Akanthusblättrige Eberwurz – *Carline à feuilles d'Acanthe;* b, pb. – **2816. Arctium tomentosum** Miller (Lappa tomentosa Lam.) – Filzige Klette – *Bardane tomenteuse;* p. – **2817. A. Lappa** L. (L. major Gaertner) – Große K. – *B. commune;* p. – **2818. A. nemorosum** Lejeune (A. vulgare Evans, L. nemorosa Kœrnicke, L. vulgaris Hill) – Hain-K. – *B. des taillis;* p. – **2819. A. minus** (Hill) Bernh. (L. minor Hill) – Kleine K. – *B. à petites têtes;* p, rs. – **2820. A. pubens** Babington – Flaumige K. – *B. duveteuse;* p.

b=blanc, weiß; bl=bleu, blau; br=brun, braun; j=jaune, gelb; l=lila(s); n=noir, schwarz

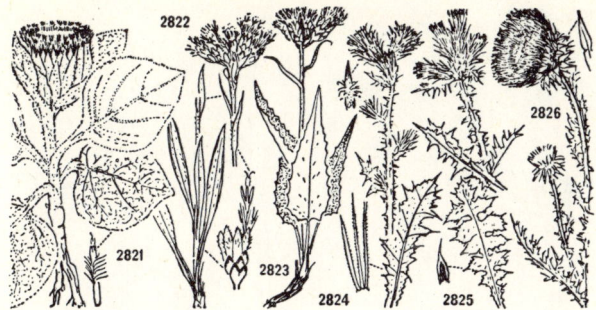

2821*. Berardia subacaulis Vill. (B. lanuginosa Fiori) – Berardie – *Bérardie laineuse;* bj. – **2822*. Saussurea alpina** (L.) DC. – Gewöhnliche Alpenscharte – *Saussurée des Alpes;* pvi. – **2823. S. discolor** (Willd.) DC. (S. lapathifolia Beck) – Weißfilzige A. – *S. à feuilles discolores;* pvi. – **2824*. Carduus pycnocephalus** L. – Knäuelköpfige Distel – *Chardon à capitules rapprochés;* rsp. – **2825*. C. tenuiflorus** Curtis – Dünnköpfige D. – *Ch. à capitules grêles;* rsp. – **2826*. C. nutans** L. – Nickende D. – *Ch. penché;* p.

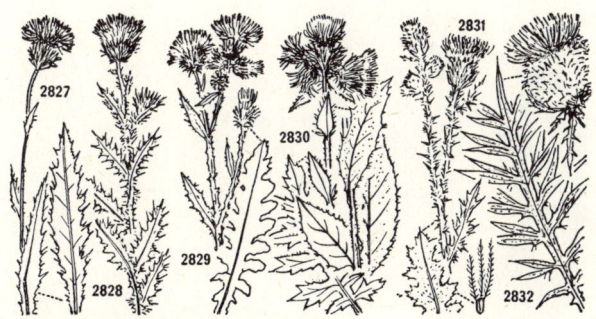

2827*. Carduus defloratus L. – Langstielige Distel – *Chardon décapité, Ch. des Alpes;* rsp. – **2828. C. acanthoides** L. – Weg-D. – *Ch. Faux Acanthe;* p. – **2829. C. crispus** L. – Krause D. – *Ch. crépu;* p. – **2830. C. Personata** (L.) Jacq. – Kletten-D. – *Ch. Bardane;* p. – **2831. Cirsium vulgare** (Savi) Ten. (C. lanceolatum Scop.) – Lanzettblättrige Kratzdistel – *Cirse lancéolé;* p. – **2832. C. eriophorum** (L.) Scop. – Wollköpfige K. – *C. laineux;* pvi.

or = orange; p = pourpre, purpurn; r = rouge, rot; rs = rose, rosa; v = vert, grün; vi = violet(t)

2833. Cirsium arvense (L.) Scop. – Ackerdistel – *Cirse des champs;* lp. – **2834. C. palustre** (L.) Scop. – Sumpf-Kratzdistel – *C. des marais;* p. – **2835*. C. monspessulanum** (L.) Hill – Französische K. – *C. de Montpellier;* p. – **2836*. C. pannonicum** (L. f.) Link – Ungarische K. – *C. de Hongrie;* p. – **2837. C. helenioides** (L.) Hill (C. heterophyllum Hill) – Verschiedenblättrige K. – *C. Fausse Hélénie, C. à feuilles de deux sortes;* p. – **2838. C. acaulon** (L.) Scop. – Stengellose K. – *C. sans tige;* p.

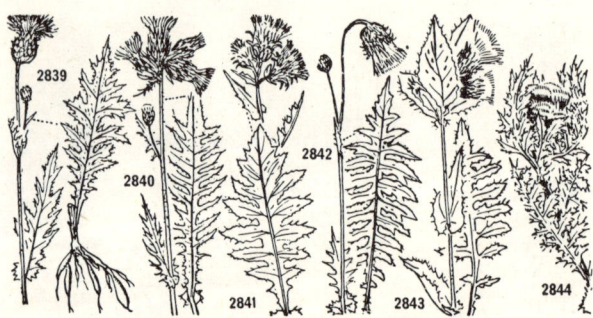

2839. Cirsium tuberosum (L.) All. (C. bulbosum DC.) – Knollige Kratzdistel – *Cirse tubéreux;* p. – **2840. C. salisburgense** (Willd.) G. Don (C. rivulare Link) – Bach-K. – *C. de Salzbourg, C. des ruisseaux;* p. – **2841*. C. montanum** (Waldst. & Kit.) Sprengel (C. tricephalodes auct.) – Berg-K. – *C. des montagnes;* p. – **2842. C. Erisithales** (Jacq.) Scop. – Klebrige K. – *C. Erisithalès, C. glutineux;* j. – **2843. C. oleraceum** (L.) Scop. – Kohldistel – *C. maraîcher, C. Faux Epinard;* bj. – **2844. C. spinosissimum** (L.) Scop. – Alpen-Kratzdistel – *C. épineux;* bj.

b=blanc, weiß; bl=bleu, blau; br=brun, braun; j=jaune, gelb; l=lila(s); n=noir, schwarz

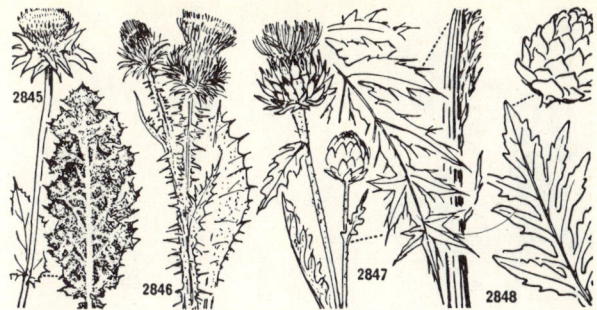

2845. Silybum Marianum (L.) Gaertner – Mariendistel – *Silybe de Marie, Chardon Marie;* p. – **2846. Onopordum Acanthium** L. – Eselsdistel – *Onoporde Acanthe;* p. – **2847. Cynara Cardunculus** L. ssp. **Cardunculus** (L.) Beger var. **altilis** DC. – Kardone, Gemüse-Artischocke, Spanische A. – *Cardon;* p. – **2848. id.** ssp. **Scolymus** (L.) Beger – Artischocke – *Artichaut;* p.

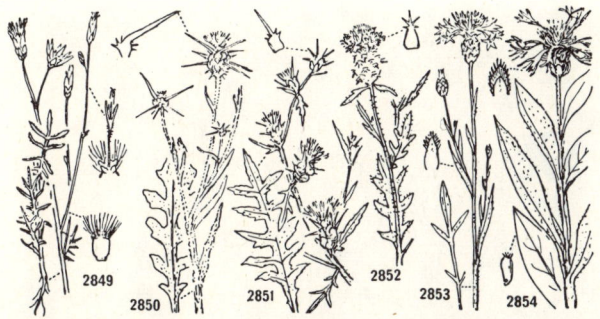

2849. Crupina vulgaris Cass. – Schlupfsame – *Crupine vulgaire;* p. – **2850. Centaurea solstitialis** L. – Sonnenwend-Flockenblume – *Centaurée du solstice;* j. – **2851. C. Calcitrapa** L. – Fußangel-F. – *C. Chausse-trape;* p. – **2852*. C. aspera** L. – Rauhe F. – *C. rude;* p. – **2853. C. Cyanus** L. – Kornblume – *C. Bleuet, Bleuet;* bl. – **2854. C. montana** L. – Berg-Flockenblume – *C. des montagnes;* p·bl.

or = orange; p = pourpre, purpurn; r = rouge, rot; rs = rose, rosa; v = vert, grün; vi = violet(t)

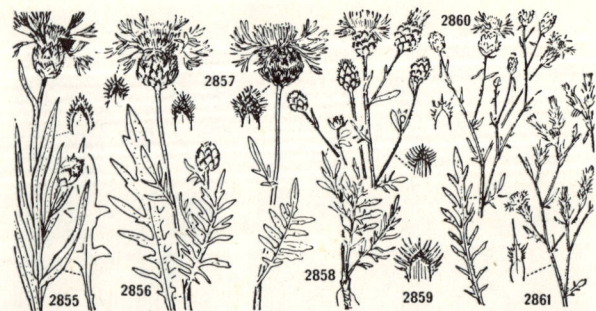

2855. Centaurea Triumfetti All. (C. axillaris Willd.) – Trionfettis Flockenblume – *Centaurée de Trionfetti;* p˙bl. – **2856*. C. Scabiosa** L. – Skabiosen-F. – *C. Scabieuse;* p. – **2857. C. alpestris** Hegetschw. – Alpen-F. – *C. des Alpes;* p. – **2858*. C. Stœbe** L. ssp. **rhenana** (Boreau) Sch. & Thell. (C. rhenana Boreau) – Gefleckte F. – *C. Stœbé, C. maculée;* rs. – **2859. id.** ssp. **maculosa** (Lam.) Sch. & Thell. (C. maculosa Lam.); rs. – **2860. C. paniculata** L. em. Lam. – Rispige F. – *C. en panicule;* rs. – **2861. C. diffusa** Lam. – Sparrige F. – *C. diffuse;* bj.

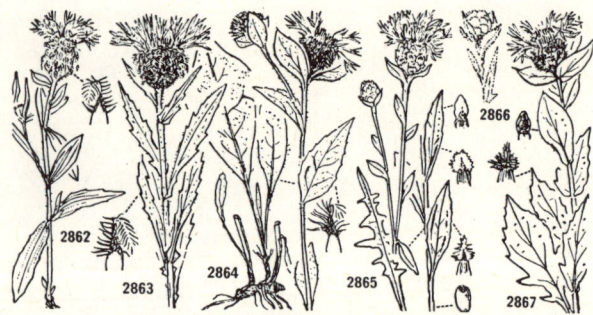

2862. Centaurea rhætica Moritzi (C. cirrhata Kerner) – Rätische Flockenblume – *Centaurée de Rhétie;* p. – **2863. C. nervosa** Willd. (C. uniflora Turra ssp. nervosa Rouy) – Federige F. – *C. nervée;* p. – **2864. C. pseudophrygia** C. A. Meyer – Perücken-F. – *C. à perruque;* p. – **2865*. C. Jacea** L. – Gemeine F. – *C. Jacée;* p. – **2866. C. bracteata** Scop. (C. Jacea L. ssp. Gaudini Gremli) – Hellschuppige F. – *C. de Gaudin;* p. – **2867. C. nigrescens** Willd. (C. dubia Suter, C. transalpina Schleicher) – Ennetbirgische F. – *C. noirâtre;* p.

b=blanc, weiß; bl=bleu, blau; br=brun, braun; j=jaune, gelb; l=lila(s); n=noir, schwarz

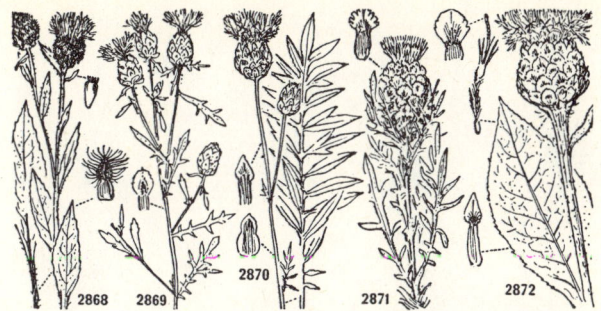

2868. Centaurea nigra L. ssp. **nemoralis** (Jordan) Gremli – Schwarze Flockenblume – *Centaurée noire;* p. – **2869. C. splendens** L. (C. alba auct., C. leucolepis auct.) – Glänzende F. – *C. luisante;* rs. – **2870*. C. alpina** L. – Südliche F. – *C. australe;* j. – **2871*. C. conifera** L. (Leuzea conifera DC.) – Zapfentragende F. – *C. conifère;* rsp. – **2872. C. Rhapontica** L. (Rhaponticum scariosum Lam.) – Riesen-F. – *C. Rhapontic;* rsp.

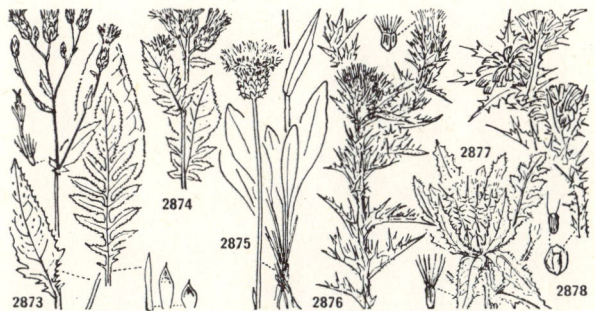

2873. Serratula tinctoria L. ssp. **eu-tinctoria** Br.-Bl. (S. tinctoria L. s.str.) – Färber-Scharte – *Serratule des teinturiers;* p. – **2874. id.** ssp. **macrocephala** (Bertol.) Sch. & K. (S. macrocephala Bertol., S. Vulpii Fischer-Ooster); p. – **2875*. S. nudicaulis** (L.) DC. – Nacktstenglige Sch. – *S. à tige nue;* rsp. – **2876. Carthamus lanatus** L. (Kentrophyllum lanatum DC.) – Saflor – *Carthame laineux, Faux Safran;* j. – **2877*. Cnicus benedictus** L. – Benediktenwurz – *Cnicaut béni, Chardon béni;* j. – **2878*. Scolymus hispanicus** L. – Goldwurz – *Scolyme d'Espagne;* j.

or = orange; p = pourpre, purpurn; r = rouge, rot; rs = rose, rosa; v = vert, grün; vi = violet(t)

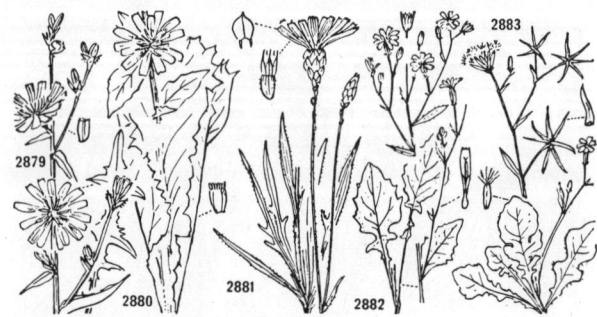

2879. Cichorium Intybus L. – Wegwarte, Zichorie – *Chicorée sauvage;* bl. –
2880. C. Endivia L. – Endivie – *Ch. Endive (Chicorée frisée, Scarole, etc.);* bl. –
2881*. Catananche cœrulea L. – Rasselblume – *Catananche bleue, Cupidone;* bl. – **2882. Lapsana communis** L. – Rainkohl – *Lapsane commune;* j. – **2883*. Rhagadiolus stellatus** (L.) Gaertner – Sternlattich – *Rhagadiole étoilé;* j.

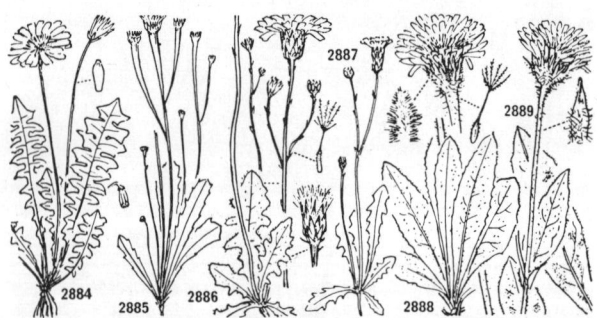

2884. Aposeris fœtida (L.) Less. – Hainlattich – *Aposéris fétide;* j. – **2885. Arnoseris minima** (L.) Schweigger & Koerte (A. pusilla Gaertner) – Lämmerlattich – *Arnoséris minime;* j. – **2886. Hypochœris radicata** L. – Gewöhnliches Ferkelkraut – *Porcelle enracinée;* j. – **2887. H. glabra** L. – Sand-F. – *P. des sables;* j. – **2888. H. uniflora** Vill. – Einköpfiges F. – *P. à une tête;* j. – **2889. H. maculata** L. – Geflecktes F. – *P. tachetée;* j.

b=blanc, weiß; bl=bleu, blau; br=brun, braun; j=jaune, gelb; l=lila(s); n=noir, schwarz

2890. Leontodon nudicaulis (L.) Banks ssp. **taraxacoides** (Vill.) Sch. & Thell. (L. taraxacoides Mérat, L. saxatilis Lam., Thrincia hirta Roth) – Hundslattich – *Léontodon (Liondent) Faux Pissenlit;* j. – **2891. L. autumnalis** L. – Herbst-Löwenzahn – *L. d'automne;* j. – **2892. L. helveticus** Mérat em. Widder (L. pyrenaicus auct.) – Schweizerischer L. – *L. de Suisse;* j. – **2893. L. montanus** Lam. (L. Taraxaci Loisel.) – Alpen-L. – *L. des Alpes;* j. – **2894*. L. hispidus** L. – Gemeiner L. – *L. hispide;* j. – **2895. L. crispus** Vill. – Krauser L. – *L. crépu;* j. – **2896. L. incanus** (L.) Schrank – Grauer L. – *L. blanchâtre;* j. – **2897. id.** ssp. **tenuiflorus** (Gaudin) Sch. & K. (L. tenuiflorus Gaudin); j.

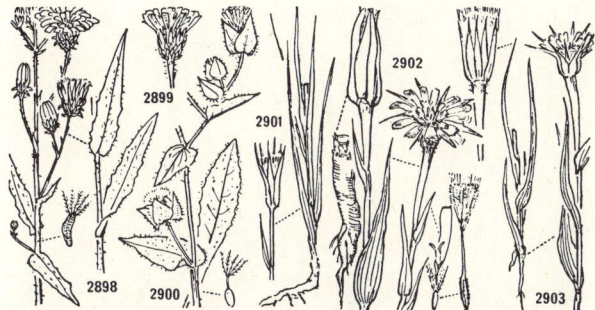

2898. Picris hieracioides L. ssp. **eu-hieracioides** Hayek – Bitterkraut – *Picride Fausse Epervière;* j. – **2899. id.** ssp. **sonchoides** (Vest) Thell.; j. – **2900. P. echioides** L. (Helminthia echioides Gaertner) – Wurmsalat – *P. Fausse Vipérine;* j. – **2901*. Tragopogon crocifolius** L. – Safranblättriger Bocksbart – *Salsifis à feuilles de Crocus;* j|vi. – **2902*. T. porrifolius** L. ssp. **sativus** (Gatereau) Br.-Bl. – Haferwurzel, Weißwurz – *S. à feuilles de Poireau, Salsifis;* pvi. – **2903. T. dubius** Scop. – Großer Bocksbart – *S. douteux;* jb.

or = orange; p = pourpre, purpurn; r = rouge, rot; rs = rose, rosa; v = vert, grün; vi = violet(t)

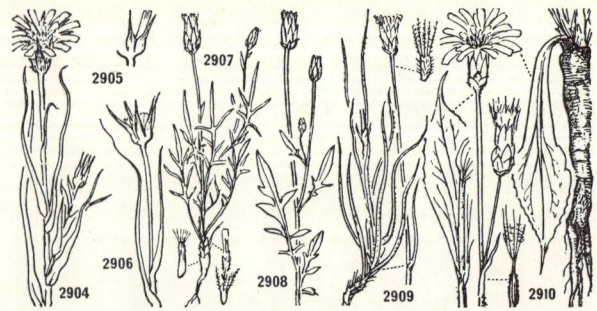

2904. Tragopogon pratensis L. ssp. **orientalis** (L.) Vel. (T. orientalis L.) – Wiesen-Bocksbart (Habermark) – *Salsifis des prés;* j. – **2905. id.** ssp. **eu-pratensis** Thell. (T. pratensis L. s. str.); j. – **2906. id.** ssp. **minor** (Miller) Hartman (T. minor Miller); j. – **2907. Scorzonera laciniata** L. (Podospermum laciniatum DC.) – Schlitzblättrige Schwarzwurzel – *Scorzonère en lanières;* j. – **2908*. S. calcitrapifolia** Vahl (P. calcitrapifolium DC.) – Fußangel-S. – *S. à feuilles de Chausse-trape;* j. – **2909*. S. hirsuta** (Gouan) L. – Rauhhaarige S. – *S. hérissée;* j|r. – **2910. S. hispanica** L. – Garten-S., Schwarzwurzel – *S. d'Espagne, Scorzonère («Salsifis noir»);* j.

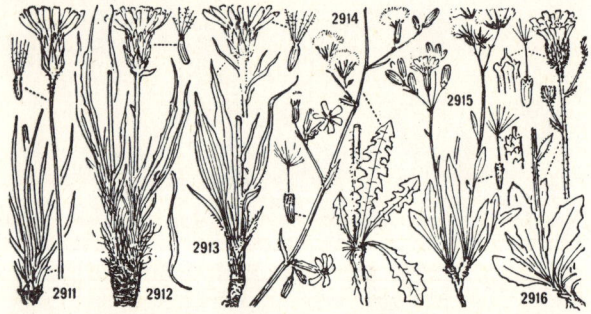

2911*. Scorzonera aristata Ramond – Grannen-Schwarzwurzel – *Scorzonère à arêtes;* j. – **2912. S. austriaca** Willd. – Österreichische S. – *S. d'Autriche;* j. – **2913. S. humilis** L. – Kleine S. – *S. peu élevée;* j. – **2914. Chondrilla juncea** L. – Ruten-Knorpelsalat – *Chondrille à tige de Jonc;* j. – **2915. Ch. condrilloides** (Ard.) H. Karsten (Ch. prenanthoides Vill.) – Alpen-K. – *Ch. Fausse Chondrille;* j. – **2916. Willemetia stipitata** (Jacq.) Cass. (Calycocorsus stipitatus Rauschert) – Kronlattich – *Willemétie stipitée;* j.

b=blanc, weiß; bl=bleu, blau; br=brun, braun; j=jaune, gelb; l=lila(s); n=noir, schwarz

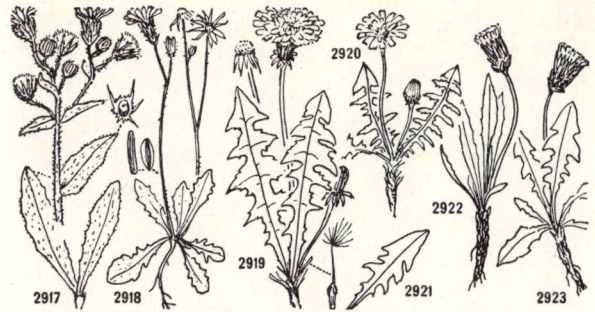

2917*. Andryala integrifolia L. – Andryala – *Andryala à feuilles entières;* j. –
2918. Lagoseris sancta (L.) K. Maly ssp. **nemausensis** (Gouan) Thell. (Pterotheca nemausensis Cass., Crepis sancta Babcock ssp. nemausensis Babcock, C. nemausensis Gouan) – Hasensalat – *Lagoséris de Nimes;* j. – **2919*. Taraxacum palustre** (Lyons) Symons s.l. (T. officinale Weber s.l., Leontodon Taraxacum L. s.l.) ssp. **officinale** (Gaudin) Breistr. – Pfaffenröhrlein, Kuhblume, Löwenzahn – *Dent de lion, Pissenlit;* j. – **2920. id.** ssp. **levigatum** (Willd.) Breistr.; j. – **2921. id.** ssp. **Schrœterianum** (Handel-Mazzetti) Breistr.; j. – **2922. id.** ssp. **palustre** (Gaudin) Breistr.; j. – **2923. id.** ssp. **alpinum** (Hegetschw.) Breistr.; j.

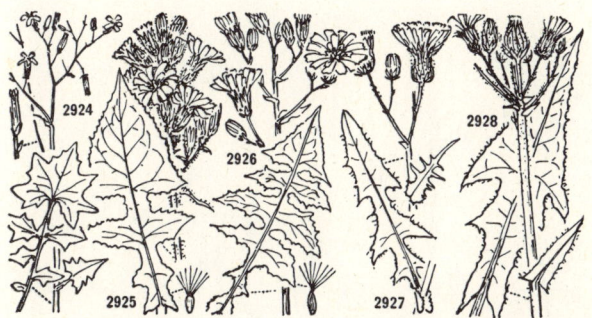

2924. Cicerbita muralis (L.) Wallroth (Lactuca muralis Fresenius, Mycelis muralis Dumortier) – Mauerlattich – *Cicerbite des murs, Laitue des murs;* j. –
2925. C. alpina (L.) Wallroth (Mulgedium alpinum Less.) – Alpen-Milchlattich – *C. des Alpes;* blvi. – **2926. C. Plumieri** (L.) Kirschl. (M. Plumieri DC.) – Plumiers M. – *C. de Plumier;* bl. – **2927*. Sonchus arvensis** L. – Acker-Gänsedistel – *Laiteron des champs;* j. – **2928*. S. paluster** L. – Sumpf-G. – *L. des marais;* j.

or = orange; p = pourpre, purpurn; r = rouge, rot; rs = rose, rosa; v = vert, grün; vi = violet(t)

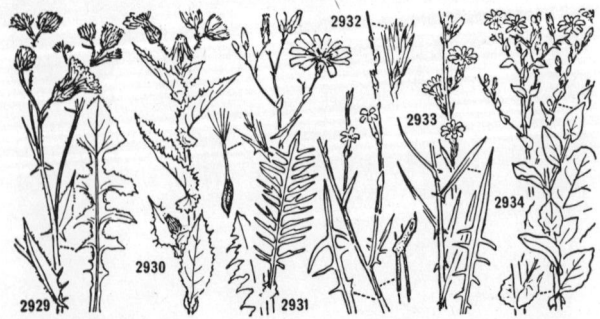

2929. Sonchus oleraceus L. – Gemeine Gänsedistel – *Laiteron maraîcher;* j. –
2930. S. asper (L.) Hill – Rauhe G. – *L. rude;* j. – **2931. Lactuca perennis** L. –
Blauer Lattich – *Laitue vivace;* bl. – **2932. L. viminea** (L.) J. & C. Presl (Phœnixopus vimineus Rchb.) – Ruten-L. – *L. effilée;* j. – **2933. L. saligna** L. – Weiden-L. – *L. à feuilles de Saule;* j. – **2934. L. sativa** L. – Gartensalat, Kopfsalat, Salat, Lattich – *L. cultivée (L. pommée, L. romaine, etc.);* j.

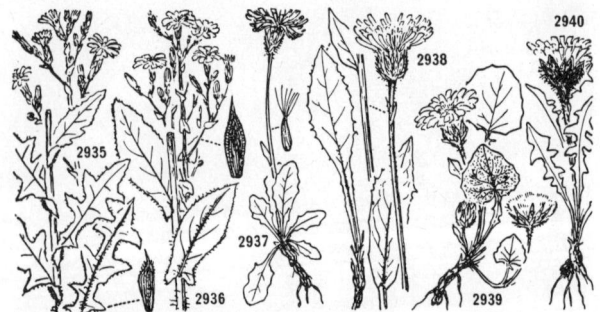

2935. Lactuca Serriola L. (L. Scariola L.) – Wilder Lattich – *Laitue Serriole, L. Scariole;* j. – **2936. L. virosa** L. – Gift-L. – *L. vireuse;* j. – **2937. Crepis aurea** (L.) Cass. – Gold-Pippau – *Crépide orangée;* or. – **2938. C. pontana** (L.) D. T. (C. montana Tausch) – Berg-P. – *C. des montagnes;* j. – **2939. C. pygmæa** L. – Zwerg-P. – *C. naine;* j. – **2940. C. terglouensis** (Hacquet) Kerner (C. hyoseridifolia Tausch, Soyeria hyoseridifolia Koch) – Triglav-P. – *C. du Triglav;* j.

b=blanc, weiß; bl=bleu, blau; br=brun, braun; j=jaune, gelb; l=lila(s); n=noir, schwarz

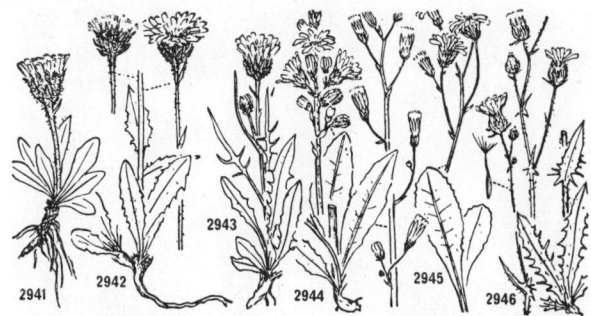

2941. Crepis rhætica Hegetschw. (C. jubata Koch) – Rätischer Pippau – *Crépide de Rhétie;* j. – **2942. C. alpestris** (Jacq.) Tausch – Alpen-P. – *C. alpestre;* j. – **2943. C. Jacquini** Tausch – Jacquins P. – *C. de Jacquin;* j. – **2944. C. præmorsa** (L.) Tausch – Trauben-P. – *C. rongée;* j. – **2945*. C. incarnata** (Wulfen) Tausch var. **lutea** Tausch (C. Frœlichiana DC.) – Frœlichs P. – *C. de Frœlich;* j. – **2946. C. setosa** Haller f. (Barkhausia setosa DC.) – Borstiger P. – *C. hérissée;* j.

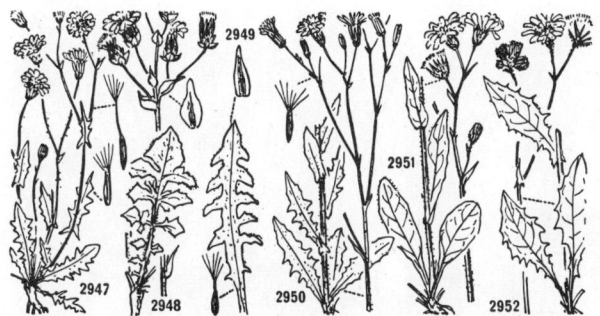

2947. Crepis fœtida L. (Barkhausia fœtida F. W. Schmidt) – Stinkender Pippau – *Crépide fétide;* j. – **2948. C. vesicaria** L. (B. vesicaria DC.) – Blasen-P. – *C. à vésicules;* j. – **2949. id.** ssp. **taraxacifolia** (Thuill.) Thell. (B. taraxacifolia DC.); j – **2950. C. pulchra** L. – Schöner P. – *C. élégante;* j. – **2951. C. mollis** (Jacq.) Asch. (C. succisifolia Tausch) – Weicher P. – *C. tendre;* j. – **2952. C. paludosa** (L.) Moench – Sumpf-P. – *C. des marais;* j.

or = orange; p = pourpre, purpurn; r = rouge, rot; rs = rose, rosa; v = vert, grün; vi = violet(t)

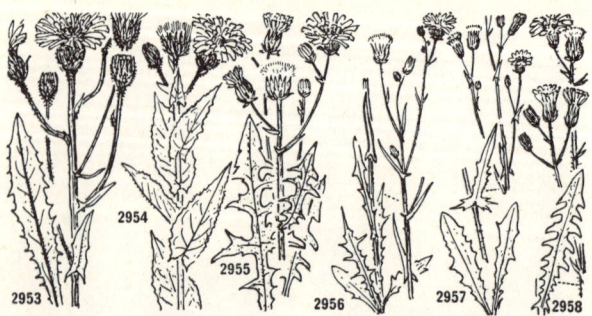

2953. Crepis conyzifolia (Gouan) D. T. (C. grandiflora Tausch) – Großköpfiger Pippau – *Crépide à feuilles de Conyze;* j. – **2954. C. pyrenaica** (L.) Greuter (C. blattarioides Vill.) – Pyrenäen-P. – *C. des Pyrénées;* j. – **2955. C. biennis** L. – Wiesen-P. – *C. bisannuelle, Chicorée jaune;* j. – **2956. C. tectorum** L. – Dach-P. – *C. des toits;* j. – **2957. C. capillaris** (L.) Wallroth (C. virens L.) – Kleinköpfiger P. – *C. capillaire;* j. – **2958. C. nicæensis** Balbis – Nizzaer P. – *C. de Nice;* j.

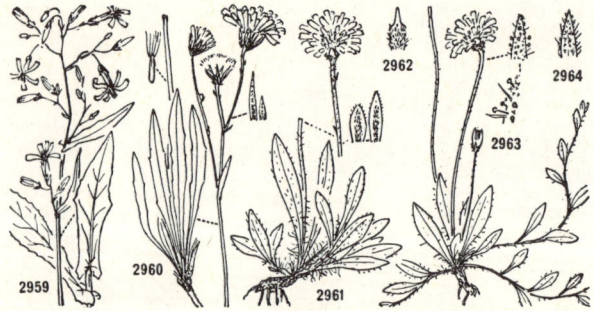

2959. Prenanthes purpurea L. – Hasenlattich – *Prénanthe pourpre;* p. – **2960. Hieracium staticifolium** All. – Grasnelkenblättriges Habichtskraut – *Epervière à feuilles de Statice;* j. – **2961. H. Hoppeanum** Schultes – Hoppes H. – *E. de Hoppe;* j. – **2962. H. Peletierianum** Mérat – Lepeletiers H. – *E. de Lepeletier;* j. – **2963. H. Pilosella** L. – Langhaariges H. – *E. Piloselle;* j. – **2964. H. tardans** Peter (H. niveum Zahn, H. saussureoides Arvet-Touvet) – Spätblühendes H. – *E. tardive;* j.

b = blanc, weiß; bl = bleu, blau; br = brun, braun; j = jaune, gelb; l = lila(s); n = noir, schwarz

2965. Hieracium Auricula L. em. Sm. (H. lactucella Wallroth) – Öhrchen-Habichtskraut – *Epervière Auricule;* j. – **2966. H. angustifolium** Hoppe (H. glaciale Reynier) – Schmalblättriges H. – *E. à feuilles étroites;* j. – **2967. H. alpicola** Schleicher – Seidenhaariges H. – *E. alpicole;* j. – **2968. H. piloselloides** Vill. (H. florentinum All., H. præaltum Vill.) – Florentiner H. – *E. Fausse Piloselle;* j. – **2969. H. Bauhini** Schultes – Bauhins H. – *E. de Bauhin;* j. – **2970. H. cymosum** L. – Trugdoldiges H. – *E. cymeuse;* j.

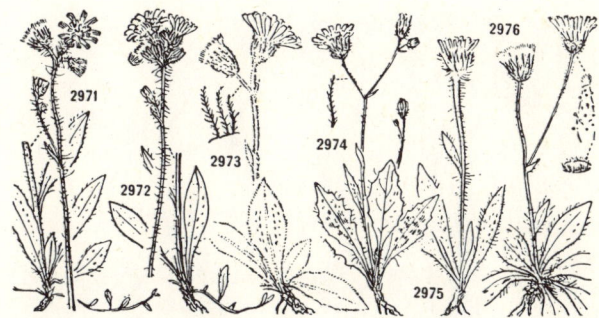

2971. Hieracium aurantiacum L. – Orangerotes Habichtskraut – *Epervière orangée;* or. – **2972. H. cæspitosum** Dumortier (H. pratense Tausch) – Wiesen-H. – *E. gazonnante;* j. – **2973. H. tomentosum** L. (H. lanatum Vill.) – Wollfilziges H. – *E. tomenteuse;* j. – **2974. H. pictum** Pers. – Geflecktes H. – *E. mouchetée;* j. – **2975. H. piliferum** Hoppe s.l. (H. glanduliferum Hoppe s.l.) – Grauzottiges H. – *E. poilue;* j. – **2976*. H. Lawsonii** Vill. (H. saxatile Vill.) – Lawsons H. – *E. de Lawson;* j.

or = orange; p = pourpre, purpurn; r = rouge, rot; rs = rose, rosa; v = vert, grün; vi = violet(t)

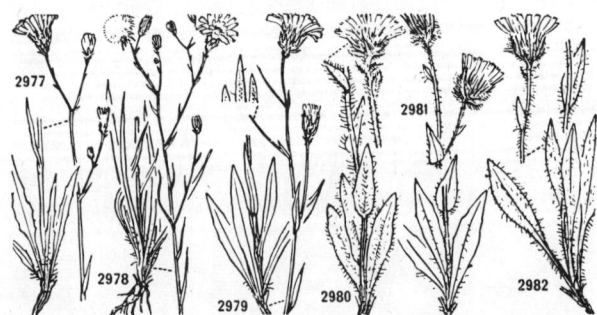

2977. Hieracium glaucum All. – Blaugrünes Habichtskraut – *Epervière glauque;* j. – **2978*. H. porrifolium** L. – Lauchblättriges H. – *E. à feuilles de Poireau;* j. – **2979. H. bupleuroides** Gmelin – Hasenohrähnliches H. – *E. Faux Buplèvre;* j. – **2980. H. villosum** Jacq. – Zottiges H. – *E. velue;* j. – **2981. H. scorzonerifolium** Vill. – Schwarzwurzelblättriges H. – *E. à feuilles de Scorzonère;* j. – **2982. H. Morisianum** Rchb. f. (H. villosiceps N. & P.) – Moris' H. – *E. de Moris, E. à capitules velus;* j.

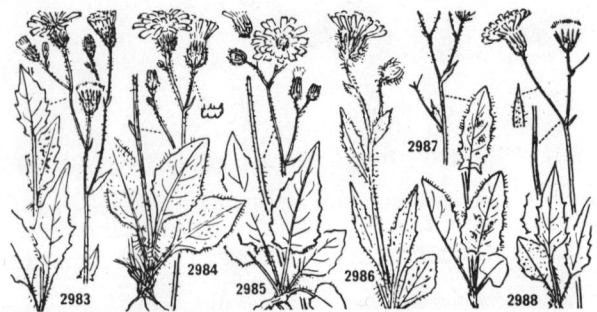

2983. Hieracium Lachenalii Gmelin (H. vulgatum Fries) – Lachenals Habichtskraut – *Epervière de Lachenal;* j. – **2984. H. pallidum** Bivona – Blasses H. – *E. pâle;* j. – **2985*. H. murorum** L. em. Hudson (H. silvaticum Zahn) – Wald-H. – *E. des bois;* j. – **2986. H. dentatum** Hoppe – Gezähntes H. – *E. dentée;* j. – **2987. H. glaucinum** Jordan (H. præcox Sch.-Bip.) – Frühes H. – *E. précoce;* j. – **2988. H. bifidum** Kit. – Gabeliges H. – *E. bifide;* j.

b = blanc, weiß; bl = bleu, blau; br = brun, braun; j = jaune, gelb; l = lila(s); n = noir, schwarz

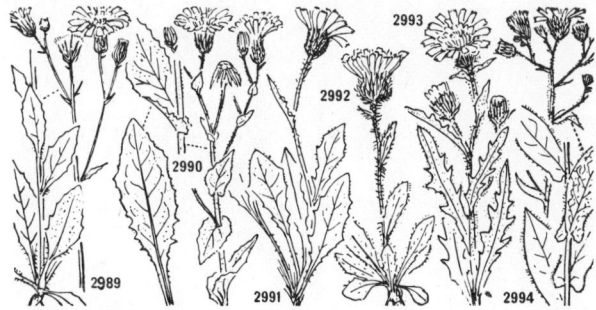

2989*. Hieracium cæsium Fries – Bläulichgraues Habichtskraut – *Epervière bleuâtre;* j. – **2990. H. amplexicaule** L. – Stengelumfassendes H. – *E. embrassante;* j. – **2991. H. humile** Jacq. – Niedriges H. – *E. peu élevée;* j. – **2992. H. alpinum** L. – Alpen-H. – *E. des Alpes;* j. – **2993. H. intybaceum** All. (H. albidum Vill.) – Weißliches H. – *E. à feuilles de Chicorée;* bj. – **2994. H. prenanthoides** Vill. – Hasenlattichartiges H. – *E. Faux Prénanthe;* j.

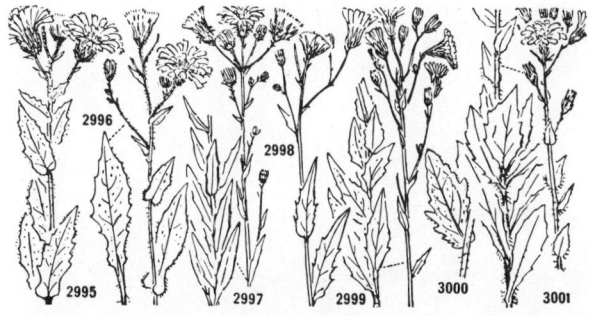

2995. Hieracium picroides Vill. – Bitterkraut-Habichtskraut – *Epervière Fausse Picride;* j. – **2996. H. jurassicum** Griseb. (H. juranum Fries) – Jura-H. – *E. du Jura;* j. – **2997. H. umbellatum** L. – Doldiges H. – *E. en ombelle;* j. – **2998. H. levigatum** Willd. – Glattes H. – *E. lisse;* j. – **2999. H. sabaudum** L. – Savoyer H. – *E. de Savoie;* j. – **3000. H. lycopifolium** Froelich – Wolfsfuß-H. – *E. à feuilles de Lycope;* j. – **3001. H. racemosum** Waldst. & Kit. – Traubiges H. – *E. en grappe;* j.

or = orange; p = pourpre, purpurn; r = rouge, rot; rs = rose, rosa; v = vert, grün; vi = violet(t)

Appendix

Appendice

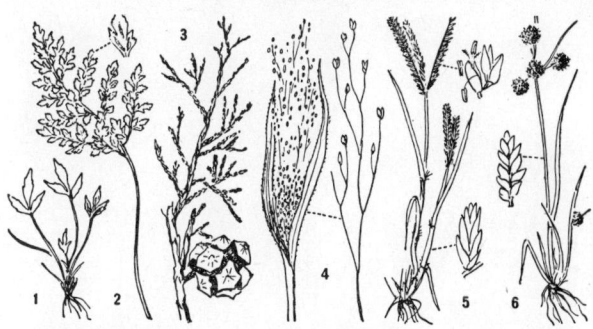

1*. Asplenium Seelosii Leybold – Seelos' Streifenfarn – *Asplénium de Seelos.*
– **2. A. cuneifolium** Viv. (A. Adiantum-nigrum L. ssp. serpentini Heufler, A. serpentini Tausch) – Keilblättriger Serpentin-S. – *A. à feuilles en coin.* ● **3*. Cupressus sempervirens** L. – Zypresse – *Cyprès.* – ● **4. Panicum capillare** L. – Haarästige Hirse – *Panic capillaire.* – **5. Eleusine indica** (L.) Gaertner – Indische Eleusine – *Eleusine des Indes.* ● **6*. Cyperus difformis** L. – Mißgestaltetes Cypergras – *Souchet difforme.* ●

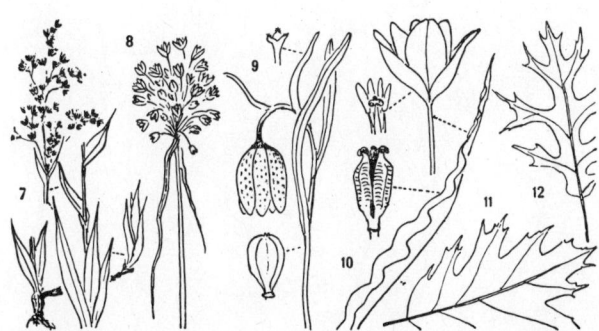

7*. Luzula glabrata (Hoppe) Desv. – Kahle Hainsimse – *Luzule glabre;* br. ●
8*. Allium paniculatum L. – Rispiger Lauch – *Ail en panicule;* rs. – **9*. Fritillaria tubæformis** Gren. & Godr. (F. delphinensis Gren.) – Tubaförmige Schachblume – *Fritillaire du Dauphiné;* pbɩ|b. – **10. Tulipa grengiolensis** Thommen – Grengjer Tulpe – *Tulipe de Grengiols;* j, j|r, r. ● **11. Quercus rubra** L. – Rot-Eiche – *Chêne rouge.* – **12. Q. coccinea** Muenchhausen – Scharlach-E. – *Ch. écarlate.* ●

b=blanc, weiß; bl=bleu, blau; br=brun, braun; j=jaune, gelb; l=lila(s); n=noir, schwarz
or=orange; p=pourpre, purpurn; r=rouge, rot; rs=rose, rosa; v=vert, grün; vi=violet(t)

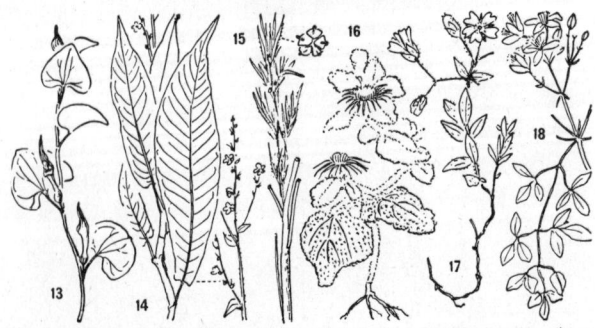

13*. Aristolochia pallida Willd. – Bleiche Osterluzei – *Aristoloche pâle;* vj|p. ●
14. Polygonum polystachyum Wallich – Vieljähriger Knöterich – *Renouée à épis nombreux;* b. ● **15*. Kochia Scoparia** (L.) Schrader (Chenopodium Scoparia L.) – Besen-Radmelde, Besenkraut – *Kochie à balais.* ● **16*. Mesembryanthemum crystallinum** L. – Eiskraut – *Ficoïde glaciale;* b. ● **17*. Cerastium carinthiacum** Vest ssp. **austroalpinum** Kunz (C. austroalpinum Kunz) – Südalpines Hornkraut – *Céraiste des Alpes méridionales;* b. ● **18*. Clematis Flammula** L. – Blasenziehende Waldrebe – *Clématite Flammette;* b. ●

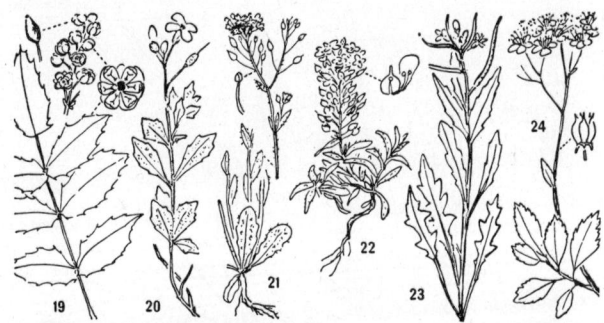

19*. Mahonia Aquifolium (Pursh) Nuttall (Berberis Aquifolium Pursh) – Mahonie – *Mahonie Houx;* b. ● **20*. Aubrieta deltoides** (L.) DC. – Aubrietie, Blaukissen – *Aubriétia à delta;* blvi, l, rs. – **21*. Alyssum edentulum** Waldst. & Kit. (A. petræum Ard., Aurinia petræa Schur) – Zahnloses Steinkraut – *Alysson sans dents;* j. – **22*. A. maritimum** (L.) Lam. (Lobularia maritima Desv.) – Strand-S. – *A. maritime;* b, vi. – **23*. Chorispora tenella** (Pallas) DC. – Chorispora – *Chorispora fluet;* l. ● **24*. Spiræa chamædryfolia** L. em. Jacq. (S. ulmifolia Scop.) – Ehrenpreisblättriger Spierstrauch – *Spirée à feuilles de Fausse Germandrée;* b.

b=blanc, weiß; bl=bleu, blau; br=brun, braun; j=jaune, gelb; l=lila(s); n=noir, schwarz

25*. Rubus laciniatus Willd. – Schlitzblättrige Brombeere – *Ronce laciniée;* b, rs. – **26*. Kerria japonica** (L.) DC. – Kerrie, Goldröschen – *Kerrie du Japon, Corchorus;* j. ● **27*. Gleditsia triacanthos** L. – Gleditschie, Falscher Christusdorn – *Févier à trois épines;* v. – **28*. Cercis Siliquastrum** L. – Judasbaum – *Gainier Siliquastre;* rs. ●

29*. Ulex nanus Forster (U. minor Roth) – Zwerg-Stechginster – *Ajonc nain;* j. – **30*. Adenocarpus complicatus** (L.) J. Gay – Drüsenginster – *Adénocarpe plié;* j. – **31*. Melilotus neapolitana** Ten. (M. spicata Breistr.) – Neapolitanischer Honigklee – *Mélilot de Naples;* j. – **32. Trifolium alexandrinum** L. – Alexandriner-Klee – *Trèfle d'Alexandrie;* bj. – **33*. Psoralea bituminosa** L. – Harzklee, Asphaltklee – *Psoralée, Psoralier, Herbe au bitume;* blvi, blb.

or = orange; p = pourpre, purpurn; r = rouge, rot; rs = rose, rosa; v = vert, grün; vi = violet(t)

Papil. 34 ● Lin. 35 ● Euph. 36 ● Malv. 37, 38 ● Myrt. 39 ●
Onagr. 40 ● Umbell. 41 ● Convolv. 42 ● Bor. 43, 44 ●

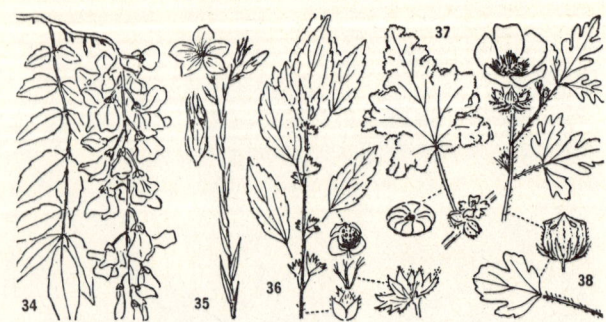

34. Wisteria sinensis (Sims) Sweet – Wistarie, Glyzine – *Wistarie, Glycine de Chine;* l, b. ● **35. Linum narbonense** L. – Südfranzösischer Lein – *Lin de Narbonne;* bl. ● **36*. Acalypha virginica** L. – Virginisches Nesselblatt – *Acalypha de Virginie;* v. ● **37*. Malva verticillata** L. var. **crispa** L. (M. crispa L.) – Krause Malve – *Mauve crépue;* b. – **38*. Hibiscus Trionum** L. – Stundenblume – *Ketmie à feuilles rifides, Fleur d'une heure;* j|pn. ●

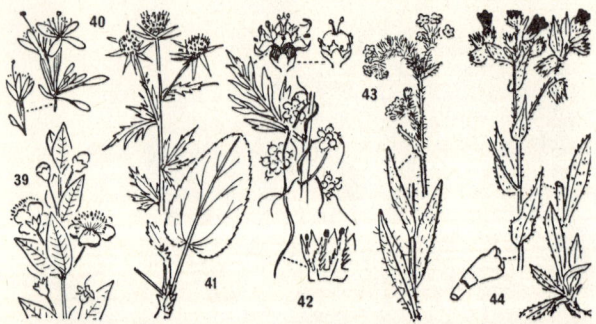

39*. Myrtus communis L. – Myrte – *Myrte commun;* b. ● **40*. Gaura biennis** L. – Zweijährige Prachtkerze – *Gaura bisannuel;* rs. ● **41*. Eryngium planum** L. – Flache Mannstreu – *Panicaut plan;* bl. ● **42. Cuscuta campestris** Yuncker (C. pentagona Engelm. var. calycina Engelm., C. arvensis auct.) – Große Klee-Seide – *Cuscute (Rache) champêtre;* bj. ● **43*. Amsinckia intermedia** Fischer & Meyer – Amsinckia – *Amsinckie intermédiaire;* j. – **44. Nonea pulla** (L.) DC. – Braunes Mönchskraut – *Nonnée brune;* pn. ●

b=blanc, weiß; bl=bleu, blau; br=brun, braun; j=jaune, gelb; l=lila(s); n=noir, schwarz

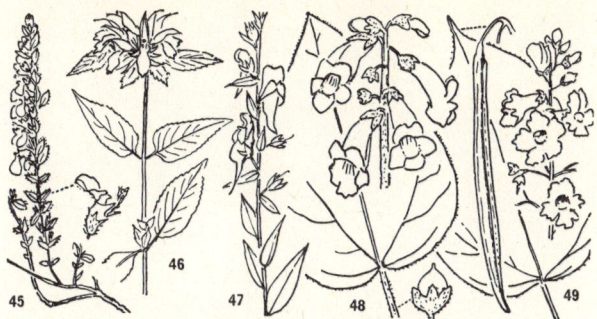

45*. Teucrium Marum L. – Amberkraut – *Germandrée Marum, Thym aux chats;* p. – **46*. Monarda didyma** L. – Goldmelisse – *Monarde écarlate;* r. ● **47*. Linaria dalmatica** (L.) Miller – Dalmatinisches Leinkraut – *Linaire de Dalmatie;* j. – **48*. Paulownia tomentosa** (Thunb.) Steudel (P. imperialis Sieb. & Zucc.) – Paulownie – *Paulownia impérial;* blrs|j. ● **49*. Catalpa bignonioides** Walter – Trompetenbaum – *Catalpa Fausse Bignone;* b|pn|j. ●

50*. Scabiosa ochroleuca L. – Blaßgelbe Skabiose (Krätzkraut) – *Scabieuse jaune pâle,* jb. ● **51. Callistephus chinensis** (L.) Nees – Sommeraster – *Reine-Marguerite;* j·b, j·rs, j·bl, j·vi. – **52. Bidens frondosa** L. – Dichtbelaubter Zweizahn – *Bident feuillu;* jbr. – **53*. Petasites fragrans** (Vill.) C. Presl – Wohlriechende Pestwurz – *Pétasite odorant, Héliotrope d'hiver;* lb. – **54*. Guizotia abyssinica** (L. f.) Cass. (G. oleifera DC.) – Ramtillakraut – *Guizotia d'Abyssinie, G. oléifère;* j.

or = orange; p = pourpre, purpurn; r = rouge, rot; rs = rose, rosa; v = vert, grün; vi = violet(t)

Anmerkungen

Bemerkung: Das Wort Savoyen bezeichnet die Landschaft Savoyen, ohne Rücksicht auf die administrative Einteilung in die Departemente Haute-Savoie und Savoie.

11. **Dryopteris Filix-mas** (L.) Schott – Vom Typus wird die auch als Art aufgefaßte ssp. **Borreri** (Newman) Becherer & von Tavel (D. Borreri Newman, D. pseudomas Holub & Pouzar) unterschieden.
14. **D. spinulosa** Watt – Tritt in drei, auch als Arten gewerteten Sippen auf: ssp. **spinulosa** Sch. & Thell. (D. spinulosa Watt, Aspidium spinulosum Sw.), ssp. **dilatata** (Hoffm.) Sch. & Thell. (D. dilatata A. Gray) und **D. assimilis** S. Walker.
33. **Asplenium Adiantum-nigrum** L. – Vom Typus wird die auch als Art aufgefaßte ssp. **Onopteris** (L.) Heufler (A. Onopteris L.) unterschieden.
39. **Cheilanthes pteridioides** (Reichard) Christensen – Piemont.
42. **Polypodium vulgare** L. – Vom Typus werden die auch als Arten aufgefaßten ssp. **prionodes** (Asch.) Rothmaler (P. interjectum Shivas) und ssp. **serratum** (Willd.) Christ (P. serratum Kerner, P. australe Fée) unterschieden.
53. **Salvinia natans** (L.) All. – Vorübergehend früher bei St. Gallen, neuerdings bei Genf beobachtet. – Unteres Aostatal, Como, Chiavenna, Veltlin.
67. **Lycopodium complanatum** L. – Tritt in zwei, auch als Arten gewerteten Sippen auf: ssp. **anceps** (Wallroth) Asch. (L. anceps Wallroth, Diphasium complanatum Rothmaler) und ssp. **Chamæcyparissus** (A. Br.) Doell (L. Chamæcyparissus A. Br., D. tristachyum Rothmaler). Ebenfalls als Art wird der oft als Bastard von L. alpinum L. mit L. complanatum L. aufgefaßte **L. Issleri** (Rouy) Lawalrée (D. Issleri Holub) gewertet.
85. **Juniperus communis** L. – Vom Typus wird die niederliegende ssp. **nana** (Willd.) Syme (ssp. alpina Čelak., J. sibirica Burgsdorf, J. nana Willd.) unterschieden.
87. **Ephedra helvetica** C. A. Meyer – Wird oft nur als Unterart von **E. distachya** L. aufgefaßt, welche im Vintschgau vorkommt.
92. **Sparganium ramosum** Hudson – Tritt in drei, auch als Arten gewerteten Sippen auf: ssp. **microcarpum** (Neuman) Domin (S. microcarpum Čelak.), ssp. **neglectum** (Beeby) A. & G. (S. neglectum Beeby) und ssp. **polyedrum** A. & G. (S. ramosum Hudson s. str.).
125. **Alisma Plantago-aquatica** L. – Vom Typus wird die heute als Art aufgefaßte var. **lanceolatum** Gren. & Godr. (ssp. stenophyllum Holmberg, A. lanceolatum With.) unterschieden.
128. **Damasonium Alisma** Miller – Dep. Ain (Dombes usw.) und Jura.
129. **Elisma natans** (L.) Buchenau – Dep. Ain (Dombes usw.).
131. **Sagittaria sagittifolia** L. – Neben dieser Pflanze treten zwei amerikanische Arten verwildert auf: **S. latifolia** Willd. und **S. platyphylla** (Engelm.) J. G. Smith.
136. **Stratiotes Aloides** L. – Künstlich eingebürgert und vorübergehend verwildert.

142. **Hierochloë australis** (Schrader) R. & Sch. – Vintschgau. Comerseegebiet (Grigna) und Bergamasker Alpen.
149. **Panicum miliaceum** L. – Neben dieser Art kommt auch **P. capillare** L. verwildert vor.
161. **Oryzopsis paradoxa** (L.) Nuttall – Savoyen.
163. **Stipa pennata** L. – Von dieser Artengruppe treten im Gebiet **S. eriocaulis** Borbas (S. gallica Čelak., S. pennata L. ssp. mediterranea A. & G.) und **S. Joannis** Čelak. (S. pennata L. ssp. Joannis Čelak.) sicher auf.
166. **Mibora minima** (L.) Desv. – Selten eingeschleppt. – Dep. Ain.
167. **Heleochloa alopecuroides** (Piller & Mitterspacher) Host – Dep. Ain und Jura. Italien.
168. **Alopecurus Gerardi** Vill. – Savoyer und Piemonteser Alpen.
176. **Phleum arenarium** L. – Dep. Ain.
178. **Ph. pratense** L. – Vom Typus wird **Ph. Bertolonii** DC. (Ph. nodosum L.) unterschieden.
179. **Ph. alpinum** L. – Vom Typus wird **Ph. commutatum** Gaudin (Ph. alpinum L. var. commutatum Koch) unterschieden.
183. **Agrostis alba** L. – Tritt in zwei, als Arten gewerteten Sippen auf: **A. gigantea** Roth (A. alba L. ssp. gigantea Arcangeli) und **A. stolonifera** L. (A. alba auct.).
185. **A. viridis** Gouan – Eingeschleppt. – Dep. Ain. Como (ob urwüchsig?).
187. **A. alpina** Scop. – Vom Typus wird die auch als Art aufgefaßte ssp. **Schleicheri** (Jordan & Verlot) Sch. & K. (A. Schleicheri Jordan & Verlot) unterschieden.
191. **Calamagrostis neglecta** (Ehrh.) G., M. & Sch. – Der Schweiz zunächst: Dep. Doubs (Pontarlier, ob noch?).
196. **Gastridium ventricosum** (Gouan) Sch. & Thell. – Früher bei Genf. Gelegentlich eingeschleppt. – Dep. Ain. Italien.
204. **Avena montana** Vill. – Von den Savoyer Alpen südwärts.
205. **A. Parlatorei** Woods – Savoyer Alpen. Aostatal, Comerseegebiet, Bergamasker Alpen.
213. **Trisetum argenteum** (Willd.) R. & Sch. – Südliche Kalkalpen von der Grigna ostwärts, Ortlergebiet.
214. **Ventenata dubia** (Leers) Cosson – Eingeschleppt. – Dep. Ain.
216. **Aira præcox** L. – Selten eingeschleppt. – Dep. Ain., Terr. Belfort. Oberitalien.
218. **Corynephorus canescens** (L.) P. B. – Dep. Ain. Bergamasker Alpen.
220. **Deschampsia cæspitosa** (L.) P. B. – Vom Typus wird **D. litoralis** (Gaudin) Reuter unterschieden.
227. **Sesleria ovata** (Hoppe) Kerner – Savoyen (Haute-Tarentaise). Veltliner (Bormio) und Bergamasker Alpen.
229. **Scolochloa Donax** (L.) Gaudin – Im Süden (Tessin) gepflanzt und Kulturflüchtling.
230. **Molinia cœrulea** (L.) Moench – Vom Typus wird die früher meist nur als Varietät gewertete Art **M. arundinacea** Schrank (M. litoralis Host, M. altissima Link) unterschieden.
236. **Kœleria phleoides** (Vill.) Pers. – Selten eingeschleppt. – Savoyen, Dep. Ain. Comerseegebiet.
238. **K. cenisia** P. Reverchon – Savoyer Alpen. Mont-Cenis, Aostatal.

Anmerkungen 253

239, 240. K. cristata (L.) Pers. – Neben den zwei abgebildeten Sippen werden unterschieden und als Arten aufgefaßt: **K. eriostachya** Pančič und **K. pyramidata** (Lam.) P. B. (K. cristata Pers. ssp. pyramidata P. B.).

241. K. splendens Presl – Comerseegebiet (Grigna).

246. Dactylis glomerata L. – Vom Typus wird die auch als Art (D. Aschersoniana Graebner, D. polygama Horvatovszky) gewertete ssp. **Aschersoniana** (Graebner) Thell. unterschieden.

249. Poa alpina L. – Neu werden die verwandten Arten **P. badensis** Haenke ex Willd. und **P. Molineri** Balbis (P. alpina L. ssp. xerophila Br.-Bl.) unterschieden.

255. P. trivialis L. – Neu wird **P. silvicola** Guss. angegeben.

270. Glyceria plicata Fries – Neu wird die sehr ähnliche **G. declinata** Brébisson aus dem Elsgau angegeben.

275. Vulpia ligustica (All.) Link – Gelegentlich eingeschleppt. – Italien.

280. Festuca spectabilis Jan – Italienische Alpen vom Comersee (Grigna) ostwärts.

287. F. ovina L. – Zu dieser Artengruppe gehören viele Sippen, welche je nach Autor als Arten oder bloß als Varietäten bewertet werden.

302. Bromus erectus Hudson – Vom Typus wird die im Südtessin vorkommende Art **B. condensatus** Hackel (B. erectus Hudson ssp. condensatus A. & G.) unterschieden.

306. B. madritensis L. – Tessin. Sonst eingeschleppt. – Savoyen, Dep. Ain. Alpensüdfuß.

307. B. rigidus Roth – Eingeschleppt. – Savoyen.

329. Ægilops ovata L. – Gelegentlich eingeschleppt. – Italien.

330. Æ. triuncialis L. – Ebenso.

331. Æ. cylindrica Host – Gelegentlich eingeschleppt. – Aostatal.

332. Æ. ventricosa Tausch – Gelegentlich eingeschleppt. – Italien.

344. Lepturus cylindricus (Willd.) Trin. – Selten eingeschleppt. – Aostatal.

345. Psilurus incurvus (Gouan) Sch. & Thell. – Eingeschleppt. – Italien.

346. Phyllostachys nigra (Lodd.) Munro – Angepflanzt und verwildert.

347. Arundinaria japonica Sieb. & Zucc. – Ebenso.

361. Eleocharis carniolica Koch – Aostatal, Comerseegebiet.

363, 364. E. palustris (L.) R. & Sch. – Neben den zwei abgebildeten Sippen werden **E. mamillata** H. Lindberg s. str. und **E. austriaca** Hayek (E. benedicta Beauverd, E. mamillata H. Lindberg ssp. austriaca Strandhede) unterschieden.

365. E. multicaulis Sm. – Dep. Ain.

372. Isolepis fluitans (L.) R. Br. – Ebenso.

383. Scirpus atrovirens Willd. – Eingeschleppte nordamerikanische Art, 1937 am Hallwilersee beobachtet.

391. Fimbristylis dichotoma (L.) Vahl – Der Schweiz zunächst im unteren Aostatal (alte Angabe).

407. Carex brizoides L. – Vom Typus wird die auch als Art aufgefaßte, lediglich aus Elsaß und Baden angegebene ssp. **curvata** (Knaf) Binz (C. curvata Knaf) unterschieden.

412, 413. C. muricata L. – Neben den zwei abgebildeten Sippen wird die als Art gewertete **C. Leersii** F. W. Schultz (C. polyphylla Karelin & Kirilow) unterschieden.

Anmerkungen

- **415. C. vulpinoidea** Michaux – Eingeschleppte nordamerikanische Art, im Mittelland beobachtet.
- **429. C. cæspitosa** L. – In der Schweiz wohl erloschen. – Dep. Doubs, Elsaß. Baden.
- **432. C. Buxbaumii** Wahlenb. – Neu wird die zur gleichen Artengruppe gehörende **C. Hartmani** Cajander angegeben.
- **434. C. atrata** L. – Neben der ssp. nigra (All.) Hartman (C. parviflora Host: vgl. Nr. 435) wird die auch als Art aufgefaßte ssp. **aterrima** (Hoppe) Hartman (C. aterrima Hoppe) unterschieden.
- **456. C. supina** Wahlenb. – Vintschgau.
- **466. C. fuliginosa** Schkuhr – Angeblich Bormio und Ortlergebiet.
- **473– 475. C. flava** L. – Neben den drei abgebildeten Sippen wird auch **C. tumidicarpa** Andersson (C. demissa Horneman, C. Œderi Retz. ssp. œdocarpa Andersson) unterschieden.
- **476. C. brevicollis** DC. – Dep. Ain (Tenay, Montagne de Parves).
- **497. Tradescantia virginiana** L. – Als Zierpflanze gezogen und verwildernd.
- **507. Juncus trifidus** L. – Vom Typus wird **J. monanthos** Jacq. (J. Hostii Tausch, J. trifidus L. ssp. Hostii Hartman) unterschieden.
- **512. J. pygmæus** Rich. – Savoyen (?), Dep. Ain (Dombes).
- **529. Luzula nutans** (Vill.) Duval-Jouve – Von den Savoyer Alpen (Mont-Cenis) südwärts.
- **553. Aphyllanthes monspeliensis** L. – Von Savoyen (Chartreuse-Massiv bei Chambéry) südwärts.
- **555. Allium multibulbosum** Jacq. – Dep. Ain, Elsaß. Bodenseegebiet. Vermutlich erloschen.
- **571. A. insubricum** Boissier & Reuter – Comersee- (z. B. Grigna) und Bergamasker Alpen.
- **584. Scilla amœna** L. – Als Zierpflanze gezogen und gelegentlich verwildernd.
- **585. S. autumnalis** L. – Elsaß.
- **586. S. non-scripta** (L.) Hoffmannsegg & Link – Verwildert.
- **588. Ornithogalum Kochii** Parl. – Graubünden (Puschlav). – Baden (bei Istein). Vintschgau. Veltlin (Bormio).
- **591. O. narbonense** L. – Zuweilen eingeschleppt oder verwildert.
- **596. Yucca filamentosa** L. – Zierpflanze, zuweilen verwildert (z. B. Tessin, Dep. Ain).
- **611. Narcissus incomparabilis** Miller – Zierpflanze, verwildert. (Ob im Neuenburger Jura urwüchsig?)
- **612. N. Jonquilla** L. – Zierpflanze, im Tessin zuweilen verwildert.
- **617. N. recurvus** Haworth – Angepflanzt und verschleppt.
- **618. Agave americana** L. – Im südlichen Tessin und in Oberitalien völlig eingebürgerte Zierpflanze.
- **623. Iris Perrieri** Simonet – Savoyen (St-Pierre-d'Albigny).
- **625. I. pallida** Lam. – Zierpflanze, gelegentlich verwildert und eingebürgert. Aus früherem Nutzanbau häufig im Dep. Ain (Bugey).
- **642. Ophrys fuciflora** (Crantz) Moench – Aus den Comersee- (Grigna) und Bergamasker Alpen wird die nahe verwandte Art **O. bertoloniiformis** O. & E. Danesch (O. Bertolonii auct.) angegeben.

Anmerkungen 255

645. **Orchis papilionacea** L. – 1951 sporadisch im südlichen Tessin beobachtet. – Dep. Ain (ob noch?). Aostatal, Comersee, Veltlin.
715. **Salix arbuscula** L. – Vom Typus, der in der Schweiz nicht vorkommen soll, werden **S. fœtida** Schleicher ex DC. (S. arbuscula L. ssp. fœtida Br.-Bl.) und **S. Waldsteiniana** Willd. (S. arbuscula L. ssp. Waldsteiniana Br.-Bl.) unterschieden.
721. **S. repens** L. – Vom Typus wird die ssp. **rosmarinifolia** (L.) Hartman f. (S. rosmarinifolia L.) unterschieden.
727. **S. livida** Wahlenb. – Baden (erloschen), Hegau.
745. **Quercus Ilex** L. – Dep. Ain (Montluel). Um die insubrischen Seen eingebürgert.
756. **Broussonetia papyrifera** (L.) Ventenat – Eingebürgert (Tessin, Italien).
762. **Parietaria officinalis** L. – Tritt in zwei, auch als Arten gewerteten Sippen auf: ssp. **erecta** (M. & K.) Béguinot (P. erecta M. & K., P. officinalis L.) und ssp. **judaica** (L.) Béguinot (P. judaica L., P. ramiflora Moench, P. diffusa M. & K.).
764. **Osyris alba** L. – Savoyen (vom Salève südwärts), Dep. Ain.
770. **Thesium divaricatum** Jan – Savoyen, Dep. Ain.
790. **Rumex longifolius** DC. – Eingeschleppt. Im Oberengadin eingebürgert.
792. **Rheum Rhaponticum** L. – Als Nutzpflanze gezogen.
793. **R. Rhabarbarum** L. – Ebenso.
798. **Polygonum cuspidatum** Sieb. & Zucc. – Neben dieser Art kommen häufig verwildert und teilweise (besonders im Tessin) eingebürgert vor: **P. orientale** L., **P. polystachyum** Wallich (vgl. App. Nr. 14) und **P. sachalinense** Schmidt (Reynoutria sachalinensis Nakai).
804. **P. lapathifolium** L. – Vom Typus wird die ssp. **Brittingeri** (Opiz) Soó (P. Brittingeri Opiz) unterschieden.
813. **Chenopodium ambrosioides** L. – Selten eingeschleppt.
836. **Kochia prostrata** (L.) Schrader – Aostatal.
840. **Amaranthus hybridus** L. – Neben dieser Art kommt **A. patulus** Bertol. verwildert vor.
862. **Silene nutans** L. – An buschigen Stellen auf Kalk kommt im südlichen Tessin sowie im Sesiatal, Comerseegebiet und Veltlin die nahe verwandte Art **S. insubrica** Gaudin (S. livida Schleicher non Willd., S. nutans L. var. livida Otth subvar. insubrica Thell.) häufig vor.
863. **S. italica** (L.) Pers. – Dep. Ain. (Alte Angaben aus dem Tessin und Oberitalien beruhen auf Verwechslung mit S. insubrica Gaudin.)
874. **Melandrium Elisabethæ** (Jan) Rohrbach – Kalkalpen vom Comersee (Grigna) ostwärts.
878. **Gypsophila paniculata** L. – Zierpflanze, Gartenflüchtling.
889. **Dianthus neglectus** Loisel. – Savoyen. Aostatal.
899. **Stellaria media** (L.) Vill. – Vom Typus werden **S. neglecta** Weihe und **S. pallida** (Dumortier) Piré (S. apetala auct., S. media Vill. ssp. pallida A. & G.) unterschieden.
900. **S. nemorum** L. – Vom Typus wird die auf der Alpensüdseite vorkommende, auch als Art gewertete ssp, **glochidisperma** Murbeck (S. glochidisperma Freyn) unterschieden.
907. **Cerastium dubium** (Bastard) Guépin – Sehr selten eingeschleppt. – Elsaß (Bollweiler).

909. **C. carinthiacum** Vest – Ostalpen. Der Typus von Südtirol ostwärts. Für die Comersee- und Bergamasker Alpen früher zu Unrecht angegeben. Hier sowie im Tessin (Val Colla) die ssp. **austroalpinum** Kunz (vgl. App. Nr. 17).
910. **C. arvense** L. – Vom Typus wird neben der ssp. strictum (Haenke) Gaudin (vgl. Nr. 911) auch die ssp. **suffruticosum** (L.) Nyman unterschieden.
917. **C. brachypetalum** Pers. – Neu wird die Art **C. Tenoreanum** Ser. angegeben.
919. **C. cæspitosum** Gilib. ssp. **alpinum** (Hartman) Becherer – Unterart hochalpiner Standorte vom Wallis bis Graubünden.
921. **C. pumilum** Curtis – Neu werden die Kleinart **C. glutinosum** Fries (C. pallens F. W. Schultz) und die verwandte Art **C. ligusticum** Viv. (C. campanulatum Viv.) unterschieden.
923. **Mœnchia erecta** (L.) G., M. & Sch. – Früher bei Genf. – Terr. Belfort, Elsaß.
933. **Minuartia cherlerioides** (Hoppe) Becherer – Vom in den Bergamasker Alpen beheimateten Typus wird die im Wallis, Tessin und Graubünden (Misox) vorkommende Sippe als ssp. **Rionii** (Gremli) Friedrich (M. herniarioides Hess & Landolt) unterschieden.
939. **M. mutabilis** (Lapeyr.) Sch. & Thell. – Aus Baden wird die verwandte Art M. setacea (Thuill.) Hayek (Alsine setacea M. & K.) angegeben.
946. **M. Villarii** (Balbis) Wilczek & Chenev. – Der Schweiz zunächst im Aostatal. Die früher oft zu M. Villarii als Varietät gestellte Art **M. grignensis** (Rchb.) Chenev. (Alsine Thomasiana Huter) kommt in den Comersee- (Grigna) und Bergamasker Alpen zusammen mit der verwandten **M. austriaca** (Jacq.) Hayek (A. austriaca Wahlenb.) vor.
952. **Arenaria ciliata** L. – Vom Typus wird neben der ssp. gothica (Fries) Hartman (vgl. Nr. 953) die ssp. **mœhringioides** J. Murr (A. multicaulis L.) unterschieden.
957. **Mœhringia bavarica** (L.) Gren. (M. Ponæ Fenzl) ssp. **insubrica** (Degen) Sauer – Comersee- und Bergamasker Alpen.
959. **Spergula pentandra** L. – Dep. Ain und Doubs (Montbéliard), Elsaß.
964. **Corrigiola litoralis** L. – Früher bei Basel. Vereinzelt eingeschleppt. – In der französischen Nachbarschaft vom Dep. Ain (besonders Dombes) bis in die Vogesen und ins Elsaß.
968. **Herniaria incana** Lam. – Savoyen. Piemont.
969. **Paronychia Kapela** (Hacquet) Kerner ssp. **serpyllifolia** (Chaix) A. & G. – Savoyen.
970. **P. polygonifolia** (Vill.) DC. – Savoyen. Mont-Cenis. Aostatal.
971. **Illecebrum verticillatum** L. – Früher im Tessin. – Dep. Ain (besonders Dombes) und Jura (Bresse), Terr. Belfort, Elsaß (?). Langensee bei Arona.
973, 974. **Scleranthus annuus** L. – Neben den zwei abgebildeten Sippen wird die ssp. **collinus** Hornung ex Opiz (S. verticillatus Tausch) unterschieden.
991. **Aquilegia vulgaris** L. – Die auf der Alpensüdseite häufiger vorkommende ssp. atrata (Koch) Gaudin mit braunvioletten Blüten und weit aus der Krone herausragenden Staubblättern wird als eigene Art **A. atrata** Koch (A. atroviolacea Beck) gewertet.

998. **Aconitum lycoctonum** L. em. Koelle – Es werden vier Kleinarten unterschieden: **A. Vulparia** Rchb., im Gebiet verbreitet und am häufigsten unter den gelbblühenden Arten; **A. ranunculifolium** Rchb. (A. Lamarckii Rchb.), in den südlichen Alpenketten von Savoyen bis Graubünden ziemlich häufig; **A. platanifolium** Degen, im Jura und in den nördlichen Ketten ziemlich häufig; **A. penninum** (Ser.) Gayer, im Wallis und nördlichen Tessin zerstreut.
999. **A. Napellus** L. – Die unter diesem Namen im Gebiet vorkommenden Arten sollen der Gruppe des A. compactum Rchb. gehören und in vier Kleinarten getrennt werden: **A. compactum** (Rchb.) Gayer, am häufigsten unter den blaublühenden Arten; **A. pyramidale** Miller, verbreitet; **A. Bauhinii** Rchb., Westalpen und südlicher Jura; **A. Lobelianum** Rchb., Alpennordseite und Graubünden.
1004. **Clematis Viticella** L. – Zierpflanze, gelegentlich verwildert.
1005. **C. integrifolia** L. – Ebenso.
1014. **Pulsatilla alpina** (L.) Delarbre – Vom Typus, der an kalkhaltigem Boden gebunden ist, werden die in den Vogesen vorkommende ssp. **alba** (Rchb.) Zamels (P. alba Rchb.) und die auf saurem Boden wachsende, schwefelgelbblühende ssp. **sulphurea** (DC.) A. & G. (P. sulphurea D. T. & Sarnth., P. apiifolia Schultes) unterschieden.
1018. **P. rubra** (Lam.) Delarbre – Dep. Ain (besonders Bas-Bugey).
1021. **Ceratocephalus falcatus** (L.) Pers. – In Savoyen eingeschleppt.
1026. **Ranunculus trichophyllus** Chaix – Vom Typus werden **R. confervoides** Fries (R. trichophyllus Chaix ssp. eradicatus Cook, ssp. lutulentus Gremli) und **R. Rionii** Lagger (R. trichophyllus Chaix ssp. Rionii Gremli) unterschieden.
1030. **R. hederaceus** L. – Dep. Ain und Jura (Bresse), Elsaß (?).
1036. **R. aconitifolius** L. – Vom Typus wird **R. platanifolius** L. (R. aconitifolius L. ssp. platanifolius Rikli) unterschieden.
1038. **R. hybridus** Biria – Von den Veltliner (Stilfser Joch) und den Bergamasker Alpen ostwärts.
1044. **R. muricatus** L. – Im Süden eingeschleppt.
1047. **R. flabellatus** Desf. – Südlichster Teil des Dep. Ain.
1052. **R. acer** L. ssp. **Friesianus** (Jordan) Rouy & Fouc. – Ersetzt die ssp. **Steveni** (Andrz.) Hartman der früheren Auflagen des Atlas.
1054. **R. montanus** Willd. – Neben dem Typus und R. carinthiacus Hoppe (vgl. Nr. 1055) gehören zu diesem Formenkreis u. a. **R. Grenierianus** Jordan sowie **R. oreophilus** M. Bieb.
1058. **R. parviflorus** L. – Eingeschleppt.
1060. **R. nemorosus** DC. – Neben dem Typus gehören zu diesem Formenkreis u. a. **R. polyanthemophyllus** W. Koch & Hess. **R. polyanthemos** L. (angeblich Baden) und **R. serpens** Schrank (R. radicescens Jordan).
1067. **Thalictrum simplex** L. ssp. **galioides** (Nestler) Borza – Form mit besonders fein zerteilten Blättern. Im Gebiet verbreitet, aber ziemlich selten.
1079. **Papaver alpinum** L. – Neben P. rhæticum Leresche (vgl. Nr. 1078) werden in dieser Artengruppe unterschieden: **P. occidentale** (Markgraf) Hess & Landolt (P. alpinum L. ssp. tatricum Nyarady var. occidentale Markgraf), **P. Sendtneri** Kerner (P. alpinum L. ssp. Sendtneri Sch. & K.).

1081. **P. Argemone** L. – Im Comerseegebiet kommt die nahe verwandte Art **P. apulum** Ten. (P. Argemone L. ssp. apulum Rouy & Fouc.) vor.

1084. **P. dubium** L. – Vom Typus wird **P. Lecoquii** Lamotte unterschieden.

1085. **Meconopsis cambrica** (L.) Viguier – Zierpflanze. Gelegentlich verwildert und eingebürgert.

1089. **Eschscholtzia Douglasii** (Hooker & Arn.) Walpers – Sich leicht aussäende Zierpflanze.

1091. **Corydalis ochroleuca** Koch – Zierpflanze. Selten verwildert. – Urwüchsig im Comerseegebiet.

1099. **Fumaria parviflora** Lam. – Vereinzelt eingeschleppt. – Dep. Ain. Baden (Kaiserstuhl).

1100. **Teesdalia nudicaulis** (L.) R. Br. – Früher bei Basel und Wallbach (Aargau). Sehr selten verschleppt. – Dep. Ain, Vogesenrand des Dep. Doubs, Terr. Belfort, Elsaß. Baden.

1101. **Subularia aquatica** L. – Früher je einmal bei Basel und bei Genf beobachtet. – Vogesenseen von Longemer (ob noch?) und Gérardmer.

1117. **Iberis sempervirens** L. – Zierpflanze und Gartenflüchtling.

1118. **I. intermedia** Guersent ssp. **intermedia** (Guersent) Rouy & Fouc. var. **Contejeáni** (Billot) – Doubstal (Jura). – Dep. Ain und Doubs.

1121. **I. amara** L. var. **ceratophylla** (Reuter) Thell. – Früher am Waadtländer Jurafuß. Sonst kultiviert und verschleppt.

1124. **Æthionema Thomasianum** J. Gay – Um Cogne (Aostatal).

1132. **Thlaspi alpestre** L. – Tritt in den zwei Sippen ssp. **Gaudinianum** (Jordan) Gremli (Th. silvestre Jordan, Th. cærulescens J. & C. Presl) und ssp. **brachypetalum** (Jordan) Durand & Pittier (Th. brachypetalum Jordan) auf.

1155. **Brassicella Richeri** (Vill.) O. E. Schulz – Französische und italienische Westalpen, von der Breite des Mont-Cenis südwärts.

1158. **Diplotaxis viminea** (L.) DC. – Sehr selten eingeschleppt. – Dep. Ain. Früher auch Baden (Kaiserstuhl).

1159. **D. erucoides** (L.) DC. – Selten eingeschleppt.

1163. **Brassica elongata** Ehrh. – Ebenso.

1171. **B. repanda** (Willd.) DC. – Westalpen, französischerseits von Savoyen, italienischerseits vom Susatal südwärts.

1184. **Nasturtium officinale** R. Br. – Neu wird die verwandte Art **N. microphyllum** (Boenningh.) Rchb. (Rorippa microphylla Hylander) angegeben.

1190. **Cardamine thalictrifolia** All. – Aosta- und Sesiatal. (Angaben aus Savoyen bestätigungsbedürftig.)

1191. **C. pratensis** L. – Vom Typus werden in dieser schwierigen Gruppe unterschieden: **C. Matthioli** Moretti, **C. nemorosa** Lejeune, **C. palustris** (Wimmer & Grab.) Peterm., **C. rivularis** Schur.

1196. **C. parviflora** L. – Piemont (Biella) und Veltlin (alte Angaben).

1201. **C. enneaphyllos** (L.) Crantz – Bergamasker Alpen.

1228. **Draba magellanica** Lam. ssp. **cinerea** Ekman – Aus Graubünden angegeben (ob nur Kleinform von D. stylaris J. Gay?).

1235. **Arabis hirsuta** (L.) Scop. – In dieser Artengruppe werden **A. planisiliqua** (Pers.) Rchb. (A. nemorensis Koch, A. hirsuta Scop. ssp. Gerardii

Hartman f.) und **A. sagittata** (Bertol.) DC. (A. hirsuta Scop. ssp. sagittata Gaudin) unterschieden.

1238. **A. arenosa** (L.) Scop. – Vom Typus wird die als Art gewertete ssp. **Borbasii** (Zapalowicz) Pawlowski (Cardaminopsis Borbasii Hess & Landolt) unterschieden.

1244. **A. muricola** Jordan – Südwest- und Südschweiz. – Im südlichen Savoyen (Chartreuse-Massiv) rosablühend.

1249. **Erysimum silvestre** (Crantz) Scop. ssp. **Cheiranthus** (Pers.) Sch. & Thell. – Angaben aus dem Wallis bestätigungsbedürftig. – Aostatal.

1252. **E. crepidifolium** Rchb. – Hegau.

1258. **Alyssum campestre** L. – Eingeschleppt. – Aostatal (Cogne).

1261. **A. argenteum** All. – Selten Gartenflüchtling oder angepflanzt. – Urwüchsig im Aostatal.

1262. **A. saxatile** L. – Beliebte Zierpflanze. Leicht verwildernd.

1263. **Farsetia clypeata** (L.) R. Br. – Zierpflanze. Gelegentlich verwildert.

1269. **Matthiola fruticulosa** (L.) Maire var. **sabauda** (DC.) Becherer subvar. **valesiaca** (J. Gay) Becherer – Im Aostatal durch die bräunlichrotblühende var. **pedemontana** Gremli vertreten.

1272. **Capparis spinosa** L. – Im Tessin und in Oberitalien verwildert.

1282. **Umbilicus rupester** (Salisb.) Dandy – Langenseegebiet, Varesotto.

1287, 1288. **Sedum Telephium** L. – Neben den zwei abgebildeten Unterarten wird eine dritte ssp. **purpurascens** (Koch) Syme (ssp. purpureum Sch. & K., S. Telephium L., S. purpureum Schultes) unterschieden.

1292. **S. rupestre** L. ssp. **elegans** (Lejeune) Hegi & Schmid – Dep. Ain (alte Angabe).

1293. **S. ochroleucum** Chaix – Tritt in zwei Sippen auf: var. **anopetalum** (DC.) Burnat (S. ochroleucum Chaix) aus Savoyen (ansonst sehr selten und nur aus Gärten verwildert) und var. **montanum** (Perr. & Song.) Burnat (S. montanum Song. & Perr.).

1294. **S. sediforme** (Jacq.) Pau – Eingeschleppt, so im Wallis (Rhonetal). – Savoyen, Dep. Ain.

1302. **S. hirsutum** All. – Dep. Ain. Piemont (Macugnaga).

1306. **Sempervivum Allionii** (Jordan & Fourreau) Nyman – Der Schweiz zunächst: Val Soana (Grajische Alpen).

1312. **Saxifraga retusa** Gouan – Tritt in zwei, auch als Arten gewerteten Sippen auf: var. **Sturmiana** (Rchb.) Becherer & Thell. (var. Baumgarteni Kotula, var. Wulfeniana Sch. & K., S. retusa Gouan s. str.) und var. **augustana** Vaccari (S. purpurea All.).

1318. **S. Hostii** Tausch – Südostalpen, vom Veltlin (Bormio) und Comersee (Grigna) ostwärts.

1320. **S. Vandellii** Sternb. – Südostalpen. Der Schweiz zunächst: Livigno (Veltlin), Corni di Canzo (Comerseegebiet).

1323. **S. Geum** L. – Zierpflanze. Verwildert und in den Vogesen eingebürgert.

1324. **S. umbrosa** L. – Ebenso.

1325. **S. stolonifera** Curtis – Zierpflanze. Verwildert und im Tessin und Graubünden (Misox) eingebürgert.

1336. **S. petræa** L. – Comersee- und Bergamasker Alpen.

1338. **S. sedoides** L. – Südostalpen, vom Comersee (Grigna) ostwärts.

1339. **S. pedemontana** All. – Aostatal (Cogne).

1342. **S. hypnoides** L. – Zierpflanze. Verwildert und in den Vogesen eingebürgert.
1343. **S. decipiens** Ehrh. – Ebenso.
1352. **Philadelphus coronarius** L. – Zierstrauch. Selten verwildert.
1361. **Spiræa salicifolia** L. – Zierpflanze. Gartenflüchtling.
1385. **Rubus rhamnifolius** W. & N. – Kommt im Gebiet nicht vor.
1408. **Potentilla nitida** L. – Kalkalpen Savoyens (weißblühend). Comerseealpen (rosablühend).
1410. **P. pensylvanica** L. ssp. **sanguisorbifolia** (E. Favre) – Aostatal (Cogne).
1414. **P. anglica** Laicharding – Schaffhausen. – Dep. Ain und Jura (Bresse). Bodenseegebiet. Vintschgau. Eschentäler.
1418. **P. delphinensis** Gren. & Godr. – Französische Westalpen, von Savoyen südwärts.
1435. **P. arenaria** Borkh. – Elsaß. Baden, Hegau.
1458. **Aremonia Agrimonoides** (L.) DC. – Baden (Schliengen und bei Waldshut).
1460. **Sanguisorba dodecandra** Moretti – Veltliner und Bergamasker Alpen.
1491. **Prunus cerasifera** Ehrh. – Selten gepflanzt und verwildert.
1494. **P. brigantiaca** Vill. – Piemont.
1500. **P. Laurocerasus** L. – Zierstrauch. An den insubrischen Seen verwildert und eingebürgert.
1501. **Argyrolobium Zanonii** (Turra) P. W. Ball – Savoyen, Dep. Ain. Aostatal.
1505. **Genista anglica** L. – Dep. Ain. Im Schwarzwald (Wiesental) eingebürgert.
1506. **G. Scorpius** (L.) DC. – Savoyen (Montagne de St-Romain).
1507. **Spartium junceum** L. – Zierstrauch. Selten verwildert.
1513. **Cytisus sessilifolius** L. – Südostalpen. Der Schweiz zunächst: Valsolda (Comerseegebiet).
1515. **C. triflorus** L'Héritier – Kommt im Gebiet nicht vor.
1518. **C. purpureus** Scop. – Von den Comerseealpen (Grigna) ostwärts.
1529. **Ononis cristata** Miller – Französische und italienische Westalpen. Der Schweiz zunächst in Savoyen.
1531. **O. fruticosa** L. – Von Savoyen (Chignin bei Chambéry) südwärts.
1533. **Trigonella Fœnum-græcum** L. – Alte Kulturpflanze, heute nur eingeschleppt.
1539. **Medicago rigidula** (L.) Desr. – Eingeschleppt.
1540. **M. orbicularis** (L.) All. – Ebenso.
1543. **M. prostrata** Jacq. – Aus dem Comerseegebiet angegeben.
1544. **M. carstiensis** Jacq. – Comerseegebiet (Grigna).
1557. **Trifolium pratense** L. – Vom Typus wird die ssp. **nivale** Arcangeli (T. nivale Sieber) unterschieden.
1562. **T. subterraneum** L. – Selten eingeschleppt. – Dep. Ain. Unteres Aostatal, Südfuß der Bergamasker Alpen.
1567. **T hybridum** L. – Tritt in zwei, auch als Arten gewerteten Sippen auf: ssp. **fistulosum** (Gilib.) A. & G. (T. hybridum L. s. str., T. fistulosum Gilib.) und ssp. **elegans** (Savi) A. & G. (T. elegans Savi).
1568. **T. glomeratum** L. – Selten eingeschleppt. – Dep. Ain.
1576. **T. filiforme** L. – Aus dem Dep. Jura (Arr. Dole) angegeben.
1577, 1578. **Anthyllis Vulneraria** L. – Neben den zwei abgebildeten Sippen

werden unterschieden und als Arten gewertet: **A. alpestris** (Kit.) Hegetschw., **A. polyphylla** (DC.) Kit. (A. macrocephala Wenderoth) und **A. vulgaris** (Koch) Kerner.

1580. **Dorycnium hirsutum** (L.) Ser. – Südostalpen, vom Comersee ostwärts.
1583, 1584. **Lotus corniculatus** L. – Neben den zwei abgebildeten Sippen werden unterschieden und als Arten gewertet: **L. alpinus** (Ser.) Ramond und **L. pilosus** Jordan (L. Delortii Timbal-Lagrave p.p.).
1593. **Astragalus centroalpinus** Br.-Bl. – Aostatal (Valtournenche, Cogne).
1598. **A. vesicarius** L. – Der Schweiz zunächst: Savoyer Alpen, violettblühend; Aostatal und Vintschgau, hier die gelblich blühende ssp. **pastellianus** (Pollini) Arcangeli (A. pastellianus Pollini).
1599. **A. danicus** Retz. – Savoyer Alpen, Elsaß (ob noch?). Aostatal.
1600. **A. purpureus** Lam. em. DC. var. **Gremlii** (Burnat) – Comerseegebiet (Grigna).
1616. **Glycyrrhiza glabra** L. – Kulturrelikt. Wallis. – Aostatal.
1618. **Coronilla scorpioides** (L.) Koch – Gelegentlich eingeschleppt.
1663. **Lathyrus angulatus** L. – Vereinzelt eingeschleppt. – Ältere Angaben aus den Dep. Ain und Jura sowie aus dem Piemont (Biella).
1664. **L. setifolius** L. – Eingeschleppt. – Südfuß der Bergamasker Alpen.
1683. **Geranium Robertianum** L. – Vom Typus wird die ssp. **purpureum** (Vill.) Vel. (G. purpureum Vill.) aus dem Tessin, der Ostschweiz und Savoyen unterschieden.
1686. **G. phæum** L. var. **lividum** (L'Héritier) DC. – Kultiviert und in Wiesen verwildert tritt örtlich auch der Typus auf.
1703. **Erodium ciconium** (L.) L'Héritier – Eingeschleppt. – Urwüchsig der Schweiz sehr nahe im Aostatal.
1708. **Linum catharticum** L. var. **subalpinum** Hausskn. – Durch ansehnliche Blüten auffallende Alpenrasse.
1713. **L. gallicum** L. – Savoyen (?), Dep. Ain und Jura. Unterstes Aostatal (ob noch?).
1715. **Tribulus terrester** L. – Eingeschleppt. – Der Schweiz zunächst im Aostatal und im Comerseegebiet.
1720. **Polygala exilis** DC. – Dep. Ain (Meximieux).
1726, 1727. **P. vulgaris** L. – Neben den zwei abgebildeten Sippen werden eine var. **pedemontana** (Perr. & Song.) Sch. & K. (P. pedemontana Perr. & Verlot) der ssp. comosa (Schkuhr) R. Chodat und die ssp. **oxyptera** (Rchb.) Lange (P. oxyptera Rchb.) unterschieden.
1731. **Euphorbia Chamæsyce** L. – Eingeschleppt. – Italien.
1742. **E. variabilis** Cesati – Comerseealpen. Der Schweiz zunächst: Val Cavargna.
1745. **E. Esula** L. – Selten eingeschleppt. – Dep. Jura, Elsaß. Alpensüdfuß.
1759. **Rhus typhina** L. Als Zierbaum angepflanzt und verwildert.
1761. **Pistacia Terebinthus** L. – Savoyen, Dep. Ain.
1763. **Evonymus europæus** L. – Aus dem unteren Aostatal und der Gegend von Biella wird die verwandte Art **E. verrucosus** Scop. angegeben.
1767. **Acer monspessulanum** L. – Vom Dep. Ain (Fort de l'Ecluse) und den Ausläufern des Savoyer Jura (außer dem Salève) südwärts.
1777. **Paliurus Spina-Christi** Miller – In wärmeren Gegenden (Neuenburg, Tessin) als Heckenstrauch gepflanzt. – Im Aostatal eingebürgert.

1780. **Rhamnus Alaternus** L. – Von Savoyen (versprengtes Vorkommen am Mont Corsuet) südwärts.
1795. **Althæa rosea** (L.) Cav. – Zierpflanze. Gelegentlich Gartenflüchtling.
1802. **Hypericum nummularium** L. – Savoyen: Juraketten (Mont Grelle) und Alpen (Chartreuse-Massiv).
1806. **H. maculatum** Crantz – Vom Typus wird **H. dubium** Leers (H. erosum O. Schwarz, H. obtusiusculum Tourlet) unterschieden.
1812. **Elatine triandra** Schkuhr – Dep. Ain und Jura (Bresse), Terr. Belfort, Elsaß. Baden, Bodenseegebiet. Chiavenna (ob noch?).
1820. **Helianthemum Nummularium** (L.) Miller – Vom Typus werden unterschieden und als Arten gewertet: **H. grandiflorum** (Scop.) DC., **H. ovatum** (Viv.) Dunal und **H. tomentosum** (Scop.) S. F. Gray.
1822. **H. guttatum** (L.) Miller – Dep. Ain. Unteres Aostatal. Früher auch Elsaß.
1843. **Viola Comollia** Massara – Veltlin und Bergamasker Alpen.
1845. **V. Dubyana** Burnat – Südostalpen, vom Comersee (Corni di Canzo, Grigna) ostwärts.
1846. **V. cornuta** L. – Eingeführt oder verwildert.
1861. **Lythrum virgatum** L. – Comerseegebiet, Veltlin.
1863. **L. nummulariifolium** Pers. em. Loisel. var. **erectum** (Requien) Kœhne – Dep. Ain (Dombes).
1902, 1903. **Chærophyllum hirsutum** L. – Neben den zwei abgebildeten Sippen wird die ssp. **elegans** (Gaudin) Arcangeli (Ch. elegans Gaudin, Ch. alpinum Schleicher) unterschieden.
1904. **Ch. bulbosum** L. – Verwildert oder verschleppt. – Elsaß. Hegau.
1929. **Bupleurum petræum** L. – Südostalpen, vom Comerseegebiet (Corni di Canzo, Grigna) ostwärts.
1930. **B. ranunculoides** L. – Vom Typus wird die in den Südalpen vorkommende Art **B. gramineum** Vill. unterschieden.
1932. **B. junceum** L. – Savoyen (Mont Vuache), Dep. Ain.
1933. **B. Gerardi** All. – Savoyen (?). Italien.
1934. **B. tenuissimum** L. – Eingeschleppt. – Dep. Ain (Dombes, Bresse).
1935. **B. baldense** Turra em. Thell. ssp. **opacum** (Cesati) Thell. – Savoyen, Dep. Ain. Aostatal.
1947. **Carum verticillatum** (L.) Koch – Savoyen (?), Dep. Ain (Dombes).
1950. **Pimpinella saxifraga** L. – Vom Typus wird **P. nigra** Miller (P. saxifraga L. ssp. nigra Gaudin) unterschieden.
1954. **Seseli Hippomarathrum** Jacq. – Baden (Kaiserstuhl).
1955. **S. montanum** L. – Aus dem Vintschgau und dem Comerseegebiet wird die verwandte Art **S. varium** Treviranus angegeben.
1959. **Œnanthe fluviatilis** (Babington) Coleman – Elsaß, von Colmar rheinabwärts.
1972. **Ligusticum ferulaceum** All. – Dep. Ain (Reculet-Kette).
1977. **Angelica pyrenæa** (L.) Sprengel – Vogesen.
1979. **A. Archangelica** L. – Heilpflanze. Früher kultiviert und selten verwildert.
1981. **Peucedanum Schottii** Besser – Comerseealpen (Grigna).
1984. **P. officinale** L. – Terr. Belfort, Elsaß. Aostatal, Comerseegebiet, Veltlin.
1988. **P. austriacum** (Jacq.) Koch – Vom Typus wird die in den Südalpen vorkommende Art **P. rablense** (Wulfen) Koch unterschieden.

1989. **P. alsaticum** L. – Elsaß.
1993–1995. **Heracleum Sphondylium** L. – Neben den drei abgebildeten Sippen wird eine weitere ssp. **montanum** (Schleicher) Briq. (ssp. elegans Schübler & Martens, H. montanum Schleicher) unterschieden.
2002. **Laserpitium nitidum** Zantedeschi – Von den Comersee- und Bergamasker Alpen ostwärts.
2004. **L. gallicum** L. – Savoyen, Dep. Ain (Bas-Bugey). Aostatal.
2005. **L. peucedanoides** L. – Vom Comerseegebiet ostwärts. Der Schweiz zunächst: Val Cavargna.
2016. **Monotropa Hypopitys** L. – Vom Typus wird die ganz kahle Art **M. Hypophegea** Wallroth (M. Hypopitys L. var. glabra Roth) unterschieden.
2017. **Empetrum nigrum** L. – Der Typus kommt nur im Jura und spärlich vor, während in den Alpen ausschließlich die auch als Art gewertete ssp. **hermaphroditum** (Lange) Oberdorfer (E. hermaphroditum Hagerup) auftritt.
2020. **Rhodothamnus Chamæcistus** (L.) Rchb. – Südostalpen, von den Bergamasker Alpen (zwischen Val Sassina und Val Brembana) ostwärts.
2027. **Vaccinium uliginosum** L. – Vom Typus wird neu **V. gaultherioides** Bigelow unterschieden.
2028. **Oxycoccus quadripetalus** Gilib. – Neben dieser kommt die früher als ssp. gewertete Art **O. microcarpus** Turcz. (Vaccinium microcarpum Hooker f.) seltener vor.
2033. **Erica arborea** L. – Am Comersee, bei Chiavenna und im Veltlin.
2037. **Primula veris** L. em. Hudson – Vom Typus wird die ssp. **suaveolens** (Bertol.) Gutermann & Ehrendorfer unterschieden.
2041. **P. glaucescens** Moretti – Vom Comersee (Corni di Canzo, Grigna) ostwärts.
2043. **P. minima** L. – Bergamasker und Veltliner Alpen.
2044. **P. marginata** Curtis – Äußerst zweifelhafte Angabe aus dem Eschental.
2047. **P. daonensis** Leybold – Im Aostatal, Biellese und vielleicht auch Valsesia wird die verwandte **P. villosa** Wulfen (incl. **P. cottia** Widmer) angegeben.
2048. **P. pedemontana** E. Thomas – Savoyer und Piemonteser Alpen.
2053. **Androsace carnea** L. – Vom Typus wird die ssp. **rosea** (Jordan & Fourreau) Gremli (ssp. Halleri Issler, A. Halleri L., A. Lachenalii Rouy) unterschieden.
2062. **A. Wulfeniana** (Sieber) Rchb. f. – Angeblich Bormio (Veltlin).
2066. **Soldanella minima** Hoppe – Ortler- und Bergamasker Alpen.
2076. **Anagallis arvensis** L. – Tritt in zwei, auch als Arten gewerteten Sippen auf: ssp. **phœnicea** (Gouan) Vollmann (A. arvensis L., A. phœnicea Scop.) und ssp. **cœrulea** (Gouan) Hartman (ssp. femina Sch. & Thell., A. fœmina Miller, A. cœrulea Nathorst)
2083. **Diospyros Lotus** L. – Um die insubrischen Seen gepflanzt und verwildert.
2084. **D. Kaki** L. f. – In wärmeren Gegenden, besonders im Tessin, als Obstbaum gezogen.
2090. **Phillyrea media** L. – Der Schweiz zunächst im Dep. Ain (Bugey: Fuß des Grand Colombier).
2091. **Jasminum nudiflorum** Lindley – Um die insubrischen Seen als Zierstrauch gepflanzt und verwildert oder eingebürgert.

2092. **J. fruticans** L. – Ebenso.
2093. **J. officinale** L. – Ebenso.
2099. **Exaculum pusillum** (Lam.) Caruel – Dep. Ain (Dombes) und Jura (Bresse).
2100. **Cicendia filiformis** (L.) Delarbre – Ebenso.
2124. **Gentiana angustifolia** Vill. – Savoyen (von Chambéry südwärts).
2131. **G. Rostani** Reuter – Kommt im Gebiet nicht vor.
2138. **Asclepias syriaca** L. – Zierpflanze. Selten verwildert.
2140. **Convolvulus Cantabrica** L. – Dep. Ain (südlichster Teil).
2149. **Collomia grandiflora** Douglas – Zierpflanze. Selten verwildert.
2154. **Cynoglossum creticum** Miller – Eingeschleppt. – Dep. Ain. Italien.
2156. **C. Dioscoridis** Vill. – Aus Savoyen angegeben.
2163. **Symphytum uplandicum** Nyman – Zierstaude und Futterpflanze. Verwildert und eingebürgert.
2172–2174. Die im Wallis, Tessin und Graubünden vorkommende **Pulmonaria angustifolia** L. (vgl. Nr. 2172) soll neu **P. australis** Sauer heißen. Die nahe Verwandte **P. vulgaris** Mérat (vgl. Nr. 2173) aus der Westschweiz und Schaffhausen beinhaltet **P. collina** Sauer und **P. mollis** Wulfen. **P. montana** Lejeune (vgl. Nr. 2174) ist schließlich auf dem Jura beschränkt.
2176. **Myosotis scorpioides** L. em. Hill. – Vom Typus wird weiter **M. nemorosa** Besser (M. strigulosa Rchb.) unterschieden.
2188. **Onosma tauricum** Willd. ssp. **helveticum** (A. DC.) Br.-Bl. – Wallis (besonders Mittelwallis). – Savoyen (Maurienne, Tarentaise).
2189. **O. tauricum** Willd. ssp. **cinerascens** Br.-Bl. – Aostatal.
2190. **O. vaudense** Gremli – Waadt (zwischen Aigle und Ollon).
2191. **O. arenarium** Waldst. & Kit. ssp. **penninum** Br.-Bl. – Wallis (hauptsächlich zwischen Visp und Stalden). – Piemont (Simplon).
2192. **O. arenarium** Waldst. & Kit. ssp. **pyramidatum** Br.-Bl. var **typicum** Beck – Dep. Ain (Alluvionen des Ain und der Rhone).
2194. **Cerinthe minor** L. – Gelegentlich eingeschleppt.
2197. **Echium italicum** L. – Ebenso.
2211. **Scutellaria hastifolia** L. – Dep. Ain (Saônegebiet). Veltlin, Südfuß der Bergamasker Alpen.
2212. **S. minor** Hudson – Dep. Ain (Dombes) und Jura (Bresse), Terr. Belfort. Südabfall des Schwarzwaldes. Aostatal.
2219. **Nepeta Nepetella** L. – Eingeschleppt. – Savoyen. Aostatal.
2234. **Lamium Galeobdolon** (L.) Crantz – Vom Typus, der in der Schweiz nicht vorkommen soll, werden **L. montanum** Pers. (Galeobdolon montanum Pers., Lamiastrum montanum Ehrendorfer) – auf der Alpennordseite – und **L. flavidum** F. Hermann (L. Galeobdolon Crantz ssp. pallidum F. Hermann, G. flavidum Holub, Lamiastrum flavidum Ehrendorfer) – vornehmlich auf der Alpensüdseite – unterschieden.
2235. **L. Orvala** L. – Sehr selten eingeschleppt. – Der Schweiz zunächst: Veltlin und Bergamasker Alpen.
2242. **Leonurus Marrubiastrum** L. – Früher bei Genf. – Aus den Dep. Ain und Jura sowie aus Oberitalien (Langenseegebiet) angegeben; ob eingeschleppt?
2243. **Ballota nigra** L. – Vom Typus wird die auch als Art gewertete ssp. **fœtida** Hayek (ssp. nigra Briq., B. alba L., B. fœtida Lam.) unterschieden.

Anmerkungen

2248. Stachys recta L. – Vom Typus wird **S. labiosa** Bertol. (S. recta L. ssp. labiosa Briq.) aus der Alpensüdseite unterschieden.

2252. S. affinis Bunge – Wurzelgemüsepflanze aus Japan.

2258. Salvia Verbenaca L. – Eingeschleppt oder verwildert.

2260. S. Æthiopis L. – Selten verwildert. Eingebürgert in Savoyen und im Aostatal.

2266. Satureja montana L. – Urwüchsig am Comersee. Eingebürgert in Savoyen (Fuß des Salève bei Genf) und im Dep. Ain (Muzin).

2269–2271. S. Calamintha (L.) Scheele – Neben den drei abgebildeten Sippen tritt eine vierte Art **S. nepetoides** (Jordan) Fritsch (Calamintha nepetoides Jordan) auf.

2278, 2279. Thymus Serpyllum L. – Formenreiche Art mit je nach Autor wechselnder Einteilung und Nomenklatur.

2290. Lycium chinense Miller – Zierstrauch. Gelegentlich verwildert.

2295. Capsicum annuum L. – Gewürzpflanze. Selten (aus Fruchtabfällen?) verwildert.

2299. Solanum Melongena L. – Als Gemüse hin und wieder gepflanzt.

2306. Petunia hybrida hort. – Zierpflanze. Gartenflüchtling.

2307. Mandragora vernalis Bertol. – Alte Angabe aus dem Aostatal.

2309. Verbascum virgatum With. – Selten eingeschleppt. – Dep. Ain und Jura, Elsaß.

2310. V. nigrum L. – Im Vintschgau und Comerseegebiet tritt die nahe verwandte Art **V. alpinum** Turra (V. lanatum Schrader) auf.

2311. V. Chaixii Vill. – Im Vintschgau und Veltlin tritt auch die ssp. **austriacum** (Schott) Hayek (V. austriacum Schott) auf.

2324. Linaria supina (L.) Chazelles – Eingeschleppt. – Aus Savoyen und dem Dep. Ain angegeben.

2325. L. alpina (L.) Miller – Vom Typus wird die var. **petræa** (Jordan) Rapin (var. jurana Ducommun, L. petræa Jordan) unterschieden.

2326. L. Pellisseriana (L.) Miller – Dep. Ain (Dombes) und Jura (Bresse).

2330. Antirrhinum Asarina L. – Zierpflanze. Verwildert und eingebürgert (auf Mauern), z. B. in Orbe.

2333. A. majus L. ssp. **latifolium** (Miller) Rouy – Von Savoyen südwärts.

2334. Anarrhinum bellidifolium (L.) Desf. – Früher bei Genf. – Savoyen, Dep. Ain. Comerseegebiet.

2343. Mimulus moschatus Douglas – Zierpflanze. Selten verwildert.

2347. Veronica prostrata L. – Vom Typus wird **V. Scheereri** (J. Brandt) M. Fischer (V. prostrata L. ssp. Scheereri J. Brandt) unterschieden.

2351. V. Anagallis-aquatica L. – Neu wird die verwandte Art **V. catenata** Pennell (V. aquatica Bernh., V. comosa auct.) angegeben.

2352. V. anagalloides Guss. – Von der Breite Lyons südwärts. Angaben aus nördlicher gelegenen Breiten unsicher.

2355. V. Allionii Vill. – Savoyer Alpen. Aostatal.

2360. V. longifolia L. – Gartenflüchtling oder eingeschleppt.

2362. V. serpyllifolia L. – Vom Typus wird die auch als Art gewertete ssp. **humifusa** Syme (V. tenella All.) unterschieden.

2367. V. peregrina L. – Eingeschleppt, unbeständig.

2377. V. opaca Fries – Ebenso.

2395. **Euphrasia lanceolata** Gaudin – In Getreidefeldern der Westalpen, von Südsavoyen und Piemont südwärts.
2410. **E. micrantha** Rchb. – Dep. Doubs und Jura, Vogesen (bei Gebweiler).
2416. **Rhinanthus stenophyllus** (Schur) Druce – Wird als Herbstsippe von R. minor L. (vgl. Nr. 2415) angesehen.
2418. **R. ellipticus** Hausskn. – Wird als Herbstsippe von R. Alectorolophus (Scop.) Pollich (vgl. Nr. 2417) angesehen, zu dessen Formenkreis auch die monomorphe Gebirgssippe **R. Semleri** (Sterneck) Sch. & Thell. gehört.
2420. **R. serotinus** (Schönheit) Oborny – Wird als Herbstsippe von R. glaber Lam. (vgl. Nr. 2419) angesehen und kommt im Gebiet wahrscheinlich nicht vor.
2422. **R. Songeoni** Chabert – Savoyer Alpen. – Nahe verwandt mit R. ovifugus Chabert (vgl. Nr. 2421), das im Gebiet wahrscheinlich nicht vorkommt.
2425. **R. angustifolius** Gmelin – In diesen Formenkreis gehören auch die monomorphen Sippen **R. glacialis** Personnat aus den Alpen und **R. Vollmanni** (Poeverlein) Becherer aus dem Mittelland.
2426. **Pedicularis comosa** L. – Westalpen, von Savoyen südwärts.
2427. **P. acaulis** Scop. – Von den Comerseealpen (Grigna) ostwärts.
2431. **P. rosea** Wulfen – Savoyer Alpen. Aostatal.
2439. **P. cenisia** Gaudin – Ebenso.
2443–2463. Bei den Arten der Gattung **Orobanche** sind die häufigeren Wirtspflanzen jeweils in eckigen Klammern angegeben. Eine sichere Bestimmung ist meistens nur bei deren Kenntnis möglich. Zum Verständnis der Abkürzungen wird auf den Index verwiesen.
2463. **Orobanche amethystea** Thuill. – Savoyen, Elsaß. Baden. Veltlin.
2469. **Pinguicula grandiflora** Lam. ssp. **Reuteri** (Genty) Sch. & K. – Französischer Hochjura. – In den Savoyer Alpen soll die ssp. **rosea** (Mutel) Casper vorkommen.
2473. **Utricularia ochroleuca** R. Hartman – Terr. Belfort, Vogesen. Schwarzwald, Bodenseegebiet. Vorarlberg.
2485. **Plantago argentea** Chaix – Eingeschleppt.
2487. **P. fuscescens** Jordan – Der Schweiz zunächst: Comerseealpen (Grigna).
2490. **P. Coronopus** L. – Eingeschleppt. – Dep. Ain.
2493. **Crucianella angustifolia** L. – Eingeschleppt. – Urwüchsig im Dep. Ain (südlichster Teil). Aostatal (urwüchsig?).
2510. **Galium palustre** L. – Vom Typus wird die auch als Art gewertete var. **lanceolatum** Uechtritz (ssp. elongatum Arcangeli, G. elongatum Presl) unterschieden.
2519. **G. pumilum** Murray – Neu wird die verwandte Art **G. anisophyllum** Vill. unterschieden.
2521. **G. harcynicum** Weigel – Schwyz (Einsiedeln), Appenzell (Gais). – Vogesen und deren Vorland. Schwarzwald.
2522. **G. aristatum** L. – Auf der Alpensüdseite kommt auch **G. lævigatum** L. vor. Die zwei Arten wurden bis jetzt nicht unterschieden.
2524. **G. Mollugo** L. – Vom Typus wird **G. album** Miller unterschieden. Die früher zu dieser Gruppe gezählten ssp. lucidum Sch. & Thell. und ssp. corrudifolium (Vill.) Briq. werden ebenfalls als Arten **G. lucidum** All. bzw. **G. corrudifolium** Vill. gewertet.

2525. **Rubia peregrina** L. – Vom Dep. Ain und von Savoyen südwärts.
2543. **Centranthus Calcitrapa** (L.) Dufresne – Vom Dep. Ain südwärts.
2546. **Valeriana officinalis** L. – Vom Typus werden im Gebiet **V. pratensis** Dierbach, **V. procurrens** Wallroth, **V. versifolia** Brügger und **V. Wallrothii** Kreyer (V. collina Wallroth) unterschieden.
2547. **V. sambucifolia** Mikan f. – Vintschgau (Meran). – Gehört ebenfalls zur Artengruppe der V. officinalis L. (vgl. Nr. 2546).
2548. **V. tuberosa** L. – Von Savoyen (St-Maurice-de-Rotherens) und vom Aostatal südwärts.
2558. **Valerianella pumila** (L.) DC. – Dep. Ain.
2560. **V. coronata** (L.) DC. – Aostatal.
2562. **V. microcarpa** Loisel. – Kommt im Gebiet nicht vor.
2568. **Knautia arvensis** (L.) Coulter em. Duby – Im Wallis sowie in Savoyen, im Dep. Ain und im Aostatal kommt die verwandte **K. purpurea** (Vill.) Borbas vor.
2569. **K. transalpina** (Christ) Briq. – Vom Südtessin ostwärts kommt auch die nahe verwandte **K. velutina** Briq. vor. Die Abgrenzung zwischen diesen Sippen bedarf einer weiteren Prüfung.
2572. **K. Godeti** Reuter – Vom Vintschgau und Comerseegebiet wird die verwandte **K. longifolia** (Waldst. & Kit.) Koch angegeben.
2574. **Succisella inflexa** (Kluk) Beck – Der Schweiz zunächst im Dep. Ain (Montluel: ob noch?) und im Comerseegebiet.
2576. **Scabiosa canescens** Waldst. & Kit. – Dep. Ain, Elsaß, Baden, Hegau. Früher auch bei Basel und in Savoyen. – Vom Typus wird die in den Bergamasker Alpen vorkommende **S. vestina** Facchini unterschieden.
2578. **S. columbaria** L. – In dieser Artengruppe werden vom Typus unterschieden: **S. dubia** Vel., aus den Bergamasker Alpen; **S. Portæ** Kerner, ziemlich häufig auf der Alpensüdseite; **S. vestita** Jordan, aus dem Aostatal. Ihre Identität bedarf einer weiteren Abklärung.
2580. **Ecballium Elaterium** (L.) A. Rich. – Dep. Ain, am Saôneufer eingebürgert.
2595. **Campanula alpestris** All. – Französische und italienische Westalpen. Der Schweiz zunächst in Cogne (Aostatal).
2596. **C. Medium** L. – Zierpflanze, gelegentlich verwildert. – Urwüchsig (nur blaublühend): Savoyen, Dep. Ain, Aostatal.
2597. **C. sibirica** L. – Bergamasker Alpen. (Angaben aus dem Aosta- und Eschental sehr zweifelhaft.)
2603. **C. rotundifolia** L. – Vom Typus wird die ssp. **Bertolæ** (Colla) Vaccari (C. Bertolæ Colla) aus dem Südtessin sowie dem Varesotto und Comerseegebiet unterschieden.
2604. **C. linifolia** Scop. – Bergamasker Alpen.
2606. **C. Hegetschweileri** Becherer – Aus Savoyen angegebene, mit C. Scheuchzeri Vill. (vgl. Nr. 2605) nahe verwandte Art.
2608. **C. Raineri** Perpenti – Angaben vom Monte Generoso zweifelhaft. – Von den Comersee- (Monte S. Primo, Sasso Rancio) und den Bergamasker Alpen ostwärts.
2609. **C. Elatines** L. – Westalpen. Der Schweiz zunächst: Val Soana (Grajische Alpen).
2610. **C. elatinoides** Moretti – Bergamasker Alpen.

2618. **Phyteuma Sieberi** Sprengel – Südostalpen, vom Comerseegebiet (Grigna) ostwärts.
2620. **Ph. Charmelii** Vill. – Angeblich Aostatal.
2626. **Ph. nigrum** F. W. Schmidt – Dep. Jura und Doubs, Terr. Belfort, Elsaß, Vogesen. Schwarzwald, Hegau, Bodenseegebiet.
2629. **Ph. Michelii** All. – Fragliche Angaben aus Savoyen.
2630. **Ph. comosum** L. – Von den Comerseealpen ostwärts.
2632. **Jasione levis** Lam. – Vogesen. Schwarzwald, Bodenseegebiet.
2633. **Lobelia Erinus** L. – Zierpflanze. Selten und nur vorübergehend verwildert.
2638. **Solidago Virgaurea** L. – Vom Typus wird die ssp. **minuta** (L.) Arcangeli (S. alpestris Waldst. & Kit.) unterschieden.
2651. **Aster lanceolatus** Willd. – Zierpflanze. Selten verwildert.
2652. **A. versicolor** Willd. – Ebenso.
2658. **Erigeron annuus** (L.) Pers. – Neben der als Art gewerteten ssp. strigosus (Mühlenb.) Wagenitz (vgl. Nr. 2657) werden die ssp. **annuus** (L.) Wagenitz und die ssp. **septentrionalis** (Fernald & Wiegand) Wagenitz (E. ramosus Britton, Sterns & Poggenburg var. septentrionalis Fernald & Wiegand) unterschieden.
2667. **Filago vulgaris** Lam. – Daneben kommt die verwandte **F. lutescens** Jordan (F. apiculata G. E. Smith) vor.
2681. **Helichrysum Stœchas** (L.) DC. – Savoyen, Dep. Ain.
2683. **Inula bifrons** L. – Comerseegebiet (alte Angabe).
2686. **I. montana** L. – Savoyen, Dep. Ain. Aostatal.
2690. **I. ensifolia** L. – Angeblich Comerseegebiet.
2696. **Buphthalmum speciosissimum** L. – Comersee- und Bergamasker Alpen. Der Schweiz zunächst: Val Cavargna.
2700. **Ambrosia elatior** L. – Eingeschleppt.
2703. **Tagetes patula** L. – Zierpflanze. Gelegentlich verwildert.
2706. **Coreopsis tinctoria** Nuttall – Ebenso.
2707. **Cosmos bipinnatus** Cav. – Ebenso.
2709. **Bidens radiata** Thuill. – Elsgau (Bonfol). – Dep. Jura (Bresse), Terr. Belfort, Elsaß. Bodenseegebiet.
2712. **B. tripartita** L. var. **hirta** (Jordan) Sherff – Norditalien. Der Schweiz zunächst aus der Gegend von Ivrea angegeben.
2717. **Anthemis altissima** L. – Eingeschleppt. – Italien.
2718. **A. austriaca** Jacq. – Eingeschleppt.
2722. **A. nobilis** L. – Gartenpflanze. Verwildert.
2723. **Santolina Chamæcyparissus** L. – Im Süden (Tessin) gepflanzt und verwildert.
2724. **Achillea oxyloba** (DC.) F. W. Schultz – Ortlermassiv.
2733. **A. Millefolium** L. – Weiter werden in dieser Gruppe unterschieden und als Arten gewertet: **A. collina** Becker und **A. roseo-alba** Ehrendorfer.
2742. **Chrysanthemum Myconis** L. – Eingeschleppt.
2746–2748. **Ch. Leucanthemum** L. – Neben den drei abgebildeten Sippen werden in dieser Artengruppe weiter **Ch. alpicola** (Gremli) Hess & Landolt (Leucanthemum vulgare Lam. ssp. alpicola A. & D. Löve, L. Gaudinii D. T.) und **Ch. præcox** Horvatič (L. præcox Horvatič) unterschieden.

2749. **Ch. Halleri** Suter – In Savoyen (Mont-Cenis) kommt die verwandte Art **Ch. coronopifolium** Vill. (Leucanthemum coronopifolium Vill.) vor.
2750. **Ch. serotinum** L. – Zierpflanze. Gelegentlich verwildert.
2751. **Ch. Balsamita** L. – Gewürz- und Heilpflanze. Selten verwildert.
2757. **Artemisia alba** Turra – Savoyen, Elsaß. Aostatal, Comerseegebiet.
2758. **A. annua** L. – Gelegentlich eingeschleppt.
2761. **A. atrata** Lam. – Westalpen. Der Schweiz zunächst: Savoyen (Mont-Cenis).
2762. **A. chamæmelifolia** Vill. – Westalpen. Der Schweiz zunächst: Cogne.
2777. **Doronicum Columnæ** Ten. – Von den Comerseealpen (Grigna) ostwärts.
2780. **D. glaciale** (Wulfen) Nyman – Bergamasker Alpen.
2782. **Senecio subalpinus** Koch – Früher in den Vogesen angepflanzt.
2785. **S. Doria** L. – Vom Dep. Ain südwärts. Piemont (alte Angabe).
2800. **S. adonidifolius** Loisel. – Dep. Jura (Arr. Dole).
2802. **S. vernalis** Waldst. & Kit. – Eingeschleppt.
2805. **S. gallicus** Chaix – Eingeschleppt. – Vom Dep. Ain südwärts.
2814. **Carlina vulgaris** L. – Vom Typus werden zwei als Arten gewertete Sippen unterschieden: **C. intermedia** Schur und **C. stricta** (Rouy) Fritsch (C. longifolia Rchb.).
2815. **C. acanthifolia** All. – Savoyen (Chambéry), Dep. Ain (Revermont). Aostatal.
2821. **Berardia subacaulis** Vill. – Angegeben und belegt aus der Val Divedro (Eschental). Zu bestätigen.
2822. **Saussurea alpina** (L.) DC. – Vom Typus wird die ssp. **depressa** (Gren.) Rouy (S. depressa Gren.) aus den Waadtländer und Walliser Alpen sowie aus Savoyen unterschieden.
2824. **Carduus pycnocephalus** L. – Eingeschleppt.
2825. **C. tenuiflorus** Curtis – Genf, Elsgau, Brienzersee. – Dep. Ain.
2826. **C. nutans** L. – Vom Typus werden zwei Sippen unterschieden: ssp. **macrolepis** (Peterm.) Kazmi, nur adventiv; ssp. **platylepis** (Rchb. & Sauter) Gugler, in den zentralen und südlichen Alpentälern.
2827. **C. defloratus** L. – Vom Typus werden zwei Sippen unterschieden: ssp. **crassifolius** (Willd.) Hayek (C. crassifolius Willd.), vornehmlich auf der Alpensüdseite; ssp. **rhæticus** (DC.) Rothmaler.
2835. **Cirsium monspessulanum** (L.) Hill – Savoyen (Chignin-Montmélian).
2836. **C. pannonicum** (L. f.) Link – Vom Comerseegebiet und Veltlin ostwärts.
2841. **C. montanum** (Waldst. & Kit.) Sprengel – Graubünden (Oberhalbstein). – Aostatal, Ortlermassiv.
2852. **Centaurea aspera** L. – Vom Dep. Ain (Côtière) südwärts.
2856. **C. Scabiosa** L. – Vom Typus wird die ssp. **tenuifolia** (Schleicher ex Gaudin) Arçangeli (ssp. grinensis Nyman, C. tenuifolia Schleicher) unterschieden.
2858, 2859. **C. Stœbe** L. – Neben den zwei abgebildeten, auch als Arten gewerteten Sippen wird **C. vallesiaca** (DC.) Jordan aus dem Wallis unterschieden.
2865. **C. Jacea** L. – Vom Typus wird die ssp. **angustifolia** Gremli (C. angustifolia Schrank) unterschieden.
2870. **C. alpina** L. – Angaben aus dem Eschental äußerst zweifelhaft.
2871. **C. conifera** L. – Der Schweiz zunächst in Savoyen (Challes).

2875. **Serratula nudicaulis** (L.) DC. – Der Schweiz zunächst in Nordsavoyen (Mont Vuache, Salève).
2877. **Cnicus benedictus** L. – Arzneipflanze. Selten verwildert oder eingeschleppt.
2878. **Scolymus hispanicus** L. – Gelegentlich eingeschleppt.
2881. **Catananche cœrulea** L. – Vom Dep. Ain (Bas-Bugey) südwärts.
2883. **Rhagadiolus stellatus** (L.) Gaertner – Eingeschleppt. – Italien.
2894. **Leontodon hispidus** L. – Vom Typus werden unterschieden und als Arten gewertet: **L. hyoseroides** Welwitsch ex Rchb. und **L. pseudocrispus** Sch.-Bip.
2901. **Tragopogon crocifolius** L. – Eingeschleppt. – Savoyen. Aostatal.
2902. **T. porrifolius** L. ssp. **sativus** (Gatereau) Br.-Bl. – Gemüsepflanze.
2908. **Scorzonera calcitrapifolia** Vahl – Aostatal. Im Elsaß (bei Colmar) eingebürgert.
2909. **S. hirsuta** (Gouan) L. – Vom Dep. Ain südwärts.
2911. **S. aristata** Ramond – Comerseegebiet (Grigna).
2917. **Andryala integrifolia** L. – Dep. Ain (Côtière, Dombes).
2919–2923. **Taraxacum palustre** (Lyons) Symons s. l. – Innerhalb dieser äußerst vielgestaltigen und systematisch unterschiedlich gegliederten Artengruppe werden neben den fünf abgebildeten, auch als Arten gewerteten Sippen weiter unterschieden: **T. aquilonare** Handel-Mazzetti, **T. ceratophorum** (Ledebour) DC., **T. cucullatum** Dahlstedt, **T. fontanum** Handel-Mazzetti und **T. Pacheri** Sch.-Bip.
2927. **Sonchus arvensis** L. – Vom Typus wird die ssp. **uliginosus** (M. Bieb.) Nyman (S. uliginosus M. Bieb.) unterschieden.
2928. **S. paluster** L. – Piemont (Aosta- und Eschental), Lombardei. (Früher zu Unrecht aus der Schweiz angegeben.)
2945. **Crepis incarnata** (Wulfen) Tausch var. **lutea** Tausch – Der rot- (selten reinweiß-)blühende Typus von den Judikarien ostwärts.
2976. **Hieracium Lawsonii** Vill. – Savoyen (Chambéry). (Früher zu Unrecht aus dem Wallis angegeben.)
2978. **H. porrifolium** L. – Comersee- und Bergamasker Alpen. (Frühere Angabe aus dem Unterengadin irrig.)
2985. **H. murorum** L. em. Hudson – Vom Typus wird die auf der Alpensüdseite häufig vorkommende ssp. **tenuiflorum** (Arvet-Touvet) Zahn (H. tenuiflorum Zahn) unterschieden.
2989. **H. cæsium** Fries – Alpen, Jura. – Zwischenform von H. Lachenalii Gmelin, H. murorum L. em. Hudson und H. glaucum All.

Appendix

1. **Asplenium Seelosii** Leybold – Der Schweiz zunächst: Varesotto.
3. **Cupressus sempervirens** L. – Im Süden vielfach gepflanzt (Friedhöfe).
6. **Cyperus difformis** L. – Früher im Varesotto (Langensee).
7. **Luzula glabrata** (Hoppe) Desv. – Der Typus in Vorarlberg; eine neuerdings als Art gewertete var. **Desvauxii** (Kunth) Buchenau (L. Desvauxii Kunth) in den Vogesen und im Schwarzwald.
8. **Allium paniculatum** L. – Savoyen, Dep. Ain.
9. **Fritillaria tubæformis** Gren. & Godr. – Piemont (Aosta- und Sesiatal), Bergamasker Alpen.
13. **Aristolochia pallida** Willd. – Aostatal, Comerseegebiet (Grigna).
15. **Kochia Scoparia** (L.) Schrader – Wegen ihrer herbstlichen Rotfärbung beliebte Zierpflanze. Da und dort Gartenflüchtling.
16. **Mesembryanthemum crystallinum** L. – In den Preislisten der Samenhändler als Salatpflanze angeboten und gelegentlich angebaut.
17. **Cerastium carinthiacum** Vest ssp. **austroalpinum** Kunz – Kleinart der südöstlichen Kalkalpen. Im Gebiet: Tessin (Val Colla) und Grenzbezirk (Comersee- und Bergamasker Alpen).
18. **Clematis Flammula** L. – Comerseegebiet (südlich Lecco).
19. **Mahonia Aquifolium** (Pursh) Nuttall – In wärmeren Lagen verwildernder und sich einbürgernder Zierstrauch.
20. **Aubrieta deltoides** (L.) DC. – Verwildernde Steingarten- und Mauerpflanze.
21. **Alyssum edentulum** Waldst. & Kit. – Verwildert und eingebürgert.
22. **A. maritimum** (L.) Lam. – Verwildernde Zierpflanze.
23. **Chorispora tenella** (Pallas) DC. – Eingeschleppt.
24. **Spiræa chamædryfolia** L. em. Jacq. – Zierstrauch. Selten verwildert.
25. **Rubus laciniatus** Willd. – Zierstrauch. Gelegentlich verwildert.
26. **Kerria japonica** (L.) DC. – Zierstrauch. Im Süden gelegentlich verwildert.
27. **Gleditsia triacanthos** L. (Cæsalpiniaceæ) – Zierbaum. Im Tessin gepflanzt und selten verwildert.
28. **Cercis Siliquastrum** L. (desgl.) – Zierbaum. Selten verwildert.
29. **Ulex nanus** Forster – Dep. Ain und Haute-Saône.
30. **Adenocarpus complicatus** (L.) J. Gay – Dep. Jura (Arr. Dole).
31. **Melilotus neapolitana** Ten. – Eingeschleppt. – Savoyen.
33. **Psoralea bituminosa** L. – Eingeschleppt.
36. **Acalypha virginica** L. – Unkraut nordamerikanischer Herkunft. Im Tessin eingebürgert.
37. **Malva verticillata** L. var. **crispa** L. – Als Zier- und Heilpflanze kultiviert und gelegentlich verwildert.
38. **Hibiscus Trionum** L. – Eingeschleppt oder gartenflüchtig.
39. **Myrtus communis** L. – Comersee (wohl nicht urwüchsig).
40. **Gaura biennis** L. – Eingeschleppt.
41. **Eryngium planum** L. – Zierpflanze, gelegentlich verwildert.
43. **Amsinckia intermedia** Fischer & Meyer – Eingeschleppt.
45. **Teucrium Marum** L. – Als Kulturflüchtling an den insubrischen Seen.
46. **Monarda didyma** L. – Zier- und Gewürzpflanze. Selten gartenflüchtig.
47. **Linaria dalmatica** (L.) Miller – Selten verwildert oder eingebürgert.

48. **Paulownia tomentosa** (Thunb.) Steudel – Zierbaum. Im Tessin und Puschlav verwildert und eingebürgert.
49. **Catalpa bignonioides** Walter – Gelegentlich verwildernder Zierbaum.
50. **Scabiosa ochroleuca** L. – Im Kanton Schaffhausen eingebürgert.
53. **Petasites fragrans** (Vill.) C. Presl – Zierpflanze. Im Tessin mehrfach eingebürgert.
54. **Guizotia abyssinica** (L. f.) Cass. – Tropische Ölpflanze. Eingeschleppt (aus Vogelfutter aufgehend).

Notes

Remarque: Le mot Savoie désigne la région de la Savoie sans égard à sa subdivision administrative en départements de la Savoie et de la Haute-Savoie.

11. **Dryopteris Filix-mas** (L.) Schott – Sous-espèce différant du type et considérée aussi comme espèce: ssp. **Borreri** (Newman) Becherer & von Tavel (D. Borreri Newman, D. pseudomas Holub & Pouzar).
14. **D. spinulosa** Watt – Deux sous-espèces, considérées aussi comme espèces: ssp. **spinulosa** Sch. & Thell. (D. spinulosa Watt, Aspidium spinulosum Sw.) et ssp. **dilatata** (Hoffm.) Sch. & Thell. (D. dilatata A. Gray); ainsi que la nouvelle espèce **D. assimilis** S. Walker.
33. **Asplenium Adiantum-nigrum** L. – Sous-espèce différant du type et considérée aussi comme espèce: ssp. **Onopteris** (L.) Heufler (A. Onopteris L.).
39. **Cheilanthes pteridioides** (Reichard) Christensen – Piémont.
42. **Polypodium vulgare** L. – Sous-espèces différant du type et considérées aussi comme espèces: ssp. **prionodes** (Asch.) Rothmaler (P. interjectum Shivas); ssp. **serratum** (Willd.) Christ (P. serratum Kerner, P. australe Fée).
53. **Salvinia natans** (L.) All. – Une fois, passagèrement, près de St-Gall. Récemment observé dans le canton de Genève. – Vallée d'Aoste, Côme, Chiavenna, Valteline.
67. **Lycopodium complanatum** L. – Deux sous-espèces, considérées aussi comme espèces: ssp. **anceps** (Wallroth) Asch. (L. anceps Wallroth, Diphasium complanatum Rothmaler); ssp. **Chamæcyparissus** (A. Br.) Doell (L. Chamæcyparissus A. Br., D. tristachyum Rothmaler). Autre espèce voisine, considérée souvent comme hybride entre L. alpinum L. et L. complanatum L.: **L. Issleri** (Rouy) Lawalrée (D. Issleri Holub).
85. **Juniperus communis** L. – Race alpine différant du type: ssp. **nana** (Willd.) Syme (ssp. alpina Čelak., J. sibirica Burgsdorf, J. nana Willd.).
87. **Ephedra helvetica** C. A. Meyer – Considéré souvent comme sous-espèce de **E. distachya** L. qui est signalé dans le Vintschgau.
92. **Sparganium ramosum** Hudson – Trois sous-espèces, considérées aussi comme espèces: ssp. **microcarpum** (Neuman) Domin (S. microcarpum Čelak.); ssp. **neglectum** (Beeby) A. & G. (S. neglectum Beeby); ssp. **polyedrum** A. & G. (S. ramosum Hudson s. str.).
125. **Alisma Plantago-aquatica** L. – Sippe différant du type et considérée aujourd'hui comme espèce: var. **lanceolatum** Gren. & Godr. (ssp. stenophyllum Holberg, A. lanceolatum With.).
128. **Damasonium Alisma** Miller – Dép. de l'Ain (Dombes, etc.) et du Jura.
129. **Elisma natans** (L.) Buchenau – Dép. de l'Ain (Dombes, etc.).
131. **Sagittaria sagittifolia** L. – Espèces voisines d'origine américaine, plantées et parfois naturalisées: **S. latifolia** Willd., **S. platyphylla** (Engelm.) J. G. Smith.
136. **Stratiotes Aloides** L. – Naturalisé artificiellement et subspontané.
142. **Hierochloë australis** (Schrader) R. & Sch. – Vintschgau. Région du lac de Côme (Grigna) et Alpes bergamasques.

149. **Panicum miliaceum** L. – Espèce voisine, plantée comme ornement et parfois naturalisée: **P. capillare** L.
161. **Oryzopsis paradoxa** (L.) Nuttall – Savoie.
163. **Stipa pennata** L. – Espèce collective, représentée dans la dition de cette flore par **S. eriocaulis** Borbas (S. gallica Čelak., S. pennata L. ssp. mediterranea A. & G.) et **S. Joannis** Čelak. (S. pennata L. ssp. Joannis Čelak.).
166. **Mibora minima** (L.) Desv. – Rarement adv. – Dép. de l'Ain.
167. **Heleochloa alopecuroides** (Piller & Mitterspacher) Host – Dép. de l'Ain et du Jura. Italie.
168. **Alopecurus Gerardi** Vill. – Alpes de Savoie et du Piémont.
176. **Phleum arenarium** L. – Dép. de l'Ain.
178. **Ph. pratense** L. – Sippe différant du type: **Ph. Bertolonii** DC. (Ph. nodosum L.).
179. **Ph. alpinum** L. – Sippe différant du type: **Ph. commutatum** Gaudin (Ph. alpinum L. var. commutatum Koch).
183. **Agrostis alba** L. – Deux sous-espèces, considérées aujourd'hui comme espèces: **A. gigantea** Roth (A. alba L. ssp. gigantea Arcangeli); **A. stolonifera** L. (A. alba auct.).
185. **A. viridis** Gouan – Adv. – Dép. de l'Ain. Côme (indigène?).
187. **A. alpina** Scop. – Sous-espèce différant du type et considérée aussi comme espèce: ssp. **Schleicheri** (Jordan & Verlot) Sch. & K. (A. Schleicheri Jordan & Verlot).
191. **Calamagrostis neglecta** (Ehrh.) G., M. & Sch. – Station la plus rapprochée de la Suisse: dép. du Doubs (Pontarlier, disparu?).
196. **Gastridium ventricosum** (Gouan) Sch. & Thell. – Autrefois près de Genève. Parfois adv. – Dép. de l'Ain. Italie.
204. **Avena montana** Vill. – Des Alpes de Savoie vers le sud.
205. **A Parlatorei** Woods – Alpes de Savoie. Vallée d'Aoste, région du lac de Côme, Alpes bergamasques.
213. **Trisetum argenteum** (Willd.) R. & Sch. – Alpes calcaires méridionales de la Grigna vers l'est, région de l'Ortler.
214. **Ventenata dubia** (Leers) Cosson – Adv. – Dép. de l'Ain.
216. **Aira præcox** L. – Rarement adv. – Dép. de l'Ain, terr. de Belfort. Haute-Italie.
218. **Corynephorus canescens** (L.) P. B. – Dép. de l'Ain. Alpes bergamasques.
220. **Deschampsia cæspitosa** (L.) P. B. – Sippe différant du type: **D. litoralis** (Gaudin) Reuter.
227. **Sesleria ovata** (Hoppe) Kerner – Savoie (Haute-Tarentaise). Alpes de la Valteline (Bormio) et bergamasques.
229. **Scolochloa Donax** (L.) Gaudin – Planté dans le sud (Tessin) et parfois échappé des cultures.
230. **Molinia cœrulea** (L.) Moench – Sippe différant du type, considérée autrefois comme simple variété: **M. arundinacea** Schrank (M. litoralis Host, M. altissima Link).
236. **Kœleria phleoides** (Vill.) Pers. – Rarement adv. – Savoie, dép. de l'Ain. Région du lac de Côme.
238. **K. cenisia** P. Reverchon – Alpes de Savoie. Mont Cenis, vallée d'Aoste.
239, 240. **K. cristata** (L.) Pers. – Autres sippes différant du type et considé-

rées comme espèces: **K. eriostachya** Pančič; **K. pyramidata** (Lam.) P. B. (K. cristata Pers. ssp. pyramidata P. B.).
241. **K. splendens** Presl – Région du lac de Côme (Grigna).
246. **Dactylis glomerata** L. – Sous-espèce différant du type et considérée aussi comme espèce: ssp. **Aschersoniana** (Graebner) Thell. (D. Aschersoniana Graebner, D. polygama Horvatovszky).
249. **Poa alpina** L. – Espèces voisines: **P. badensis** Haenke ex Willd.; **P. Molineri** Balbis (P. alpina L. ssp. xerophila Br.-Bl.).
255. **P. trivialis** L. – Espèce voisine: **P. silvicola** Guss.
270. **Glyceria plicata** Fries – Espèce voisine en Ajoie: **G. declinata** Brébisson.
275. **Vulpia ligustica** (All.) Link – Parfois adv. – Italie.
280. **Festuca spectabilis** Jan – Alpes italiennes, du lac de Côme (Grigna) vers l'est.
287. **F. ovina** L. – Espèce collective comprenant beaucoup de sippes considérées comme espèces ou simples variétés selon les auteurs.
302. **Bromus erectus** Hudson – Sippe différant du type dans le Tessin méridional: **B. condensatus** Hackel (B. erectus Hudson ssp. condensatus A. & G.).
306. **B. madritensis** L. – Tessin. Ailleurs adv. – Savoie, Dép. de l'Ain. Pied sud des Alpes.
307. **B. rigidus** Roth – Adv. – Savoie.
329. **Ægilops ovata** L. – Parfois adv. – Italie.
330. **Æ. triuncialis** L. – Adv.
331. **Æ. cylindrica** Host – Parfois adv. – Vallée d'Aoste.
332. **Æ. ventricosa** Tausch – Parfois adv. – Italie.
344. **Lepturus cylindricus** (Willd.) Trin. – Rarement adv. – Vallée d'Aoste.
345. **Psilurus incurvus** (Gouan) Sch. & Thell. – Adv. – Italie.
346. **Phyllostachys nigra** (Lodd.) Munro – Planté et subspontané.
347. **Arundinaria japonica** Sieb. & Zucc. – Id.
361. **Eleocharis carniolica** Koch – Vallée d'Aoste, région du lac de Côme.
363, 364. **E. palustris** (L.) R. & Sch. – Autres sippes différant du type: **E. mamillata** H. Lindberg s. str.; **E. austriaca** Hayek (E. benedicta Beauverd, E. mamillata H. Lindberg ssp. austriaca Strandhede).
365. **E. multicaulis** Sm. – Dép. de l'Ain.
372. **Isolepis fluitans** (L.) R. Br. – Id.
383. **Scirpus atrovirens** Willd. – Espèce de l'Amérique du Nord, observée en 1937 au bord du lac de Hallwil.
391. **Fimbristylis dichotoma** (L.) Vahl – Italie. Station la plus rapprochée de la Suisse: partie inférieure de la vallée d'Aoste (ancienne indication).
407. **Carex brizoides** L. – Sous-espèce différant du type en Alsace et dans le Bade: ssp. **curvata** (Knaf) Binz (C. curvata Knaf).
412, 413, **C. muricata** L. – Autre sippe différant du type et considérée comme espèce: **C. Leersii** F. W. Schultz (C. polyphylla Karelin & Kirilow).
415. **C. vulpinoidea** Michaux – Espèce de l'Amérique du Nord, observée sur le plateau suisse.
429. **C. cæspitosa** L. – Probablement éteint en Suisse. – Dép. du Doubs, Alsace. Bade.
432. **C. Buxbaumii** Wahlenb. – Espèce voisine: **C. Hartmani** Cajander.

434. **C. atrata** L. – Autre sous-espèce considérée aussi comme espèce, à côté de la ssp. nigra (All.) Hartman (C. parviflora Host: voir N° 435): ssp. **aterrima** (Hoppe) Hartman (C. aterrima Hoppe).
456. **C. supina** Wahlenb. – Vintschgau.
466. **C. fuliginosa** Schkuhr – Prétendu exister à Bormio et dans la région de l'Ortler.
473–475. **C. flava** L.– Autre sippe différant du type: **C. tumidicarpa** Andersson (C: demissa Horneman, C. Œderi Retz. ssp. œdocarpa Andersson).
476. **C. brevicollis** DC. – Dép. de l'Ain (Tenay, Montagne de Parves).
497. **Tradescantia virginiana** L. – Plante d'ornement. Echappé des jardins.
507. **Juncus trifidus** L. – Espèce voisine: **J. monanthos** Jacq. (J. Hostii Tausch, J. trifidus L. ssp. Hostii Hartman).
512. **J. pygmæus** Rich. – Savoie(?), dép. de l'Ain (surtout Dombes).
529. **Luzula nutans** (Vill.) Duval-Jouve – Des Alpes de Savoie vers le sud.
553. **Aphyllanthes monspeliensis** L. – De la Savoie (massif de la Chartreuse près de Chambéry) vers le sud.
555. **Allium multibulbosum** Jacq. – Dép. de l'Ain, Alsace. Région du lac de Constance. Probablement éteint.
571. **A. insubricum** Boissier & Reuter – Alpes comasques (par ex. Grigna) et bergamasques.
584. **Scilla amœna** L. – Plante d'ornement. Parfois échappé des jardins.
585. **S. autumnalis** L. – Alsace.
586. **S. non-scripta** (L.) Hoffmannsegg & Link – Plante d'ornement. Parfois échappé des jardins.
588. **Ornithogalum Kochii** Parl. – Grisons (Val Poschiavo). – Bade (près d'Istein). Vintschgau. Valteline (Bormio).
591. **O. narbonense** L. – Parfois adv. ou échappé des jardins.
596. **Yucca filamentosa** L. – Plante d'ornement. Parfois subspontané (par ex. Tessin, dép. de l'Ain).
611. **Narcissus incomparabilis** Miller – Plante d'ornement; subspontané. (Indigène dans le Jura neuchâtelois?)
612. **N. Jonquilla** L. – Plante d'ornement. Parfois subspontané dans le Tessin.
617. **N. recurvus** Haworth – Adv. ou échappé des jardins.
618. **Agave americana** L. – Plante d'ornement. Entièrement naturalisé autour des lacs insubriens.
623. **Iris Perrieri** Simonet – Savoie (St-Pierre-d'Albigny).
625. **I. pallida** Lam. – Plante d'ornement. Parfois subspontané et naturalisé. Vestige d'ancienne culture (pour articles de parfumerie), fréquent dans le dép. de l'Ain (Bugey).
642. **Ophrys fuciflora** (Crantz) Moench – Espèce voisine dans les Alpes comasques (Grigna) et bergamasques: **O. bertoloniiformis** O. & E. Danesch (O. Bertolonii auct.).
645. **Orchis papilionacea** L. – Tessin (1951, sporadique). – Dép. de l'Ain (disparu?). Vallée d'Aoste, région du lac de Côme, Valteline.
715. **Salix arbuscula** L. – Sippes différant du type, lequel ne se trouverait pas dans la dition de cette flore: **S. foetida** Schleicher ex DC. (S. arbuscula L. ssp. foetida Br.-Bl.); **S. Waldsteiniana** Willd. (S. arbuscula L. ssp. Waldsteiniana Br.-Bl.).

721. **S. repens** L. – Sous-espèce différant du type: ssp. **rosmarinifolia** (L.) Hartman f. (S. rosmarinifolia L.).
727. **S. livida** Wahlenb. – Bade (éteint), Hegau.
745. **Quercus Ilex** L. – Dép. de l'Ain (Montluel). Naturalisé autour des lacs insubriens.
756. **Broussonetia papyrifera** (L.) Ventenat – Rarement naturalisé (Tessin, Italie).
762. **Parietaria officinalis** L. – Deux sous-espèces, considérées aussi comme espèces: ssp. **erecta** (M. & K.) Béguinot (P. erecta M. & K., P. officinalis L.); ssp. **judaica** (L.) Béguinot (P. judaica L., P. ramiflora Mœnch, P. diffusa M. & K.).
764. **Osyris alba** L. – Savoie (du Salève vers le sud), dép. de l'Ain.
770. **Thesium divaricatum** Jan – Savoie, dép. de l'Ain.
790. **Rumex longifolius** DC. – Adv., naturalisé en Haute-Engadine.
792. **Rheum Rhaponticum** L. – Cultivé dans les jardins potagers.
793. **R. Rhabarbarum** L. – Id.
798. **Polygonum cuspidatum** Sieb. & Zucc. – Espèces voisines, plantées et souvent subspontanées ou naturalisées (Tessin): **P. orientale** L.; **P. polystachyum** Wallich (voir App. N° 14); **P. sachalinense** Schmidt (Reynoutria sachalinensis Nakai).
804. **P. lapathifolium** L. – Sous-espèce différant du type: ssp. **Brittingeri** (Opiz) Soó (P. Brittingeri Opiz).
813. **Chenopodium ambrosioides** L. – Rarement adv.
836. **Kochia prostrata** (L.) Schrader – Vallée d'Aoste.
840. **Amaranthus hybridus** L. – Espèce subspontanée voisine: **A. patulus** Bertol.
862. **Silene nutans** L. – Espèce voisine: **S. insubrica** Gaudin (S. livida Schleicher non Willd., S. nutans L. var. livida Otth subvar. insubrica Thell.), en lieux secs et buissonneux sur calcaire dans le Tessin méridional, la Vallée Sesia, la région du lac de Côme et la Valteline.
863. **S. italica** (L.) Pers. – Dép. de l'Ain. (Anciennes indications relatives à la présence de l'espèce dans le Tessin et l'Italie du nord reposent sur une confusion avec S. insubrica Gaudin.)
874. **Melandrium Elisabethæ** (Jan) Rohrbach – Alpes calcaires, du lac de Côme (Grigna) vers l'est.
878. **Gypsophila paniculata** L. – Plante d'ornement. Echappé des jardins.
889. **Dianthus neglectus** Loisel. – Savoie. Vallée d'Aoste.
899. **Stellaria media** (L.) Vill. – Sippes différant du type: **S. neglecta** Weihe; **S. pallida** (Dumortier) Piré (S. apetala auct., S. media Vill. ssp. pallida A. & G.).
900. **S. nemorum** L. – Sous-espèce différant du type au sud des Alpes: ssp. **glochidisperma** Murbeck (S. glochidisperma Freyn).
907. **Cerastium dubium** (Bastard) Guépin – Très rarement adv. – Alsace (Bollweiler).
909. **C. carinthiacum** Vest – Type: Alpes orientales, du Tyrol méridional vers l'est. Indiqué à tort, autrefois, dans les Alpes comasques et bergamasques. La plante qui se trouve dans ces régions, ainsi que dans le Tessin (Val Colla), est la ssp. **austroalpinum** Kunz (voir App. N° 17).
910. **C. arvense** L. – Autre sous-espèce à côté de la ssp. strictum (Haenke) Gaudin (voir N° 911): ssp. **suffruticosum** (L.) Nyman.

917. **C. brachypetalum** Pers. – Espèce voisine: **C. Tenoreanum** Ser.
919. **C. cæspitosum** Gilib. ssp. **alpinum** (Hartman) Becherer – Sous-espèce habitant les stations très élevées, du Valais aux Grisons.
921. **C. pumilum** Curtis – Espèces voisines: **C. glutinosum** Fries (C. pallens F. W. Schultz); **C. ligusticum** Viv. (C. campanulatum Viv.).
923. **Mœnchia erecta** (L.) G., M. & Sch. – Autrefois près de Genève. – Terr. de Belfort, Alsace.
933. **Minuartia cherlerioides** (Hoppe) Becherer – Le type dans les Alpes bergamasques. Sous-espèce différant du type en Valais, Tessin et Grisons (Mesolcina): ssp. **Rionii** (Gremli) Friedrich (M. herniarioides Hess & Landolt).
939. **M. mutabilis** (Lapeyr.) Sch. & Thell. – Espèce voisine dans le Bade: **M. setacea** (Thuill.) Hayek (Alsine setacea M. & K.).
946. **M. Villarii** (Balbis) Wilczek & Chenev. – Stations les plus rapprochées de la Suisse: vallée d'Aoste. – La sippe **M. grignensis** (Rchb.) Chenev. (Alsine Thomasiana Huter), considérée autrefois comme variété du type, se rencontre dans les Alpes comasques (Grigna) et bergamasques avec l'espèce voisine **M. austriaca** (Jacq.) Hayek (A. austriaca Wahlenb.).
952. **Arenaria ciliata** L. – Autre sous-espèce différant du type, à côté de la ssp. gothica (Fries) Hartman (voir N° 953): ssp. **mœhringioides** J. Murr (A. multicaulis L.).
957. **Mœhringia bavarica** (L.) Gren. (M. Ponæ Fenzl) ssp. **insubrica** (Degen) Sauer – Alpes comasques et bergamasques.
959. **Spergula pentandra** L. – Dép. de l'Ain et du Doubs (Montbéliard), Alsace.
964. **Corrigiola litoralis** L. – Autrefois près de Bâle. Très rarement adv. – Dans le voisinage français: depuis le dép. de l'Ain (notamment dans la Dombes) jusque dans les Vosges et l'Alsace.
968. **Herniaria incana** Lam. – Savoie. Piémont, Lombardie.
969. **Paronychia Kapela** (Hacquet) Kerner ssp. **serpyllifolia** (Chaix) A. & G. – Savoie.
970. **P. polygonifolia** (Vill.) DC. – Savoie. Mont Cenis, vallée d'Aoste.
971. **Illecebrum verticillatum** L. – Autrefois dans le Tessin. – Dép. de l'Ain (surtout Dombes) et du Jura (Bresse), terr. de Belfort, Alsace (?). Lac Majeur près d'Arona.
973, 974. **Scleranthus annuus** L. – Autre sous-espèce différant du type: ssp. **collinus** Hornung ex Opiz (S. verticillatus Tausch).
991. **Aquilegia vulgaris** L. – Sous-espèce à fleurs brun violet et étamines dépassant fortement la couronne, plus fréquente au sud des Alpes, considérée aujourd'hui comme espèce: **A. atrata** Koch (A. atroviolacea Beck, A. vulgaris L. ssp. atrata Gaudin).
998. **Aconitum lycoctonum** L. em. Koelle – Quatre petites espèces: **A. Vulparia** Rchb., répandu et plus fréquent parmi les sippes à fleurs jaunes; **A. ranunculifolium** Rchb. (A. Lamarckii Rchb.), assez fréquent au sud des Alpes, de la Savoie aux Grisons; **A. platanifolium** Degen, assez fréquent dans le Jura et les chaînes septentrionales des Alpes; **A. penninum** (Ser.) Gayer, disséminé en Valais et dans le nord du Tessin.

999. A. Napellus L. – Quatre petites espèces présentes sous ce nom dans la dition de cette flore et attribuées à l'agrégat de A. compactum Rchb.: **A. compactum** (Rchb.) Gayer, plus fréquent parmi les sippes à fleurs bleues; **A. pyramidale** Miller, répandu; **A. Bauhinii** Rchb., dans les Alpes occidentales et le Jura méridional; **A. Lobelianum** Rchb., dans les chaînes septentrionales des Alpes et les Grisons.

1004. Clematis Viticella L. – Plante d'ornement. Parfois subspontané.

1005. C. integrifolia L. – Id.

1014. Pulsatilla alpina (L.) Delarbre – Le type sur calcaire. Sous-espèces différant du type: ssp. **alba** (Rchb.) Zamels (P. alba Rchb.), dans les Vosges; ssp. **sulphurea** (DC.) A. & G. (P. sulphurea D.T. & Sarnth., P. apiifolia Schultes), sur silice.

1018. P. rubra (Lam.) Delarbre – Dép. de l'Ain (surtout Bas-Bugey).

1021. Ceratocephalus falcatus (L.) Pers. – Adv. en Savoie.

1026. Ranunculus trichophyllus Chaix – Sippes différant du type: **R. confervoides** Fries (R. trichophyllus Chaix ssp. eradicatus Cook, ssp. lutulentus Gremli); **R. Rionii** Lagger (R. trichophyllus Chaix ssp. Rionii Gremli).

1030. R. hederaceus L. – Dép. de l'Ain et du Jura (Bresse), Alsace (?).

1036. R. aconitifolius L. – Espèce voisine: **R. platanifolius** L. (R. aconitifolius L. ssp. platanifolius Rikli).

1038. R. hybridus Biria – Des Alpes de la Valteline (Stelvio) et bergamasques vers l'est.

1044. R. muricatus L. – Adv. dans le sud.

1047. R. flabellatus Desf. – Dép. de l'Ain, extrême sud.

1052. R. acer L. ssp. **Friesianus** (Jordan) Rouy & Fouc. – Remplace la ssp. **Steveni** (Andrz.) Hartman des éditions précédentes de l'atlas.

1054. R. montanus Willd. – Petites espèces différant du type: **R. carinthiacus** Hoppe (voir N° 1055); **R. Grenierianus** Jordan; **R. oreophilus** M. Bieb.

1058. R. parviflorus L. – Adv.

1060. R. nemorosus DC. – Petites espèces différant du type: **R. polyanthemophyllus** W. Koch & Hess; **R. polyanthemos** L., prétendu exister dans le Bade; **R. serpens** Schrank (R. radicescens Jordan).

1067. Thalictrum simplex L. ssp. **galioides** (Nestler) Borza – Forme à feuilles très finement découpées. Répandu mais assez rare.

1079. Papaver alpinum L. – Sippes différant du type: **P. rhæticum** Leresche (voir N° 1078); **P. occidentale** (Markgraf) Hess & Landolt (P. alpinum L. ssp. tatricum Nyarady var. occidentale Markgraf); **P. Sendtneri** Kerner (P. alpinum L. ssp. Sendtneri Sch. & K.).

1081. P. Argemone L. – Espèce voisine dans la région du lac de Côme: **P. apulum** Ten. (P. Argemone L. ssp. apulum Rouy & Fouc.).

1084. P. dubium L. – Sippe différant du type: **P. Lecoquii** Lamotte.

1085. Meconopsis cambrica (L.) Viguier – Plante d'ornement. Parfois subspontané ou introduit artificiellement.

1089. Eschscholtzia Douglasii (Hooker & Arn.) Walpers – Pante d'ornement se propageant facilement.

1091. Corydalis ochroleuca Koch – Plante d'ornement. Rarement subspontané. – A l'état spontané dans la région du lac de Côme.

1099. **Fumaria parviflora** Lam. – Rarement adv. – Dép. de l'Ain. Bade (Kaiserstuhl).
1100. **Teesdalia nudicaulis** (L.) R. Br. – Autrefois près de Bâle et de Wallbach (Argovie). Très rarement adv. – Dép. de l'Ain, lisière vosgienne du dép. du Doubs, terr. de Belfort, Alsace. Bade.
1101. **Subularia aquatica** L. – Une fois, anciennement, respectivement près de Bâle et de Genève. – Lacs de Longemer (disparu?) et de Gérardmer dans les Vosges.
1117. **Iberis sempervirens** L. – Plante d'ornement. Parfois échappé des jardins.
1118. **I. intermedia** Guersent ssp. **intermedia** (Guersent) Rouy & Fouc. var. **Contejeáni** (Billot) – Vallée du Doubs (Jura). – Dép. de l'Ain et du Doubs.
1121. **I. amara** L. var. **ceratophylla** (Reuter) Thell. – Autrefois au pied du Jura vaudois. Ailleurs cultivé et adv.
1124. **Æthionema Thomasianum** J. Gay – Environs de Cogne (vallée d'Aoste).
1132. **Thlaspi alpestre** L. – Deux sous-espèces: ssp. **Gaudinianum** (Jordan) Gremli (Th. silvestre Jordan, Th. cærulescens J. & C. Presl); ssp. **brachypetalum** (Jordan) Durand & Pittier (Th. brachypetalum Jordan).
1155. **Brassicella Richeri** (Vill.) O. E. Schulz – Alpes occidentales françaises et italiennes, de la latitude du Mont Cenis vers le sud.
1158. **Diplotaxis viminea** (L.) DC. – Très rarement adv. – Dép. de l'Ain. Autrefois Bade (Kaiserstuhl).
1159. **D. erucoides** (L.) DC. – Rarement adv.
1163. **Brassica elongata** Ehrh. – Id.
1171. **B. repanda** (Willd.) DC. – Alpes occidentales françaises et italiennes, de la Savoie vers le sud, et italiennes, de la vallée de Suse vers le sud.
1184. **Nasturtium officinale** R. Br. – Espèce voisine: **N. microphyllum** (Boenningh.) Rchb. (Rorippa microphylla Hylander).
1190. **Cardamine thalictrifolia** All. – Savoie (?). Vallées d'Aoste et de Sesia.
1191. **C. pratensis** L. – Petites espèces différant du type: **C. Matthioli** Moretti; **C. nemorosa** Lejeune; **C. palustris** (Wimmer & Grab.) Peterm.; **C. rivularis** Schur.
1196. **C. parviflora** L. – Piémont (Biella) et Valteline (anciennes indications).
1201. **C. enneaphyllos** (L.) Crantz – Alpes bergamasques.
1228. **Draba magellanica** Lam. ssp. **cinerea** Ekman – Signalé dans les Grisons (seulement forme naine de D. stylaris J. Gay?).
1235. **Arabis hirsuta** (L.) Scop. – Petites espèces différant du type: **A. planisiliqua** (Pers.) Rchb. (A. nemorensis Koch, A. hirsuta Scop. ssp. Gerardii Hartman f.); **A. sagittata** (Bertol.) DC. (A. hirsuta Scop. ssp. sagittata Gaudin).
1238. **A. arenosa** (L.) Scop. – Sous-espèce différant du type: ssp. **Borbasii** (Zapalowicz) Pawlowski (Cardaminopsis Borbasii Hess & Landolt).
1244. **A. muricola** Jordan – Suisse sud-occidentale et méridionale. – Dans la Savoie méridionale (massif de la Chartreuse) à fleurs roses.
1249. **Erysimum silvestre** (Crantz) Scop. ssp. **Cheiranthus** (Pers.) Sch. & Thell. – Des indications concernant la présence de cette sippe en Valais demandent à être vérifiées. – Vallée d'Aoste.
1252. **E. crepidifolium** Rchb. – Hegau.

- **1258. Alyssum campestre** L. – Adv. – Vallée d'Aoste (Cogne).
- **1261. A. argenteum** All. – Rarement échappé des jardins ou naturalisé artificiellement. – A l'état spontané dans la vallée d'Aoste (de Valtournenche à Gressoney).
- **1262. A. saxatile** L. – Plante d'ornement. Souvent cultivé. S'échappe facilement.
- **1263. Farsetia clypeata** (L.) R. Br. – Plante d'ornement. Parfois adv. ou subspontané.
- **1269. Matthiola fruticulosa** (L.) Maire var. **sabauda** (DC.) Becherer subvar. **valesiaca** (J. Gay) Becherer – Représenté dans la vallée d'Aoste par la var. **pedemontana** Gremli, à fleurs d'un rouge brunâtre.
- **1272. Capparis spinosa** L. – Subspontané dans le Tessin et en Haute-Italie.
- **1282. Umbilicus rupestris** (Salisb.) Dandy – Stations les plus rapprochées de la Suisse: région du lac Majeur, Varesotto.
- **1287, 1288. Sedum Telephium** L. – Autre sous-espèce différant du type: ssp. **purpurascens** (Koch) Syme (ssp. purpureum Sch. & K., S. Telephium L., S. purpureum Schultes).
- **1292. S. rupestre** L. ssp. **elegans** (Lejeune) Hegi & Schmid – Ancienne indication: dép. de l'Ain.
- **1293. S. ochroleucum** Chaix – Deux sippes: var. **anopetalum** (DC.) Burnat, (S. ochroleucum Chaix), indigène en Savoie, ailleurs très rare et toujours échappé des jardins; var. **montanum** (Perr. & Song.) Burnat (S. montanum Song. & Perr.).
- **1294. S. sediforme** (Jacq.) Pau – Adv. (par ex. Valais). – Savoie, dép. de l'Ain.
- **1302. S. hirsutum** All. – Dép. de l'Ain. Piémont (Macugnaga).
- **1306. Sempervivum Allionii** (Jordan & Fourreau) Nyman – Station la plus rapprochée de la Suisse: Val Soana (Alpes graies).
- **1312. Saxifraga retusa** Gouan – Deux sippes, considérées aussi comme espèces: var. **Sturmiana** (Rchb.) Becherer & Thell. (var. Baumgarteni Kotula, var. Wulfeniana Sch. & K., S. retusa Gouan s. str.); var. **augustana** Vaccari (S. purpurea All.).
- **1318. S. Hostii** Tausch – Alpes austro-orientales, de la Valteline (Bormio) et du lac de Côme (Grigna) vers l'est.
- **1320. S. Vandellii** Sternb. – Alpes austro-orientales. Stations les plus rapprochées de la Suisse: Livigno; Corni di Canzo (région du lac de Côme).
- **1323. S. Geum** L. – Plante d'ornement. Subspontané; naturalisé dans les Vosges.
- **1324. S. umbrosa** L. – Id.
- **1325. S. stolonifera** Curtis – Plante d'ornement. Subspontané; naturalisé au Tessin et dans les Grisons (Mesolcina).
- **1336. S. petræa** L. – Alpes comasques et bergamasques.
- **1338. S. sedoides** L. – Alpes austro-orientales, du lac de Côme (Grigna) vers l'est.
- **1339. S. pedemontana** All. – Vallée d'Aoste (Cogne).
- **1342. S. hypnoides** L. – Plante d'ornement. Subspontané; naturalisé dans les Vosges.
- **1343. S. decipiens** Ehrh. – Id.
- **1352. Philadelphus coronarius** L. – Arbrisseau d'ornement. Rarement subspontané.

1361. **Spiræa salicifolia** L. – Plante d'ornement. Parfois échappé des jardins.
1385. **Rubus rhamnifolius** W. & N. – L'espèce manque en Suisse.
1408. **Potentilla nitida** L. – Alpes calcaires de Savoie, à fleurs blanches. Alpes du lac de Côme (Grigna), à fleurs roses.
1410. **P. pensylvanica** L. ssp. **sanguisorbifolia** (E. Favre) – Vallée d'Aoste (Cogne).
1414. **P. anglica** Laicharding – Schaffhouse. – Dép. de l'Ain et du Jura (Bresse). Région du lac de Constance. Vintschgau. Vallées d'Ossola.
1418. **P. delphinensis** Gren. & Godr. – Alpes occidentales françaises, de la Savoie vers le sud.
1435. **P. arenaria** Borkh. – Alsace. Bade, Hegau.
1458. **Aremonia Agrimonoides** (L.) DC. – Bade (Schliengen et près de Waldshut).
1460. **Sanguisorba dodecandra** Moretti – Alpes de la Valteline et bergamasques.
1491. **Prunus cerasifera** Ehrh. – Rarement planté et subspontané.
1494. **P. brigantiaca** Vill – Piémont.
1500. **P. Laurocerasus** L. – Arbrisseau d'ornement. Subspontané et naturalisé autour des lacs insubriens.
1501. **Argyrolobium Zanonii** (Turra) P. W. Ball – Savoie, dép. de l'Ain. Vallée d'Aoste.
1505. **Genista anglica** L. – Dép. de l'Ain. Naturalisé dans la Forêt-Noire (vallée de la Wiese).
1506. **G. Scorpius** (L.) DC. – Savoie (Montagne de St-Romain).
1507. **Spartium junceum** L. – Arbrisseau d'ornement. Rarement subspontané.
1513. **Cytisus sessilifolius** L. – Alpes austro-orientales. Station la plus rapprochée de la Suisse: Valsolda (région du lac de Côme).
1515. **C. triflorus** L'Héritier – Ne se trouve pas dans la dition de cette flore.
1518. **C. purpureus** Scop. – Des Alpes du lac de Côme (Grigna) vers l'est.
1529. **Ononis cristata** Miller – Alpes occidentales françaises et italiennes, les stations les plus rapprochées de la Suisse se trouvant en Savoie.
1531. **O. fruticosa** L. – De la Savoie (Chignin près de Chambéry) vers le sud.
1533. **Trigonella Fœnum-græcum** L. – Anciennement cultivé. A l'heure actuelle, seulement adv.
1539. **Medicago rigidula** (L.) Desr. – Adv.
1540. **M. orbicularis** (L.) All. – Adv.
1543. **M. prostrata** Jacq. – Signalé dans la région du lac de Côme.
1544. **M. carstiensis** Jacq. – Région du lac de Côme (Grigna).
1557. **Trifolium pratense** L. – Sous-espèce différant du type: ssp. **nivale** Arcangeli (T. nivale Sieber).
1562. **T. subterraneum** L. – Rarement adv. – Dép. de l'Ain. Partie inférieure de la vallée d'Aoste, pied sud des Alpes bergamasques.
1567. **T. hybridum** L. – Deux sous-espèces, considérées aussi comme espèces: ssp. **fistulosum** (Gilib.) A. & G. (T. hybridum L. s. str., T. fistulosum Gilib.); ssp. **elegans** (Savi) A. & G. (T. elegans Savi).
1568. **T. glomeratum** L. – Rarement adv. – Dép. de l'Ain.
1576. **T. filiforme** L. – Signalé dans le dép. du Jura (arr. de Dole).
1577, 1578. **Anthyllis Vulneraria** L. – Autres sippes différant du type et considérées comme espèces: **A. alpestris** (Kit.) Hegetschw.; **A. polyphylla** (DC.), Kit. (A. macrocephala Wenderoth); **A. vulgaris** (Koch) Kerner.

1580. **Dorycnium hirsutum** (L.) Ser. – Alpes austro-orientales, à l'est du lac de Côme.

1583, 1584. **Lotus corniculatus** L. – Autres sippes différant du type et considérées comme espèces: **L. alpinus** (Ser.) Ramond; **L. pilosus** Jordan (L. Delortii Timbal-Lagrave p. p.).

1593. **Astragalus centroalpinus** Br.-Bl. – Vallée d'Aoste (Valtournenche, Cogne).

1598. **A. vesicarius** L. – Stations les plus rapprochées de la Suisse: Alpes de Savoie, race à fleurs violettes; Vallée d'Aoste et Vintschgau, race à fleurs jaunâtres rattachée à la ssp. **pastellianus** (Pollini) Arcangeli (A. pastellianus Pollini).

1599. **A. danicus** Retz. – Alpes de Savoie, Alsace (disparu?).

1600. **A. purpureus** Lam. em. DC. var. **Gremlii** Burnat – Vallée d'Aoste, région du lac de Côme (Grigna).

1616. **Glycyrrhiza glabra** L. – Vestige d'ancienne plantation dans le Valais et dans la vallée d'Aoste.

1618. **Coronilla scorpioides** (L.) Koch – Parfois adv.

1663. **Lathyrus angulatus** L. – Rarement adv. – Signalé anciennement dans les dép. de l'Ain et du Jura, ainsi qu'en Piémont (Biella).

1664. **L. setifolius** L. – Adv. – Pied sud des Alpes bergamasques.

1683. **Geranium Robertianum** L. – Sous-espèce différant du type dans le Tessin, la Suisse orientale et la Savoie: ssp. **purpureum** (Vill.) Vel. (G. purpureum Vill.)

1686. **G. phæum** L. var. **lividum** (L'Héritier) DC. – Le type cultivé et localement subspontané dans les prés.

1703. **Erodium ciconium** (L.) L'Héritier – Adv. – A l'état spontané, près de nos frontières dans la vallée d'Aoste.

1708. **Linum catharticum** L. var. **subalpinum** Hausskn. – Race alpine caractérisée par ses fleurs très apparentes.

1713. **L. gallicum** L. – Savoie (?), dép. de l'Ain et du Jura. Partie inférieure de la Vallée d'Aoste (disparu?).

1715. **Tribulus terrester** L. – Rarement adv. – Vallée d'Aoste, région du lac de Côme.

1720. **Polygala exilis** DC. – Dép. de l'Ain (Meximieux).

1726, 1727. **P. vulgaris** L. – Autres sippes différant du type: ssp. **comosa** (Schkuhr) R. Chodat var. **pedemontana** (Perr. & Song.) Sch. & K. (P. pedemontana Perr. & Verlot); ssp. **oxyptera** (Rchb.) Lange (P. oxyptera Rchb.).

1731. **Euphorbia Chamæsyce** L. – Adv. – Italie.

1742. **E. variabilis** Cesati – Alpes du lac de Côme. Station la plus rapprochée de la Suisse: Val Cavargna.

1745. **E. Esula** L. – Rarement adv. – Dép. du Jura, Alsace. Pied sud des Alpes.

1759. **Rhus typhina** L. – Planté comme arbre d'ornement et subspontané.

1761. **Pistacia Terebinthus** L. – Savoie, dép. de l'Ain.

1763. **Evonymus europæus** L. – Espèce voisine dans la partie inférieure de la vallée d'Aoste et les environs de Biella: **E. verrucosus** Scop.

1767. **Acer monspessulanum** L. – Du dép. de l'Ain (Fort de l'Ecluse) et des derniers contreforts du Jura savoisien (sauf le Salève) vers le sud.

1777. **Paliurus Spina-Christi** Miller – Dans les contrées chaudes (Neuchâtel, Tessin) parfois planté en haies. – Naturalisé dans la vallée d'Aoste.
1780. **Rhamnus Alaternus** L. – De la Savoie (station isolée au Mont Corsuet) vers le sud.
1795. **Althæa rosea** (L.) Cav. – Plante d'ornement. Parfois échappé des jardins.
1802. **Hypericum nummularium** L. – Savoie: chaîne jurassique méridionale (Mont Grelle) et Alpes (massif de la Chartreuse).
1806. **H. maculatum** Crantz – Sippe différant du type: **H. dubium** Leers (H. erosum O. Schwarz, H. obtusiusculum Tourlet).
1812. **Elatine triandra** Schkuhr – Dép. de l'Ain et du Jura (Bresse), terr. de Belfort, Alsace. Bade, région du lac de Constance. Chiavenna (disparu?).
1820. **Helianthemum Nummularium** (L.) Miller – Sippes différant du type et considérées comme espèces: **H. grandiflorum** (Scop.) DC.; **H. ovatum** (Viv.) Dunal; **H. tomentosum** (Scop.) S. F. Gray.
1822. **H. guttatum** (L.) Miller – Dép. de l'Ain. Vallée d'Aoste. Autrefois aussi en Alsace.
1843. **Viola Comollia** Massara – Valteline et Alpes bergamasques.
1845. **V. Dubyana** Burnat – Alpes austro-orientales, du lac de Côme (Corni di Canzo, Grigna) vers l'est.
1846. **V. cornuta** L. – Rarement introduit artificiellement ou subspontané.
1861. **Lythrum virgatum** L. – Région du lac de Côme, Valteline.
1863. **L. nummulariifolium** Pers. em. Loisel. var. **erectum** (Requien) Koehne – Dép. de l'Ain (Dombes).
1902, 1903. **Chærophyllum hirsutum** L. – Autre sous-espèce: ssp. **elegans** (Gaudin) Arcangeli (Ch. elegans Gaudin, Ch. alpinum Schleicher).
1904. **Ch. bulbosum** L. – Subspontané ou adv. – Alsace. Hegau.
1929. **Bupleurum petræum** L.– Alpes austro-orientales, du lac de Côme (Corni di Canzo, Grigna) vers l'est.
1930. **B. ranunculoides** L. – Sippe différant du type dans les Alpes méridionales: **B. gramineum** Vill.
1932. **B junceum** L. – Savoie (Mont Vuache), dép. de l'Ain.
1933. **B. Gerardi** All. – Savoie (?). Italie.
1934. **B. tenuissimum** L. – Adv. – Dép. de l'Ain (Dombes, Bresse).
1935. **B. baldense** Turra em. Thell. ssp. **opacum** (Cesati) Thell. – Stations les plus rapprochées de la Suisse: Savoie, dép. de l'Ain, Vallée d'Aoste.
1947. **Carum verticillatum** (L.) Koch – Savoie (?), dép. de l'Ain (Dombes).
1950. **Pimpinella saxifraga** L. – Sippe différant du type: **P. nigra** Miller (P. saxifraga L. ssp. nigra Gaudin).
1954. **Seseli Hippomarathrum** Jacq. – Bade (Kaiserstuhl).
1955. **S. montanum** L. – Espèce voisine dans le Vintschgau et la région du lac de Côme: **S. varium** Treviranus.
1959. **Œnanthe fluviatilis** (Babington) Coleman – Alsace, depuis Colmar en aval.
1972. **Ligusticum ferulaceum** All. – Dép. de l'Ain (chaîne du Reculet).
1977. **Angelica pyrenæa** (L.) Sprengel – Vosges.
1979. **A. Archangelica** L. – Plante médicinale. Cultivé autrefois et rarement subspontané.
1981. **Peucedanum Schottii** Besser – Alpes comasques (Grigna).

1984. **P. officinale** L. – Terr. de Belfort, Alsace. Vallée d'Aoste, région du lac de Côme, Valteline.
1988. **P. austriacum** (Jacq.) Koch – Sippe différant du type dans les Alpes méridionales: **P. rablense** (Wulfen) Koch.
1989. **P. alsaticum** L. – Alsace.
1993–1995. **Heracleum Sphondylium** L. – Autre sous-espèce: ssp. **montanum** (Schleicher) Briq. (ssp. elegans Schübler & Martens, H. montanum Schleicher).
2002. **Laserpitium nitidum** Zantedeschi – Des Alpes comasques et bergamasques vers l'est.
2004. **L. gallicum** L. – Savoie, dép. de l'Ain (Bas-Bugey). Vallée d'Aoste.
2005. **L. peucedanoides** L. – De la région du lac de Côme vers l'est. Localité la plus rapprochée de la Suisse: Val Cavargna.
2016. **Monotropa Hypopitys** L. – Sippe différant du type: **M. Hypophegea** Wallroth (M. Hypopitys L. var. glabra Roth).
2017. **Empetrum nigrum** L. – Le type seulement dans le Jura et peu fréquent. Sous-espèce différant du type, fréquente dans les Alpes: ssp. **hermaphroditum** (Lange) Oberdorfer (E. hermaphroditum Hagerup).
2020. **Rhodothamnus Chamæcistus** (L.) Rchb. – Alpes austro-orientales, des Alpes bergamasques (entre le Val Sassina et le Val Brembana) vers l'est.
2027. **Vaccinium uliginosum** L. – Sippe différant du type: **V. gaultherioides** Bigelow.
2028. **Oxycoccus quadripetalus** Gilib. – Sippe voisine, considérée autrefois comme sous-espèce: **O. microcarpus** Turcz. (Vaccinium microcarpum Hooker f.).
2033. **Erica arborea** L. – Région du lac de Côme, Chiavenna, Valteline.
2037. **Primula veris** L. em. Hudson – Sous-espèce différant du type: ssp. **suaveolens** (Bertol.) Gutermann & Ehrendorfer.
2041. **P. glaucescens** Moretti – Du lac de Côme (Corni di Canzo, Grigna) vers l'est.
2043. **P. minima** L. – Alpes bergamasques et de la Valteline.
2044. **P. marginata** Curtis – Indiqué en Piémont (Val d'Ossola). Extrêmement douteux.
2047. **P. daonensis** Leybold – Espèce voisine dans la vallée d'Aoste, la région de Biella et peut-être aussi dans la vallée Sesia: **P. villosa** Wulfen (incl. **P. cottia** Widmer).
2048. **P. pedemontana** E. Thomas – Alpes savoisiennes et piémontaises.
2053. **Androsace carnea** L. – Sous-espèce différant du type: **ssp. rosea** (Jordan & Fourreau) Gremli (ssp. Halleri Issler, A. Halleri L., A. Lachenalii Rouy).
2062. **A. Wulfeniana** (Sieber) Rchb. – Bormio (Valteline).
2066. **Soldanella minima** Hoppe – Alpes de l'Ortler et bergamasques.
2076. **Anagallis arvensis** L. – Deux sous-espèces, considérées aussi comme espèces: ssp. **phœnicea** (Gouan) Vollmann (A. arvensis L., A. phœnicea Scop.); ssp. **cœrulea** (Gouan) Hartman (ssp. femina Sch. & Thell., A. fœmina Miller, A. cœrulea Nathorst).
2083. **Diospyros Lotus** L. – Planté et parfois subspontané autour des lacs insubriens.

2084. **D. Kaki** L. f. – Dans les contrées chaudes, notamment dans le Tessin, planté comme arbre fruitier.
2090. **Phillyrea media** L. – Station la plus rapprochée de la Suisse: dép. de l'Ain (Bugey: base du Grand Colombier).
2091. **Jasminum nudiflorum** Lindley – Planté comme arbrisseau d'ornement et parfois subspontané ou naturalisé autour des lacs insubriens.
2092. **J. fruticans** L. – Id.
2093. **J. officinale** L. – Id.
2099. **Exaculum pusillum** (Lam.) Caruel – Localités les plus rapprochées de la Suisse dans les dép. de l'Ain (Dombes) et du Jura (Bresse).
2100. **Cicendia filiformis** (L.) Delarbre – Id.
2124. **Gentiana angustifolia** Vill. – Savoie (de Chambéry vers le sud).
2131. **G. Rostani** Reuter – Ne se trouve pas dans la dition de cette flore.
2138. **Asclepias syriaca** L. – Plante d'ornement. Subspontané çà et là.
2140. **Convolvulus Cantabrica** L. – Dép. de l'Ain (extrême sud).
2149. **Collomia grandiflora** Douglas – Plante d'ornement. Subspontané.
2154. **Cynoglossum creticum** Miller – Adv. – Dép. de l'Ain. Italie.
2156. **C. Dioscoridis** Vill. – Signalé en Savoie.
2163. **Symphytum uplandicum** Nyman – Plante d'ornement et fourragère. Subspontané et naturalisé.
2172–2174. L'espèce **Pulmonaria angustifolia** L. (voir N° 2172) du Valais, Tessin et des Grisons doit s'appeler **P. australis** Sauer. L'espèce voisine **P. vulgaris** Mérat (voir N° 2173) de la Suisse occidentale et de Schaffhouse semble comprendre les deux sippes **P. collina** Sauer et **P. mollis** Wulfen. **P. montana** Lejeune (voir N° 2174) enfin est limitée au Jura.
2176. **Myosotis scorpioides** L. em. Hill – Autre sippe différant du type: **M. nemorosa** Besser (M. strigulosa Rchb.).
2188. **Onosma tauricum** Willd. ssp. **helveticum** (A. DC.) Br.-Bl. – Valais (notamment centre). – Savoie (Maurienne, Tarentaise).
2189. **O. tauricum** Willd. ssp. **cinerascens** Br.-Bl. – Vallée d'Aoste.
2190. **O. vaudense** Gremli – Vaud (entre Aigle et Ollon).
2191. **O. arenarium** Waldst. & Kit. ssp. **penninum** Br.-Bl. – Valais (surtout entre Viège et Stalden). – Piémont (Simplon).
2192. **O. arenarium** Waldst. & Kit. ssp. **pyramidatum** Br.-Bl. var. **typicum** Beck – Dép. de l'Ain (alluvions de l'Ain et du Rhône).
2194. **Cerinthe minor** L. – Parfois adv.
2197. **Echium italicum** L. – Id.
2211. **Scutellaria hastifolia** L. – Dép. de l'Ain (vallée de la Saône). Valteline, pied sud des Alpes bergamasques.
2212. **S. minor** Hudson – Dép. de l'Ain (Dombes) et du Jura (Bresse), terr. de Belfort. Versant sud de la Forêt-Noire. Vallée d'Aoste.
2219. **Nepeta Nepetella** L. – Adv. – Savoie. Vallée d'Aoste.
2234. **Lamium Galeobdolon** (L.) Crantz – Sippes différant du type, lequel ne se trouverait pas dans la dition de cette flore: **L. montanum** Pers. (Galeobdolon montanum Pers., Lamiastrum montanum Ehrendorfer), dans les chaînes septentrionales des Alpes; **L. flavidum** F. Hermann (L. Galeobdolon Crantz ssp. pallidum F. Hermann, G. flavidum Holub, Lamiastrum flavidum Ehrendorfer), principalement dans les chaînes méridionales des Alpes.

2235. **L. Orvala** L. – Très rarement adv. – Stations les plus rapprochées de la Suisse: Valteline, Alpes bergamasques.
2242. **Leonurus Marrubiastrum** L. – Autrefois près de Genève – Signalé (adv.?) dans les dép. de l'Ain et du Jura, ainsi qu'en Haute-Italie.
2243. **Ballota nigra** L. – Sous-espèce différant du type: ssp. **fœtida** Hayek (ssp. nigra Briq., B. alba L., B. fœtida Lam.).
2248. **Stachys recta** L. – Sippe différant du type au sud des Alpes: **S. labiosa** Bertol. (S. recta L. ssp. labiosa Briq.).
2252. **S. affinis** Bunge – Plante potagère cultivée pour ses racines.
2258. **Salvia Verbenaca** L. – Adv. ou échappé des jardins.
2260. **S. Æthiopis** L. – Rarement subspontané. A l'état spontané en Savoie et dans la vallée d'Aoste.
2266. **Satureja montana** L. – Station la plus rapprochée de la Suisse: région du lac de Côme. Subspontané en Savoie (pied du Salève, près de Genève) et dans le dép. de l'Ain (Muzin).
2269–2271. **S. Calamintha** (L.) Scheele – Autre sippe: **S. nepetoides** (Jordan) Fritsch (Calamintha nepetoides Jordan).
2278, 2279. **Thymus Serpyllum** L. – Espèce très polymorphe avec une systématique et nomenclature différentes selon les auteurs.
2290. **Lycium chinense** Miller – Arbrisseau d'ornement. Parfois subspontané.
2295. **Capsicum annuum** L. – Plante condimentaire. Rarement subspontané (levant de déchets de fruits?).
2299. **Solanum Melongena** L. – Plante potagère. Cultivé parfois.
2306. **Petunia hybrida** hort. – Plante d'ornement. Echappé des jardins.
2307. **Mandragora vernalis** Bertol. – Ancienne indication: vallée d'Aoste.
2309. **Verbascum virgatum** With. – Rarement adv. – Dép. de l'Ain et du Jura, Alsace.
2310. **V. nigrum** L. – Espèce voisine dans le Vintschgau et la région du lac de Côme: **V. alpinum** Turra (V. lanatum Schrader).
2311. **V. Chaixii** Vill. – Sous-espèce différant du type dans le Vintschgau et la Valteline: ssp. **austriacum** (Schott) Hayek (V. austriacum Schott).
2324. **Linaria supina** (L.) Chazelles – Adv. – Signalé en Savoie et dans le dép. de l'Ain.
2325. **L. alpina** (L.) Miller – Variété différant du type: var. **petræa** (Jordan) Rapin (var. jurana Ducommun, L. petræa Jordan).
2326. **L. Pellisseriana** (L.) Miller – Dép. de l'Ain (Dombes) et du Jura (Bresse).
2330. **Antirrhinum Asarina** L. – Plante d'ornement (murailles). Subspontané et naturalisé, par ex. à Orbe.
2333. **A. majus** L. ssp. **latifolium** (Miller) Rouy – De la Savoie vers le sud.
2334. **Anarrhinum bellidifolium** (L.) Desf. – Autrefois près de Genève. – Savoie, dép. de l'Ain. Région du lac de Côme.
2343. **Mimulus moschatus** Douglas – Plante d'ornement. Rarement subspontané.
2347. **Veronica prostrata** L. – Sippe différant du type: **V. Scheereri** (J. Brandt) M. Fischer (V. prostrata L. ssp. Scheereri J. Brandt).
2351. **V. Anagallis-aquatica** L. – Espèce voisine: **V. catenata** Pennell (V. aquatica Bernh., V. comosa auct.).
2352. **V. anagalloides** Guss. – De la latitude de Lyon vers le sud. Indications

concernant de prétendues localités situées plus au nord sujettes à caution.

2355. V. Allionii Vill. – Alpes de Savoie. Vallée d'Aoste.

2360. V. longifolia L. – Echappé des jardins ou adv.

2362. V. serpyllifolia L. – Sous-espèce différant du type et considérée aussi comme espèce: ssp. **humifusa** Syme (V. tenella All.).

2367. V. peregrina L. – Adv.

2377. V. opaca Fries – Adv.

2395. Euphrasia lanceolata Gaudin – Dans les moissons des Alpes occidentales, de la Savoie méridionale et du Piémont vers le sud.

2410. E. micrantha Rchb. – Dép. du Doubs et du Jura, Vosges (près de Gebweiler).

2416. Rhinanthus stenophyllus (Schur) Druce – Considéré comme race automnale de R. minor L. (voir N° 2415).

2418. R. ellipticus Hausskn. – Considéré comme race automnale de R. Alectorolophus (Scop.) Pollich (voir N° 2417), auquel on rattache aussi la race monomorphe de montagne **R. Semleri** (Sterneck) Sch. & Thell.

2420. R. serotinus (Schönheit) Oborny – Considéré comme race automnale de R. glaber Lam. (voir N° 2419). Ne se trouve probablement pas dans la dition de cette flore.

2422. R. Songeoni Chabert – Alpes de Savoie. – Espèce voisine de R. ovifugus Chabert (voir N° 2421), lequel ne se trouve probablement pas dans la dition de cette flore.

2425. R. angustifolius Gmelin – A cet agrégat on rattache la race monomorphe de montagne **R. glacialis** Personnat et celle de plaine **R. Vollmanni** (Poeverlein) Becherer.

2426. Pedicularis comosa L. – Alpes occidentales, de la Savoie au sud.

2427. P. acaulis Scop. – Des Alpes du lac de Côme (Grigna) vers l'est.

2431. P. rosea Wulfen – Alpes de Savoie. Vallée d'Aoste.

2439. P. cenisia Gaudin – Id.

2443–2463. Pour chaque espèce du genre **Orobanche** sont indiquées, entre crochets, les plantes sur lesquelles elle vit en parasite, la connaissance des hôtes étant indispensable pour la détermination. Ces indications ayant dû être abrégées faute de place, le lecteur est prié, en cas de doute, de se reporter à la nomenclature de l'Index.

2463. Orobanche amethystea Thuill. – Savoie. Alsace. Bade. Valteline.

2469. Pinguicula grandiflora Lam. ssp. **Reuteri** (Genty) Sch. & K. – Haut-Jura français. Dans les Alpes de Savoie une ssp. **rosea** (Mutel) Casper.

2473. Utricularia ochroleuca R. Hartman – Terr. de Belfort, Vosges. Forêt-Noire, région du lac de Constance. Vorarlberg.

2485. Plantago argentea Chaix – Adv.

2487. P. fuscescens Jordan – Station la plus rapprochée de la Suisse: Alpes comasques (Grigna).

2490. P. Coronopus L. – Adv. – Dép. de l'Ain.

2493. Crucianella angustifolia L. – Adv. – A l'état spontané dans le dép. de l'Ain (extrême sud). Vallée d'Aoste (spontané?).

2510. Galium palustre L. – Variété différant du type: var. **lanceolatum** Uechtritz (ssp. elongatum Arcangeli, G. elongatum Presl).

2519. G. pumilum Murray – Espèce voisine: **G. anisophyllum** Vill.

2521. **G. harcynicum** Weigel – Schwyz (Einsiedeln), Appenzell (Gais). – Vosges et lisière vosgienne. Forêt-Noire.
2522. **G. aristatum** L. – Espèce voisine au sud des Alpes: **G. lævigatum** L.
2524. **G. Mollugo** L. – Sippe différant du type: **G. album** Miller. Autres sippes considérées autrefois comme sous-espèces du type: **G. corrudifolium** Vill. (G. Mollugo L. ssp. corrudifolium Briq.); **G. lucidum** All. (G. Mollugo L. ssp. lucidum Sch. & Thell.)
2525. **Rubia peregrina** L. – Du dép. de l'Ain et de la Savoie vers le sud.
2543. **Centranthus Calcitrapa** (L.) Dufresne – Du dép. de l'Ain vers le sud.
2546. **Valeriana officinalis** L. – Sippes différant du type: **V. pratensis** Dierbach; **V. procurrens** Wallroth; **V. versifolia** Brügger; **V. Wallrothii** Kreyer (V. collina Wallroth).
2547. **V. sambucifolia** Mikan f. – Vintschgau (Meran). – Appartient aussi à l'agrégat de V. officinalis L. (voir n° 2546).
2548. **V. tuberosa** L. – De la Savoie (St-Maurice-de-Rotherens) et de la vallée d'Aoste vers le sud.
2558. **Valerianella pumila** (L.) DC. – Dép. de l'Ain.
2560. **V. coronata** (L.) DC. – Vallée d'Aoste.
2562. **V. microcarpa** Loisel. – Ne se trouve pas dans la dition de cette flore.
2568. **Knautia arvensis** (L.) Coulter em. Duby – Espèce voisine en Valais, en Savoie, dans le dép. de l'Ain et la vallée d'Aoste: **K. purpurea** (Vill.) Borbas.
2569. **K. transalpina** (Christ) Briq. – Espèce voisine, du Tessin méridional vers l'est: **K. velutina** Briq. La distinction entre ces deux sippes est à vérifier.
2572. **K. Godeti** Reuter – Espèce voisine du Vintschgau et de la région du lac de Côme: **K. longifolia** (Waldst. & Kit.) Koch.
2574. **Succisella inflexa** (Kluk) Beck – Localités les plus rapprochées de la Suisse: dép. de l'Ain (Montluel: disparu?), région du lac de Côme.
2576. **Scabiosa canescens** Waldst. & Kit. – Dép. de l'Ain, Alsace. Bade, Hegau. Autrefois aussi près de Bâle et en Savoie. – Sippe différant du type dans les Alpes bergamasques: **S. vestina** Facchini.
2578. **S. columbaria** L. – Sippes différant du type: **S. dubia** Vel., dans les Alpes bergamasques; **S. Portæ** Kerner, assez fréquent au sud des Alpes; **S. vestita** Jordan, dans la vallée d'Aoste. Leur identité est à vérifier.
2580. **Ecballium Elaterium** (L.) A. Rich. – Dép. de l'Ain, naturalisé au bord de la Saône.
2595. **Campanula alpestris** All. – Alpes occidentales françaises et italiennes. Localité la plus rapprochée de la Suisse: Cogne (Vallée d'Aoste).
2596. **C. Medium** L. – Plante d'ornement. Parfois échappé des jardins. – A l'état spontané (fleurs bleues): Savoie, dép. de l'Ain. Vallée d'Aoste.
2597. **C. sibirica** L. – Alpes bergamasques. (Indiqué dans la vallée d'Aoste et dans le Val d'Ossola: extrêmement douteux).
2603. **C. rotundifolia** L. – Sous-espèce différant du type dans le Tessin méridional, le Varesotto et la région du lac de Côme: ssp. **Bertolæ** (Colla) Vaccari (C. Bertolæ Colla).
2604. **C. linifolia** Scop. – Alpes bergamasques.
2606. **C. Hegetschweileri** Becherer – Espèce voisine de C. Scheuchzeri Vill. (voir N° 2605), signalée en Savoie.

2608. C. Raineri Perpenti – Indiqué au Mont Generoso (très douteux). – Des Alpes comasques (Monte S. Primo, Sasso Rancio) et bergamasques vers l'est.

2609. C. Elatines L. – Alpes occidentales. Localité la plus rapprochée de la Suisse: Val Soana (Alpes graies).

2610. C. elatinoides Moretti – Alpes bergamasques.

2618. Phyteuma Sieberi Sprengel – Alpes austro-orientales, du lac de Côme (Grigna) vers l'est.

2620. Ph. Charmelii Vill. – Vallée d'Aoste (?).

2626. Ph. nigrum F. W. Schmidt – Dép. du Jura et du Doubs, terr. de Belfort, Alsace, Vosges. Forêt-Noire, Hegau, région du lac de Constance.

2629. Ph. Michelii All. – Indiqué en Savoie (douteux).

2630. Ph. comosum L. – Des Alpes du lac de Côme vers l'est.

2632. Jasione levis Lam. – Vosges. Forêt-Noire, région du lac de Constance.

2633. Lobelia Erinus L. – Plante d'ornement. Rarement subspontané.

2638. Solidago Virgaurea L. – Sous-espèce différant du type: ssp. **minuta** (L.) Arcangeli (S. alpestris Waldst. & Kit.).

2651. Aster lanceolatus Willd. – Id.

2652. A. versicolor Willd. – Id.

2658. Erigeron annuus (L.) Pers. – Trois sous-espèces: ssp. **annuus** (L.) Wagenitz; ssp. **septentrionalis** (Fernald & Wiegand) Wagenitz (E. ramosus Britton, Sterns & Poggenburg var. septentrionalis Fernald & Wiegand); ssp. **strigosus** (Mühlenb.) Wagenitz (voir N° 2567).

2667. Filago vulgaris Lam. – Espèce voisine: **F. lutescens** Jordan (F. apiculata G. E. Smith).

2681. Helichrysum Stœchas (L.) DC. – Savoie, dép. de l'Ain.

2683. Inula bifrons L. – Région du lac de Côme.

2686. I. montana L. – Savoie, dép. de l'Ain. Vallée d'Aoste.

2690. I. ensifolia L. – Indiqué dans la région du lac de Côme.

2696. Buphthalmum speciosissimum L. – Alpes comasques et bergamasques. Localité la plus rapprochée de la Suisse: Val Cavargna.

2700. Ambrosia elatior L. – Adv.

2703. Tagetes patula L. – Plante d'ornement. Parfois échappé des jardins.

2706. Coreopsis tinctoria Nuttall – Id.

2707. Cosmos bipinnatus Cav. – Id.

2709. Bidens radiata Thuill. – Ajoie (Bonfol). – Dép. du Jura (Bresse), terr. de Belfort, Alsace. Région du lac de Constance.

2712. B. tripartita L. var. **hirta** (Jordan) Sherff – Italie septentrionale. Localité la plus rapprochée de la Suisse: région d'Ivrée.

2717. Anthemis altissima L. – Adv. – Italie.

2718. A. austriaca Jacq. – Adv.

2722. A. nobilis L. – Plante d'ornement. Subspontané.

2723. Santolina Chamæcyparissus L. – Planté et subspontané dans les contrées méridionales (Tessin).

2724. Achillea oxyloba (DC.) F. W. Schultz – Massif de l'Ortler.

2733. A. Millefolium L. – Autres sippes différant du type et considérées comme espèces: **A. collina** Becker; **A. roseo-alba** Ehrendorfer.

2742. Chrysanthemum Myconis L. – Adv.

2746–2748. Ch. Leucanthemum L. – Autres sippes différant du type: **Ch. alpi-**

cola (Gremli) Hess & Landolt (Leucanthemum vulgare Lam. ssp. alpicola A. & D. Löve, L. Gaudinii D. T.); **Ch. præcox** Horvatič (L. præcox Horvatič).

2749. **Ch. Halleri** Suter – Espèce voisine en Savoie (Mont Cenis): **Ch. coronopifolium** Vill. (Leucanthemum coronopifolium Vill.).

2750. **Ch. serotinum** L. – Plante d'ornement. Parfois subspontané.

2751. **Ch. Balsamita** L. – Plante aromatique et médicinale ancienne. Rarement subspontané.

2757. **Artemisia alba** Turra – Savoie, Alsace. Vallée d'Aoste, région du lac de Côme.

2758. **A. annua** L. – Parfois adv.

2761. **A. atrata** Lam. – Alpes occidentales: Savoie (Mont Cenis).

2762. **A. chamæmelifolia** Vill. – Alpes occidentales. Station la plus rapprochée de la Suisse: Cogne (vallée d'Aoste).

2777. **Doronicum Columnæ** Ten. – Des Alpes comasques (Grigna) vers l'est.

2780. **D. glaciale** (Wulfen) Nyman – Alpes bergamasques.

2782. **Senecio subalpinus** Koch – Planté autrefois dans les Vosges.

2785. **S. Doria** L. – Du dép. de l'Ain vers le sud. Piémont (?).

2800. **S. adonidifolius** Loisel. – Dép. du Jura (arr. de Dole).

2802. **S. vernalis** Waldst. & Kit. – Adv.

2805. **S. gallicus** Chaix – Adv. – Du dép. de l'Ain vers le sud.

2814. **Carlina vulgaris** L. – Sippes différant du type: **C. intermedia** Schur; **C. stricta** (Rouy) Fritsch (C. longifolia Rchb.).

2815. **C. acanthifolia** All. – Savoie (Chambéry), dép. de l'Ain (Revermont). Vallée d'Aoste.

2821. **Berardia subacaulis** Vill. – Indiqué dans le Val Divedro (Val d'Ossola). A confirmer.

2822. **Saussurea alpina** (L.) DC. – Sous-espèce différant du type dans les Alpes vaudoises et valaisannes ainsi qu'en Savoie: ssp. **depressa** (Gren.) Rouy (S. depressa Gren.).

2824. **Carduus pycnocephalus** L. – Adv.

2825. **C. tenuiflorus** Curtis – Genève, Ajoie, région du lac de Brienz. – Dép. de l'Ain.

2826. **C. nutans** L. – Sippes différant du type: ssp. **macrolepis** (Peterm.) Kazmi, seulement adv.; ssp. **platylepis** (Rchb. & Sauter) Gugler, dans les vallées alpines centrales et méridionales.

2827. **C. defloratus** L. – Sous-espèces différant du type: ssp. **crassifolius** (Willd.) Hayek (C. crassifolius Willd.), fréquent au sud des Alpes; ssp. **rhæticus** (DC.) Rothmaler.

2835. **Cirsium monspessulanum** (L.) Hill – Savoie (Chignin-Montmélian).

2836. **C. pannonicum** (L. f.) Link – De la région du lac de Côme et de la Valteline vers l'est.

2841. **C. montanum** (Waldst. & Kit.) Sprengel – Grisons (Oberhalbstein). – Vallée d'Aoste, massif de l'Ortler.

2852. **Centaurea aspera** L. – Du dép. de l'Ain (Côtière) vers le sud.

2856. **C. Scabiosa** L. – Sous-espèce différant du type: ssp. **tenuifolia** (Schleicher ex Gaudin) Arcangeli (ssp. grinensis Nyman, C. tenuifolia Schleicher).

2858, 2859. **C. Stœbe** L. – Autre sippe différant du type en Valais: **C. vallesiaca** (DC.) Jordan.

2865. **C. Jacea** L. – Sous-espèce différant du type: ssp. **angustifolia** Gremli (C. angustifolia Schrank).

2870. **C. alpina** L. – Indiqué dans le Val d'Ossola. Extrêmement douteux.

2871. **C. conifera** L. – Localité la plus rapprochée de la Suisse: Savoie (Challes).

2875. **Serratula nudicaulis** (L.) DC. – Localités les plus rapprochées de la Suisse: Mont Vuache et Salève (Savoie).

2877. **Cnicus benedictus** L. – Plante médicinale. Rarement subspontané ou adv.

2878. **Scolymus hispanicus** L. – Parfois adv.

2881. **Catananche cœrulea** L. – Du dép. de l'Ain (Bas-Bugey) vers le sud.

2883. **Rhagadiolus stellatus** (L.) Gærtner – Adv. – Italie.

2894. **Leontodon hispidus** L. – Sippes différant du type: **L. hyoseroides** Welwitsch ex Rchb.; **L. pseudocrispus** Sch.-Bip.

2901. **Tragopogon crocifolius** L. – Adv. – Savoie. Vallée d'Aoste.

2902. **T. porrifolius** L. ssp. **sativus** (Gatereau) Br.-Bl. – Plante potagère.

2908. **Scorzonera calcitrapifolia** Vahl – Vallée d'Aoste. Naturalisé en Alsace (près de Colmar).

2909. **S. hirsuta** (Gouan) L. – Du dép. de l'Ain vers le sud.

2911. **S. aristata** Ramond – Région du lac de Côme (Grigna).

2917. **Andryala integrifolia** L. – Dép. de l'Ain (Côtière, Dombes).

2919–2923. **Taraxacum palustre** (Lyons) Symons s. l. – Autres sippes de cette espèce très polymorphe, à côté des cinq illustrées dans l'atlas: **T. aquilonare** Handel-Mazzetti; **T. ceratophorum** (Ledebour) DC.; **T. cucullatum** Dahlstedt; **T. fontanum** Handel-Mazzetti; **T. Pacheri** Sch.-Bip.

2927. **Sonchus arvensis** L. – Sous-espèce différant du type: ssp. **uliginosus** (M. Bieb.) Nyman (S. uliginosus M. Bieb.).

2928. **S. paluster** L. – Piémont (vallées d'Aoste et d'Ossola), Lombardie. (Signalé autrefois à tort en Suisse.)

2945. **Crepis incarnata** (Wulfen) Tausch var. **lutea** Tausch – Le type, à fleurs rouges (rarement blanc pur), des Alpes Judicaires vers l'est.

2976. **Hieracium Lawsonii** Vill. – Savoie (Chambéry). (Signalé autrefois à tort dans le Valais.)

2978. **H. porrifolium** L. – Alpes comasques et bergamasques. (Signalé autrefois à tort dans la Basse Engadine.)

2985. **H. murorum** L. em. Hudson – Sous-espèce différant du type au sud des Alpes: ssp. **tenuiflorum** (Arvet-Touvet) Zahn (H. tenuiflorum Zahn).

2989. **H. cæsium** Fries – Alpes, Jura. – Forme intermédiaire entre H. Lachenalii Gmelin, H. murorum L. em. Hudson et H. glaucum All.

Appendice

1. **Asplenium Seelosii** Leybold – Localité la plus rapprochée de la Suisse: Lombardie (Varesotto).
3. **Cupressus sempervirens** L. – Souvent planté dans le sud (cimetières).
6. **Cyperus difformis** L. – Autrefois dans le Varesotto (lac Majeur).
7. **Luzula glabrata** (Hoppe) Desv. – Le type dans le Vorarlberg; une var. **Desvauxii** (Kunth) Buchenau, considérée aussi comme espèce (L. Desvauxii Kunth), dans les Vosges et la Forêt-Noire.
8. **Allium paniculatum** L. – Savoie, dép. de l'Ain.
9. **Fritillaria tubæformis** Gren. & Godr. – Vallées d'Aoste et de Sesia, Alpes bergamasques.
13. **Aristolochia pallida** Willd. – Vallée d'Aoste, région du lac de Côme (Grigna).
15. **Kochia Scoparia** (L.) Schrader – Plante d'ornement. Parfois échappé des jardins.
16. **Mesembryanthemum crystallinum** L. – Plante potagère (salade), parfois cultivée.
17. **Cerastium carinthiacum** Vest ssp. **austroalpinum** Kunz – Petite espèce des Alpes calcaires austro-orientales. Dans la circonscription de l'atlas: Tessin (Val Colla), Alpes comasques et bergamasques.
18. **Clematis Flammula** L. – Région du lac de Côme (près de Lecco).
19. **Mahonia Aquifolium** (Pursh) Nuttall – Arbrisseau d'ornement. Subspontané et parfois naturalisé dans les contrées chaudes.
20. **Aubrieta deltoides** (L.) DC. – Plante des rocailles et des murs fleuris. Souvent échappé des jardins.
21. **Alyssum edentulum** Waldst. & Kit. – Subspontané et naturalisé.
22. **A. maritimum** (L.) Lam. – Plante d'ornement. Subspontané.
23. **Chorispora tenella** (Pallas) DC. – Adv.
24. **Spiræa chamædryfolia** L. em. Jacq. – Arbrisseau d'ornement. Parfois échappé des jardins et subspontané.
25. **Rubus laciniatus** Willd. – Arbrisseau d'ornement. Parfois subspontané.
26. **Kerria japonica** (L.) DC. – Arbrisseau d'ornement, dans le sud parfois subspontané.
27. **Gleditsia triacanthos** L. (Cæsalpiniaceæ) – Arbre d'ornement. Planté dans le Tessin et rarement subspontané.
28. **Cercis Siliquastrum** L. (Id.) – Arbre d'ornement. Rarement subspontané.
29. **Ulex nanus** Forster – Dép. de l'Ain et de la Haute-Saône.
30. **Adenocarpus complicatus** (L.) J. Gay – Dép. du Jura (arr. de Dole).
31. **Melilotus neapolitana** Ten. – Adv. – Savoie.
33. **Psoralea bituminosa** L. – Adv.
36. **Acalypha virginica** L. – Mauvaise herbe de provenance boréo-américaine. Naturalisé dans le Tessin.
37. **Malva verticillata** L. var. **crispa** L. – Plante ornementale et médicinale. Parfois subspontané.
38. **Hibiscus Trionum** L. – Adv. ou échappé des jardins.
39. **Myrtus communis** L. – Lac de Côme (indigène?).
40. **Gaura biennis** L. – Adv.
41. **Eryngium planum** L. – Plante d'ornement. Parfois subspontané.

43. **Amsinckia intermedia** Fischer & Meyer – Adv.
45. **Teucrium Marum** L. – Subspontané dans la région des lacs insubriens.
46. **Monarda didyma** L. – Plante ornementale et condimentaire. Rarement échappé des jardins.
47. **Linaria dalmatica** (L.) Miller – Rarement subspontané ou naturalisé.
48. **Paulownia tomentosa** (Thunb.) Steudel – Arbre d'ornement. Subspontané et naturalisé dans le sud (Tessin, Val Poschiavo).
49. **Catalpa bignonioides** Walter – Arbre d'ornement. Parfois subspontané.
50. **Scabiosa ochroleuca** L. – Naturalisé dans le canton de Schaffhouse.
53. **Petasites fragrans** (Vill.) C. Presl – Plante ornementale. Naturalisé dans le Tessin.
54. **Guizotia abyssinica** (L. f.) Cass. – Plante oléagineuse tropicale. Adv. (résidu de graines jetées aux oiseaux).

Index

Die wissenschaftlichen (lateinischen) Namen der Familien sind in Fettschriftmajuskeln, diejenigen der Gattungen in Fettschrift, die deutschen Namen in gewöhnlicher Schrift, die französischen in Schrägschrift gedruckt. Synonyme der wissenschaftlichen Gattungsnamen stehen zwischen runden Klammern; orthographische Formen von wissenschaftlichen Gattungsnamen, die von der nach den internationalen Regeln allein zulässigen Schreibweise abweichen, stehen zwischen eckigen Klammern, und zwar jeweils in gewöhnlicher Schrift. Die Zahlen bedeuten die Nummern der Einheiten (Arten, Unterarten, Varietäten).

Les noms scientifiques (latins) des familles sont imprimés en capitales grasses, ceux des genres en doriques, les noms allemands en romain, les noms français en italique. Les synonymes des noms scientifiques des genres sont imprimés en romain et placés entre parenthèses; des crochets encadrent les formes orthographiques de noms de genres différant de celles qui sont seules admises par les Règles internationales. Les chiffres renvoient aux numéros des espèces (sous-espèces, variétés).

Abbißkraut 2573
Abies 75
Abricotier 1487
Absinthe 2756
Acalypha, App. 36
Acer 1766–1771
ACERACEÆ 1766–1771
Aceras 665
Acéras 665
Ache 1937–1939, 1976
Achillea 2724–2736
Achillée 2724–2736
(Achnatherum 162)
(Acinos 2272, 2273)
Ackerbohne 1645
Ackerdistel 2833
Ackerkohl 1255
Ackernelke 871
Ackernüßchen 1215, 1216
Ackerröte 2492
Ackersalat 2556–2563
Aconit 997–1002
Aconitum 997–1002
Acore 491
Acorus 491
Actæa 990
Actée 990
Adelgras 2488

Adénocarpe, App. 30
Adenocarpus, App. 30
Adenophora 2589
Adénophore 2589
Adénostyle 2635–2637
Adenostyles 2635–2637
Adiantum 38
Adiantum 38
Adlerfarn 35
Adonis 1070–1073
Adonis 1070
Adonis 1070–1073
Adoxa 2542
Adoxa 2542
ADOXACEÆ 2542
Ægilops 329–332
Ægopodium 1951
Æsculus 1772
Æthionema 1123, 1124
[Aëthionema 1123, 1124]
Æthionéma 1123, 1124
Æthusa 1963
Affodill 540
Agave 618
Agave 618
Agave 618
Agrimonia 1456, 1457
Agripaume 2241, 2242

Agropyron 317–320
Agrostemma 850
Agrostide 180–188
Agrostis 180–188
Ahorn 1766, 1768–1771
Ährenhafer 223
Aigremoine 1456, 1457
Ail 554–559, 561, 567–574, App. 8
Ailante 1718
Ailanthus 1718
Aira 215–217
(Aira 218)
Aïra 215–217
Airelle des marais 2027
Airelle rouge 2025
AIZOACEÆ 846, App. 16
Ajonc 1508, App. 29
Ajuga 2199–2202
Akazie, falsche 1589
Akelei 991–993
Alant 2684–2691
Alaterne 1780
(Albersia 842, 843)
Alchemilla 1445–1455
Alchémille 1445–1455
Aldrovanda 1280
Aldrovande 1280
Aldrovande 1280
Alisier 1370–1372
Alisma 125, 126
Alisma 125, 126
ALISMATACEÆ 125–131
Alkékenge 2293
Allermannsharnisch 556
Alliaire 1136
Alliaria 1136
Allier 1372
Allium 554–574, App. 8
(Allosorus 37)
Alnus 733–735
Alopecurus 168–173
Alouchier 1372
Alpenazalee 2021
Alpendistel 1901
Alpendost 2635–2637
Alpenglöckchen 2064
Alpenlattich 2774
Alpenlinse 1606
Alpenmaßlieb 2643

Alpenrebe 1003
Alpenrose 2018, 2019
Alpenscharte 2822, 2823
Alpenveilchen 2078, 2079
Alpiste 138, 139
Alraunpflanze 2307
(Alsine 933–946, 961)
Alsine 961
Althæa 1793–1795
Alyssoides 1266
Alysson 1257–1262, App. 21, 22
Alyssum 1257–1262, App. 21, 22
Amandier 1489
Amarant 838–844
Amarante 838–844
AMARANTHACEÆ 838–844
Amaranthus 838–844
[Amarantus 838–844]
AMARYLLIDACEÆ 607–618
Amberkraut, App. 45
Ambroisie 2700
Ambrosia 2700
Ambrosie 2700
Amelanchier 1376
Amélanchier 1376
Amidonnier 323
Ammei 1943
Ammi 1943
Ammi 1943
Amorpha 1587
Amorphe 1587
Amourette 266
(Ampelopsis 1786)
Ampfer 774, 776, 780–790
Amsinckia, App. 43
Amsinckia, App. 43
Amsinckie, App. 43
(Amygdalus 1489)
Anacamptis 667
Anacamptis 667
ANACARDIACEÆ 1759–1761
Anagallis 2075, 2076
(Anagallis 2077)
Anarrhinum 2334
Anarrhinum 2334
Anchusa 2168, 2169
(Anchusa 2167)
Ancolie 991–993
Andorn 2214

Index

Andromeda 2022
Andromède 2022
Andropogon 143–146
Andropogon 143–146
Androsace 2050–2062
(Androsace 2049)
Androsace 2050–2062
Androsème 1796
Andryala 2917
Andryala 2917
Andryala 2917
Anemone 1009–1013
(Anemone 1008, 1014–1019)
Anemone 1009–1015
Anémone 1009–1015
Aneth 1966
Anethum 1966
Angelica 1977–1979
(Angelica 1982)
Angélique 1977–1979
Anogramma 41
Anogramme 41
Ansérine 813–831
Antennaire 2672, 2673
Antennaria 2672, 2673
Anthemis 2716–2722
(Anthemis 2724)
Anthémis 2716–2722
Anthericum 542, 543
Anthéricum 542, 543
Anthoxanthum 140
Anthriscus 1907–1911
Anthyllide 1577–1579
Anthyllis 1577–1579
Antirrhinum 2330–2333
(Apera 181, 182)
Apfelbaum 1365
(Aphanes 1445, 1446)
Aphyllanthe 553
Aphyllanthes 553
Apium 1937–1939
APOCYNACEÆ 2136, 2137
Aposeris 2884
Aposeris 2884
Aprikosenbaum 1487
AQUIFOLIACEÆ 1762
Aquilegia 991–993
Arabette 1232–1246
Arabidopsis 1230

Arabidopsis 1230
Arabis 1232–1246
(Arabis 1231)
ARACEÆ 487–491
ARALIACEÆ 1895
Arbre à perruque 1760
(Archangelica 1979)
Arctium 2816–2820
Arctostaphylos 2023, 2024
Arémoine 1458
Aremonia 1458
Aremonie 1458
Arenaria 947–953
(Aretia 2049, 2057–2061)
Argousier 1859
Argyrolobe 1501
Argyrolobium 1501
Aristoloche 772, 773,App. 13
Aristolochia 772, 773, App. 13
ARISTOLOCHIACEÆ 771–773, App. 13
(Armeniaca 1487)
Armeria 2080–2082
Armérie 2080–2082
Armoise 2753–2769
Armoracia 1185
Armoracia 1185
Arnica 2775
Arnica 2775
Arnika 2775
Arnoseris 2885
Arnoseris 2885
Arole 81
Aronce 1360
(Aronia 1376)
(Aronicum 2778–2780)
Aronstab 488, 489
Arrête-bœuf 1527
Arrhenatherum 199
Arroche 833–835
Artemisia 2753–2769
Artichaut 2848
Artischocke 2847, 2848
Arum 488, 489
(Arum 487)
Arum 488, 489
Aruncus 1360
Arundinaria 347
(Arundo 229)

Arve 81
Asaret 771
Asarum 771
ASCLEPIADACEÆ 2138, 2139
Asclépiade 2138
Asclepias 2138
Asparagus 597, 598
Aspe 728
Asperge 597, 598
Asperugo 2160
Asperula 2494–2500
(Asperula 2501)
Aspérule 2494–2500
Asphaltklee, App. 33
Asphodèle 540
Asphodelus 540
Aspic 2213
(Aspidium 6–18)
Asplenium 26–34, App. 1, 2
(Asplenium 25)
Asplénium 26–34, App. 1, 2
Aster 2644–2652
(Aster 2643)
Aster 2644–2652
Aster 2644–2652
Astragale 1592–1605
Astragalus 1592–1605
(Astragalus 1606, 1607)
Astrance 1898, 1899
Astrantia 1898, 1899
Athamanta 1964
Athamante 1964
Athyrium 1, 2
Athyrium 1, 2
(Atragene 1003)
Atriplex 833–835
Atropa 2291
Atropa 2291
(Atropis 271)
Attich 2527
Attrape-mouches 851
Aubépine 1374, 1375
Aubergine 2299
Aubergine 2299
Aubours 1519, 1520
Aubrieta, App. 20
[Aubrietia, App. 20]
Aubrietie, App. 20
Augentrost 2396, 2414

Augenwurz 1964
Aune 733–735
Auricule 2035
Aurikel 2035
(Aurinia, App. 21)
Aurone 2765
Avena 200–208
(Avenella 219)
Avoine 200–208
Avoine dorée 211
(Azalea 2021)
Azalée des Alpes 2021

Backenklee 1580–1582
Baguenaudier 1590, 1591
(Baldellia 130)
Baldrian 2546–2555
Ballota 2243
Ballote 2243
BALSAMINACEÆ 1773–1776
Balsamine 1773–1776
Balsamkraut 2751
Bambou 346, 347
[Barbaræa 1176–1178]
Barbarea 1176–1178
Barbarée 1176–1178
Barbe de bouc 1360
Barbon 143–146
Bardane 2816–2820
Bardanette 148
Bärenklau 1992–1996
Bärenlauch 554
Bärenschote 1594
Bärentraube 2023, 2024
Bärenwurz 1969
(Barkhausia 2946–2949)
Bärlapp 64–69
Bartgras 145, 146
Bartschie 2384
Bartsia 2384
Bartsie 2384
Basilic 2288
Basilienkraut 2288
Basilikum 2288
Bastardindigo 1587
Bauernsenf 1116–1122
Baumheide 2033
Bec de grue 1683–1700
Beifuß 2754, 2755, 2758–2761

Index

Beinholz 2536
Beinwell 2161
Belladone 2291
Bellidiastrum 2643
Bellidiastrum 2643
Bellis 2642
Benediktenkraut 1438
Benediktenwurz 2877
Benoîte 1438, 1439
Berardia 2821
Berardie 2821
Bérardie 2821
BERBERIDACEÆ 1074, 1075, App. 19
Berberis 1074
(Berberis, App. 19)
Berberitze 1074
Berce 1992–1996
Bergflachs 765–770
Bergminze 2268–2271
Bergnelkenwurz 1440, 1441
Bergveilchen 1841
Berle 1952, 1953
Berteroa 1265
Bertéroa 1265
Berufkraut 2653–2665
(Berula 1953)
Besenginster 1521
Besenheide 2029
Besenkraut, App. 15
Besenried 230
Beta 812
Bétoine 2253–2255
(Betonica 2253–2255)
Betonie 2253–2255
Bette 812
Betterave 812
Betula 736–739
BETULACEÆ 733–742
Bibernelle 1949, 1950
Bidens 2708–2713, App. 52
Bident 2708–2713, App. 52
Bifora 1923
Bifora 1923
Bigarreautier 1495
BIGNONIACEÆ, App. 49
Bilsenkraut 2292
Bingelkraut 1750–1752
Binse 381–383

Birke 736–739
Birnbaum 1366
Bisamhyazinthe 592–595
Bisamkraut 2542
Biscutella 1114, 1115
Bistorte 800
Bitterkraut 2898, 2899
Bitterling 2097, 2098
Bittersüß 2298
Blacke 786
Blackstonia 2097, 2098
Blackstonie 2097, 2098
Blasenfarn 3–5
Blasenschötchen 1266
Blasenstrauch 1590, 1591
Blattaire 2308
Blaugras 225
Blaukissen, App. 20
Blaustern 583
Blausternbinse 553
Blé 324–328
Blé de Turquie 147
Blé noir 808
Blé poulard 327
Blechnum 23
Blechnum 23
Bleuet 2853
(Blitum 815, 816)
Blumenbinse 124
Blumensimse 633
Blutauge 1401
Blutströpfchen 1071–1073
Blysmus 384
Blysmus 384
Bocksbart 2901, 2903–2906
Bocksdorn 2289, 2290
Bodenkohlrabi 1170
Bohne 1681, 1682
Bohnenkraut 2265
Bois carré 1763
Bois gentil 1854
Bois puant 1498, 1499
(Bolboschœnus 381)
Bon Henri 817
Bonhomme 2314
Bonne Dame 833
Bonnet de prêtre 1673
BORAGINACEÆ 2151–2197, App. 43, 44

Borago 2166
[Borrago 2166]
Borretsch 2166
Borstendolde 1916–1918
Borstenhirse 154–157
Borstgras 165
(Bothriochloa 146)
Botrychium 45–50
Botrychium 45–50
Boucage 1949, 1950
Bouillon blanc 2313
Boule d'or 982
Boule de neige 2531
Bouleau 736–739
Bourdaine 1783
Bourrache 2166
Bourse-à-pasteur 1207
Bouton d'or 1051, 1052
Brachsenkraut 72, 73
Brachypode 315, 316
Brachypodium 315, 316
Bränderli 671
Brassica 1163–1171
(Brassica 1152, 1155, 1162)
Brassicella 1154, 1155
Brassicelle 1154, 1155
Braunwurz 2335–2340
(Braya 1138, 1139)
Breitkölbchen 676, 677
Breitsame 1921
Brenndolde 1970
Brennessel 760, 761
Brillenschötchen 1114, 1115
Briza 266
Brize 266
Brombeere 1380–1396, App. 25
Brome 300–314
Bromus 300–314
Broussonetia 756
Broussonétie 756
Bruchkraut 965–968
[Brunella 2223–2225]
Brunelle 2223–2225
Brunelle 2223–2225
Brunnenkresse 1184
Brustwurz 1977, 1978
Bruyère 2030–2033
Bryone 2581, 2582
Bryonia 2581, 2582

Buche 743
Buchenfarn 6
Buchs 1758
Büchsenkraut 2345
Buchweizen 808, 809
Buddléa 2094
[Buddleia 2094]
Buddleja 2094
Buddleja 2094
BUDDLEJACEÆ 2094
Buffonia 932
Buffonie 932
Buffonie 932
Bugle 2199–2202
Buglosse 2168, 2169
(Buglossoides 2185, 2187)
Bugrane 1525–1531
Buis 1758
Bulbocode 537
Bulbocodium 537
Bunge 2068
Bunias 1270, 1271
Bunias 1270, 1271
Bunium 1948
Buphtalmum 2695
Buphthalmum 2695, 2696
Bupleurum 1926–1935
Buplèvre 1926–1935
Burstgras 302
Burzeldorn 1715
Büschelblume 2150
Busserole 2023
BUTOMACEÆ 132
Butome 132
Butomus 132
BUXACEÆ 1758
Buxus 1758

CACTACEÆ 1852
CÆSALPINIACEÆ, App. 27, 28
Calamagrostide 189–195
Calamagrostis 189–195
(Calamagrostis 180)
Calament 2268–2273
(Calamintha 2267–2273)
Caldesia 127
Caldesie 127
Caldésie 127
Calendula 2808, 2809

Calepina 1149
Calepine 1149
Calépine 1149
Calla 490
Calla 490
Callianthème 1022
Callianthemum 1022
Callistephus, App. 51
CALLITRICHACEÆ 1753–1757
Callitriche 1753–1757
Callitriche 1753–1757
Calluna 2029
Callune 2029
Caltha 981
Caltha 981
(Calycocorsus 2916)
(Calystegia 2142, 2143)
Camarine 2017
Camelina 1211–1214
Caméline 1211–1214
Camérisier 2536
Camomille 2737, 2738
Camomille romaine 2722
Campanula 2590–2615
CAMPANULACEÆ 2587–2633
Campanule 2590–2615
Canche 219, 220
Canche bleue 230
Cannabis 759
Canneberge 2028
Capillaire 38
Capillaire rouge 26
CAPPARIDACEÆ 1272
Capparis 1272
Câprier 1272
CAPRIFOLIACEÆ 2527–2541
Capsella 1207–1210
Capselle 1207–1210
Capsicum 2295
Cardamine 1189–1201
Cardamine 1189–1201
(Cardaminopsis 1238, 1239)
(Cardaria 1103)
Cardère 2564, 2565
Cardiaque 2241
Cardon 2847
Carduus 2824–2830
Carex 394–486
(– acuta 430)

Carex
– acutiformis 485
– alba 454
(– alpestris 446)
(– alpina 433)
– appropinquata 417
– atrata 434
(– – ssp. nigra 435)
– atrofusca 469
– australpina 468
– baldensis 401
– bicolor 427
– bohemica 400
– brachystachys 467
– brevicollis 476
– brizoides 407
– brunnescens 426
– Buxbaumii 432
– cæspitosa 429
– canescens 425
– capillaris 447
– caryophyllea 441
– chordorrhiza 405
(– contigua 412)
– curvula 402
– – ssp. Rosæ 403
(– cyperoides 400)
– Davalliana 395
– depauperata 472
– diandra 416
– digitata 457
– dioeca 394
– distans 478
– disticha 404
(– diversicolor 451)
– divulsa 414
– echinata 422
– elata 428
– elongata 421
– ericetorum 442
– ferruginea 464
– fimbriata 463
– firma 470
– flacca 451
– flava 473
– – ssp. lepidocarpa 474
– – ssp. Œderi 475
– fœtida 409
– frigida 465

Carex
- Fritschii 439
- fuliginosa 466
- (– fulva 479)
- fusca 431
- (– glauca 451)
- (– Goodenowii 431)
- gracilis 430
- (– gynobasis 446)
- (– Halleri 433)
- Halleriana 446
- Heleonastes 423
- hirta 482
- (– hispidula 463)
- Hostiana 479
- humilis 455
- (– incurva 406)
- (– inflata 483)
- juncifolia 406
- Lachenalii 424
- (– lagopina 424)
- (– lamprophysa 410)
- lasiocarpa 481
- leporina 420
- limosa 448
- liparocarpos 450
- (– longifolia 436)
- (– magellanica 449)
- (– maxima 445)
- microglochin 397
- montana 437
- mucronata 460
- muricata 412
- – – ssp. Pairæ 413
- (– nemorosa 410)
- (– nigra 435)
- (– nitida 450)
- norvegica 433
- ornithopoda 458
- ornithopodioides 459
- Otrubæ 410
- (– Pairæ 413)
- pallescens 444
- (– paludosa 485)
- panicea 452
- paniculata 418
- (– paradoxa 417)
- parviflora 435
- pauciflora 398

Carex
- paupercula 449
- pendula 445
- pilosa 443
- pilulifera 438
- (– polygama 432)
- præcox 408
- Pseudocyperus 480
- pulicaris 396
- punctata 477
- (– refracta 468)
- remota 419
- riparia 486
- (– Rosæ 403)
- rostrata 483
- rupestris 399
- (– Schreberi 408)
- sempervirens 471
- silvatica 461
- (– sparsiflora 453)
- (– spicata 412)
- (– stellulata 422)
- (– stricta 428)
- strigosa 462
- supina 456
- (– tenax 468)
- (– tenuis 467)
- (– teretiuscula 416)
- tomentosa 440
- umbrosa 436
- (– ustulata 469)
- vaginata 453
- (– Vahlii 433)
- (– verna 441)
- vesicaria 484
- (– vulgaris 431)
- vulpina 411
- vulpinoidea 415

Carex 394–486
Carillon 2596
Carlina 2813–2815
Carline 2813–2815
Carotte 2006
Carpesium 2694
Carpésium 2694
Carpinus 740
Carthame 2876
Carthamus 2876
Carum 1946, 1947

(Carum 1948)
Carum 1946, 1947
CARYOPHYLLACEÆ 850–974, App. 17
Casque de Jupiter 999
Casse-lunettes 2396
Cassis 1355
Cassis 1355
Castanea 744
Catabrosa 267
Catabrosa 267
Catalpa, App. 49
Catalpa, App. 49
Catananche 2881
Catananche 2881
(Catapodium 297)
Caucalis 1919, 1920
Caucalis 1919, 1920
CELASTRACEÆ 1763, 1764
Céleri 1937
Celtis 753
Centaurea 2850–2872
Centaurée 2850–2872
Centaurium 2103, 2104
Centenille 2077
Centranthe 2543–2545
Centranthus 2543–2545
Centunculus 2077
Céphalaire 2566, 2567
Cephalanthera 683–685
Céphalanthère 683–685
Cephalaria 2566, 2567
Céraiste 906–921, App. 17
Cerastium 906–921, App. 17
(Cerastium 923, 924)
Cératocéphale 1021
Ceratocephalus 1021
CERATOPHYLLACEÆ 978, 979
Cératophylle 978, 979
Ceratophyllum 978, 979
Cercis, App. 28
Cerfeuil 1907–1911
Cerfeuil musqué 1912
Cerinthe 2193–2195
Cerisier 1495
Ceterach 25
Cétérach 25
(Chænorrhinum 2318)
(Chærefolium 1907, 1908, 1910, 1911)

Chærophyllum 1902–1906
(Chærophyllum 1907, 1908, 1910)
(Chamæcytisus 1516–1518)
[Chamælina 1211–1214]
(Chamæspartium 1510)
Chamorchis 668
Charmorchis 668
Chanvre 759
Chanvrine 2634
Chardon 2824–2830
Chardon béni 2877
Chardon bleu 1901
Chardon Marie 2845
Charme 740
Charme Houblon 742
Charmille 740
Châtaigne d'eau 1890
Châtaignier 744
Chataire 2217
Chausse-trape 2851
Cheilanthes 39
(Cheilanthes 40)
Cheilanthès 39
Cheiranthus 1256
Chélidoine 1088
Chelidonium 1088
Chêne 745–749, App. 11, 12
Chênette 1442
Chénopode 813–831
CHENOPODIACEÆ 810–837, App. 15
Chenopodium 813–831
(Chenopodium 836, App. 15)
(Cherleria 935)
Chérophylle 1902–1906
Chèvrefeuille 2533
Chicorée 2879, 2880
Chicorée jaune 2955
Chiendent 159, 317–320
Chimaphila 2015
Chimaphile 2015
[Chimophila 2015]
(Chlora 2097, 2098)
Choin 355, 356
Chondrilla 2914, 2915
Chondrille 2914, 2915
Chorispora, App. 23
Chorispora, App. 23
Chorispora, App. 23

Chou 1154, 1163–1167, 1171
Chou-rave 1170
Christophskraut 990
Christrose 983
Christusdorn 1777
Christusdorn, falscher, App. 27
Chrysanthème 2739–2743, 2745–2751
Chrysanthemum 2739–2751
(Chrysanthemum 2752)
(Chrysopogon 143)
Chrysosplenium 1349, 1350
Ciboule 563
Ciboulette 565
Cicendia 2100
(Cicendia 2099)
Cicendie 2099, 2100
Cicer 1629
Cicer 1629
Cicerbita 2924–2926
Cicerbite 2924–2926
Cichorium 2879, 2880
Cicuta 1942
Cicutaire 1701–1703
Ciguë aquatique 1942
Ciguë tachée 1924
Circæa 1887–1889
Circée 1887–1889
Cirse 2831–2844
Cirsium 2831–2844
CISTACEÆ 1814–1822
Ciste 1814
Cistrose 1814
Cistus 1814
Citronnelle 2765
Citrouille 2585, 2586
Civette 565
Cladium 359
Cladium 359
(Cleistogenes 231)
Clematis 1003–1007, App. 18
Clématite 1003–1007, App. 18
(Clinopodium 2267)
Clypeola 1264
Clypéole 1264
Cnicaut 2877
Cnicus 2877
Cnide 1970
Cnidium 1970
[Cobresia 392, 393]

Cobrésia 393
Cochlearia 1134
(Cochlearia 1185)
Cocriste 2415
Cœloglossum 670
(Cœloglossum 673)
Cœloglossum 670
Cognassier 1364
Colchicum 538, 539
(Colchicum 537)
Colchique 538, 539
Collomia 2149
Collomia 2149
(Colobachne 168)
Colrave 1168
Colutea 1590, 1591
Colza 1170
Comaret 1401
Comarum 1401
Comfrey 2162
Commelina 496
Commeline 496
Commeline 496
COMMELINACEÆ 496, 497
COMPOSITÆ 2634–3001,
  App. 51–54
Concombre 2583
Conium 1924
Conringia 1255
Conringie 1255
(Consolida 995, 996)
Consoude 2161–2165
Convallaria 605
CONVOLVULACEÆ 2140–2147,
  App. 42
Convolvulus 2140–2143
(Conyza 2653, 2682, 2683)
Coquelicot 1083
Coquelourde 869, 1017
Coqueret 2293
Corallorhiza 697
Corallorhize 697
Corbeille d'argent 1117, 1234
Corchorus, App. 26
Coreopsis 2706
Coréopsis 2706
Coriandre 1922
Coriandrum 1922
Cormier 1369

CORNACEÆ 2007, 2008
Corne de cerf 2490
Cornichon 2583
Cornifle 978, 979
Cornouiller 2007, 2008
Cornus 2007, 2008
Coronilla 1618–1623
Coronille 1618–1623
Coronope 1112, 1113
Coronopus 1112, 1113
Corrigiola 964
Corrigiole 964
Cortusa 2063
Cortusa 2063
Corydale 1090–1094
Corydalis 1090–1094
Corylus 741
Corynéphore 218
Corynephorus 218
Cosmos 2707
Cosmos 2707
Cosmos 2707
Cotinus 1760
Cotoneaster 1362, 1363
Cotonnier 1362, 1363
Cotonnière 2667–2671
(Cotyledon 1282)
Coudrier 741
Courge 2585
Courgette 2585
Cranson 1134
Crapaudine 2215, 2216
(Crassula 1283)
CRASSULACEÆ 1282–1311
Crassule 1283
Cratægus 1374, 1375
Crépide 2937–2958
Crepis 2937–2958
(Crepis 2918)
Cresson 1179–1183
Cresson alénois 1107
Cresson de cheval 2353
Cresson des chamois 1204, 1205
Cresson de fontaine 1184
Cressonnette 1191
Crételle 298, 299
Crocus 620, 621
Crocus 620, 621
Croix de Malte 1715

Crosne 2252
Crucianella 2493
Crucianelle 2493
(Cruciata 2504–2506)
CRUCIFERÆ 1100–1271, App. 20–23
Crupina 2849
Crupine 2849
(Crypsis 167)
Cryptogramma 37
Cryptogramme 37
Cucubale 875
Cucubalus 875
Cucumis 2583, 2584
Cucurbita 2585, 2586
CUCURBITACEÆ 2580–2586
Cumin des prés 1946
Cupidone 2881
CUPRESSACEÆ 83–86, App. 3
Cupressus, App. 3
Cuscuta 2144–2147, App. 42
Cuscute 2144–2147, App. 42
Cyclamen 2078, 2079
Cyclamen 2078, 2079
Cydonia 1364
Cymbalaire 2319
(Cymbalaria 2319)
Cynanchum 2139
Cynara 2847, 2848
Cynodon 159
Cynodon 159
Cynoglosse 2153–2156
Cynoglossum 2153–2156
Cynosure 298, 299
Cynosurus 298, 299
CYPERACEÆ 348–486, App. 6
Cypergras 348–354, App. 6
Cyperus 348–354, App. 6
Cyprès, App. 3
Cypripède 638
Cypripedium 638
Cystopteris 3–5
Cystoptéris 3–5
Cytise 1509–1518
Cytisus 1509–1518
(Cytisus 1501, 1519–1521)

Dactyle 246
Dactylis 246
(Dactylorhiza 658–663)

Dähle 78
Daille 78
Damasonium 128
Damasonium 128
Dame d'onze heures 587
Damier 578
Danthonia 222
(Danthonia 221)
Danthonie 222
Daphne 1854–1858
Daphné 1854–1858
Dattelpflaume 2083, 2084
Datura 2303
Datura 2303
Daucus 2006
Dauphinelle 994–996
Delia 961
Délie 961
Delphinium 994–996
Dent de chien 582
Dent de lion 2919–2923
Dentaire 1197–1201
(Dentaria 1197–1201)
Deschampsia 219, 220
(Descurainia 1140)
Désespoir du peintre 1324
Dianthus 882–894
Dictame 1717
Dictamnus 1717
Digitale 2379–2382
Digitalis 2379–2382
(Digitaria 151, 152)
Dill 1966
Dingel 686
Dinkelweizen 321
DIOSCOREACEÆ 619
Diospyros 2083, 2084
(Diphasium 67, 69)
Diplachne 231
Diplachné 231
Diplotaxis 1156–1159
Diplotaxis 1156–1159
DIPSACACEÆ 2564–2579, App. 50
Dipsacus 2564, 2565
(Dipsacus 2566)
Diptam 1717
Distel 2824–2830
Dompte-venin 2139
Doppelsame 1156–1159

Doradille 25
Doradille noire 33
Dorine 1349, 1350
Doronic 2776–2780
Doronicum 2776–2780
Dorycnium 1580–1582
Dorycnium 1580–1582
Dost 2276
Dotterblume 981
Douce-amère 2298
Doucette 2556
Douglasia 2049
Douglasia 2049
Draba 1217–1228
(Draba 1229)
Drachenkopf 2221, 2222
Drachenmaul 2263
Drachenwurz 490
Dracocephalum 2221, 2222
Dracunculus 487
Drahtschmiele 219
Drave 1217–1228
Dreimasterblume 497
Dreizack 123
Dreizahn 221
Drosera 1276–1279
DROSERACEÆ 1276–1280
Drüsenginster, App. 30
Drüsenglocke 2589
Dryade 1442
Dryas 1442
Dryoptéris 6–14
Dryopteris 6–14
(Dryopteris 15–18)
Dryoptéris 6–14
(Duchesnea 1397)
Dünnschwanz 344
Dürrwurz 2682, 2683

EBENACEÆ 2083, 2084
Eberreis 2765
Eberwurz 2813–2815
Ecbalie 2580
Ecballium 2580
Echalote 566
(Echinochloa 150)
Echinodore 130
Echinodorus 130
Echinope 2810
Echinops 2810

(Echinospermum 2157, 2158)
Echium 2196, 2197
Eclaire 1088
Ecuelle d'eau 1896
Edelkastanie 744
Edelraute 2766–2769
Edeltanne 75
Edelweiß 2674
Edelweiss 2674
Efeu 1895
Egilope 329–332
Eglantier 1483
Egopode 1951
Ehrenpreis 2346–2378
Eibe 74
Eibisch 1793, 1794, App. 38
Eiche 745–749, App. 11, 12
Eichenfarn 7
Eicher 322
Eierpflanze 2299
Einbeere 606
Einkorn 322
Einorchis 669
Eisenhut 997–1002
Eisenkraut 2198
Eiskraut, App. 16
ELÆAGNACEÆ 1859
ELATINACEÆ 1809–1812
Elatine 1809–1812
Elatine 1809–1812
Eleocharis 360–367
Eleusine, App. 5
Eleusine, App. 5
Eleusine, App. 5
[Elichrysum 2681]
Elisma 129
Elisma 129
Ellébore 983–985
Elodea 133
Elodéa 133
Elsbeerbaum 1371
Elyme 339
Elymus 339
Elyna 392
Elyna 392
Emmer 323
EMPETRACEÆ 2017
Empetrum 2017
Endive 2880

Endivie 2880
Engelsüß 42
Engelwurz 1979
Enzian 2105–2135
Epeautre 321
Epervière 2960–3001
Ephedra 87
EPHEDRACEÆ 87
Ephèdre 87
Epiaire 2244–2255
Epicéa 76
Epilobe 1866–1883
Epilobium 1866–1883
Epimedium 1075
Epimédium 1075
Epinard 832
Epinard de la Nouvelle-Zélande 846
Epinard Fraise 815, 816
Epinard Oseille 789
Epinard sauvage 817
Epine blanche 1374, 1375
Epine du Christ 1777
Epine noire 1490
Epine-vinette 1074
Epipactis 678–682
Epipactis 678–682
Epipogium 687
Epipogium 687
Eppich 1938, 1939
Epurge 1728
EQUISETACEÆ 54–63
Equisetum 54–63
Erable 1766–1771
Eragrostide 243–245
Eragrostis 243–245
Eranthe 986
Eranthis 986
Erbse 1656–1658
Erdbeere 1397–1400
Erdbeerspinat 815, 816
Erdkastanie 1948
Erdrauch 1095–1099
Erica 2030–2033
ERICACEÆ 2018–2033
Erigeron 2653–2665
Erigéron 2653–2665
Erika 2031
Erine 2383
Erinus 2383

Eriophorum 385–389
(Eriophorum 368)
Eritrichium 2159
Eritrichium 2159
Erle 733–735
Erodium 1701–1703
Erodium 1701–1703
Erophila 1229
Erophile 1229
Eruca 1151
Erucastrum 1160, 1161
(Erucastrum 1162)
Eryngium 1900, 1901, App. 41
Erysimum 1247–1254
(Erysimum 1256)
Erysimum 1247–1254
(Erythræa 2103, 2104)
Erythrone 582
Erythronium 582
Esche 2085, 2086
Escholtzie 1089
Eschscholtzia 1089
Eschscholtzie 1089
Eselsdistel 2846
Esparcette 1626–1628
Esparsette 1626–1628
Espe 728
Essigbaum 1759
Estragon 2753
Estragon 2753
Esule 1745
Ethuse 1963
Etoile de Béthléhem 589
Etoile des Alpes 2674
Etoile jaune 546–551
Euclidium 1267
Euclidium 1267
[Euonymus 1763, 1764]
Eupatoire 2634
Eupatorium 2634
Euphorbe 1728–1749
Euphorbia 1728–1749
EUPHORBIACEÆ 1728–1752, App. 36
Euphraise 2391–2414
Euphrasia 2391–2414
(Eupteris 35)
Evonymus 1763, 1764
Exaculum 2099

Fadenkraut 2667–2671
FAGACEÆ 743–749, App. 11, 12
Fagopyrum 808, 809
Fagus 743
Falcaire 1945
Falcaria 1945
(Fallopia 794, 795)
Faltenlilie 552
Faltenohr 1944
Falzblume 2666
Färberkamille 2719
Färberröte 2525, 2526
Färberwaid 1150
Farsetia 1263
Farsétie 1263
Faserschirm 1936
Faulbaum 1783
Fausse Arabette 1230
Fausse Bardane 2157, 2158
Fausse Bruyère 2029
Fausse Camomille 2721
Fausse Germandrée 2357
Fausse Pâquerette 2643
Fausse Roquette 1160, 1161
Faux Acacia 1589
Faux Alysson 1266
Faux Bouleau 740
Faux Buis 1719
Faux Châtaignier 1772
Faux Ebénier 1520
Faux Merisier 1497
Faux Persil 1963
Faux Riz 137
Faux Safran 2876
Fayard 743
Federgras 163
Federschwingel 272–275
Feigenbaum 757
Feigenkaktus 1852
Feinschwanz 345
Felsenkirsche 1497
Felsenmispel 1376
Felsennelke 879, 880
Felsenprimel 2035, 2046
Fenchel 1965
Fenouil 1965
Fenouil bâtard 1966
Fenouil des Alpes 1969
Fenouil des chevaux 1967

Fenugrec 1533
Ferkelkraut 2886–2889
Festuca 276–296
(Festuca 265)
Fettblatt 2465–2469
Fettkraut 1285–1289
Fétuque 276–296
Feuerlilie 576, 577
Fève 1645
Févier, App. 27
(Fibigia 1263)
Ficaire 1023
(Ficaria 1023)
Fichte 76
Fichtenspargel 2016
Ficoïde, App. 16
Ficus 757
Fieberklee 2095
Figuier 757
Figuier d'Inde 1852
Filago 2667–2671
Filipendula 1443, 1444
Filipendule 1443, 1444
Fimbristylis 390, 391
Fimbristylis 390, 391
Fingerhut 2379–2382
Fingerkraut 1402–1412, 1415–1436
Fiorin 183
Fioringras 183
Flachs 1710
Flambe 626
Fleckenschierling 1924
Fléole 174–179
Fleur de coucou 867
Fleur d'une heure, App. 38
Flieder 2087
Flockenblume 2850–2852, 2854–2872
Flohkraut 2692, 2693
Flouve 140
Flügelginster 1510
Flühblümchen 2035
Fluhröschen 1857
Flutbinse 372
Flûteau 125
Fœniculum 1965
Föhre 78–80, 82
Fougère Autruche 19
Fougère femelle 1
Fougère impériale 35

Fougère mâle 11
Fougère royale 43
Fragaria 1397–1400
Fragon 599
Fraisier 1397–1400
Framboisier 1379
Frangula 1783
Fransenbinse 390, 391
Frauenmantel 1445–1448, 1450–1455
Frauenschuh 638
Fraxinelle 1717
Fraxinus 2085, 2086
Frêne 2085, 2086
Fritillaire 578, App. 9
Fritillaria 578, App. 9
Froment 325
Fromental 199
Fromental 199
Froschbiß 135
Froschkraut 129
Froschlöffel 125, 126
Fuchsschwanz 168–173, 840, 841
Fuchsschwanztragant 1593
Fumana 1815, 1816
Fumana 1815, 1816
Fumaria 1095–1099
FUMARIACEÆ 1090–1099
Fumeterre 1095–1099
Fusain 1763, 1764
Fustet 1760

Gagea 546–551
Gagée 546–551
Gaillet 2501–2524
Gainier, App. 28
Galanthe 607
Galanthus 607
Galega 1588
Galéga 1588
(Galeobdolon 2234)
Galeopsis 2227–2233
Galéopsis 2227–2233
Galinsoga 2714, 2715
Galinsoga 2714, 2715
Galium 2501–2524
(Galium 2495, 2497)
Gamander 2203–2207
Gänseblümchen 2642
Gänsedistel 2927–2930

Gänsefuß 814, 818–831
Gänsekresse 1232–1246
Gantelée 2614
Garance 2525, 2526
Gartensalat 2934
Gastridie 196
Gastridium 196
Gauchheil 2075, 2076
Gaude 1273
Gaudinia 223
Gaudinie 223
Gauklerblume 2342, 2343
Gaura, App. 40
Gaura, App. 40
(Gaya 1975)
Geißbart 1360
Geißblatt 2532–2535
Geißfuß 1951
Geißklee 1511–1518
Geißraute 1588
Gelbstern 546–551
Gemskresse 1204, 1205
Gemswurz 2776–2780
Genépi blanc 2768
Genépi jaune 2768
Genépi noir 2766
Genêt 1502–1506
Genêt à balais 1521
Genêt d'Espagne 1507
Genévrier 85, 86
Genista 1502–1506
(Genista 1501, 1509–1511)
Gentiana 2105–2135
GENTIANACEÆ 2095–2135
Gentiane 2105–2135
(Gentianella 2109–2119)
GERIANACEÆ 1683–1703
Geranium 1683–1700
Géranium 1683–1700
Germandrée 2203–2207, App. 45
Germer 535, 536
Gerste 334–338
Gesse 1659–1679
Getreidemiere 961
Geum 1438, 1439
(Geum 1440, 1441)
Gewürzdolde 1941
Giftbeere 2294
Gilbweiderich 2071–2073

Ginster 1502–1506
Ginster, spanischer 1507
Ginsterwürger 2448
Gipskraut 876–878
Giroflée 1245
Gladiole 634–637
Gladiolus 634–637
Glaïeul 634–637
Glaskraut 762
Glatthafer 199
Glaucière 1086, 1087
Glaucium 1086, 1087
Glechoma 2220
[Glecoma 2220]
Glécome 2220
[Gleditschia, App. 27]
Gleditschie, App. 27
Gleditsia, App. 27
Gletscherlinse 1607
Gliedkraut 2215, 2216
Globulaire 2476–2478
Globularia 2476–2478
GLOBULARIACEÆ 2476–2478
Glockenblume 2590–2615
Glockenheide 2030
Glyceria 268–270
Glycérie 268–270
Glycine 1680
Glycine 1680
Glycine de Chine, App. 34
Glycyrrhiza 1616
Glyzine, App. 34
Gnaphale 2675–2680
Gnaphalium 2675–2680
Gnavelle 972–974
Goldbart 143
Golddistel 2814
Goldhafer 211
Goldlack 1256
Goldmelisse, App. 46
Goldnessel 2234
Goldprimel 2049
Goldregen 1519, 1520
Goldröschen, App. 26
Goldrute 2638–2641
Goldwurz 2878
Goodyera 693
Goodyère 693

Gouet 488, 489
Goutte de sang 1073
GRAMINEÆ 137–347, App. 4, 5
Granatapfelbaum 1865
Grand Epeautre 321
Grand Roseau 229
Grand Sureau 2528
Grand Tabac 2304
Grand Taconnet 2771
Grande Aunée 2684
Grande Camomille 2740
Grande Ciguë 1924
Grande Douve 1040
Grande Marguerite 2746
Grande Mauve 1791
Grande Toque 2210
Grande Vrillée 795
Grannenhafer 209, 210, 212, 213
Grannenhirse 153
Grannenreis 161
Graslilie 542, 543
Grasnelke 2080–2082
Grassette 2465–2469
Gratiola 2341
Gratiole 2341
Gratteron 2513, 2514
Graukohl 1162
Graukresse 1265
(*Gregoria* 2049)
Grégorie 2049
Grémil 2185–2187
Grenadier 1865
Gretchen-im-Busch 988
Griechisch-Heu 1533
Griottier 1496
(Groenlandia 96)
Gros Blé 327
Groseillier 1353–1357
Gui 763
Guimauve 1793, 1794
Guizotia, App. 54
Guizotia, App. 54
Gundelrebe 2220
Günsel 2199–2202
Gurke 2583
Guter Heinrich 817
Gymnadenia 673–675
Gymnadénia 673–675
(Gymnocarpium 7, 8)

(Gymnogramma 41)
Gypsophila 876–878
Gypsophile 876–878

Haarbinse 368, 370
Haargerste 339
Haarstrang 1980–1982, 1984, 1985, 1987–1990
Habermark 2904–2906
Habichtskraut 2960–3001
Hafer 200–208
Haferwurzel 2902
Haftdolde 1919, 1920
Hagebuche 740
Hagrose 1463–1486
Hahnenfuß 1030–1060
Hahnenkamm 1038
Hainlattich 2884
Hainsimse 520–532, App. 7
HALORAGACEÆ 1891–1893
(Hammarbya 696)
Handwurz 673–675
Hanf 759
Haricot 1681, 1682
Harnstrauch 764
Hartgras 247
Hartriegel 2007
Harzklee, App. 33
Hasel 741
Haselstrauch 741
Haselwurz 771
Hasenlattich 2959
Hasenohr 1926–1935
Hasensalat 2918
Hauhechel 1525–1531
Hauswurz 1304–1311
Heckenkirsche 2536–2539
Hedera 1895
Hederich 1172
Hedysarum 1625
Hédysarum 1625
Heidelbeere 2026
Heideröschen 1815, 1816
Heiligenkraut 2723
Heilkraut 1897
[Heleocharis 360–367]
Héléocharis 360–367
Heleochloa 167
Héléochloa 167

(Heleogiton 372)
Hélianthe 2704, 2705
Hélianthème 1817–1821
Helianthemum 1817–1821
(Helianthemum 1815, 1822)
Helianthus 2704, 2705
Helichrysum 2681
(Helictotrichon 204–208)
Heliosperma 870
Héliosperme 870
Héliotrope 2151
Héliotrope d'hiver, App. 53
Heliotropium 2151
(Helleborine 678–682)
Helleborus 983–985
(Helminthia 2900)
Helmkraut 2209–2212
[Helodea 133]
(Helosciadium 1938, 1939)
Hémérocalle 544, 545
Hemerocallis 544, 545
Hepatica 1008
Hépatique 1008
Heracleum 1992–1996
Herbe à éternuer 2725
Herbe à la ouate 2138
Herbe à l'ophtalmie 2396
Herbe à Maggi 1976
Herbe à mille trous 1805
Herbe à neuf chemises 556
Herbe à Robert 8, 1683
Herbe au bitume, App. 33
Herbe aux cerfs 1986
Herbe aux chantres 1143
Herbe aux chats 2217, 2546
Herbe aux coitrons 2792
Herbe aux écus 1128, 2069
Herbe aux goutteux 1951
Herbe aux mites 2308
Herbe aux verrues 1088
Herbe de St-Christophe 990
Herbe de St-Jacques 2804
Herbe de Ste-Barbe 1176
Herbe des croisades 1263
Herbe des sorcières 1887
Herbe dorée 25
Herbe musquée 2542
Herminium 669
Herminium 669

Herniaire 965–968
Herniaria 965–968
Herzblatt 1351
Hesperis 1268
(Heteropogon 145)
Hêtre 743
Heusenkraut 1886
Hexenkraut 1887–1889
Hibiscus, App. 38
Hieracium 2960–3001
(– albidum 2993)
– alpicola 2967
– alpinum 2992
– amplexicaule 2990
– angustifolium 2968
– aurantiacum 2971
– Auricula 2965
– Bauhini 2969
– bifidum 2988
– bupleuroides 2979
– cæsium 2989
– cæspitosum 2972
– cymosum 2970
– dentatum 2986
(– florentinum 2968)
(– glaciale 2966)
(– glanduliferum 2975)
– glaucinum 2987
– glaucum 2977
– Hoppeanum 2961
– humile 2991
– intybaceum 2993
(– juranum 2996)
– jurassicum 2996
– Lachenalii 2983
(– lactucella 2965)
(– lanatum 2973)
– Lawsonii 2976
– levigatum 2998
– lycopifolium 3000
– Morisianum 2982
– murorum 2985
(– niveum 2964)
– pallidium 2984
– Peletierianum 2962
– picroides 2995
– pictum 2974
– piliferum 2975
– Pilosella 2963

Hieracium
- piloselloides 2968
- porrifolium 2978
- (- præaltum 2968)
- (- præcox 2987)
- (- pratense 2972)
- prenanthoides 2994
- racemosum 3001
- sabaudum 2999
- (- saussureoides 2964)
- (- saxatile 2976)
- scorzonerifolium 2981
- (- silvaticum 2985)
- staticifolium 2960
- tardans 2964
- tomentosum 2973
- umbellatum 2997
- (- villosiceps 2982)
- villosum 2980
- (- vulgatum 2983)

Hierochloë 141, 142
Hiérochloé 141, 142
Himantoglossum 666
Himbeere 1379
Himmelsherold 2159
HIPPOCASTANACEÆ 1772
Hippocrépide 1624
Hippocrepis 1624
Hippophaë 1859
HIPPURIDACEÆ 1894
Hippuris 1894
Hirschfeldia 1162
Hirschfeldie 1162
Hirschheil 1957
Hirschsprung 964
Hirschwurz 1986
Hirschzunge 24
Hirse 149-152, App. 4
Hirtentäschchen 1207, 1208
Hoffart, stinkende 2703
Hohldotter 1148
Hohlsame 1923
Hohlzahn 2227-2233
Hohlzunge 670
Holcus 197, 198
Holoschœnus 380
Holoschœnus 380
Holostée 922
Holosteum 922

Holunder 2527-2529
Homme pendu 665
Homogyne 2774
Homogyne 2774
Honiggras 197, 198
Honigklee 1545-1549, App. 31
Hopfen 758
Hopfenbuche 742
Hopfenklee 1535
Hornköpfchen 1021
[Hoplismenus 153]
(Hordelymus 339)
Hordeum 334-338
Hormin 2263
Horminum 2263
Hornblatt 978, 979
Hornklee 1532-1534
Hornköpfchen 1021
Hornkraut 906-921, App. 17
Hornmohn 1086, 1087
Hornstrauch 2007
Hornungia 1206
Hornungie 1206
Hottonia 2067
Hottonie 2067
Houblon 758
Houque 197, 198
Houx 1762
Hufeisenklee 1624
Huflattich 2770
(Hugueninia 1141)
Hühnerdarm 899
Humulus 758
Hundskamille 2716-2718, 2720, 2721
Hundslattich 2890
Hundspetersilie 1963
Hundszahn 582
Hundszahngras 159
Hundszunge 2153-2156
Hungerblümchen 1217-1228
(Huperzia 64)
Hutchinsia 1204, 1205
(Hutchinsia 1206, 1209, 1210)
Hutchinsie 1204, 1205
HYDROCARYACEÆ 1890
Hydrocharis 135
Hydrocharis 135
HYDROCHARITACEÆ 133-136
Hydrocotyle 1896
Hydrocotyle 1896

HYDROPHYLLACEÆ 2150
(Hymenolobus 1209, 1210)
Hyoscyamus 2292
HYPERICACEÆ 1796–1808
Hypericum 1796–1808
Hypochœris 2886–2889
Hysope 2275
Hyssopus 2275

Iberis 1116–1122
Ibéris 1116–1122
If 74
Igelkolben 92–95
Igelsame 2157–2158
Igelschlauch 130
Ilex 1762
Illécèbre 971
Illecebrum 971
Immenblatt 2226
Immergrün 2136, 2137
Immortelle 2681
Immortelle 2681
Impatiens 1773–1776
Impatiente 1773–1776
Impératoire 1983
(Imperatoria 1983)
Indigo bâtard 1587
Ingrain 322
Insektenblume 2743
Inula 2682–2691
Inule 2682–2691
IRIDACEÆ 620–637
Iris 622–632
Iris 622–632
Isatis 1150
(Isnardia 1886)
ISOETACEÆ 72, 73
Isoète 72, 73
Isoëtes 72, 73
Isolepis 371, 372
Isolépis 371, 372
Isopyre 989
Isopyrum 989
Ivapflanze 2730
Ivraie 340–343

Jacobée 2804
Jakobskraut 2804
Japanknollen 2252

Jasione 2631, 2632
Jasione 2631, 2632
Jasione 2631, 2632
Jasmin 2091–2093
Jasmin 2091–2093
Jasmin, falscher 1352
Jasminum 2091–2093
Jelängerjelieber 2533
Johannisbeere 1354–1357
Johanniskraut 1797–1808
Jonc 498–519
Jonc des jardiniers 500
Jonc des tonneliers 374
Jonc fleuri 132
Jonquille 612
Jonquille 610, 612
Joubarbe 1304–1311
Jouet du vent 181
Judasbaum, App. 28
Judenbart 1325
Judenkirsche 2293
JUGLANDACEÆ 732
Juglans 732
Julienne 1268
JUNCACEÆ 498–532, App. 7
JUNCAGINACEÆ 123, 124
Juncus 498–519
Jungferngesichtchen 2706
Jungfernrebe 1786
Juniperus 85, 86
Jupiternelke 868
Jusquiame 2292

Kaki 2084
Kakipflaume 2084
Kälberkropf 1902, 1903, 1905, 1906
Kalmus 491
Kamille 2737, 2738, 2744
Kamille, falsche 2740
Kamille, römische 2722
Kammgras 298, 299
Kammschmiele 236–242
Kanariengras 139
Kapernstrauch 1272
Karde 2564, 2565
Kardone 2847
Karotte 2006
Kartoffel 2297
Käslikraut 1792

Kastanie 744
Katzenminze 2217–2219
Katzenpfötchen 2672, 2673
Katzenschwanz 2242
[Kentranthus 2543–2545]
(Kentrophyllum 2876)
Kerbel 1907–1911
Kerbelrübe 1904
Kermesbeere 845
Kernera 1135
Kernéra 1135
Kerria, App. 26
Kerrie, App. 26
Kerrie, App. 26
Ketmie, App. 38
Kichererbse 1629
(Kickxia 2320, 2321)
Kirschlorbeer 1500
Kirschpflaume 1491
Klappertopf 2415–2425
Klebkraut 2513
Klee 1550–1576, App. 32
Kleefarn 51
Kleeteufel 2462
Kleewürger 2462
Kleinling 2077
Klette 2816–2820
Klettengras 148
Knabenkraut 644–663
Knäuel 972–974
Knäuelgras 246
Knäuelkerbel 1915
Knautia 2568–2572
Knautie 2568–2572
Knoblauch 559
Knoblauchhederich 1136
Knollenkümmel 1948
Knopfkraut 2714, 2715
Knorpelblume 971
Knorpelkraut 810, 811
Knorpelmöhre 1943
Knorpelsalat 2914, 2915
Knotenblume 608, 609
Knotenfuß 601
Knöterich 794–807, App. 14
Kobresia 393
(Kobresia 392)
Kochia 836, App. 15
Kochie 836, App. 15

Kœleria 236–242
Kœlérie 236–242
Kohl 1163, 1166, 1169, 1171
Kohldistel 2843
Kolbenhirse 158
Königsfarn 43
Königskerze 2310–2317
Kopfbinse 355, 356
Kopfsalat 2934
Korallenwurz 697
Koriander 1922
Korn 321
Kornblume 2853
Kornelkirsche 2008
Kornrade 850
Kostets 2276
Kostets, kleiner 2278, 2279
Kragenblume 2694
Krähenbeere 2017
Krähenfuß 1112, 1113
Krallenklee 1617
Kranzrade 869
Krapp 2526
Kratzdistel 2831–2842, 2844
Krätzkraut 2575–2579, App. 50
Kresse 1102–1111
Kreuzähre 2493
Kreuzblume 1719–1727
Kreuzdorn 1778–1782
Kreuzkraut 2781–2807
Krokus 620, 621
Kronlattich 2916
Kronwicke 1619, 1621–1623
Krugpflanze 1281
Krummhals 2167
Küchenschelle 1017–1019
Kuckucksklee 1704
Kuckucksnelke 867
Kugelbinse 380
Kugelblume 2476–2478
Kugeldistel 2810
Kugelginster 1509
Kugelschötchen 1135
Kuhblume 2919–2923
Kuhnelke 881
Kümmel 1946, 1947
Kürbis 2585, 2586

LABIATÆ 2199–2288, App. 45, 46

Labkraut 2501–2524
Laburnum 1519, 1520
Laburnum 1519, 1520
Lacksenf 1154, 1155
Lactuca 2931–2936
(Lactuca 2924)
Lagoseris 2918
Lagoséris 2918
Laiche 394–486
Laichkraut 96–118
Laiteron 2927–2930
Laitue 2931–2936
Laitue des murs 2924
(Lamiastrum 2234)
Lamier 2234–2240
Lamium 2234–2240
Lämmerlattich 2885
Lampourde 2697–2699
[Lampsana 2882]
Langue de cerf 24
Langue de serpent 44
Lanzenfarn 15
(Lappa 2816–2819)
Lappula 2157, 2158
Lapsana 2882
Lapsane 2882
Lärche 77
Larix 77
Laser 1998–2005
Laserkraut 1998–2005
Laserpitium 1998–2005
(Lasiagrostis 162)
(Lastrea 6–10)
Lathræa 2464
Lathrée 2464
Lathyrus 1659–1679
Lattich 2931–2936
Lauch 555, 557, 558, 560–562, 567–574, App. 8
LAURACEÆ 1076
Laurier 1076
Laurier-cerise 1500
Laurier des bois 1855
Laurus 1076
Läusekraut 2426–2442
Lavande 2213
Lavandula 2213
Lavendel 2213
Lebensbaum 83, 84

Leberbalsam 2383
Leberblümchen 1008
(Leersia 137)
Legousia 2587, 2588
Legousie 2587, 2588
[Legouzia 2587, 2588]
Leimkraut 855–866
Leimsaat 2149
Lein 1707–1713, App. 35
Leindotter 1211–1214
Leinkraut 2318–2329, App. 47
(Lembotropis 1512)
Lemna 493–495
(Lemna 492)
LEMNACEÆ 492–495
Lens 1655
LENTIBULARIACEÆ 2465–2475
Lenticule 492–495
Lentille 1655
Lentille d'eau 492–495
Lenzblümchen 1229
Leontodon 2890–2897
(Leontodon 2919–2923)
Léontodon 2890–2897
Leontopodium 2674
Leonurus 2241, 2242
Lepidium 1102–1111
(Lepidotis 65)
Lepture 344
Lepturus 344
Lerchensporn 1090–1094
(Leucanthemum 2745–2750)
[Leucoium 608, 609]
Leucojum 608, 609
(Leucorchis 673)
(Leuzea 2871)
Levisticum 1976
Lévistique 1976
Levkoje 1269
Lewat 1170
(Libanotis 1957)
Lichtblume 537
Liebesgras 243–245
Liebstock 1972–1974
Liebstöckel 1976
Lierre 1895
Lierre terrestre 2220
Lieschgras 174–179
Liguster 2089

Ligusticum 1972–1975
Ligustique 1972–1975
Ligustrum 2089
Lilas 2087
LILIACEÆ 533–606, App. 8–10
Liliensimse 533, 534
Lilium 575–577
(Limnanthemum 2096)
Limodorum 686
Limodorum 686
Limosella 2344
Limoselle 2344
Lin 1707–1713, App. 35
LINACEÆ 1707–1714, App. 35
Linaigrette 385–389
Linaire 2318–2329, App. 47
Linaria 2318–2329, App. 47
Linde 1787, 1788
Lindernia 2345
Lindernie 2345
Linnæa 2540
Linnée 2540
(Linosyris 2644)
Linosyris 2644
Linse 1655
Linum 1707–1713, App. 35
Liondent 2890–2897
Liparis 694
Liparis 694
Lis 575–577
Lis des Alpes 541
Liseron 2140–2143
Listera 690, 691
Listéra 690, 691
Lithospermum 2185–2187
[Litorella 2491]
Littorella 2491
Littorelle 2491
Livèche 1976
Loydia 552
Lobelia 2633
Lobelie 2633
Lobélie 2633
(Lobularia, App. 22)
Lochschlund 2334
Löffelkraut 1134
Loïdie 552
Loiseleuria 2021
Loiseleurie 2021

Lolch 340, 341, 343
Lolium 340–343
Lomatogonium 2102
Lomatogonium 2102
Lonicera 2532–2539
Lonicéra 2532–2539
LORANTHACEÆ 763
Lorbeer 1076
Loroglosse 666
(Loroglossum 666)
Lotier 1583–1585
Lotus 1583–1585
Lotuspflaume 2083
Lotwurz 2188–2192
Löwenmaul 2330–2333
Löwenschwanz 2241
Löwenzahn 2891–2897, 2919–2923
Ludwigia 1886
Ludwigie 1886
Lunaire 1202, 1203
Lunaria 1202, 1203
Lunetière 1114, 1115
Lungenkraut 2170–2174
Lupin 1522–1524
Lupine 1522–1524
Lupinus 1522–1524
Lupuline 1535
Luzerne 1541–1543
Luzerne 1535–1544
Luzula 520–532, App. 7
Luzule 520–532, App. 7
Lychnis 867–869
(Lychnis 851, 852)
Lychnis 867–869
Lyciet 2289, 2290
Lycium 2289, 2290
Lycope 2280
(Lycopersicon 2296)
Lycopode 64–69
LYCOPODIACEÆ 64–69
(Lycopodiella 65)
Lycopodioides 71
Lycopodium 64–69
Lycopsis 2167
Lycopsis 2167
Lycopus 2280
Lysimachia 2069–2073
Lysimachie 2070
Lysimaque 2069–2073

LYTHRACEÆ 1860–1864
Lythrum 1860–1863
Lythrum 1860–1863

Mâche 2556
Macre 1890
Mahonia, App. 19
Mahonie, App. 19
Maïanthème 600
Maianthemum 600
Maiglöckchen 605
Mais 147
Maïs 147
Majoran 2274
Majorana 2274
(Malachium 898)
Malaxis 695, 696
Malaxis 695, 696
(Malus 1365)
Malva 1789–1792, App. 37
MALVACEÆ 1789–1795, App. 37, 38
Malve 1790–1792, App. 37
Mancienne 2530
Mandelbaum 1489
Mandragora 2307
Mandragore 2307
Mangold 812
Männertreu 671, 672
Mannsblut 1796
Mannsschild 2050–2062
Mannstreu 1900, 1901, App. 41
Margerite 2739, 2741, 2742, 2745–2750
Marguerite 2746
Marienbalsam 2751
Mariendistel 2845
Mariengras 141, 142
(Mariscus 359)
Marisque 359
Marjolaine 2274
Marjolaine sauvage 2276
Marmottier 1494
Marronnier 1772
Marrube 2214
Marrubium 2214
Marsault 726
Marsilea 51
MARSILEACEÆ 51, 52
Marsilée 51
[Marsilia 51]

Martagon 575
Märzenglöckchen 608
Massette 88–91
Maßholder 1767, 1768
Maßliebchen 2642
Mastkraut 925–931
Matricaire 2737, 2738, 2744
Matricaria 2737, 2738
(Matricaria 2744)
Matteuccia 19
Matthiola 1269
Mattioliprimel 2063
Mauerlattich 2924
Mauerpfeffer 1283, 1290–1303
Mauerraute 32
Maulbeerbaum 754, 755
Mäusedorn 599
Mäuseschwanz 1020
Mauve 1789–1792, App. 37
Meconopsis 1085
Méconopsis 1085
Medake-Bambus 347
Medicago 1535–1544
Meerrettich 1185
Meerträubchen 87
Meerzwiebel 583–585
Mehlbeerbaum 1372, 1373
Mehlprimel 2038
Meisterwurz 1983
Mélampyre 2385–2389
Melampyrum 2385–2389
Mélandrie 871–874
Melandrium 871–874
[Melandryum 871–874]
Melde 833–835
Mélèze 77
Melica 232–235
Mélilot 1545–1549, App. 31
Mélilot bleu 1534
Melilotus 1545–1549, App. 31
Mélinet 2193–2195
Mélique 232–235
Melissa 2264
Melisse 2264
Mélisse 2264
Mélitte 2226
Melittis 2226
Melon 2584
Melone 2584

Mentha 2281–2286
Menthe 2281–2286
Menthe de Notre-Dame 2751
Menthe poivrée 2287
Ményanthe 2095
Menyanthes 2095
Mercuriale 1750–1752
Mercurialis 1750–1752
Merisier 1495
Merisier à grappes 1498, 1499
Merk 1952, 1953
[Mesembrianthemum, App. 16]
Mesembryanthemum, App. 16
Mespilus 1377
Meum 1969
(Meum 1974)
Méum 1969
Mézéréon 1854
Mibora 166
Mibora 166
Micocoulier 753
(Microcala 2100)
Microne 2666
Micropus 2666
(Microstylis 695)
Miere 933–946
Mignonnette 1324
Mil 149
Milchlattich 2925, 2926
Milchstern 587–591
Milium 160
Millefeuille 2033
Millefeuille aquatique 2067
Millepertuis 1796–1808
Millet 149, 160
Millet des oiseaux 158
Milzkraut 1349, 1350
Mimule 2342, 2343
Mimulus 2342, 2343
Minette 1535
Minuartia 933–946
Minuartie 933–946
Minze 2281–2286
Miroir de Vénus 2587
(Misopates 2331)
Mispel 1377
Mistel 763
Mœhringia 954–957
Mœhringie 954–957

Mœnchia 923, 924
Mœnchie 923, 924
Mohn 1077–1084
Mohrenhirse 144
Mohrrübe 2006
Molène 2308–2317
Molinia 230
Molinie 230
Moloposperme 1914
Molopospermum 1914
Monarda, App. 46
Monarde, App. 46
Mönchskraut 2175, App. 44
Mondraute 45–50
Mondviole 1202, 1203
(Moneses 2009)
Monnaie du Pape 1203
Monotropa 2016
Monotrope 2016
Montia 848, 849
Montie 848, 849
Moorbeere 2027
Moorbinse 371
Moorenzian 2101
Moosbeere 2028
Moosfarn 70, 71
Moosglöckchen 2540
Moosorchis 693
MORACEÆ 754–759
Morelle 2298, 2300–2302
Morène 135
Morus 754, 755
Mouron 2075, 2076
Mouron des fontaines 849
Mouron des oiseaux 899
Moutarde 1152, 1153
Moutarde de Sarepta 1165
Moutarde noire 1164
Muflier 2330–2333
Muguet 605
(Mulgedium 2925, 2926)
(Murbeckiella 1139)
Mûrier 754, 755
Muscari 592–595
Muscari 592–595
Muscatelle 2542
Muschelblümchen 989
Mutterkraut 2740
Muttern 1974

Mutterwurz 1974, 1975
Myagre 1148
Myagrum 1148
(Mycelis 2924)
Myosotis 2176–2184
Myosotis 2176–2184
(Myosoton 898)
Myosure 1020
Myosurus 1020
Myricaire 1813
Myricaria 1813
Myriophylle 1891–1893
Myriophyllum 1891–1893
Myrrhis 1912
Myrrhis 1912
MYRTACEÆ, App. 39
Myrte, App. 39
Myrte, App. 39
Myrtille 2026
Myrtus, App. 39

Nabelmiere 954–957
Nabelnuß 2152
Nachtkerze 1884, 1885
Nachtschatten 2300–2302
Nachtviole 1268
Nacktfarn 41
Nacktried 392
Nadelbinse 360
Nagelkraut 963
Naïade 120–122
[Naias 120–122]
NAJADACEÆ 120–122
Najas 120–122
Narcisse 610–617
Narcissus 610–617
Nard 165
(Nardurus 277, 278)
Nardus 165
Narzisse 610, 611, 613–617
Nasturtium 1184
(Nasturtium 1179–1183)
Natterkopf 2196, 2197
Natterzunge 44
Navet 1170
Néflier 1377
Néflier des rochers 1376
Nelke 882–894
Nelkenwurz 1438, 1439

Nénufar 976, 977
Nénufar blanc 975
Neottia 692
Néottie 692
Nepeta 2217–2219
Népéta 2217–2219
Nerprun 1778–1782
[Neslea 1215, 1216]
Neslia 1215, 1216
Neslie 1215, 1216
Nesselblatt, App. 36
Nestwurz 692
Neuseeländerspinat 846
Nicandra 2294
Nicandre 2294
Nicotiana 2304, 2305
Nicotiane 2304, 2305
Niele 1007
Nielle 850
Nieswurz 984, 985
Nigella 987, 988
Nigelle 987, 988
Nigritella 671, 672
Nigritelle 671, 672
Nissegras 196
Nivéole 608, 609
Nixenkraut 120–122
Noisetier 741
Noix de terre 1948
Nonea 2175, App. 44
[Nonnea 2175, App. 44]
Nonnée 2175, App. 44
Notholæna 40
Notholéna 40
Noyer 732
Nuphar 976, 977
Nußbaum 732
Nüßlisalat 2556
Nymphæa 975
NYMPHÆACEÆ 975–977
Nymphéa 975
Nymphoides 2096
Nymphoïdès 2096

Oberkohlrabi 1168
Obier 2531
Ochsenzunge 2168, 2169
Ocimum 2288
Ocimum 2288

Odermennig 1456, 1457
(Odontites 2391–2395)
Œil de cheval 2682
Œillet 882–894
Œillet de Dieu 868
Œnanthe 1958–1962
Œnanthe 1958–1962
Œnothera 1884, 1885
Ohnsporn 665
Oignon 564
Ölbaum 2088
Olea 2088
OLEACEÆ 2085–2093
Olivenbaum 2088
Olivier 2088
Ombilic de Vénus 1282
Omblette 1746
Omphalodes 2152
Omphalodès 2152
ONAGRACEÆ 1866–1889, App. 40
Onagre 1884, 1885
Onobrychis 1626–1628
(Onoclea 19)
Ononis 1525–1531
Ononis 1525–1531
Onoporde 2846
Onopordum 2846
Onosma 2188–2192
Onosma 2188–2192
[Onothera 1884, 1885]
OPHIOGLOSSACEÆ 44–50
Ophioglosse 44
Ophioglossum 44
Ophrys 639–643
Ophrys 639–643
Oplismène 153
Oplismenus 153
Oponce 1852
Opuntia 1852
Opuntie 1852
ORCHIDACEÆ 638–697
Orchis 644–663
Orchis 644–663
Orchis 644–663
Orchis vanillé 671
(Oreochloa 224)
Orge 334–338
Origan 2276
Origanum 2276

(Origanum 2274)
Orlaya 1921
Orlaya 1921
Orme 750–752
Ormeau 751
(Ormenis 2722)
Orne 2086
Ornithogale 587–591
Ornithogalum 587–591
Ornithope 1617
Ornithopus 1617
OROBANCHACEÆ 2443–2464
Orobanche 2443–2463
Orobanche 2443–2463
Orpin 1284–1303
(Orthilia 2010)
Ortie 760, 761
Ortie blanche 2237
Ortie jaune 2234
Ortie morte 2236
Ortie puante 2250
Ortie rouge 2239
Ortie royale 2232
Oryza 137
Oryza 137
Oryzopsis 161
Oryzopsis 161
Oseille 776–778
Osier blanc 716
Osier brun 702
Osier rouge 713
Osmonde 43
Osmunda 43
OSMUNDACEÆ 43
Osterglocke 610
Osterluzei 772, 773, App. 13
Ostrya 742
Osyris 764
OXALIDACEÆ 1704–1706
Oxalis 1704–1706
Oxalis 1704–1706
Oxycoccus 2028
(Oxygraphis 1033)
Oxyria 791
Oxyria 791
Oxytropis 1608–1615
Oxytropis 1608–1615

(Pachypleurum 1975)

Pæonia 980
Pain de coucou 1704
Paliure 1777
Paliurus 1777
Palmlilie 596
Panais 1991
Panic 149–152, App. 4
Panicaut 1900, 1901, App. 41
Panicum 149–152, App. 4
Papaver 1077–1084
PAPAVERACEÆ 1077–1089
Papiermaulbeerbaum 756
PAPILIONACEÆ 1500–1682, App. 29–34
Pappel 728–731
Papyrier 756
Pâquerette 2642
Paradisea 541
[Paradisia 541]
Paradisie 541
Pariétaire 762
Parietaria 762
Paris 606
Parisette 606
Parnassia 1351
Parnassie 1351
Paronychia 969, 970
Paronychie 969, 970
Paronyque 969, 970
Parthenocissus 1786
Pas-d'Ane 2770
Passerage 1102–1111
(Passerina 1853)
Passerine 1853
Pastel 1150
Pastinaca 1991
Pastinak 1991
Patience 789
Patience sauvage 780
Patte d'ours 1993–1995
Paturin 248–265
Paulownia, App. 48
Paulownia, App. 48
Paulownie, App. 48
Pavot 1077–1084
Pavot jaune 1085
Pêcher 1488
Pechnelke 851, 852
Pédiculaire 2426–2442

Pedicularis 2426–2442
Peigne de Vénus 1913
Pelzfarn 40
Pensée 1848–1851
Peplis 1864
(Peplis 1863)
Péplis 1864
Perce-neige 607
Perlgras 232–235
(Persica 1488)
Persicaire 803
Persil 1940
Perückenstrauch 1760
Pervenche 2136, 2137
Pesse 76, 1894
Peste d'eau 133
Pestwurz 2771–2773, App. 53
Pétasite 2771–2773, App. 53
Petasites 2771–2773, App. 53
Petersilie 1940
Petit Dragon 487
Petit Epeautre 322
Petit Erable 1768
Petit Houx 599
Petit Muguet 600
Petit Nénufar 2096
Petit Sureau 2527
Petit Tabac 2304
Petite Absinthe 2764
Petite Bourrache 2152
Petite Centaurée 2103, 2104
Petite Ciguë 1963
Petite Douve 1042
Petite Mauve 1792
Petite Oseille 775
Petite Toque 2212
Petrocallis 1125
Pétrocallis 1125
(Petrorhagia 879, 880)
Petroselinum 1940
Petunia 2306
Pétunia 2306
Petunie 2306
Peucédan 1980–1990
Peucedanum 1980–1990
Peuplier 729–731
Pfaffenhütchen 1763
Pfaffenröhrlein 2919–2923
Pfahlrohr 229

Index

Pfeffer, spanischer 2295
Pfefferminze 2287
Pfeifengras 230
Pfeifenstrauch 1352
Pfeilkraut 131
Pfennigkraut 2069
Pfingstrose 980
Pfirsichbaum 1488
Pflaumenbaum 1492, 1494
Pfriemengras 164
Pfriemenkresse 1101
Phaca 1606, 1607
Phacelia 2150
Phacélie 2150
Phalaris 138, 139
Phalaris 138, 139
Phaque 1606, 1607
Phaseolus 1681, 1682
Phégoptéris 6
(Phelypæa 2443–2445)
Philadelphe 1352
Philadelphus 1352
Philaria 2090
Phillyrea 2090
Phleum 174–179
Phragmites 228
Phyllitis 24
Phyllitis 24
Phyllostachys 346
Physalis 2293
(Physoplexis 2630)
Phyteuma 2616–2630
Phytolacca 845
Phytolacca 845
PHYTOLACCACEÆ 845
Picea 76
Picride 2898–2900
Picris 2898–2900
Pied d'alouette 994–996
Pied de chat 2672, 2673
Pied de coq 150
Pied de corneille 1112, 1113
Pied de lièvre 1558
Pied de loup 2280
Pied de poule 146
Pied de veau 488
Pied d'oiseau 1617
Pied rouge 803
Pigamon 1061–1069

Pillenfarn 52
Pilulaire 52
Pilularia 52
Piment 2295
Pimpernuß 1765
Pimpinella 1949, 1950
Pimprenelle 1459–1462
Pin 78–80, 82
PINACEÆ 75–82
Pinguicula 2465–2469
Pintade 578
Pinus 78–82
Pipe 772
Pippau 2937–2958
[Pirola 2009–2015]
Pirole 2009–2014
[Pirus 1365–1367]
Pissenlit 2919–2923
Pistachier 1761
Pistacia 1761
Pistazie 1761
Pisum 1656–1658
Pivoine 980
Plane 1771
PLANTAGINACEÆ 2479–2491
Plantago 2479–2490
Plantain 2479–2490
Plantain d'eau 125
Plaqueminier 2083, 2084
PLATANACEÆ 1358, 1359
Platane 1358, 1359
Platane 1358, 1359
Platanthera 676, 677
Platanthère 676, 677
Platanus 1358, 1359
Platterbse 1659–1679
(Pleurogyna 2102)
Pleurosperme 1925
Pleurospermum 1925
PLUMBAGINACEÆ 2080–2082
Plumet 162
Poa 248–265
Podagraire 1951
(Podospermum 2907–2908)
Poireau 562
Poirée 812
Poirier 1366, 1367
Pois 1656–1658
Pois chiche 1629

Poisette 1652
Poivre d'eau 805
Poivre de muraille 1296
Polémoine 2148
POLEMONIACEÆ 2148, 2149
Polemonium 2148
Polsternelke 853, 854
Polycarpon 963
Polycarpon 963
Polycnème 810, 811
Polycnemum 810, 811
Polygala 1719–1727
Polygala 1719–1727
POLYGALACEÆ 1719–1727
POLYGONACEÆ 774–809, App. 14
Polygonate 602–604
Polygonatum 602–604
Polygonum 794–807, App. 14
(Polygonum 808, 809)
POLYPODIACEÆ 1–42, App. 1, 2
Polypodium 42
(Polypogon 185)
Polystic 15–18
Polystichum 15–18
Pomme de terre 2297
Pomme épineuse 2303
Pommier 1365
Populage 981
Populus 728–731
Porcelle 2886–2889
Porreau 562
Portulaca 847
PORTULACACEÆ 847–849
Portulak 847
Potamogeton 96–118
POTAMOGETONACEÆ 96–119
Potamot 96–118
Potentilla 1402–1436
(Potentilla 1401)
Potentille 1402–1436
(Poterium 1459–1462)
Potiron 2585
Pouliot 2281
Pourpier 847
Prachtkerze, App. 40
Preiselbeere 2025
Prêle 54–63
Prénanthe 2959
Prenanthes 2959

Primel 2039–2945, 2047, 2048
Primevère 2034–2048
Primula 2034–2048
PRIMULACEÆ 2034–2079
Prunella 2223–2225
Prunellier 1499
Prunier 1492–1494, 1497
Prunier-cerise 1491
Prunus 1487–1500
(Pseudorchis 673)
Psilure 345
Psilurus 345
Psoralea, App. 33
Psoralée, App. 33
Psoralier, App. 33
Pteridium 35
Ptéridium 35
Pteris 36
Ptéris 36
(Pterotheca 2918)
Ptychotis 1944
Ptychotis 1944
Puccinellia 271
Puccinellie 271
Pulicaria 2692, 2693
Pulicaire 2692, 2693
Pulmonaria 2170–2174
Pulmonaire 2170–2174
Pulsatilla 1014–1019
Pulsatille 1014–1019
Punica 1865
PUNICACEÆ 1865
Pyrola 2009–2014
(Pyrola 2015)
PYROLACEÆ 2009–2016
Pyrus 1365–1367
Pyxidaire 2345

Quecke 317–320
Quellgras 267
Quellkraut 848, 849
Quellried 384
Quendel 2277–2279
Quercus 745–749, App. 11, 12
Queue de renard 840, 841
Queue de souris 1020
Quintefeuille 1421
Quitte 1364
Quittenbaum 1364

Rache 2144–2147, App. 42
Racine de corail 697
Radblüte 1968
Radiola 1714
Radiole 1714
Radis 1172, 1173
Radmelde 836, App. 15
Ragwurz 639–643
Raifort 1185
Rainfarn 2752
Rainkohl 2882
Rainweide 2089
Raiponce 2616–2630
Raisin d'Amérique 845
Raisin de mars 1357
Raisin d'ours 2023, 2024
Rampe 1160, 1161
Rampon 2556
Ramtillakraut, App. 54
RANUNCULACEÆ 980–1073, App. 18
Ranunculus 1023–1060
(Ranunculus 1022)
Râpette 2160
Raphanus 1172, 1173
Rapistre 1174, 1175
Rapistrum 1174, 1175
Raps 1170
Rapsdotter 1174, 1175
Rapunzel 2616–2630
Rasenbinse 369
Rasenschmiele 220
Rasselblume 2881
Ratoncule 1020
Rauhgras 162
Rauke 1137–1139, 1141–1147
Rauschbeere 2027
Raute 1716
Rave 1169
Ravenelle 1172
Raygras, englisches 342
Raygras, französisches 199
Raygras, italienisches 341 a
Ray-grass anglais 342
Ray-grass d'Italie 341 a
Rebe 1784, 1785
Rebendolde 1959–1962
Réglisse 1616
Réglisse des bois 42

Reiherschnabel 1701–1703
Reine des bois 1360
Reine des prés 1443
Reine-Marguerite, App. 51
Reis 137
Reitgras 189–195
Renoncule 1023–1060
Renouée 794–807, App. 14
Reprise 1287, 1288
Reseda 1273–1275
Reseda 1273–1275
Réséda 1273–1275
RESEDACEÆ 1273–1275
Rettich 1172, 1173
Réveille-matin 1733
(Reynoutria 798)
Rhabarber 792, 793
Rhagadiole 2883
Rhagadiolus 2883
RHAMNACEÆ 1777–1783
Rhamnus 1778–1782
(Rhamnus 1783)
(Rhaponticum 2872)
Rheum 792, 793
Rhinanthe 2415–2425
Rhinanthus 2415–2425
(Rhodiola 1284)
Rhododendron 2018, 2019
Rhododendron 2018, 2019
Rhodothamne 2020
Rhodothamnus 2020
Rhubarbe 792, 793
Rhubarbe des moines 786
Rhus 1759
(Rhus 1760)
(Rhynchosinapis 1154, 1155)
Rhynchospora 357, 358
Rhynchospora 357, 358
Ribes 1353–1357
Riemenzunge 666
Riesenschilf 229
Rindsauge 2695, 2696
Ringelblume 2808, 2809
Rippenfarn 23
Rippensame 1925
Rispengras 248–265
Rittersporn 994–996
Robinia 1589
Robinie 1589

Robinier 1589
Rocambole 560
Roggen 333
Rohrglanzgras 138
Rohrkolben 88–91
Roi des Alpes 2159
Rollfarn 37
Romarin 2208
Romeie 249
Ronce 1380–1396, App. 25
Ronce des rochers 1378
Roquette 1151
Roquette d'Orient 1255
[Rorippa 1179–1184]
Rorippa 1179–1183
(Rorippa 1184)
Rosa 1463–1486
ROSACEÆ 1360–1499, App. 24–26
Rose 1464–1486
Rose de Noël 983
Rose Trémière 1795
Roseau 228
Rosenkohl 1167
Rosenwurz 1284
Rosier 1463–1486
Rosmarin 2208
Rosmarinheide 2022
Rosmarinus 2208
Roßkastanie 1772
Roßkümmel 1967
Rossolis 1276–1279
Rotbuche 743
Rottanne 76
Rouvet 764
Rubanier 92–95
Rübe, gelbe 2006
Rübe, weisse 1169
Rubéole 2492
Rubia 2525, 2526
RUBIACEÆ 2492–2526
Rubus 1378–1396, App. 25
Ruchgras 140
Rudbeckia 2701, 2702
Rudbeckie 2701, 2702
Rue 1716
Rue de chèvre 1588
Rue de muraille 32
Ruhrkraut 2675–2680
Rührmichnichtan 1775

Ruhrwurz 2692
Ruine de Rome 2319
Ruke 1151
Rumex 774–790
Rumex 774–790
Runkelrübe 812
Ruprechtsfarn 8
Ruprechtskraut 1683
Ruscus 599
Ruta 1716
RUTACEÆ 1716, 1717
[Rynchospora 357, 358]

Sabine 86
Sabline 947–953
Sabot de Vénus 638
Saflor 2876
Safran 620, 621
Safran 620, 621
Sagesse des chirurgiens 1140
Sagina 925–931
Sagine 925–931
Sagittaire 131
Sagittaria 131
Sainfoin des Alpes 1625
Salat 2934
Salbei 2256–2262
SALICACEÆ 698–731
Salicaire 1860
Salix 698–727
Salomonsiegel 602–604
Salsifis 2901–2906, 2910
Salsola 837
Salsola 837
Salvia 2256–2262
Salvinia 53
SALVINIACEÆ 53
Salvinie 53
Salweide 726
Salzgras 271
Salzkraut 837
Salzkresse 209, 210
Sambucus 2527–2529
Sammetblume 2703
Samole 2068
Samolus 2068
Sanddorn 1859
Sandkraut 947–953
Sanguine 2007

Sanguisorba 1459–1462
Sanguisorbe 1459–1462
Sanicle 1897
Sanicula 1897
Sanikel 1897
SANTALACEÆ 764–770
Santolina 2723
Santoline 2723
Sapin 75
Sapin blanc 75
Sapin rouge 76
Saponaire 895–897
Saponaria 895–897
Sarothamne 1521
Sarothamnus 1521
Sarracenia 1281
SARRACENIACEÆ 1281
Sarracénie 1281
Sarrasin 808, 809
Sarriette 2265–2273
Satureï 2266
[Satureia 2265–2273]
Satureja 2265–2273
Saubohne 1645
Sauerampfer 775, 777–779
Sauerdorn 1074
Sauerkirsche 1496
Sauerklee 1704–1706
Säuerling 791
Sauge 2256–2262
Sauge des bois 2203
Saule 698–727
Saumfarn 36
Saumnarbe 2102
Saussurea 2822, 2823
Saussurée 2822, 2823
Savonnière 895
Saxifraga 1312–1348
SAXIFRAGACEÆ 1312–1357
Saxifrage 1312–1348
Scabieuse 2575–2579, App. 50
Scabiosa 2575–2579, App. 50
Scandix 1913
Scandix 1913
Scarole 2880
Sceau de Salomon 604
Schabenkraut 2308, 2309
Schabziegerkraut 1534
Schachblume 578, App. 9

Schachtelhalm 54–63
Schafgarbe 2724–2736
Schalotte 566
Scharbockskraut 1023
Scharfkraut 2160
Scharte 2873–2875
Schattenblume 600
Schaumkraut 1189–1196
Scheinerdbeere 1397
Scheuchzeria 124
Scheuchzérie 124
Schierling 1924, 1942
Schildfarn 16–18
Schildkraut 1264
Schildkresse 1263
Schilf 228
Schillergras 239, 240
Schlammkraut 2344
Schlangenwurz 487
Schlehdorn 1490
Schlupfsame 2849
Schlüsselblume 2034, 2036, 2037
Schmerwurz 619
Schmiele 215–217
Schmielenhafer 214
Schmuckblume 1022
Schnabelbinse 357, 358
Schnabelschötchen 1267
Schneckenklee 1536–1540, 1544
Schneeball 2530, 2531
Schneebeere 2541
Schneebirne 1367
Schneeglöckchen 607
Schneeheide 2031
Schnittlauch 565
Schœnoplectus 373–379
(Schœnoplectus 371)
Schœnoplectus 373–379
Schœnus 355, 356
Schöllkraut 1088
Schotenklee 1583–1585
Schotenkresse 1230
Schöterich 1247–1254
Schriftfarn 25
Schuppenfarn 39
Schuppenkopf 2566, 2567
Schuppenmiere 960
Schuppenried 393
Schuppenwurz 2464

Schwalbenwurz 2139
Schwanenblume 132
Schwarz-Bambus 346
Schwarzdorn 1490
Schwarzkümmel 987, 988
Schwarznessel 2243
Schwarzwurzel 2907–2913
Schwertlilie 622–632
Schwingel 276–296
Scilla 583–586
Scille 583–585
Scirpe 381–383
Scirpus 381–383
(Scirpus 348, 360–367, 369–380, 384)
Sclarée 2259
Scléranthe 972–974
Scleranthus 972–974
Sclerochloa 247
Sclérochloa 247
Scleropoa 297
Scléropoa 297
Scolochloa 229
Scolochloa 229
Scolopendre 24
(Scolopendrium 24)
Scolyme 2878
Scolymus 2878
Scorzonera 2907–2913
Scorzonère 2907–2913
Scrophulaire 2335–2340
Scrophularia 2335–2340
SCROPHULARIACEÆ 2308–2442, App. 47, 48
Scutellaire 2209–2212
Scutellaria 2209–2212
Secale 333
Sedum 1283–1303
Sédum 1284–1303
Seebinse 373–379
Seerose, gelbe 976
Seerose, weiße 975
Sefi 86
Sefistrauch 86
Segge 394–406, 408–486
Seide 2144–2147, App. 42
Seidelbast 1854–1858
Seidenpflanze 2138
Seifenkraut 895–897
Seigle 333

Selaginella 70, 71
SELAGINELLACEÆ 70, 71
Sélaginelle 70, 71
Sélin 1971
Selinum 1971
(Selinum 1977)
Sellerie 1937
Sempervivum 1304–1311
(Senebiera 1112, 1113)
Senecio 2781–2807
Seneçon 2781–2807
Sénevé 1152
Senf 1152, 1153, 1164, 1165
Serapias 664
Sérapias 664
(Serapiastrum 664)
Seringa 1352
Sermontain 2000
Serpentaire 800
Serpolet 2278, 2279
Serratula 2873–2875
Serratule 2873–2875
Sesel 1954–1956
Seseli 1954–1957
Séséli 1954–1957
Sesleria 224–227
Seslerie 224–227
Seslérie 224–227
Sétaire 154–158
Setaria 154–158
Sherardia 2492
Sibbaldia 1437
Sibbaldie 1437
Sibbaldie 1437
Sicheldolde 1945
Sichelklee 1542
Sideritis 2215, 2216
Siebenstern 2074
Sieglingia 221
Sieglingie 221
Siegwurz 634–637
Sieversia 1440, 1441
Sieversie 1440, 1441
Sigmarswurz 1789
Silaum 1967
Silaüm 1967
(Silaus 1967)
Silberdistel 2813
Silberginster 1501

Silbergras 218
Silberling 1203
Silbermantel 1448, 1449
Silberwurz 1442
Silene 853–866
(Silene 851, 852, 867–874)
Silène 853–866
(Siler 2000)
Silge 1971
Silybe 2845
Silybum 2845
SIMAROUBACEÆ 1718
Simse 498–519
Sinapis 1152, 1153
(Sinapis 1154)
Sison 1941
Sison 1941
Sisymbre 1137–1147
Sisymbrium 1137–1147
Sisyrinchium 633
Sisyrinchium 633
Sium 1952, 1953
Skabiose 2575–2579
Skorpionskraut 1618
(Smilacina 600)
Sockenblume 1075
Sojabohne 1680
SOLANACEÆ 2289–2307
Solanum 2296–2302
Soldanella 2064–2066
Soldanelle 2064–2066
Soldanelle 2064–2066
Solidage 2638–2641
Solidago 2638–2641
Sommeraster, App. 51
Sommerwurz 2443–2463
Sonchus 2927–2930
Sonnenblume 2704, 2705
Sonnengold 2681
Sonnenhut 2701, 2702
Sonnenröschen 1817–1822
Sonnentau 1276–1279
Sonnenwende 2151
Sophienkraut 1140
Sorbier 1368–1373
Sorbus 1368–1373
(Sorghum 144)
Souchet 348–354, App. 6
Souci 2808, 2809

Soude 837
Soya 1680
(Soyeria 2940)
SPARGANIACEÆ 92–95
Sparganium 92–95
Spargel 597, 598
Spargelerbse 1586
Spargote 958, 959
Spark 958, 959
Spartier 1507
Spartium 1507
(Specularia 2587, 2588)
Spelz 321
Sperberbaum 1369
Spergula 958, 959
Spergulaire 960
Spergularia 960
(Spergularia 961)
Sperrkraut 2148
Spierling 1369
Spierstaude 1443, 1444
Spierstrauch 1361, App. 24
Spinacia 832
Spinat 832
Spindelstrauch 1763, 1764
Spiræa 1361, App. 24
(Spiræa 1360, 1443, 1444)
Spiranthe 688, 689
Spiranthes 688, 689
Spirée 1361, App. 24
Spirodela 492
Spitzgras 257
Spitzkiel 1608–1615
Spitzklette 2697–2699
Spitzorchis 667
Spörgel 958
Spornblume 2543–2545
Springkraut 1773–1776
Spritzgurke 2580
Spurre 922
Stachelbeere 1353
Stachys 2244–2255
Stachys 2252
Stachys 2252
Staphylea 1765
STAPHYLEACEÆ 1765
Staphylier 1765
(Statice 2080–2082)
Stechapfel 2303

Stechginster 1508, App. 29
Stechpalme 1762
Steifgras 297
Steifhalm 231
Steinbeere 1378
Steinbrech 1312–1324, 1326–1348
Steinkraut 1257–1262, App. 21, 22
Steinkresse 1206
Steinlinde 2090
Steinmispel 1362, 1363
Steinquendel 2272, 2273
Steinröschen 1858
Steinsame 2185–2187
Steinschmückel 1125
Steintäschel 1123, 1124
Steinweichsel 1497
Stellaire 898–905
Stellaria 898–905
(Stenactis 2658)
Stendelwurz 664
(Stenophragma 1230)
Sterndolde 1898, 1899
Stern-Froschlöffel 128
Sternlattich 2883
Sternmiere 900–905
Stiefmütterchen 1842–1851
Stipa 162–164
Stipe 162–164
Stockkraut 1976
Stockrose 1795
Storchschnabel 1683–1700
Strahlensame 870
Stramoine 2303
Strandling 2491
Stratiotes 136
Stratiotès 136
Strauchwicke 1620
Straußfarn 19
Straußgras 180, 184–188
Streifenfarn 26–31, 33, 34, App. 1, 2
Streptope 601
Streptopus 601
Striemensame 1914
Strohblume 2811, 2812
(Struthiopteris 19)
Struthioptéris 19
Studentenröschen 1351
Stundenblume, App. 38
(Sturmia 694)

Subulaire 1101
Subularia 1101
Succisa 2573
Succise 2573
Succisella 2574
Succiselle 2574
Sucepin 2016
Sumac 1759
Sumach 1759
Sumpfabbiß 2574
Sumpfbinse 363, 364
Sumpfgras 167
Sumpfkresse 1179–1181, 1183
Sumpfquendel 1864
Sumpfried 359
Sumpfwurz 678–682
Sureau 2527–2529
Surelle 1704
Surette 777
Süßdolde 1912
Süßgras 268–270
Süßholz 1616
Süßkirsche 1495
Süßklee 1625
Swertia 2101
Swertie 2101
Sycomore 1770
Sylvie 1011
Symphoricarpos 2541
Symphorine 2541
Symphytum 2161–2165
Syringa 2087

Tabac 2304, 2305
Tabak 2304, 2305
Tabouret 1126–1133
Tagète 2703
Tagetes 2703
Taglilie 544, 545
TAMARICACEÆ 1813
Tamarin 1813
Tamariske 1813
Tamier 619
Tamus 619
Tanacetum 2752
(Tanacetum 2739, 2740, 2743, 2745, 2751)
Tanaisie 2752
Tanne 75, 76

Tännel 1809–1812
Tannenwedel 1894
Taraxacum 2919–2923
Täschelkraut 1126–1133
Taubenkropf 875
Taubnessel 2235–2240
Tausendblatt 1891–1893
Tausendguldenkraut 2103, 2104
TAXACEÆ 74
Taxus 74
Tee, mexikanischer 813
Teesdalia 1100
Teesdalie 1100
Teesdalie 1100
Teichbinse 361, 362, 365–367
Teichenzian 2096
Teichfaden 119
Teichlinse 492
Teichrose 976, 977
(Telekia 2696)
Télékie 2696
Telephie 962
Telephium 962
Téléphium 962
Terebinthe 1761
Térébinthe 1761
Tête de dragon 2221, 2222
Tétragone 846
Tetragonia 846
Tétragonolobe 1586
Tetragonolobus 1586
Teucrium 2203–2207, App. 45
Thalictrum 1061–1069
Thé du Mexique 813
(Thelypteris 6, 9, 10)
Thesium 765–770
Thésium 765–770
Thlaspi 1126–1133
(Thrincia 2890)
[Thuia 83, 84]
Thuja 83, 84
Thuya 83, 84
Thym 2277–2279
Thym aux chats, App. 45
Thymelæa 1853
THYMELÆACEÆ 1853–1858
Thymélée 1853
Thymian 2277–2279
Thymus 2277–2279

(Thysselinum 1987)
Tierlibaum 2008
Tilia 1787, 1788
TILIACEÆ 1787, 1788
Tilleul 1787, 1788
Timotheusgras 178
Tofieldia 533, 534
Tofieldie 533, 534
Tollkirsche 2291
Tomate 2296
Tomate 2296
(Tommasinia 1982)
Topinambour 2705
Topinambur 2705
Toque 2210, 2212
Tordyle 1997
Tordylium 1997
Torilis 1915–1918
(Torilis 1911)
Torilis 1915–1918
Tormentill 1413, 1414
Tormentille 1413, 1414
Tourette 1231
Tournesol 2704
Tozzia 2390
Tozzie 2390
Tozzie 2390
Tradescantia 497
Tradescantia 497
Tragant 1592, 1593, 1595–1605
Tragopogon 2901–2906
Tragus 148
Traînasse 796
Trapa 1890
Traubenhafer 222
Traubenkirsche 1498, 1499
(Traunsteinera 644)
Trèfle 1550–1576, App. 32
Trèfle d'eau 2095
Tremble 728
Trespe 300–314
Tribule 1715
Tribulus 1715
Trichomanès 26
Trichophorum 368–370
Trichophorum 368–370
Trichterlilie 541
Trientalis 2074
Trientalis 2074

Trifolium 1550–1576, App. 32
Triglochin 123
Trigonella 1532–1534
Trigonelle 1532–1534
Trinia 1936
Trinie 1936
(Tripleurospermum 2744)
Trisète 209–213
Trisetum 209–213
Triticum 321–328
(Triticum 329–332)
Trochiscanthe 1968
Trochiscanthes 1968
Troène 2089
Trollblume 982
Trolle 982
Trollius 982
Trompetenbaum, App. 49
Troscart 123
(Tuberaria 1822)
Tulipa 579–581, App. 10
Tulipe 579–581, App. 10
Tulpe 579–581, App. 10
Tunica 879, 880
Tunique 879, 880
Tüpfelfarn 42
(Turgenia 1920)
Türkenbund 575
Turmkraut 1231
Turritis 1231
Tussilage 2770
Tussilago 2770
Typha 88–91
TYPHACEÆ 88–91
(Typhoides 138)

Ulex 1508, App. 29
ULMACEÆ 750–753
Ulme 750–752
Ulmus 750–752
UMBELLIFERÆ 1896–2006, App. 41
Umbilicus 1282
Urtica 760, 761
URTICACEÆ 760–762
Utriculaire 2470–2475
Utricularia 2470–2475
Uvette 87

Vaccaire 881
Vaccaria 881

Vaccinium 2025–2027
(Vaccinium 2028)
Valeriana 2546–2555
VALERIANACEÆ 2543–2563
Valériane 2546–2555
Valerianella 2556–2563
Valérianelle 2556–2563
Vallisneria 134
Vallisnerie 134
Vallisnérie 134
Veilchen 1827–1840
Vélar 1143
Vélaret 1144
Ventenata 214
Venténata 214
Venushaar 38
Venuskamm 1913
Venusnabel 1282
Venusspiegel 2587, 2588
Vératre 535, 536
Veratrum 535, 536
Verbascum 2308–2317
Verbena 2198
VERBENACEÆ 2198
Verge d'or 2638
Vergerette 2653–2665
Vergißmeinnicht 2176–2184
Vergißmeinnicht, falsches 2152
Verne 734
Vernis du Japon 1718
Veronica 2346–2378
Véronique 2346–2378
Verveine 2198
Vesce 1630–1654
Vésicaire 1266
(Vesicaria 1266)
Viburnum 2530, 2531
Vicia 1630–1654
(Vicia 1655)
Victoriale 556
Vigne 1784, 1785
Vigne vierge 1786
(Villarsia 2096)
Vinca 2136, 2137
(Vincetoxicum 2139)
Viola 1823–1851
VIOLACEÆ 1823–1851
Violette 1823–1851
Violier 1269

Viorne 2530, 2531
Vipérine 2196, 2197
Viscaire 851, 852
Viscaria 851, 852
Viscum 763
VITACEÆ 1784–1786
(Vitaliana 2049)
Vitis 1784, 1785
(Vittadinia 2659)
Vogelbeerbaum 1368
Vogelfuß 1617
(Vogelia 1215, 1216)
Vogelkopf 1853
Vogelmiere 899
Vrillée sauvage 794
Vulnéraire 1577, 1578
Vulpia 272–275
Vulpie 272–275
Vulpin 168–173

Wacholder 85
Wachsblume 2193–2195
Wachtelweizen 2385–2389
Waid 1150
Walch 329–332
Waldfarn 1, 2
Waldföhre 78
Waldhirse 160
Waldmeister 2494–2500
Waldnelke 872–874
Waldrebe 1004–1007, App. 18
Waldschmiele 219
Wald-Seegras 407
Waldvögelein 683–685
Wallwurz 2161–2165
Walnußbaum 732
Wanderheide 2032
Wanzenblume 2706
Wasserdost 2634
Wasserfeder 2067
Wasserfenchel 1958
Wasserhahnenfuß 1024–1029
Wasserkresse 1182
Wasserlinse 493–495
Wassermiere 898
Wassernabel 1896
Wassernuß 1890
Wasserpest 133
Wasserschere 136

Wasserschierling 1942
Wasserschlauch 2470–2475
Wasserstern 1753–1757
Wegerich 2479–2490
Wegwarte 2879
Weichorchis 695, 696
Weichselkirsche 1496
Weide 698–725, 727
Weidenröschen 1866–1883
Weiderich 1860–1863
(Weingærtneria 218)
Weinrebe 1784, 1785
Weißbuche 740
Weißdorn 1374, 1375
Weißmiere 923, 924
Weißtanne 75
Weißwurz 602–604, 2902
Weizen 324–328
Welschkorn 147
Welschmohn 1085
Wendelähre 688, 689
Wermut 2756, 2757, 2762–2764
Weymouthföhre 82
Wicke 1630–1644, 1646–1654
Widerbart 687
Wiesenknopf 1459–1462
Wiesenraute 1061–1069
Wildrose 1466
Wildhyazinthe 586
Willemetia 2916
Willemétie 2916
Wimperfarn 20–22
Winde 2140–2143
Windhalm 181, 182
Windröschen 1009–1013
Wintergrün 2009–2014
Winterkresse 1176–1178
Winterlieb 2015
Winterling 986
Winterzwiebel 563
Wirbeldost 2267
Wistarie, App. 34
Wistarie, App. 34
Wisteria, App. 34
Witwenblume 2568–2572
Wohlverleih 2775
Wolfsauge 2167
Wolfsbohne 1522–1524
Wolfsfuß 2280

Wolfsmilch 1728–1749
Wollgras 385–389
Wollkraut 2310–2317
Woodsia 20–22
Woodsia 20–22
Wucherblume 2741, 2742, 2745–2750
Wundklee 1577–1579
Wurmfarn 9–14
Wurmsalat 2900

Xanthium 2697–2699
Xéranthème 2811, 2812
Xeranthemum 2811, 2812

Yèble 2527
Yeuse 745
Ysop 2275
Yucca 596
Yucca 596
Yucca 596

Zackenschötchen 1270, 1271
Zahntrost 2391–2395
Zahnwurz 1197–1201
Zannichellia 119
Zannichellie 119

Zaunrübe 2581, 2582
Zea 147
Zeitlose 538, 539
Zichorie 2879
Ziest 2244–2251
Ziland 1854
Zimbelkraut 2319
Zindelkraut 2099, 2100
Zirmet 1997
Zittergras 266
Zucchetti 2585
Zürgelbaum 753
Zweiblatt 690, 691
Zweizahn 2708–2713, App. 52
Zwenke 315, 316
Zwergalpenrose 2020
Zwergflachs 1714
Zwerggras 166
Zwergmispel 1370
Zwergorchis 668
Zwetschgenbaum 1493
Zwiebel 564
Zwiebelorchis 694
ZYGOPHYLLACEÆ 1715
Zyklamen 2078, 2079
Zypresse, App. 3